खरीफ सस्य-उत्पादन

खरीफ सस्य-उत्पादन
(KHARIF CROP-PRODUCTION)

डा. आर. एल. आर्य
एम.एस-सी. एवं पी.एच-डी. सस्य विज्ञान
आई.ए.आर.आई, पूसा, नई दिल्ली
पूर्व वरिष्ठ वैज्ञानिक (सस्य विज्ञान)
केन्द्रीय तम्बाकू अनुसंधान संस्थान,
राजमुन्दरी (आन्ध्र प्रदेश)

डा. केशव आर्य
एम.एस-सी. (कृषि) एवं पी.एच-डी. सस्य विज्ञान,
आई.ए.आर.आई., पूसा, नई दिल्ली
सह: प्राध्यापक
चन्द्र शेखर आजाद कृषि एवं
प्रौद्योगिक विश्वविद्यालय,
कानपुर (उत्तर प्रदेश)

KALYANI PUBLISHERS
LUDHIANA - NEW DELHI - NOIDA (U.P.) - HYDERABAD
CHENNAI - KOLKATA - CUTTACK - GUWAHATI - KOCHI - BANGALORE

KALYANI PUBLISHERS

Head Office :
B-I/1292, Rajinder Nagar, **Ludhiana**-141 008
e-mail : kalyanibooks@yahoo.co.in

Administrative Office :
4779, Ansari Road,
23, Daryaganj, **New Delhi**-110 002

Works :
B-16, Sector 8, **Noida** (U.P.)

Branches :
1, Mahalakshmi Street,
T. Nagar, **Chennai**-600 017

110/111, Bharatia Towers Badambadi
Cuttack-753 009 (Odisha)

3-5-1108, Narayanaguda, **Hyderabad**-500 029 (A.P.)

10/2B, Ramanath Mazumdar Street,
Kolkata-700 009

1st Floor, Saraswati Road, Pan Bazar,
Guwahati-781 001
Convent Road, **Kochi**-682 035
No. 24 & 25, Ist Floor, Hameed Shah Complex,
Banpet Main Road, **Bangalore**-560 002

M 19969 05 **P-28581 05 S-36943 05**

Reprinted, 2022

Typesetting & Diagrams by :
(H-KHRF16)
Datalink Computer
213-Sangam Complex, Milap Chowk,
Jalandhar-144001.

ISBN : 978-93-272-6418-0

PRINTED IN INDIA
At Process World India C-90 Sec-63 Noida

प्राक्कथन

देश की बढती जनसंख्या को खाद्यान्न की उपलब्धता सुनिश्चित करना केवल फसल उत्पादन की उन्नत कृष्य पद्धतियों द्वारा ही सम्भव हो सकता है। वर्तमान समय में देश में कुल खाद्यान्न उत्पादन 257 मिलियन टन है परन्तु आगामी 20 वर्षों में कुल खाद्यान्न उत्पादन 320 मिलियन टन होने की आवश्यकता होगी। इस उत्पादन लक्ष्य को पाना बहुत ही कठिन है परन्तु अधिक उपज देने वाली उन्नतशील प्रजातियों एवं उन्नत कृष्य क्रियाओं द्वारा सम्भव हो सकता है। देश में हरित क्रान्ति से धान एवं गेहूँ की उत्पादकता में आशातीत प्रगति हुई है, परन्तु अन्य फसलों की उत्पादकता में काफी बड़ा अन्तर है। देश में मोटा अनाज, दलहन तथा तिलहनी फसलों की उपज में प्रतिकूल जलवायु से काफी बड़ा नुकसान हो जाता है। उन्नत सस्य क्रियाओं द्वारा प्रतिकूल जलवायु द्वारा होने वाले नुकसान को समाप्त तो नहीं किया जा सकता, परन्तु इसका प्रभाव अवश्य कम किया जा सकता है।

'खरीफ सस्य उत्पादन' पुस्तक में खरीफ फसलों की उन्नतशील प्रजातियाँ जो प्रतिकूल परिस्थितियों में भी अधिक उपज देने में सक्षम है तथा विभिन्न फसल पद्धतियाँ, जलवायु, भूमि एवं तैयारी, बीज एवं बोने का समय, उचित पौध घनत्व, पोषक तत्व प्रबन्धन, सिंचाई प्रबन्ध, खरपतवार प्रबन्ध, फसल सुरक्षा उपायों का विस्तृत रूप से वर्णन किया गया है। इस पुस्तक में खरीफ की फसलें जैसे धान, मक्का, ज्वार, बाजरा, मोटा अनाज, सोयाबीन, उर्द, मूँग, अरहर, लोबिया, कपास, जूट, सनई, चारे वाली फसलों की उन्नत सस्य उत्पादन तकनीक का वर्णन किया गया है।

यह पुस्तक राज्य कृषि विश्वविद्यालयों एवं कृषि महाविद्यालयों के स्नातक एवं परास्नातक अध्ययन करने वाले छात्रों को उनके विषयवस्तु के अनुसार तैयार की गई है अत: उनके लिए विशेषरूप से उपयोगी होगी। इस पुस्तक के माध्यम से हिन्दी भाषी क्षेत्रों के छात्रों को खरीफ फसलों की आधुनिक एवं नवीनतम जानकारी उपलब्ध कराई जा रही है।

लेखक ने प्रयास किया है कि स्नातक एवं परास्नातक छात्रों को विभिन्न पत्र-पत्रिकाओं में प्रकाशित नवीनतम जानकारी को इस पुस्तक में समाहित किया जाये जिससे समस्त जानकारी एक जगह पर प्राप्त की जा सके। यह पुस्तक केवल छात्रों के लिए ही उपयोगी नहीं है बल्कि आई. सी. ए. आर., सी. एस. आई. आर., यू. जी. सी. आदि में नेट एवं वैज्ञानिक, विभिन्न व्यवसायिक बैंक में कृषि अधिकारी, राज्य के कृषि सेवा एवं कृषि अधीनस्थ सेवा की तैयारी करने वाले प्रतियोगी छात्रों के लिए भी विशेष रूप से उपयोगी होगी।

लेखक ने जिन पत्र-पत्रिकाओं, दैनिक अखबार, पुस्तकों आदि से आधुनिक एवं उपयोगी जानकारी को संकलित किया है अथवा सहयोग लिया है, उनका आभार व्यक्त करता है। लेखक मैं. कल्याणी पब्लिसर्ज, लुधियाना का भी आभारी है जिनके अथक प्रयास एवं सहयोग से इस पुस्तक को प्रकाशित कर विभिन्न कृषि महाविद्यालयों में अध्ययन कर रहे छात्रों के पास पहुँचाने का प्रयत्न किया है। इस पुस्तक में किसी भी प्रकार की त्रुटि अथवा सुझाव हो तो लेखक को अवश्य अवगत करायें जिससे आगामी संस्करण में उनको सुधार कर इस पुस्तक को और अधिक उपयोगी बनाया जा सके।

2016

डॉ. आर. एल. आर्य
डॉ. केशव आर्य

विषय-सूची

क्रमांक	विषय	पृष्ठ संख्या

चारा फसलें

अन्न फसलें

- धान
- मक्का
- ज्वार
- बाजरा
- मंडुआ या रागी
- चीना/चैना/कुटकी
- काकुन या कांगनी
- कोदों
- सांवा

अध्याय 1

धान
(Paddy)

वानस्पतिक नाम	:	ओराइजा सेटाइवा
(Botanical name)	:	(*Oryza sativa*)
कुल (Family)	:	ग्रेमिनी (Gramineae)

आर्थिक महत्व (Economic Importance)

विश्व में खाद्यान्न फसलों में धान का प्रमुख स्थान है। विश्व में 60 प्रतिशत व्यक्तियों का मुख्य भोजन चावल है। दक्षिण-पूर्वी एशिया में लगभग सभी व्यक्तियों का मुख्य भोजन चावल ही है। विश्व में चीन, पाकिस्तान, जापान, कोरिया, श्रीलंका, थाइलैंड, मलेशिया, फिलीपाइन्स आदि देशों में आधे से अधिक जनसंख्या का मुख्य भोज्य पदार्थ चावल ही है।

चावल का प्रयोग मुख्य रूप से खाने के लिए किया जाता है। दक्षिण भारत में खाने के अतिरिक्त चावल से इडली, डोसा, बड़ा, चावल के आटे से लड्डू आदि बनाये जाते हैं। चावल का प्रयोग विभिन्न उद्योगों में भी किया जाता है। चावल में स्टार्च बहुत अधिक मात्रा में पाई जाती है, जिसका प्रयोग कपड़ा उद्योग में सबसे अधिक किया जाता है। चावल निकालने के पश्चात् उसकी भूसी तथा टूटे हुए दानों का प्रयोग मुर्गियों तथा घोड़ों को रातब के साथ-साथ मुर्गियों को नीचे बिछावन के रूप में भी होता है। इसके अतिरिक्त भूसी का प्रयोग इन्सुलेटिंग पदार्थ, सीमेंट कार्ड बोर्ड एवं ऊसर भूमि को सुधारने में भी किया जाता है। धान के पुआल का प्रयोग सर्दी की ऋतु में जानवरों को खिलाने के लिए चारे के रूप में, उनके नीचे बिछावन के रूप में तथा गाँवों में छप्पर तथा झोपड़ी बनाने के लिए भी किया

जाता है। काँच का सामान तथा अन्य पदार्थों को भेजते समय पुआल का प्रयोग पैकिंग पदार्थ के रूप में करते हैं।

चावल के दानों में प्रति इकाई कैलोरी ऊर्जा की मात्रा अधिक होने के कारण यह एक अधिक ऊर्जा वाला भोजन है। प्रोटीन की गुणवत्ता अधिक (6-7 प्रतिशत) तथा अन्य खाद्यान्न फसलों की अपेक्षा अमीनो अम्ल अधिक होता है। इसके दानों में वसा की मात्रा कम (20-25%) इसलिए होती है कि धान से चावल निकालते समय यह नष्ट हो जाती है। चावल में कैल्सियम की मात्रा कम होती है परन्तु गेहूँ की अपेक्षा विटामिन बी ज्यादा होता है। धान से चावल निकालते समय धान का भ्रूण तथा दाने के ऊपर की झिल्ली निकल जाती है इसलिए इसमें प्रोटीन, वसा, विटामिन तथा खनिज पदार्थ कम हो जाते हैं। चावल निकालने के पूर्व धान को गर्म पानी में उबालने की क्रिया (Parboiling process) द्वारा इन तत्वों की हानि को बचाया जा सकता है।

उत्पत्ति एवं इतिहास (Origin and History)

एशिया महाद्वीप में धान की खेती अति प्राचीन काल से होती आ रही है। भारत में इसकी खेती 3000 वर्ष ईसा पूर्व से होती आ रही है। धान की खेती का वर्णन हिन्दू धर्म तथा आयुर्वेद के पुरातन ग्रन्थों में भी पाया जाता है। इसके अतिरिक्त वैदिक धर्म ग्रन्थों में भी चावल के दानों का उपयोग भारत में धान की खेती पुरातत्व काल से ही होने का प्रमाण है। चौधरी तथा घोस (1953) के अनुसार संसार का प्राचीनतम जला हुआ चावल उत्तर प्रदेश में हस्तिनापुर की खुदाई में पाया गया। यह ईसा से 1000 वर्ष पूर्व का बताया गया है। ऐसा समझा जाता है कि चावल दजला तथा फरात की घाटियों तथा ग्रीस में भारत से ही ले जाया गया।

डी कन्डोल (1886) तथा बाट (1892) के अनुसार दक्षिणी भारत धान की उत्पत्ति स्थान है। वेविलोव (1926) के अनुसार भारत तथा वर्मा धान के उत्पत्ति स्थान हैं। मोहनजोदड़ों तथा हड़प्पा की सभ्यता की खुदाई के समय प्राप्त चावलों के आधार पर कुछ वैज्ञानिकों का मत है कि भारत में धान 5000 वर्ष ईसा पूर्व से ही उगाई जा रही है। कुछ वैज्ञानिकों का मत है कि चावल का जन्म स्थान इन्डो चाइना भी है।

क्षेत्रफल तथा वितरण (Area and Distribution)

धान भारत की एक महत्वपूर्ण खाद्यान्न फसल है। भारत में विश्व के कुल क्षेत्रफल के लगभग एक तिहाई भाग में धान की फसल उगाई जाती है। दक्षिणी भारत तथा पूर्वोत्तर राज्यों में धान की फसल की दो अथवा तीन फसलें एक वर्ष में उगाई जाती हैं। भारत धान के क्षेत्रफल तथा कुल उत्पादन की दृष्टि से विश्व में अग्रणी है एवं भारत कुल धान के उत्पादन का 18 प्रतिशत का भागीदार है। इसके अतिरिक्त चीन, थाइलैन्ड, जापान, वर्मा, पाकिस्तान, इन्डोनेशिया, वियतनाम आदि धान उगाने वाले प्रमुख देश हैं। सन् 2001-02 में उत्पादकता की दृष्टि से इजिप्ट प्रथम (8769 किग्रा/हैक्टेयर), द्वितीय स्थान संयुक्त राज्य अमेरिका (7205 किग्रा/है.), तृतीय स्थान जापान (6659 किग्रा/है.), चौथा स्थान चीन (6774 किग्रा/है.) तथा पांचवे स्थान पर वियतनाम (5631 किग्रा./है.) है। भारत में धान की औसत उपज 3.72 टन/हैक्टेयर है।

सन् 2013-14 में भारत वर्ष में धान के अन्तर्गत कुल क्षेत्रफल (4395 मिलियन हैक्टेयर) तथा उत्पादन (106.19 मिलियन टन) है। सन् 2013-14 में धान का सर्वाधिक उत्पादन चीन में (205.9 मिलियन टन) प्राप्त हुआ। इसके पश्चात् भारत, इन्डोनेसिया, बंगलादेश तथा वियतनाम का स्थान है।

भारत वर्ष में धान की खेती केरल, तमिलनाडु, आन्ध्रप्रदेश, कर्नाटक, पश्चिम बंगाल, आसाम, बिहार, उड़ीसा, उत्तर प्रदेश, मध्य प्रदेश, पंजाब आदि राज्यों में की जाती है। सन 2012–13 धान के क्षेत्रफल (5.44 मिलियन है.) तथा उत्पादन (15.02 मिलियन टन) की दृष्टि में पश्चिम बंगाल प्रथम स्थान पर है। इसके पश्चात् उत्तर प्रदेश, आन्ध्र प्रदेश तथा पंजाब राज्य हैं। देश में धान की औसत उपज की दृष्टि से पंजाब 3998 किग्रा प्रति हैक्टेयर राज्य प्रथम स्थान पर है इसके पश्चात् हरियाणा में (3272 किग्रा/है.) आन्ध्र प्रदेश (3173 किग्रा प्रति हैक्टेयर) तथा तमिलनाडु (2712 किग्रा. प्रति हैक्टेयर) है।

उत्तर प्रदेश में धान की खेती तराई तथा पूर्वी भागों में वृहद रूप से की जाती है उत्तर प्रदेश में धान की खेती लगभग सभी जिलों में की जाती है। बुन्देल खण्ड में धान की खेती के अन्तर्गत क्षेत्रफल नगण्य है।

वर्गीकरण (Classification)

धान का पौधा ओराइजा (Oryza) वंश का है तथा कुल ग्रेमिनी (Gramineae) है। ओराइजा वंश के अन्तर्गत धान की कुल 24 प्रजातियाँ पाई जाती हैं जिनमें से 22 प्रजातियाँ जंगली हैं तथा 2 प्रजातियाँ ही कृषि योग्य हैं, जो निम्न हैं।

1. **ओराइजा सेटाइवा** (*Oryza sativa*) : यह प्रजाति एशिया, अमेरिका तथा यूरोप में उगाई जाती है।
2. **ओराइजा ग्लेबरीमा** (*Oryza glaberrima*) : यह प्रजाति पश्चिमी अफ्रीका में उगाई जाती हैं।

विश्व में उगाई जाने वाली ओराइजा सेटाइवा (*Oryza sativa*) की तीन प्रमुख उप-प्रजातियाँ पाई जाती हैं।

1. **इन्डिका (Indica) :** यह उप-प्रजाति मुख्यत: भारत में उगाई जाती है। इसकी पत्तियाँ पीलापन लिए हुए हरी, बलियाँ सीकुंर रहित अथवा सींकुर चिकने एवं छोटे और इसके दाने पतले, लम्बे, संकरे तथा हल्के चपटे होते हैं।
2. **जेपोनिका (Japonica) :** यह उप-प्रजाति जापान में उगाई जाती है। यह प्रजाति उष्ण एवं उपोष्ण जलवायु में प्रमुख रुप से उगाई जाती है। इसके दाने गोल तथा अन्डाकार होते हैं। पत्तियाँ संकरी तथा गहरी हरे रंग की एवं बलियों में सीकुर हो सकते हैं अथवा नहीं भी।
3. **जेवेनिका (Javanica) :** यह उप-प्रजाति इन्डोनेशिया में उगाई जाती है। इसका पौधा कड़ा, लम्बी बाली, सींकुर युक्त, पकने का समय अधिक तथा प्रदीप्त काल से सहिष्णु होती हैं।

जलवायु (Climate) : धान की फसल 8 से 35 डिग्री उत्तरी अक्षांश में 3000 मीटर तक की ऊँचाई से लेकर केरल के कुछ स्थानों में समुद्र तल से नीचे भी धान की फसल सफलतापूर्वक उगाई जाती है। धान की फसल की अच्छी वृद्धि एवं अधिक उपज के लिए उच्च तापक्रम, उच्च आर्द्रता तथा अधिक वर्षा की आवश्यकता होती है।

धान की फसल की विभिन्न अवस्था में 21 से 37 डिग्री सेन्टीग्रेड तापमान उपयुक्त होता है। पौध की रोपाई के समय 33 से 40 डिग्री सेन्टीग्रेड, फूल आते समय 25 से 30 डिग्री सेन्टीग्रेड तथा पकने के समय 20 से 25 डिग्री सेन्टीग्रेड तापमान की आवश्यकता होती है। पौधों की वृद्धि के समय अधिक

तालिका 1.1 : धान की प्रमुख उन्नतशील प्रजातियाँ

प्रजाति	संस्तुत क्षेत्र	पकने की अवधि (दिन)	उपज (कु./है.)	विशिष्ट गुण
आई आर 8 (IR8)	उड़ीसा, पश्चिम बंगाल, महाराष्ट्र, बिहार, उत्तर प्रदेश, मध्य प्रदेश, आन्ध्र प्रदेश, केरल	140–145	60–80	बौनी, दाने लम्बे तथा मोटे, प्रदीप्तकाल सहिष्णु
आई आर 24 (IR 24)	पर्वतीय घाटी	120–125	40–45	तना मजबूत, पत्तियाँ गहरे हरे रंग, दाना पतला, लम्बा
जया (Jaya)		130–135	45–60	प्रदीप्तकाल सहिष्णु, दाने लम्बे, मोटे, बौनी, बैक्टीरियल लीफ ब्लाइट अवरोधी
बाला (Bala)	उत्तर प्रदेश, बिहार, उड़ीसा, पश्चिम बंगाल, आसाम	85–90 (सीधी) 95–100 (रोपाई)	35–40	सीधी बुआई, बीज छोटे तथा मोटे, तना छेदक, गालमिज, बैक्टीरियल लीफ ब्लाइट के प्रति सहिष्णु
पंकज (Pankaj)	जलमग्न क्षेत्रों	145–150	45–50	जलमग्न, दाने मध्यम आकार के सफेद तथा पकने पर अच्छी गुणवत्ता युक्त, पौधे के कल्ले अधिक तथा पत्तियाँ चौड़ी
जगन्नाथ (Jagannath)	जलमग्न क्षेत्रों	155–160	40–45	समस्त बीमारियों एवं कीटों के प्रति सहिष्णु
आई आर 20 (IR 20)	पश्चिम बंगाल, उड़ीसा तथा बिहार	140–150	50–60	ब्लास्ट अवरोधी, तना छेदक, बैक्टीरियल लीफ ब्लाइट, लीफ हौपर तथा वायरस के प्रति मध्यम अवरोधी
रत्ना (Ratna)	पश्चिमी उत्तर प्रदेश, राजस्थान, पंजाब हरियाणा	120–125	40–50	दाने लम्बे, गोल तथा पकने पर अच्छी गुणवत्ता युक्त
साबरमती (Sabarmati)	पश्चिमी उत्तर प्रदेश, राजस्थान, पंजाब, हरियाणा	110–120	35–40	पौधे बौने तथा पत्तियाँ सीधी, दाने पतले एवं सुगन्धित
कावेरी (Cauvery)	उत्तर प्रदेश, तमिलनाडु	105–110	35–40	बौने पौधे, दाने छोटे तथा मोटे, सीधी बुआई, बैक्टीरियल लीफ ब्लाइट, ब्लास्ट तथा टुँगो वायरस सहिष्णु
कान्ची (Kanchi)	तमिलनाडु	110–115	40–45	बैक्टीरियल ब्लीफ ब्लाइट से अधिक सहिष्णु

प्रजाति	संस्तुत क्षेत्र	पकने की अवधि (दिन)	उपज (कु./है.)	विशिष्ट गुण
विजय (Vijay)	उत्तरी बिहार, पश्चिम बंगाल, आसाम, उड़ीसा	140–145	35–40	दाने मध्यम आकार के तथा बेलनाकार, हरा टिड्डा तथा टुँगो वायरस अवरोधी
कृष्णा (Krishna)	तमिलनाडु	115–120	35–40	दाने छोटे तथा मध्यम आकार के
जयन्ती (Jayanti)	बिहार, पश्चिम बंगाल, उड़ीसा	135–140	60–70	बासमती समान पतले दाने, टुँगो वायरस तथा तना छेदक कीट को मध्यम अवरोधी
पूसा 2–21 (Pusa 2-21)	तमिलनाडु	115	40–45	दाने छोटे तथा मोटे, ब्लास्ट रोगरोधी, तना छेदक के प्रति मध्यम अवरोधी बैक्टीरियल लीफ ब्लाइट के प्रति सहिष्णु
सोना (Sona)	भारत के समस्त मैदानी क्षेत्र		50–60	दाने का रंग एवं आकार उत्तम, प्रदीप्त काल सहिष्णु, टुँगो वायरस तथा तना छेदक कीट के प्रति अवरोधी, बैक्टीरियल ब्लाइट के प्रति सहिष्णु
वानी (Vani)	उड़ीसा, कर्नाटक, उत्तर प्रदेश, मध्य प्रदेश, राजस्थान	125–130	60–65	दाने लम्बे तथा बेलनाकार, पकने पर अच्छी गुणवक्ता युक्त

तालिका 1.2 : उत्तर प्रदेश राज्य प्रजाति विकसित समिति द्वारा अनुमोदित धान की प्रजातियाँ

प्रजाति	संस्तुत क्षेत्र	पकने की अवधि (दिन)	उपज (कि./है.)	विशिष्ट गुण
साकेत 4	उत्तर प्रदेश तथा उत्तराखण्ड के पहाड़ियों	105–110	50–55 (सिंचित) 30–35 (असिंचित)	दाने लम्बे, बेलनाकार, पौधे छोटे मध्यम कल्ले ब्लास्ट मध्यम अवरोधी, बैक्टीरियल लीफ ब्लास्ट के प्रति सहिष्णु
सरजू 40		105–110	60–65	प्रदीप्त काल सहिष्णु, कल्ले अधिक, दाने मध्यम पतले तथा सफेद रंग
सरजू 50		105–110	55–60	दाने लम्बे तथा मोटे
सरजू 52	पूर्वी उत्तर प्रदेश	130–135	55–60	दाने लम्बे तथा मोटे, बैक्टीरियल ब्लाइट अवरोधी
वी एल 8	उत्तराखण्ड की पहाड़ियां	125–130	35–40	दाने छोटे तथा मोटे
वी एल के 35	उत्तराखण्ड की पहाड़ियां	120–125	40–45	ब्लास्ट अवरोधी
आई आर 24	पूर्वी उत्तर प्रदेश तथा उत्तराखण्ड की पहाड़ियों	125–130	45–50	दाने लम्बे तथा बेलनाकार
नरेन्द्र–2	पूर्वी उत्तर प्रदेश	110–120	40–45	बैक्टीरियल लीफ ब्लास्ट तथा ब्लास्ट अवरोधी
गोविन्द	उत्तर प्रदेश तथा उत्तराखण्ड की कम ऊँची पहाड़ियों	100–105	45–50	दाने लम्बे तथा बेलनाकार, बैक्टीरियल लीफ, ब्लास्ट, ब्लास्ट तथा भूरे पर्ण दाग बीमारियों के प्रति अवरोधी
पन्तधान–16	पश्चिम बंगाल तथा हरियाणा	100–105	40–45	दाने छोटे तथा मोटे, ब्लास्ट तथा गाल मिज अवरोधी
विवेक धान 62	पर्वतीय तथा सिंचित क्षेत्रों	110–115	45–50	दाने पतले तथा लम्बे
कृष्णा हमसा	बोरो धान उगाने वाले क्षेत्र,	105–110	40–45	दाने पतले तथा लम्बे, ब्लास्ट तथा टंड के प्रति सहनशील
	त्रिपुरा, पश्चिम बंगाल, बिहार	125–130	50–55	ब्लास्ट तना तथा छेदक कीट शहनशील
पालधार 2	महाराष्ट्र के कोंकड क्षेत्र	70–75	50–55	दाने, लम्बे, बेलनाकार तथा सफेद रंग, तनाछेदक, गाल मिज, बैक्टीरियल लीफ ब्लाइट तथा हैल्मिान्थोस्पोरियम के प्रति अवरोधी
विरसाधान 108	–			
विरसा विकास धान 109	–	80–85	30–35	दाने पतले, उपरवार भूमियों, तना छेदक, गंधीबग, ब्लास्ट, बैक्टीरियल लीफ ब्लाइट तथा हैल्थिोस्पोरियम के प्रति अवरोधी
विरसा विकास धान 110	–	90–95	25–30	दाने पतले, गिरने, तना छेदक, गंधी बग, बैक्टीरियल लीफ ब्लास्ट, ब्लास्ट तथा हैल्मिन्थोस्पोरियम के प्रति अवरोधी
धनरासी	आन्ध प्रदेश, महाराष्ट्र, कर्नाटक	115–120	55–60	दाने छोटे तथा मोटे, लीफ ब्लाइट तथा टुँगो वायरस अवरोधी
पन्तधान 15	उत्तरांचल	125–130	30–40	दाने लम्बे तथा बेलनाकार, लीफ ब्लाइट के प्रति मध्यम अवरोधी

तालिका 1.3 : सुंगन्धित धान की उन्नतशील प्रजातियों के गुण

प्रजाति	संस्तुत क्षेत्र	पकने की अवधि (दिन)	उपज (किवंटल/है.)	विशिष्ट गुण
बासमती	पश्चिमी भारत	120–125	35–40	लीफ ब्लास्ट, प्लांट हापर सहनशील
पूसा सुगन्ध 2	उत्तर-पश्चिमी मैदानी क्षेत्र	125–130	40–45	दाना खुशबूदार, लम्बे तथा पतले, लीफ ब्लास्ट अवरोधी
पूसा सुगन्ध 3	उत्तर-पश्चिमी मैदानी क्षेत्र	120–125	35–40	दाने पतले, लम्बे, खुशबूदार, लीफ ब्लास्ट अवरोधी
पूसा बासमती 1	पंजाब, हरियाणा, दिल्ली, उत्तर प्रदेश	135–140	40–45	–
कस्तूरी	पंजाब, हरियाणा, दिल्ली, उत्तर प्रदेश	130–135	35–40	दाने सफेद, लम्बे तथा चमकदार
टाइप 3	पश्चिमी-उत्तरप्रदेश तथा तराई क्षेत्र	120–125	25–30	दाने पतले, सफेद, स्वादिस्ट
एन 12	पश्चिमी उत्तर प्रदेश तथा तराई क्षेत्र	120–125	25–30	दाने लम्बे, बेलनाकार तथा सफेद रंग और स्वादिस्ट
एन 10 बी	पश्चिमी उत्तर प्रदेश तथा तराई क्षेत्र	125–130	30–35	दाने लम्बे, बेलनाकार तथा सफेद रंग, स्वादिष्ट
टाइप 9	पूर्वी उत्तर प्रदेश	145–150	30–35	दाने लम्बे, बेलनाकार तथा पकने पर अच्छा स्वाद

आर्द्रता जबकि पकने के समय कम आर्द्रता का होना लाभदायक होता है। धान की फसल को छोटे दिन तथा लम्बी रातों वाली प्रदीप्ति काल की आवश्यकता होती है परन्तु आजकल प्रदीप्ति काल सहिष्णु प्रजातियाँ विकसित होने से इसका कोई प्रभाव नहीं पड़ता है।

धान की खेती के लिए 1000 मिलीमीटर से अधिक वर्षा वाले क्षेत्र उपयुक्त हैं। उत्तर-पूर्वी भारत में धान की फसल को 3000 मिलीमीटर वर्षा वाले क्षेत्रों में भी आसानी से उगाया जाता है।

पूर्वी भारत तथा पेनिनसुलर तटीय क्षेत्र की जलवायु की दशा के अनुसार धान की फसल को पूरे वर्ष उगाया जाता है। जहाँ पूरे वर्ष औसतन एक समान तापमान बहुत कम रहता है वहाँ पर खरीफ ऋतु में केवल एक ही फसल उगाई जाती है। देश के कुछ भागों में धान की फसल तीनों ऋतुओं में उगाई जाती है।

भूमि (Soil) : देश में धान की फसल कंकरीली, पथरीली, चिकनी, हल्की दोमट, जलोढ़ आदि सभी प्रकार की भूमियों में उगाई जाती है। जिन भूमियों में जल धारण क्षमता, कार्बनिक पदार्थ की मात्रा तथा भूमि में पोषक तत्वों की कमी होती है वहाँ पर धान की उपज में कमी हो जाती है। धान की फसल के लिए मटियार भूमि जिसमें जल धारण क्षमता अधिक होती है, भूमियाँ सर्वोत्तम होती हैं। धान के लिए राकर तथा बलुई भूमियाँ उपयुक्त नहीं होती हैं। धान की फसल निचली भूमियों में जहाँ पर पानी भरता रहता हो वहाँ आसानी से उगाई जा सकती हैं। इसकी खेती के लिए मृदा का पी एच मान 5.0-6.5 सर्वोत्तम होता है। क्षारीय भूमियों में मृदा सुधारकों का प्रयोग करने के पश्चात् धान की फसल को सफलतापूर्वक उगाया जा सकता है।

धान की उन्नतशील प्रजातियों के विशिष्ट गुण

धान की उन्नतशील प्रजातियों के विशिष्ट गुण निम्न तालिकाओं में दर्शाया गये हैं।

तालिका 1.4 : धान की उन्नतशील प्रजातियों के विशिष्ट गुण

प्रजाति	पकने का समय (दिन)	दानों का आकार	औसत उपज (कु./ हैक्टेयर)	बीमारी तथा कीटों के प्रति अवरोधिता अथवा अन्य गुण
पंजाब				
पालमान 579 (Palman 579)	115-120	पतले एवं बेलनाकार	60-65	बैक्टीरियल लीफ ब्लाइट, क्षारीय भूमियों के लिए उपयुक्त
पी आर 106 (PR 106)	135-140	लम्बे एवं बेलनाकार	45-50	बैक्टीरियल लीफ ब्लाइट
संकर म्यूटेंट 95 (Hybrid mutant 95)	135-140	लम्बे एवं बेलनाकार	45-50	प्रदीप काल सहिष्णु
बिहार				
अर्चना (Archna)	125-130	लम्बे एवं बेलनाकार	50-55	धान में लगने वाली समस्त बीमारियों एवं कीटों के प्रति अवरोधी
दीपा (Deepa)	130-135	लम्बे तथा बेलनाकार	45-50	धान में लगने वाली समस्त बीमारियों एवं कीटों के प्रति अवरोधी

सीता (Sita)	130–135	लम्बे तथा बेलनाकार	50–55	धान में लगने वाली समस्त बीमारियों एवं कीटों के प्रति अवरोधी
पानीधान 1 (Panidhan-1)	140–145	मध्यम पतले	40–45	जल भराव वाली भूमियों के लिए उपयुक्त
पानीधान 2 (Panidhan-2)	145–150	मध्यम पतले	40–45	जलभराव की दशा में अधिक उपज
गुजरात				
गाऊ आर–1 (Gau R-1)	105–110	छोटे तथा मोटे	45–50	ब्लास्ट से मध्यम अवरोधी
गाऊ आर–10 (Gau R-10)	115–120	लम्बे तथा बेलनाकार	45–50	ब्लास्ट, स्मट, बैक्टीरियल लीफ ब्लाइट
गाऊ आर–100 (Gau R-100)	125–130	मध्यम तथा बेलनाकार	50–55	ब्लास्ट से सहिष्णु
कर्नाटक				
प्रकाश (Prakash)	135–135 (खरीफ) 120–125 (ग्रीष्म)	लम्बे तथा बेलनाकार	50–60	ग्रीन लीफ हॉपर तथा तना छेदक सहिष्णु
मधु (Madhu)	115–120	मध्यम एवं बेलनाकार	55–60	गाल मिज सहिष्णु
केरल				
अन्नपूर्णा (Annapurna)	90–95	लाल अथवा भूरे रंग	50–55	सूखा तथा गिरने से अवरोधी
त्रिवेणी (Triveni)	100–105	सफेद तथा छोटे	50–55	बैक्टीरियल लीफ ब्लाइट, ब्लास्ट तथा तना छेदक
रोहिणी (Rohini)	75–80 (सीधी बुआई) 95–100 (रोपाई विधि)		50–55	प्रकाश एवं तापमान संवेदी
अस्वती (Aswathi)	110–115	मध्यम तथा मोटा	60–65	
ज्योति (Jyoti)	110–115	दाने लाल रंग	45–50	ब्लास्ट
भारती (Bharti)	120–125	दानों का लाल रंग	50–55	ब्लास्ट
शबरी (Sabari)	125–130	दानों का लाल रंग	50–55	
महाराष्ट्र				
रत्नागिरी 24 (Ratnagiri-24)	105–110	लम्बे तथा बेलनाकार	50–55	ब्लास्ट तथा बैक्टीरियल लीफ ब्लाइट
करजत 184 (Karjat-184)	100–105	लम्बे तथा बेलनाकार	55–60	ब्लास्ट तथा बैक्टीरियल लीफ ब्लाइट
मध्य प्रदेश				
प्रगति (Pragati)	130–135		55–60	बौनी तथा अधिक काले

क्रान्ति (Kranti)	110-115		40-45	
अनुपमा (Anupama)	105-110	लम्बे तथा बेलनाकार	50-55	बैक्टीरियल लीफ
गरिमा (Garima)	130-135		50-55	बौनी तथा अधिक कल्ले
जाग्रति (Jagrati)	145-150		40-45	जलभराव तथा निचली भूमियों
उड़ीसा				
राजेश्वरी (Rajeshwari)	125-130 (खरीफ)	मध्यम तथा पतले	60-70	
	135-140 (रबी)			
कुमार (Kumar)	115-120 (खरीफ)	छोटे, सफेद तथा पतले	60-70	बैक्टीरियल लीफ ब्लाइट
हेमा (Hema)	125-130 (खरीफ़)		60-65	ब्लास्ट तथा बैक्टीरियल लीफ ब्लाइट
शक्ति (Shakti)	130-135 रबी		60-65	गाल मिज, टुँगो वायरस तथा भूरा टिड्डा
	130-135			
तमिलनाडु				
भवानी (Bhavani)	125-135	पतले, लम्बे तथा बेलनाकार	60-65	सर्दी, क्षारीय तथा बैक्टीरियल लीफ ब्लाइट
करूणा (Karuna)	95-100	छोटे तथा मोटे	55-60	
कारीकरन (Karikaran)	100-105		50-55	
बघारी (Vaghari)	105-110	मध्यम तथा बेलनाकार	40-45	
आन्ध्र प्रदेश				
हम्सा (Hamsa)	105-110	लम्बे, बेलनाकार तथा चमकीले भूरे	55-60	
तेला हम्सा (Tela-Hamsa)	105-110	लम्बे तथा बेलनाकार	60-65	
वशिष्ट (Vashista)	165-175	मध्यम तथा बेलनाकार	50-55	तना छेदक सहन शील, गाल मिज से सहिष्णु
महसुरी (Mahsuri)	145-155		40-45	जलभराव की दशा के लिए उपयुक्त
ककतिया (Kakatiya)	115-120	छोटे तथा मोटे	50-55	गाल मिज अवरोधी

तालिका 1.5 उत्तर प्रदेश के लिए विशेष दशाओं में धान की उपयुक्त प्रजातियाँ

विशेष दशायें	प्रजातियाँ
खेत में सीधी बुआई	
1. मैदानी क्षेत्र बुन्देलखण्ड	साकेत 4, गोविन्द, सोना 349, एन 22, कावेरी, बाला, नर्मदा, नरेन्द्र धान-1, नरेन्द्र धान 97

पर्वतीय क्षेत्र (उत्तरांचल)	साकेत 4, नगीना 22, बाला, वी एन धान 163, वी एल धान 206, कावेरी, मझेरा 3, एन डी आर 84, एन डी आर 118
2. रोपाई द्वारा	
(a) अगेती (100–120 दिन)	
मैदानी क्षेत्र	साकेत 4, मनहर, गोविन्द, पूसा 169, प्रसाद
बुन्देलखण्ड	पूसा 33, रत्ना, पूसा 2–21, नर्मदा-2, पी एन आर 381
पर्वतीय क्षेत्र (उत्तरांचल)	साकेत 4, मनहर, प्रसाद, पूसा 169, रत्ना, वी एल के 35, विवेक धान 82, पंतधान 15
(b) मध्यम (120–140 दिन)	
मैदानी क्षेत्र	पन्त धान 4, सरजू 52, जया, आई आर 24, आई आर 36, पन्त धान 10, पंतधान 11
बुन्देलखण्ड	पन्त धान 4, जया
पर्वतीय क्षेत्र (उत्तरांचल)	पन्त धान 6, वी एल 8, वी एल 9, वी एल धान 16, वी एल धान 39
(c) पछेती (140 दिन से अधिक)	
मैदानी क्षेत्र	महसुरी, क्रास 116, टा 100
पहाड़ी क्षेत्रों (उत्तरांचल)	बी एन 206, वी एल धान 221
3. ऊसर भूमियों	साकेत 4, ऊसर 1, पूसा 2–21, सोना 349, जया, आई आर 24
4. निचले बाढ़ ग्रस्त क्षेत्रों	महसुरी, टा 100, टा 26, पंकज
5. जलमग्न (120 सेमी से अधिक पानी)	जलमग्न, सिंघाड़ा, चकिया
6. सूखा अवरोधी	नगीना 22, बाला, कावेरी
7. सुगन्धित	नगीना 10, बासमती 370, हंसराज, पूसा बासमती, कस्तूरी, अमृतसरी, सुखदा, काकी रेखलू
8. बलुई दोमट भूमि	जया, आई आर 24
9. संकर धान	पंत संकर धान 1, नरेन्द्र संकर धान 2, पी एच वी 71, एच आर आई 120, पूसा आर एच 10

सिंचाई (Irrigation) : धान की फसल को अन्य फसलों की अपेक्षा अधिक पानी की आवश्यकता होती है। धान की फसल को सिंचाई की उपलब्धता लगातार रहने से उपज में काफी बढ़ोत्तरी हो जाती है धान की फसल की क्रान्तिक अवस्थायें निम्न हैं।

1. पौध रोपाई के 10 दिन तक खेत में लगातार पानी भरा रहना चाहिए।
2. पौधों में कल्ले निकलने तथा बालियाँ निकलने तक की अवस्था में पानी की कमी नहीं होनी चाहिए।
3. बलियाँ निकलने से लेकर दानों में दूध आने तक खेत में लगातार पानी भरा रहना चाहिए।

खेत में खरपतवार अधिक होने की दशा में पानी भरा रहने से इनका नियंत्रण भी हो जाता है। जल्दी-जल्दी परन्तु कम मात्रा में पानी लगाने से धान की उपज में काफी वृद्धि हो जाती है तथा पानी

तालिका 1.6 : धान की नई विकसित किस्में

प्रजाति (1)	50% फूल (दिन) (2)	दाने का प्रकार (3)	क्षेत्र (4)	उपज क्षमता (टन/है.) (5)	कीटों एवं बीमारियों के प्रति अवरोधित (6)	संस्तुत राज्य (7)
शाह सारंग (Shah Saramg)	115	छोटा तथा मोटा	असिंचित/सिंचित/ निचले क्षेत्र	–	ब्लास्ट	मेघालय
लामपुच (Lampuch)	113	छोटा तथा मोटा	असिंचित/सिंचित	–	ब्लास्ट	मेघालय
भालम 1 (Bhalum 1)	94	लम्बा तथा मोटा	असिंचित उपरवार	–	ब्लास्ट	मेघालय
भालम 2 (Bhalum 2)	95	लम्बा तथा मोटा	असिंचित उपरवार	–	ब्लास्ट	मेघालय
जीआर 8 (GR 8)	75–80	लम्बा तथा मोटा	असिंचित उपरवार	–	ब्लास्ट	गुजरात
दांडी (Dandi)	–	–	सिंचित लवणरोधी	–	–	गुजरात
गौरी (Gauri)	85–90	छोटा तथा मोटा	सिंचित	5.0	शीथ रॉट, ब्राउन स्पाट	केरल
स्वेता (Sweta)	100–105	छोटा तथा मोटा	सिंचित	5.0	शीथ रॉट, ब्राउन स्पाट	केरल
वर्षा (Varsha)	85–90	छोटा तथा मोटा	सिंचित/निचली	4.5–5.0	–	केरल
चिगंम (Changam)	70–75	मध्यम मोटा	सिंचित/उपरवार	3.5–4.0	–	केरल
धानू (Dhanu)	120–130	छोटा तथा मोटा	सिंचित/निचली	4.5–5.0	–	केरल
कुंजू-कुंजू-वरना (Kunju-Kunju-Varna)	75–80	लम्बा तथा मोटा	सिंचित/निचली	6.0–6.5	–	केरल
कुंजू-कुंजू-प्रिया (Kunju-Kunju-Priya)	75–80	लम्बा तथा मोटा	सिंचित/निचली	6.0–6.5	–	केरल
भूदेव (Bhudeb)	120–125	लम्बा तथा मोटा	मध्यम गहरे पानी	4.5–5.0	बैक्टीरियल लीफ ब्लाइट, ब्लास्ट टिड्डा	पश्चिम बंगाल
आई ई टी 14400 (IET 14400)	140–150	लम्बा तथा मोटा	मध्यम गहरे पानी	4.5	–	पश्चिम बंगाल
पंतधान 15	110–115	लम्बा तथा मोटा	बासमती के क्षेत्र	3–4	नेक ब्लास्ट, लीफ ब्लाइट	उत्तरांचल

की भी बचत होती है। धान के खेत में पानी भरने से खरपतवारों का नियन्त्रण होने से धान के पौधों को पोषक तत्वों की उपलब्धता बढ़ जाती है।

धान के पौधों की रोपाई के पश्चात् 2 से 5 सेमी पानी लगातार भरा रहना आवश्यक है। यह पानी दानों में दूध का गाढ़ा होने तक आवश्यक होता है। फसल की कटाई के 10–15 दिन पूर्व खेत से पानी निकाल देने से फसल जल्दी तथा एक समान पकती है।

उपरोक्त नव विकसित धान की प्रजातियों के अतिरिक्त एराइज तेज, विरसा विकास सुगन्धा–1, नरेन्द्र सोना, बिरसा विकास धान 203, बासमती 564, पुष्पा, बल्लम बासमती 24, सावौर श्री, बल्लम बासमती 24, गंगवती सोना, शोमिनी, अंकुर 7434, प्रताप–1, सुजला, पुष्पा 6, मालवीय बासभती धान 10–9, पंजाब बासमती–2, इन्द्रा बारानी धान–1, मंदाकिनी, रीता, तेजस्वनी, मोती गोल्ड, सोनल आदि धान की प्रजातियाँ विकसित की गई हैं।

धान की विभिन्न प्रजातियों की पानी की आवश्यकता निम्न प्रकार है।

बोरो धान (Boro Paddy) : जल की कुल आवश्यकता 150 से 190 हैक्टेयर सेमी होती है

पौध तैयार करते समय	–	25–40 हैक्टेयर सेमी
रोपाई के समय	–	15–20 हैक्टेयर सेमी
रोपाई से फसल काटते समय	–	110–120 हैक्टेयर सेमी

अमन धान (Aman Paddy) : जल की कुल आवश्यकता 90 हैक्टेयर सेमी होती है।

पौध तैयार करते समय	–	25 हैक्टेयर सेमी
लेह बनाते समय	–	15 हैक्टेयर सेमी
रोपण से फसल के पकने तक	–	50 हैक्टेयर सेमी

आस धान (Aus Paddy) : जल की कुल आवश्यकता 100 हैक्टेयर सेमी होती है।

खेत की तैयारी के समय	–	25 हैक्टेयर सेमी
पौध रोपण के समय	–	15 हैक्टेयर सेमी
पौध रोपण के फसल पकने तक	–	60 हैक्टेयर सेमी

फसल चक्र (Crop rotation)

उत्तरी भारत में जहाँ पर सिंचाई के समुचित साधन उपलब्ध हैं, वहाँ पर धान के पश्चात् लगभग सभी फसलें उगाई जा सकती हैं। धान की फसल की कटाई के पश्चात् आलू, बरसीम, गेहूँ, जौ, रबी दलहनी तथा तिलहनी फसलें आसानी से उगाई जा सकती हैं। असिंचित क्षेत्रों में जिन मृदाओं में जल धारण क्षमता अच्छी होती है वहाँ पर धान की कटाई के पश्चात् रबी में दलहनी फसलें आसानी से उगाई जाती हैं। देश में धान आधारित प्रमुख फसल चक्र निम्नवत है।

सिंचित क्षेत्र

1. धान – गेहूँ
2. धान – आलू–उर्द/मूँग

तालिका 1.7 भारत में विकसित धान की संकर प्रजातियाँ

संकर प्रजाति (1)	संकरण (2)	पकने की अवधि (दिनों में) (3)	उपज (टन प्रति हैक्टेअर) (4)	उपयुक्त क्षेत्र (5)
ए पी एच आर 1	आई 8025 ए x वैजराम	130–135	7.14	आन्ध्र प्रदेश
ए पी एच आर 2	आई आर 62829 ए x एम टी यू 1992	120–125	7.52	आन्ध्र प्रदेश
सी ओ आर एच 1	आई आर 62829 ए x आई आर 10198	110–115	6.08	तमिलनाडु
के आर एच 1	आई आर 58025 ए x आई आर 9761	120–125	6.02	कर्नाटक
सी एन आर एन 3	आई आर 62829 ए x अजय	125–130	7.49	पश्चिम बंगाल
डी आर आर एच-1	आई आर 58025 ए x आई आर 40750	115–120	7.30	आन्ध्र प्रदेश
के आर एच 2	आई आर 58025 ए x के एम आर 3	130–135	7.40	कर्नाटक
पंत संकर धान	–	115–120	6.80	उत्तर प्रदेश
सी ओ आर एच 2	–	115–120	6.25	उत्तर प्रदेश
ए डी टी आर एच-1	आई आर 58025 ए x आई आर 66	115–120	7.10	तमिलनाडु
स्याद्री	आई आर 58025 ए x वी आर 827-35	125–130	6.64	महाराष्ट्र
नरेन्द्र संकर धान 2	आई आर 58025 ए x एन डी आर 3026	125–130	6.15	उत्तर प्रदेश
पी एच वी 71	–	130–135	7.86	हरियाणा उत्तर प्रदेश, तमिलनाडु
पी ए 6201	–	125–130	6.18	पूर्वी एवं दक्षिणी भारत के कुछ भाग
एच आर आई-120	–	135–140	6.11	उत्तर प्रदेश, बिहार, उड़ीसा, आन्ध्र प्रदेश, कनार्टक, महाराष्ट्र
पूसा आर एच-10	पूसा 6 ए x पी आर आर 78	120–125	4.35	हरियाणा, पंजाब, पश्चिमी उत्तर प्रदेश, दिल्ली
आर एच 204	–	120–125	6.0–6.5	आन्ध्र प्रदेश, कर्नाटक, तमिलनाडु, हरियाणा तथा राजस्थान

3. धान - तोरिया - गेहूँ
4. धान - मटर - मूँग
5. धान - गेहूँ - मूँग
6. धान - आलू - मूँग

असिंचित क्षेत्र

1. धान - चना
2. धान - मटर
3. धान - मसूर

उपरोक्त संकर धान की प्रजातियों के अतिरिक्त आर एच 1531, जे के आर एच 3333, वी एन आर 2355, यू एस 382, एराइज प्राइमा, यू एस 312, डी आर आर एच 3, डी आर एच 775, पी एसी 835, पी ए सी 837, जे के 5003, श्यादरी 4, पंत संकर धान 3, पी आर एच 122 आदि प्रजातियाँ विकसित की गई हैं।

सघन फसल पद्धति में जहाँ पर 2 या इसके अधिक फसलें उगाई जाती हैं वहाँ पर धान की कम समय में पकने वाली प्रजातियों को उगाना चाहिए।

दक्षिण भारत में तापमान तथा आर्द्रता अधिक होने के कारण एक वर्ष में धान की दो फसलें उगाई जाती हैं। बंगाल तथा आसाम में वर्ष में धान की तीन फसलें जैसे बोरो, अमन तथा आसू धान उगाई जाती है। यहाँ पर जूट के पश्चात् अमन धान फसल चक्र ज्यादा प्रचलित है। उत्तर बंगाल में तम्बाकू उगाने वाले क्षेत्रों में जूट-अमन धान-तम्बाकू फसल चक्र से सबसे अधिक आमदनी प्राप्त होती है।

तालिका 1.8 : विभिन्न राज्यों में बासमती के अतिरिक्त धान की सुगन्धित किस्में

राज्य	किस्में
आन्ध्र प्रदेश	अमृतसरी (एच आर 22), सुखदा (एच आर 47), काकी रेखलू (एच आर 59)
आसाम	बादशाह भोग, पसन्द भोग, माल भोग
उत्तरप्रदेश	धानियापेट, काला सुखदास, काला नमक, हंसराज, तिलक, चन्दन, बिन्दली, विष्णुपुराण, शक्कर चीनी, लालमती, बादशाह पसन्द, यामीनी (सी एस आर 30) टाइप 9, एन 12, एन 10 बी, बासमती 564, बल्लम बासमती 23, 24, 21, 22
उड़ीसा	टी 812, पसन्द भोग, सेल बासमती
कर्नाटक	कागासाली, सिन्दिगी
गुजरात	कमोद 118, पंखली 203, कोल्हापुर सुगन्धित, जीरासाई
जम्मू एवं कश्मीर	मस्क बुदगी
तमिलनाडु	जीरंगा साम्बा
मध्यप्रदेश	चतरी, दूबराज, चिन्नर, काली कमोद, बासपत्री
महाराष्ट्र	अम्बेमोहर 159, अम्बेमोहर 157, अम्बेमोहर 102, कृष्णसाल, पन्खली 203, कमोद, जीरासोल
राजस्थान	कमोद, बासमती (लोकल), काला बादल, नबाबी कोलम
पश्चिम बंगाल	बादशाह पसन्द, बादशाह भोग, रनघुनीपागल, कटरीभोग, बांसमती, सीताभोग, गोपाल भोग, गोबिन्दा भोग, कामिनी भोग
हिमाचल प्रदेश	देशी बासमती-23
बिहार	राम तुलसी, मोहनभोग, तुलसी मंजरी, बादशाह भोग, विरसा विकास सुगन्धा-1

धान की खेती के प्रकार (Types of rice cultivation)

देश में धान की खेती सामान्यतः दो प्रकार से की जाती है (1) उपरवार (Uplands) तथा निचली भूमि धान (Lowlands)। धान की प्रमुख खेती निम्न प्रकार है।

1. निचली मृदाओं (Law lands)

(A) लेहयुक्त मृदाओं में खेती (Cultivation in pudlled soil)

(*i*) खेत में रोपण/रोपाई की विधि (Transplanting method)

(*a*) पौध रोपण (Nursery or traditional method)

(*b*) डेपोग विधि (Depog method)

(*ii*) सीधी बुआई विधि (Direct seeding method)

(*a*) पंक्तियों में बुआई (Line sowing)

(*b*) छिड़कवाँ विधि (Broadcasting)

(B) लेह-रहित मृदाओं में धान की खेती (Cultivation in unpuddled soil)

(*i*) सूखे खेत में सीधी बुआई (Sowing in dry soil)

(*a*) पंक्ति में बुआई (Line sowing)

(*b*) छिड़कवाँ बुआई (Broadcasting)

(*ii*) ऊँची मृदाओं में धान की खेती (Cultivation in uplands)

(*a*) पंक्ति में बुआई (Line sowing)

(*b*) छिड़कवाँ बुआई (Broadcasting)

(C) जल मग्न भूमियों में धान की खेती (Cultivation in waterlogged soil)

(*i*) उथली जलमग्न भूमियाँ (Shallow waterlogged soil)

(*ii*) मध्यम जलमग्न भूमियाँ (Medium deep waterlogged soil)

(*iii*) गहरी जलमग्न भूमियाँ (Deep waterlogged soil)

2. उपरवार मृदाओं (Uplands)

(*i*) छिड़कवाँ बुआई (Broadcasting)

(*ii*) पंक्तियों में बुआई (Line sowing)

लेहयुक्त मृदाओं में खेती

रोपण विधि द्वारा

नर्सरी विधि : इस विधि में धान की खेती नर्सरी में पहले पौध तैयार करके धान की रोपाई की जाती है। पौध तैयार करने के लिए खाली खेत में छोटी-छोटी क्यारियाँ (10 मीटर लम्बी, 1 मीटर चौड़ी तथा 15 सेमी ऊँची) फसल रोपाई के लगभग एक माह पूर्व बनाकर पौध तैयार कर ली जाती है। ये क्यारियाँ फसल के रोपाई के क्षेत्रफल से 1/20 भाग पर बनाई जाती हैं। जिन स्थानों पर सिंचाई आदि की सुविधायें होती हैं वहाँ पर ही नर्सरी तैयार करते हैं।

नर्सरी की भूमि उपजाऊ तथा अच्छे जल निकास वाली भूमियों में जहाँ पर सिंचाई के पर्याप्त साधन होते हैं बनाई जाती हैं। एक हैक्टेयर क्षेत्र में रोपाई करने के लिए 500 वर्ग मीटर की क्यारियों की

आवश्यकता होती है। इन क्यारियों की बीज शैय्या अच्छी प्रकार बनाकर 15 जून के उपरान्त बुआई करके आवश्यकतानुसार सस्य क्रियायें करते रहना चाहिए। जब पौध की ऊँचाई 15–120 सेमी हो जाए तब रोपाई के लिए उपयुक्त होती है। नर्सरी में पौध यदि बीमारी से ग्रसित हो जाये तो उसको खेत में रोपाई के लिए प्रयोग ही नहीं करनी चाहिए अथवा बीमारी का पूर्ण नियंत्रण करने के पश्चात् ही रोपाई करनी चाहिए।

धान की पौध तैयार करने की निम्न तीन विधियाँ प्रयोग की जाती हैं।

1. नम क्यारी विधि : इस विधि में समतल खेत में पानी भरकर देशी हल की सहायता से 2–3 जुताइयाँ करके पानी को खूब गंदा (कीचड़ युक्त) कर देते हैं। इसके पश्चात् पाटा लगाकर खेत को समतल करने के उपरान्त कीचड़ युक्त पानी में बीजों को बिखेर देते हैं। कीचड़युक्त पानी होने के कारण बीजों पर मिट्टी की हल्की परत चढ़ जाती है। नर्सरी बनाने के पूर्व खेत में 10–15 टन प्रति हैक्टेयर की दर से गोबर की खाद डालकर अच्छी तरह से मिला देते हैं। इसके पश्चात् बीज बोने के समय 500 ग्राम अमोनियम सल्फेट अथवा यूरिया तथा 500 ग्राम सुपरफास्फेट प्रति 10 वर्ग मीटर क्यारी की दर से छिड़क देते हैं। जिन भूमियों में जिंक की कमी होती है वहाँ पर 5 किग्रा जिंक सल्फेट तथा 2.5 किग्रा. चूना प्रति हैक्टेयर की दर से प्रयोग करना अत्यन्त आवश्यक होता है। नर्सरी में अधिक पानी नहीं होना चाहिए। अतः आवश्यकता से अधिक पानी को निकालते रहना चाहिए। खरपतवारों के लिए समय-समय पर निराई-गुड़ाई अथवा अन्य कृष्य क्रियायें करते रहने से अच्छी किस्म की स्वस्थ पौध प्राप्त होती है। इस प्रकार नर्सरी बुआई के 20–25 दिन पश्चात् पौध रोपाई के लिए तैयार हो जाती है।

2. शुष्क क्यारी विधि : इस विधि द्वारा नर्सरी उन क्षेत्रों में बनाई जाती है जहाँ पर पानी की कम उपलब्धता होती है। पौधशाला बनाने के पूर्व खेत की 3–4 बार अच्छी तरह जुताइयाँ करके खेत की मिट्टी भुरभुरी कर दी जाती है। इसके पश्चात् 10 मीटर लम्बाई, 1 मीटर चौड़ाई तथा 15 सेमी ऊँचाई की क्यारियाँ बना ली जाती हैं। दो क्यारियों के मध्य में 50 सेमी जगह छोड़ने से वर्षा के अतिरिक्त पानी निकास के रूप में काम करती है तथा पौधशाला में कृष्य क्रियायें आदि करने में आसानी रहती है। इसके पश्चात् इन क्यारियों की ऊपरी सतह पर बीज को एक समान मात्रा में फैला कर मिट्टी से अच्छी प्रकार से ढक देते हैं। नर्सरी में खाद तथा उर्वरकों की उपरोक्त दी गई मात्रा के अनुसार प्रयोग की जाती है। नर्सरी में बीज बोने के बाद क्यारियों/पट्टियों को आवश्यकतानुसार हजारे की सहायता से नम करते रहते हैं। इसके पश्चात् दो पट्टियों के मध्य में बनी नाली में पानी भरकर धीरे-धीरे पानी पट्टियों पर चढ़ाते हैं। अन्य कृष्य क्रियायें उपरोक्त विधि के अनुसार करते रहते हैं।

3. डेपोग विधि (Dapog Method) : धान की पौध तैयार करने की यह विधि फिलीपाइन्स से भारत में आई। इस विधि का प्रयोग आन्ध्र प्रदेश में कुछ किसानों द्वारा धान की पौध तैयार करने के लिए किया जाता है। इस विधि से धान की पौध तैयार करने में अन्य विधियों की अपेक्षा आधा समय लगता है। इस विधि में पौधशाला तैयार करने के लिए कम भूमि की आवश्यकता होती है। इस विधि द्वारा पौधशाला से 25–30 वर्ग मीटर क्षेत्रफल पर एक हैक्टेयर धान की फसल की रोपाई हो जाती है। इसके अतिरिक्त पौध बहुत जल्दी तैयार हो जाती है। इस विधि द्वारा तैयार पौध बहुत पतली, गोलाकार तथा ऊँचाई कम होती है। शेष बची हुई पौध दो सप्ताह में सूख जाती है।

इस विधि में बीजों को 10-12 घंटे तक पानी में भिगोकर इसके पश्चात् नम रखकर अंकुरित किया जाता है। अंकुरित बीजों की 0.5 सेमी मोटी तह सीमेंट के फर्श अथवा प्लास्टिक पर फैलाकर ऊपर से पॉलीथीन अथवा घास अथवा पुआल से ढक दिया जाता है। इन बीजों को पहले 4 दिन लगातार नम बनाये रखना चाहिए। इस विधि में 3 किग्रा. बीज प्रति वर्ग मीटर की दर से फैलाते हैं। 4 दिन के पश्चात् इन बीजों को 1-2 सेमी की ऊँचाई तक पानी भरकर रखते हैं। प्रारम्भ में इसकी सुरक्षा चिड़ियों से करनी पड़ती है। इस विधि में पौध तैयार करने में उर्बरक तथा खाद की आवश्यकता नहीं पड़ती है। छोटे पौधों को रोपने से पूर्व सावधानीपूर्वक एक-दूसरे से अलग कर लेते हैं। इस विधि से तैयार पौध को 3-4 प्रति पौध के हिसाब से रोपाई करते हैं। इस प्रकार इस विधि से पौध तैयार करने में श्रम तथा पूँजी की बचत होती है तथा मृदा के विषैले प्रभाव तथा बीमारियों को फैलने से भी बचाया जा सकता है।

खेत की तैयारी (Field preparation) : रबी फसलों की कटाई के पश्चात् अप्रैल-मई माह में मिट्टी पलटने वाली हल से खेत की गहरी जुताई कर देनी चाहिए। ग्रीष्मकालीन जुताई कर देने से मृदा में पनपने वाले बीमारियों के परजीवी, कीटों के अण्डे तथा लारवा, सूत्रकृमि एवं खरपतवारों के बीज तथा कन्द आदि अधिक धूप तथा गर्मी से नष्ट हो जाते हैं।

सूखे खेत में सीधी बुआई के लिए 3-4 बार देशी हल अथवा कल्टीवेटर से अच्छी तरह जुताई करके खेत में पाटा लगा दिया जाता है जिससे खेत में ढेले समाप्त तथा भूमि समतल हो जाये। बुआई के समय खेत में खरपतवार नहीं होने चाहिए। यदि खेत में खरपतवार हैं तो 1 या 2 अतिरिक्त जुताइयाँ करके खेत खरपतवार रहित कर देना चाहिए।

यदि रोपाई विधि द्वारा धान की फसल उगानी हो तो रोपाई के 2 सप्ताह पूर्व 2-3 बार देशी हल अथवा कल्टीवेटर से खेत की अच्छी तरह जुताई कर देने के पश्चात् पाटा लगाकर भूमि को समतल कर देना चाहिए। इसके पश्चात् पानी भरकर खेत की देशी हल से 2 बार जुताई की जाती है। पडलर की सहायता से पंडलिंग (लेह) की जाती है। इसके पश्चात् अच्छी तरह से लेह बन जाने के उपरान्त धान के पौध की रोपाई की जा सकती है।

धान में लेह से लाभ (Advantages of puddling) : धान की फसल की बुआई करने से पूर्व लेह (Puddling) देने से निम्न लाभ हैं :

1. रोपाई के पूर्व लेह से खेत के खरपतवार नष्ट हो जाते हैं अथवा भूमि के अन्दर दब जाते हैं जिससे फसल में खरपतवारों का प्रकोप नहीं होता।
2. लेह से मृदा की भौतिक, रासायनिक तथा जैविक दशा में सुधार होता है जिसके कारण पौधों को पोषक तत्वों की उपलब्धता बढ़ जाती है।
3. भूमि की ऊपरी सतह समतल हो जाती है।
4. भूमि अधिक मुलायम हो जाती है जिसके कारण पौधों की जड़ों का बृद्धि तथा विकास अच्छा होता है। पौधों की जड़ों का विकास अधिक होने से मृदा से नमी तथा पोषक तत्व अधिक मात्रा में ग्रहण करते हैं।
5. मृदा में अन्तः श्रवण (Perculation) की दर घटी जाती है जिससे मृदा से फसल को अधिक नमी प्राप्त होती है।

बीज एवं बुआई (Seed and Sowing)

बीज (Seed) : धान की प्रमाणित बीज किसी सरकारी संस्था से ही खरीदना चाहिए। बीच सदैव स्वस्थ, बीमारी तथा कीटों से ग्रसित नहीं होना चाहिए। बीजों को बोने के पूर्व किसी एक कवकनाशी रसायन जैसे एग्रोसन जी एन, सेरेसान अथवा थीरम 2.5 ग्राम प्रति किलोग्राम बीज दर के अनुसार उपचारित कर देने से बीजों द्वारा फैलने वाली फफूँदी की बीमारियों का नियन्त्रण हो जाता है।

बीज की दर (Seed rate) : धान की फसल के बीज दर बुआई की विधि पर निर्भर करती है।

सीधे बीजों द्वारा बुआई – छिड़कवाँ – 100 किग्रा. प्रति हैक्टेयर

पंक्तियों में बुआई – 60 किग्रा. प्रति हैक्टेयर

रोपाई विधि द्वारा – बड़े दाने वाली धान की प्रजातियों – 40–50 किग्रा. प्रति हैक्टेयर

पहले दाने वाली धान की प्रजातियों – 30–35 किग्रा. प्रति हैक्टेयर

रोपाई (Transplanting) : नर्सरी में पौध जब 20–25 दिन की हो जाये तब लेह लगी हुई भूमि में 20 × 30 सेमी की दूरी पर दो पौध को एक साथ रोपना चाहिए। पौध को 2–3 सेमी से अधिक गहराई पर नहीं रोपना चाहिए। पौध की रोपाई करते समय खेत में बहुत कम पानी होना चाहिए। अधिक पुरानी पौध की रोपाई करने पर एक स्थान पर 4–5 पौधे रोपने चाहिए।

सीधे खेत में बुआई (Direct sowing) : लेह युक्त मृदाओं में धान की सीधी बुआई विधि में अंकुरित बीजों को खेत में छिड़काव अथवा पंक्तियों में बुआई कर दी जाती है। सिंचाई की सुविधा उपलब्ध होने पर बोने के दो सप्ताह पहले लेह लगाकर खेत तैयार कर लेते हैं। यदि सिंचाई की सुविधा उपलब्ध नहीं है तो वर्षा प्रारम्भ होने के पश्चात् लेह लगाई जाती है। छिड़कवाँ विधि द्वारा धान के बीजों को एक समान मात्रा में छिड़क दिया जाता है पंक्तियों में बीज की बुआई करने पर बीज पंक्तियों में डाला जाता है। इसके पश्चात् कुछ समय तक खेत में 1 सेमी तक पानी रखते हैं परन्तु जैसे-जैसे फसल बढ़ती जाती है खेत में पानी की मात्रा बढ़ाते रहते हैं।

लेह रहित अथवा सूखे खेत में धान की बुआई

पंक्तियों में (Line Sowing) : खेत में बुआई करने के पूर्व पलेवा कर देने से भूमि में पर्याप्त मात्रा में नमी संचित हो जाती है क्योंकि धान के बीजों के अंकुरण के लिए मृदा में नमी की अधिक मात्रा होनी चाहिए। खेत की तैयारी के समय संस्तुति उर्वरकों की मात्रा संस्थापन विधि द्वारा मृदा में बोने वाली पंक्ति में 4 सेमी की गहराई पर देते हैं। बीजों की हल के पीछे कूँडों में बुआई की जाती है।

छिड़कवाँ विधि (Broadcasting method) : इस विधि में धान की बुआई करने के पूर्व संस्तुत उर्वरक की मात्रा को आखिरी जुताई के समय खेत में फैलाकर अच्छी तरह से मिला देते हैं। इसके पश्चात् एक समान मात्रा में बीजों को खेत में छिड़क कर उथली जुताई करके अच्छी तरह से पाटा लगाकर बीजों को मृदा में दबा देते हैं। छिड़कवाँ विधि द्वारा बुआई करने पर खेत में अच्छी नमी का होना आवश्यक है।

दोनों विधियों में अंकुरण के पश्चात् एक हल्की सिंचाई कर देते हैं जिससे शुरू में पौधों की बढ़वार अच्छी हो जाती है इसके पश्चात् खेत में लगातार पानी भरा रहने देते हैं।

जलमग्न भूमियों में धान की बुआई

भारतवर्ष में जलमग्न भूमियों में भी धान की फसल उगाई जाती है। इस प्रकार की भूमियाँ सामान्यतः नदियों की तलहटी, तालाबों के किनारे, निचली भूमियों में वर्षा ऋतु के समय खेत में पानी भरा रहता है। नदियों के किनारे निचली भूमियों में जब बाढ़ आती है तब इन भूमियों में पानी भरा जाता है। इन भूमिों में पानी भरने की तीन अवस्थायें होती है उथली जलमग्न भूमियाँ (50 सेमी से कम), मध्यम जलमग्न भूमियाँ (50 से 100 सेमी) तथा गहरी जलमग्न भूमियाँ (100 सेमी से अधिक)। इन भूमियों में पानी भरने की दशा के अनुसार धान की प्रजातियों की बुआई बाढ़ आने के एक माह पूर्व छिड़कवाँ अथवा पंक्तियों में सीधे बीजों की बुआई कर दी जाती है। जैसे-जैसे वर्षा का पानी भरता रहता है धान के पौधे पानी के ऊपर आते रहते हैं।

जलमग्न भूमियों में कैल्सियम परआक्साइड से बीजों को उपचारित करके बोने से बीजों के अंकुरण के समय आक्सीजन मिलती रहती है जिसके कारण बीजों का अंकुरण शीघ्रता से तथा अधिक मात्रा में होता है। इस विधि में कैल्शियम परआक्साइड 5.0 किग्रा.+2.5 किग्रा. कैल्सियम सल्फेट+100 लीटर पानी+1 किग्रा सेल्यूलोज अथवा अन्य चिपकने वाला पदार्थ+ 100 किग्रा बीज को एक बड़े ड्रम में उपरोक्त की मात्रा डालकर ऊपर के कुछ प्लास्टर आफ पेरिस डालकर इन समस्त सामग्री को अच्छी तरह से मिलाते हैं। जब यह दवाई अच्छी तरह से बीजों पर चिपक जाये तब बाहर करके 2-4 घंटे सुखाने के बाद खेत में बुआई कर दी जाती है। जलमग्न दशाओं में बीजों को इस प्रकार से उपचारित करके बोने से धान की उपज में 20-25 प्रतिशत तक की बढ़ोतरी हो जाती है।

बुआई/रोपाई का समय

भारतवर्ष में धान की बुआई पूरे वर्ष की जाती है। जिन क्षेत्रों में पूरे वर्ष तापमान तथा आर्द्रता एक समान रहती है वहाँ पर धान की फसल की दो अथवा तीन फसलें उगाई जाती हैं।

1. उत्तर भारत में धान की केवल एक फसल ही ली जाती है। इन क्षेत्रों में धान की बीजों की बुआई मई के अन्तिम सप्ताह से जून के द्वितीय सप्ताह तक की जाती है। परन्तु रोपाई विधि द्वारा धान की नर्सरी जून की प्रथम सप्ताह में लगाते हैं तथा रोपाई जुलाई के प्रथम सप्ताह से जुलाई के तृतीय सप्ताह तक करते हैं।
2. पश्चिम बंगाल तथा आसाम में धान की तीन फसलें उगाई जाती हैं। जिनकी बुआई तथा फसल पकने का समय निम्न हैं।

तालिका 1.9 : धान की बुआई तथा कटाई का समय

फसल	धान की किस्में	बुआई का समय	कटाई का समय
ग्रीष्म कालीन	बोरो धान (पश्चिम बंगाल) दलुआ (उड़ीसा)	मार्च के द्वितीय सप्ताह से अप्रैल का प्रथम सप्ताह	जून-जुलाई
खरीफ	अमन धान अगहनी (पश्चिम बंगाल)	जून-जुलाई	नवम्बर-दिसम्बर
रबी	आसु घास (पश्चिमी बंगाल तथा बिहार)	नवम्बर-दिसम्बर	मार्च-अप्रैल

दक्षिण भारत में धान की खेती खरीफ तथा रबी दोनों ही मौसम में की जाती है। खरीफ फसल की रोपाई जून–जुलाई माह में करते हैं जबकि रबी ऋतु में धान की रोपाई नवम्बर–दिसम्बर में की जाती है।

खाद एवं उर्वरक (Manures and Fertilizers)

धान की फसल को पोषक तत्वों की अन्य फसलों की अपेक्षा अधिक मात्रा में आवश्यकता होती है क्योंकि धान की फसल में पोषक तत्वों की हानि भी अधिक मात्रा में होती है। मृदा परीक्षण के आधार पर धान की फसल को खाद एवं उर्वरकों की निम्न मात्रा निर्धारित करनी चाहिए।

पोषक तत्व	बौनी प्रजातियाँ	देशी प्रजातियाँ
नत्रजन (किग्रा/है.)	120–150	80–100
फासफोरस (किग्रा/है.)	60–80	50–60
पोटास (किग्रा/है.)	50–60	40–50

यदि मृदा में जस्ते की कमी तो बुआई के समय 25–30 किग्रा जिंक सल्फेट प्रति हैक्टेयर तथा 15–20 किग्रा चूना प्रति हैक्टेयर की दर से प्रयोग करना आवश्यक है। यदि पौधों में जस्ते की कमी के लक्षण प्रकट हो तो खड़ी फसल में रोपाई के 25–30 दिन उपरान्त 500 ग्राम जिंक सल्फेट +2 किग्रा यूरिया को 100 लीटर पानी में घोलकर एक सप्ताह के अन्तराल पर 2–3 बार छिड़काव करने से जिंक की कमी के लक्षण समाप्त हो जाते हैं। धान की फसल में आयरन की कमी के लक्षण प्रकट हो तो फैरस सल्फेट का 1 प्रतिशत घोल का छिड़काव एक–एक सप्ताह पश्चात् 2–3 बार करना चाहिए।

तालिका 1.10. विभिन्न राज्यों में धान की फसल को पोषक तत्वों का आवश्यकता (किग्रा. /है.)

राज्य	खरीफ						रबी					
	बौनी प्रजातियाँ			स्थानीय प्रजातियाँ			बौनी प्रजातियाँ			स्थानीय प्रजातियाँ		
	N	P	K	N	P	K	N	P	K	N	P	K
आन्ध्र प्रदेश	60	40	50	40	40	50	120	60	50	80	40	50
आसाम	80	40	40	30	15	15	80	40	40	30	15	15
उत्तरप्रदेश	120	60	60	60	30	30	–	–	–	–	–	–
बिहार	85	50	40	50	40	40	–	–	–	–	–	–
हरियाणा	120	60	60	60	30	40	–	–	–	–	–	–
गुजरात	100	50	50	50	25	25	–	–	–	–	–	–
कर्नाटक	100	25	30	–	–	–	120	60	60	–	–	–
मध्यप्रदेश	100	25	50	60	50	50	–	–	–	–	–	–
महाराष्ट्र	100	50	50	25	25	25	–	–	–	–	–	–
पंजाब	125	80	60	80	40	60	–	–	–	–	–	–
पश्चिम बंगाल	60	50	50	–	–	–	100	70	70	–	–	–
तमिलनाडु	120	60	60	60	30	30	–	–	–	–	–	–
केरल	90	45	45	40	20	20	–	–	–	–	–	–

पूर्ण से सड़ी हुई 10–15 टन प्रति हैक्टेयर गोबर की खाद अथवा कम्पोस्ट को धान की फसल की बुआई/रोपाई के एक माह पूर्व खेत में फैलाकर अच्छी तरह से मिला देना चाहिए। ग्रीष्म ऋतु में

हरी खाद जैसे सनई अथवा ढैंचा का भी प्रयोग करना उत्तम होता है। मई में ढैंचा अथवा सनई का बीज 25-30 किग्रा प्रति हैक्टेयर की दर से बुआई कर देते हैं। जब ढैंचा अथवा सनई की फसल 30-40 दिन की हो जाये तब इसे खेत में पलट दिया जाता है। हरी खाद की पलटाई के 15-20 दिन उपरान्त खेत की अच्छी तरह से तैयारी करके धान की रोपाई कर दी जाती है।

नत्रजन की आधी मात्रा, फासफोरस तथा पोटास की सम्पूर्ण मात्रा पडलिंग के समय खेत में फैला दी जाती है। शेष नत्रजन की मात्रा को दो बार में खड़ी फसल में छिड़काव कर दिया जाता है। नत्रजन का पहला छिड़काव फसल की रोपाई के 25-30 दिन पश्चात् जबकि दूसरा छिड़काव बाली निकलने के समय अथवा 60-70 दिन पश्चात् कर देते हैं। जब धान की ज्यादा दिन पुरानी पौध की रोपाई की गई हो तो नत्रजन की दो तिहाई मात्रा पडलिंग के समय प्रयोग करते हैं तथा शेष एक तिहाई नत्रजन की छिड़काव धान की रोपाई के 25 दिन पश्चात् खड़ी फसल में कर देते हैं।

नत्रजन की होने वाली हानि को रोकने के लिए निम्न नत्रजन धारी उर्वरकों का प्रयोग करके बचाया जा सकता है जैसे नीम लेपित यूरिया (Neem coated urea) की गोली मिट्टी की गोलियाँ बनाकर (Use mud ball urea), सल्फर लेपित यूरिया (Sulphur coated urea) आदि का प्रयोग करके नत्रजन की होने वाली हानि से बचा जा सकता है। इन नत्रजन युक्त उर्वरकों को भूमि में प्रयोग करने के पूर्व खेत से पानी निकाल कर भूमि के अन्दर प्रयोग किया जाता है। इस प्रकार के उर्वरक नत्रजन को धीरे-धीरे छोड़ते हैं जिसके कारण नत्रजन का गैस के रूप में ह्रास कम होता है और लगभग पूरी मात्रा पौधों को प्राप्त हो जाती है।

खरपतवार नियन्त्रण (Weed Management)

धान की फसल में सामान्यतः सांवाघास (*Echinocloa crusgalli*), दूबघास (*Cynodon dactylon*), बर्रूघास (*Panicum repense*), मोंथा (*Cyperus rotundus*), दुधी (*Euphorbia hirta*), चौलाई (*Amaranthus viridis*), *Eclipta prostrata* आदि खरपतवार मुख्य रूप से पाये जाते हैं। रोपाई की गई धान की फसल में खरपतवारों द्वारा 15-40 प्रतिशत तक ह्रास हो जाता है। धान की फसल में फसल चक्र एवं कृष्य क्रियाओं द्वारा खरपतवार नियन्त्रण तथा उनकी वृद्धि कम करने के निम्न उपाय हैं -

1. नर्सरी बोने के लिए खरपतवार रहित धान के बीजों का प्रयोग करना चाहिए। ऐसा करने से धान की पौध के साथ खरपतवार कम पहुँचते हैं।
2. धान के बीजों की बुआई से पहले नर्सरी की जुताई करके सही तरह से खेत तैयार करके तथा समतल करने के बाद करनी चाहिए।

तालिका 1.11. धान की फसल में विभिन्न क्षेत्रों के लिए संस्तुति खरपतवारनाशी

क्षेत्र	खरपतवारनाशी
बंगलौर	ब्यूटाक्लोर 0.94 किग्रा/हैक्टेयर बोने के बाद परन्तु जमाव के पूर्व
	ब्यूटानिल 2-3 लीटर/हैक्टेयर बोने के 8-10 दिन बाद
	प्रोटीलाक्लोर + सेफनर 0.3-0.4 किग्रा/हैक्टेयर बोने के 6-10 दिन उपरान्त
	पाइराजो-सल्फुरोन इथाइल 25 ग्राम प्रति हैक्टेयर बुआई के 6-10 दिन उपरान्त
कोयम्बूइर	प्रोटीलाक्लोर + सेफनर 0.45 किग्रा प्रति हैक्टेयर बोने के 2 दिन बाद
पालमपुर	फीनोक्साप्रोप-पी-इथाइल 70-90 ग्राम प्रति हैक्टेयर बोने के 20-25 दिन उपरान्त
	जीनोक्साप्रोप-पी-इथाइल 60 ग्राम/हैक्टेयर + इथोक्सीसल्फुरोन 10 ग्राम/है. बुआई के 10 दिन बाद

तालिका 1.12. धान की नर्सरी के लिए उपयुक्त खरपतवारनाशी रसायन

क्षेत्र	उपयुक्त खरपतवारनाशी
आसाम	पाइराजोसल्फूरान इथाइल 15 ग्राम/हैक्टेयर का छिड़काव (पीई), पेन्डीमिथालीन 1.0 किग्रा/हैक्टेयर (पीई), ब्यूटाक्लोर 1.5 किग्रा./हैक्टेयर (पीई)
हिसार	प्रोटीलाक्लोर + सेफनर 0.50 किग्रा प्रति हैक्टेअर (पीई)
पालमपुर	प्रोटीलाक्लोर + सेफनर 0.75 किग्रा प्रति हैक्टेयर (पीई), पेन्डीमिथालीन 1.5 किग्रा./हैक्टेयर (पीई) क्लोरोफोम ब्यूटाइल 90 ग्राम प्रति हैक्टेयर (पी ओ ई)
रामपुर	पेन्डीमिथालीन 1.0 किग्रा/हैक्टेयर (पी ई), प्रोटीलाक्लोर + सेफनर 0.5 किग्रा/हैक्टेयर (पी ई.) थायोबेनकार्ब 1.5 किग्रा/हैक्टेयर (पी ओ ई)
दपोली	आक्साडायागिल 0.1 किग्रा/हैक्टेयर (पी ई)
लुधियाना	प्रोटीलाक्लोर + सेफनर 0.5 किग्रा प्रति हैक्टेयर (पी ई)
आनन्द	पेन्डीमिथालीन 1.5 किग्रा प्रति हैक्टेयर, आक्साडायोजन 0.50 किग्रा प्रति हैक्टेयर (पी ई)

पी ई-बोने के बाद परन्तु जमाव के पूर्व, पी ओ ई - खड़ी फसल में

3. जितना सम्भव हो सके, धान की पौध से खरपतवारों को नर्सरी में ही निकाल देना चाहिए।
4. धान के पौध की रोपाई करने के 10 दिन पूर्व खेत की सही ढंग से जुताई कर खेत तैयार करना चाहिए।
5. पौध रोपाई के एक दिन पूर्व खेत की सही ढंग से जुताई करके खेत को समतल कर देना चाहिए।
6. रोपाई से पहले तथा बाद में मेड़ों पर उग रही घास को निकालते रहना चाहिए जिससे खेत में खरपतवार फैलने का अंदेशा कम हो जाता है।
7. कम अवधि में पकने वाली धान की प्रजातियों का अंतरण कम जबकि मध्यम एवं देर से पकने वाली प्रजातियों का अन्तरण अधिक रखना चाहिए।
8. धान की रोपाई सदैव पंक्तियों में करनी चाहिए। इससे केवल श्रमिकों की कार्यक्षमता ही नहीं बढ़ती बल्कि रोटरी वीडर का भी प्रयोग आसानी से किया जा सकता है।
9. खाद एवं उर्वरकों को सही समय, उपयुक्त मात्रा तथा उपयुक्त विधि से प्रयोग करना चाहिए। कम एवं मध्यम अवधि में पकने वाली धान की प्रजातियों में क्रमशः 60 : 40 : 30 तथा 90 : 60 : 40 किग्रा नत्रजन : फासफोरस : पोटाश प्रति हैक्टेयर प्रयोग करना चाहिए। नत्रजन की एक तिहाई, फासफोरस एवं पोटास की सम्पूर्ण मात्रा रोपाई के समय खेत में मिला देना चाहिए। नत्रजन की शेष मात्रा रोपाई के 20 तथा 40 दिन के बाद खरपतवार नियन्त्रण के बाद देनी चाहिए। इससे खरपतवारों एवं पोषक तत्वों के बीच प्रतिस्पर्धा कम हो जाती है।

यांत्रिक विधि द्वारा धान की फसल में खरपतवार नियन्त्रण निम्न विधियों द्वारा किया जाता है:

1. धान की फसल की रोपाई के पूर्व खेत की ग्रीष्मकालीन (अप्रैल-मई) गहरी जुताई करने से अधिक धूप तथा गर्मी के कारण खरपतवार तथा उसके बीज, कीटों के लारवा तथा अन्डे एवं बीमारियों के परजीवी नष्ट हो जाते हैं, जिससे फसल में इनकी संख्या कम हो जाती है।

2. यदि खरपतवार की समस्या अधिक हो तो खेत को ग्रीष्मकाल में परती छोड़ देना चाहिए तथा खेत की समय-समय पर सफाई अथवा जुताई करते रहना चाहिए। यदि खेत में खरपतवारों की समस्या अधिक हो तो खेत में आग जलाकर खरपतवारों को नष्ट किया जा सकता है लेकिन यह क्रिया खरपतवारों के बीज बनने के पूर्व करनी चाहिए।
3. यदि धान की फसल की रोपाई पंक्तियों में की गई है तो रोटरी वीडर द्वारा खरपतवार नियन्त्रण का बहुत ही सस्ता तथा सरल उपाय है। इस यंत्र की सहायता से एक-डेढ़ हैक्टेयर प्रतिदिन के हिसाब से खरपतवार नियंत्रित किये जा सकते हैं।

रासायनिक विधि द्वारा धान की फसल में खरपतवारनाशी रसायन का छिड़काव करके खरपतवारों को नष्ट किया जा सकता है। धान की फसल में इन खरपतवारनाशी रसायनों से खरपतवार नियन्त्रण एक प्रभावी विधि है। उपयुक्त खरपतवारनाशी रसायनों का प्रयोग निम्नवत है :

1. ब्यूटाक्लोर (मिचेटी) शाकनाशी का 1.5-2.0 किग्रा सक्रिय तत्व प्रति हैक्टेयर की दर से खरपतवारों के जमने के पूर्व अथवा रोपाई के तीसरे दिन छिड़काव करके धान की फसल में उगने वाले प्रमुख खरपतवारों का नियन्त्रण हो जाता है।
2. प्रोपालिन (स्टाम्प एफ 34) के 2 किग्रा सक्रिय तत्व प्रति हैक्टेयर की दर से खरपतवारों के जमने के बाद तथा रोपाई के तीन सप्ताह तक प्रयोग किया जा सकता है।

संकर धान की उन्नत खेती

देश की बढ़ती हुई जनसंख्या के लिए भारत को सन् 2020 तक लगभग 1350-1400 लाख टन धान का उत्पादन करना होगा। साथ ही साथ धान की उत्पादकता 25 क्विंटल प्रति हैक्टेयर से बढ़ाकर 42.50 क्विंटल प्रति हैक्टेयर करनी होगी। चीन ने संकर धान की तकनीक अपनाकर धान की पैदावार बढ़ाकर यह सिद्ध कर दिया है कि धान का उत्पादन इस तकनीक से बढ़ाया जा सकता है। भारत में संकर धान के विकास की परियोजना सन् 1989 से देश के चुने हुए कृषि विश्वविद्यालयों और भारतीय कृषि अनुसंधान परिषद के कुछ संस्थानों में चल रही है।

अब तक संकर धान की कुल 40-45 प्रजातियाँ किसानों के लिए विकसित की जा चुकी हैं। किसान संकर धान की तकनीक को अपनाकर धान का उत्पादन बढ़ाकर ज्यादा लाभ प्राप्त कर सकता है।

संकर किस्में

संकर किस्में दो अनुवांशिक गुणों वाली प्रजातियों के नर और मादा पौधों के संयोग/संसर्ग/संकरण से विकसित की जाती हैं। इनमें पहली पीढ़ी का ही बीज नई किस्म के रूप में इस्तेमाल में लाया जाता है क्योंकि दोनों किस्मों के संयोग से संकलित एक विलक्षण ओज क्षमता उत्पन्न होती है जो सामान्य किस्मों की तुलना में ज्यादा उपज देने में सक्षम होती है मगर दूसरी पीढ़ी में उनके संकलित गुण कम हो जाते हैं और उनकी ओज क्षमता में कमी आ जाती है। इसलिए संकर किस्मों का फायदा सिर्फ एक ही पीढ़ी तक रहता है। इसका बीज किसानों को हर साल खरीदना जरूरी है। नतीजा यह है कि इसका बीज प्रति वर्ष उस संस्था को बनाना पड़ता है जिसने विकसित किया है। संकर धान की खेती का उत्पाद दोबारा बीज के काम में नहीं लाया जाता सिर्फ खाने के काम आता है।

संकर धान की खेती, सामान्य किस्मों की ही तरह की जाती है और लगभग 10-12 क्विंटल प्रति हैक्टेयर अधिक उपज मिलती है क्योंकि इनमें प्रति पौधा बालियाँ ज्यादा होती हैं और प्रति बाली में दानों की संख्या भी ज्यादा होती है।

उपयुक्त भूमि

संकर धान से भरपूर उपज लेने के लिए दोमट या मटियार भूमियाँ जिसमें ज्यादा पानी रोकने की क्षमता हो उपयुक्त होती हैं।

संकर प्रजातियाँ

ए.पी.एच.आर-1, ए.पी.एच.आर-2, के.आर.एच-1, के.आर.एच-2, नरेन्द्र संकर धान-2, प्रो.एग्रो.-6201 आदि (विस्तृत विवरण तालिका 1.7 में)।

बीज दर

20-25 कि.ग्रा. बीज प्रति हैक्टेयर अर्थात् बीज दर सामान्य प्रजातियों के मुकाबले आधी होती है।

नर्सरी की विशेष विधि

एक हैक्टेयर क्षेत्रफल में संकर धान रोपने के लिए 500-600 वर्ग मीटर नर्सरी क्षेत्र पर्याप्त होता है जो सामान्य धान के लिए भी वांछित है क्योंकि संकर धान का बीज 20-25 कि.ग्रा. प्रति हैक्टेयर ही इस्तेमाल में लाया जाता है। फलस्वरूप नर्सरी में पौधे बिरले रहते हैं जिससे अच्छी वृद्धि होती है तथा नर्सरी में ही 2-3 कल्ले निकल आते हैं। बोआई से पहले 100 कि.ग्रा. नत्रजन, 50 कि.ग्रा. फासफोरस तथा 60 कि.ग्रा. पोटास प्रति हैक्टेयर की दर से खेत में डालते हैं। नर्सरी में यदि जस्ता (जिंक) या लौहा (आयरन) की कमी दिखाई पड़े तो 0.5 प्रतिशत जिंक सल्फेट और 0.2 प्रतिशत आयरन सल्फेट के घोल का छिड़काव करना लाभदायक होता है।

बीज शोधन

बीज पहले से उपचारित न हो तो बोने से पहले पारायुक्त रसायन से उपचारित कर लें।

रोपाई का समय या दूरी

25-30 दिन की 2-3 कल्लों वाले एक से दो पौध की रोपाई 2-3 से.मी. गहराई पर लाइन से लाइन (15 से.मी.) तथा पौध से पौध 15 से.मी. की दूरी पर की जाती है। ऐसा करने से प्रति वर्ग मीटर में कम से कम 45-50 पूँजे जरूर रहें। मरे हुए पौधों की जगह पर उसी संकर प्रजाति के दूसरे पौधों की रोपाई एक सप्ताह के अन्दर जरूर कर देनी चाहिए।

उर्वरक प्रबन्ध

अधिक उपज के लिए संकर धान में सामान्य धान से ज्यादा और समन्वित पोषक तत्वों की आवश्यकता होती है इसके लिए 150 कि.ग्रा. नत्रजन, 75 कि.ग्रा. फासफोरस, 60 कि.ग्रा. पोटाश और 25 कि.ग्रा. जस्ता प्रति हैक्टेयर की जरूरत होती है। रोपाई के समय नत्रजन की आधी और फासफोरस तथा पोटाश की पूरी मात्रा डाली जाये। शेष नत्रजन की मात्रा को दो बराबर भागों में कल्ले निकलते समय तथा बालियाँ निकलने के समय देना चाहिए।

सिंचाई

खेत में लगातार 5-6 सेंटीमीटर पानी खड़ा रहना बहुत लाभकारी होता है। इसके लिए सिंचाई की पर्याप्त सुविधा रहना लाभप्रद होता है। धान की चार अवस्थाओं जैसे रोपाई, ब्याँत, बाली निकलते समय और दाने भरते समय खेत में सबसे ज्यादा पानी की जरूरत पड़ती है। इस अवस्थाओं पर खेत में 5-6 सेमी पानी अवश्य भरा रहना चाहिए।

खरपतवारों की रोकथाम

रोपाई के एक सप्ताह के अन्दर ब्यूटाक्लोर 3 लीटर/हैक्टेयर या एनीलोफास एक लीटर/हैक्टेयर की दर से 600-800 लीटर पानी में घोलकर छिड़काव कर दें अथवा दो निकाई रोपाई के 20 तथा 40 दिन पर कर देने के बाद खरपतवार नियंत्रित हो जाते हैं।

फसल सुरक्षा

धान का बंका, तना छेदक, धान की गंधी और सैनिक कीट संकर धान में लगने वाले प्रमुख कीट हैं। कीट रसायनों का प्रयोग कीटों के ज्यादा प्रकोप के समय ही करना चाहिए। एकीकृत कीट प्रबन्धन की विधियाँ अपनायी जानी चाहिए। संकर धान में शाकाणु झुलसा और झोंका रोग प्रमुख हैं। इनकी रोकथाम के लिए उपचारित बीज का ही इस्तेमाल करना चाहिए। धान में लगने वाले प्रमुख कीटों एवं बीमारियों का विस्तृत विवरण आगे दिया गया है :

धान में लगने वाली प्रमुख बीमारियाँ तथा कीटों के लक्षण एवं उनकी रोकथाम : धान की प्रमुख बीमारियों/कीटों एवं उनकी रोकथाम को निम्न तालिकाओं में दर्शाया गया है।

तालिका 1.13 : धान की प्रमुख बीमारियाँ एवं उनका नियन्त्रण

कीट	विशिष्ट लक्षण	रोकथाम
भूरे धब्बे (Brown spot) (कोक्लियोबोलस मियावियानस)	इस बीमारी का प्रकोप बीजों के जमाव के समय प्रकुंर सफेद हो जाते हैं। पत्तियों पर गहरे भूरे अथवा बैंगनी भूरे रंग के गोल अथवा अण्डाकार धब्बे बन जाते हैं। अधिक प्रकोप होने की दशा में ये धब्बे पूरी पत्ती पर फैल जाते हैं। बालियों में प्रकोप होने की दशा में दाने सिकुड़ जाते हैं तथा उनका रंग बदल जाता है।	सेरेसान, एग्रोसन जी एन अथवा थीरम की 2.5 ग्राम दवाई प्रति किलो बीज दर से बीजोपचार करना चाहिए। सामान्यत: इस बीमारी का प्रकोप पोटास की कमी से होता है अत: सन्तुलित मात्रा में पोटास का प्रयोग करना चाहिए। रोग अवरोधी प्रजातियों की बुआई करनी चाहिए।
ब्लास्ट (Blast) पायरीकुलेरिया ओराइनी)	इस रोग के प्रकोप से पत्तियाँ तथा पत्तियों के जुड़ने की सतह पर आँख के आकार के घूसर अथवा गहरे भूरे रंग के धब्बे बन जाते हैं। इन धब्बों के केन्द्र पर पीले एवं घूसर हरे रंग के छोटे-छोटे बिन्दु समान धब्बे बन जाते हैं। कुछ समय पश्चात ये धब्बे घूसर अथवा भूसे के रंग में परिवर्तित हो जाते हैं। रोग की अधिकतम प्रकोप की दशा में ये धब्बे पूरी पत्ती पर फैल जाते हैं। पौधों में बालियाँ निकलते समय बालियों के नीचे तनों पर भूरे अथवा काले रंग के धब्बे पड़ जाते हैं, जिससे बालियों में दाने नहीं पड़ते।	किसी कवकनाशी रसायन जैसे सेरेसान, एग्रोसन जी एन अथवा थीरम 2.5 ग्राम रसायन प्रति किलो ग्राम बीज दर से बीजोपचार करना चाहिए। हिनोसन 50 ई सी अथवा बेनलेट अथवा बेविस्टीन का 0.1% घोल का 4-5 बार छिड़काव करना इसके लिए लाभप्रद है। रोग अवरोधी प्रजातियों का चयन करना चाहिए।

खैरा बीमारी (Khaira disease)	यह एक शरीर क्रियात्मक बीमारी है। यह बीमारी जिंक की कमी के कारण होती है। इस रोग का प्रकोप पौधों की रोपाई के 15-20 दिन पश्चात् शुरू हो जाता है। इसके प्रकोप से पौधों की नीचे की पत्तियाँ पीली पड़ना शुरू हो जाती हैं इसके पश्चात् पत्तियों पर कत्थई रंग के छिड़कवाँ धब्बे उभरने लगते हैं। तीव्र अवस्था में रोगग्रस्त पत्तियाँ सूखने लगती हैं। पौधों में कल्लों की संख्या कम तथा पौधों की बढ़वार रूक जाती है। इसके अतिरिक्त इस बीमारी का प्रकोप पौधे की जड़ों पर भी होता है। पौधे की मुख्य जड़ भूरे रंग की हो जाती है तथा छोटी-2 जड़ें नष्ट हो जाती हैं। पौधे की बढ़वार रुक जाती है तथा बालियाँ नहीं बनती है।	जिंक सल्फेट 5 किग्रा. तथा 2.5 किग्रा. चूना का मिश्रण 1000 लीटर पानी में घोलकर नर्सरी तथा फसल पर छिड़काव करने से इस रोग का नियन्त्रण हो जाता है। आवश्यकता पड़ने पर एक-दो छिड़काव पुनः किए जा सकते हैं।
पत्ती का झुलसा रोग (Bacterial leaf blight) (जेन्थ्रोमोनास ओराइजी)	इस रोग का प्रकोप नर्सरी से लेकर फसल पकने की अवस्था तक कभी भी हो सकता है। इस रोग का प्रकोप होने पर पत्तियों के ऊपरी भाग के किनारे से मध्य भाग की तरफ सूखे धब्बे शुरू होते हैं। सूखे पीले पत्तों के साथ-साथ राख के रंग के लम्बे-लम्बे चकत्ते भी दिखाई देते हैं। अधिक प्रकोप होने पर पूरी पत्ती सूख जाती है। इसके परजीवी धान के डंठलों पर भी पनपते रहते हैं जब धान की दूसरी फसल बोई जाती है तो यह बीमारी उसमें भी संचारित हो जाती है।	धान का स्वस्थ, बीमारी रहित तथा प्रमाणित बीज बोना चाहिए। उचित जलनिकास द्वारा इस बीमारी को फैलने से रोका जा सकता है। नत्रजन का संतुलित प्रयोग करना चाहिए। रोगरोधी प्रजातियों को बोना चाहिए। एग्रीमाइसिन 75 ग्राम, फाइटोलान, ब्लाईटाक्स 50, क्यूपराविट 500 ग्राम रसायन को 500 लीटर पानी में घोलकर 3-4 बार छिड़काव करना चाहिए।
टुंग्रो वायरस (Tungro virus)	इस रोग के प्रकोप से पौधे की पुरानी पत्तियों के सिरे पीले से नारंगी रंग में परिवर्तित होने लगते हैं। संक्रमित पौधों की बढवार रूक जाती है, बालियाँ कम निकलती हैं तथा बालियों में दाने नहीं बनते।	फसल की कटाई के पश्चात् पौधों के डंठल तथा बचे हुए अवशेषों को जला देना चाहिए। संक्रमण शुरू होते ही संक्रमित पौधों को उखाड़कर जला देना चाहिए। डायजिनान 1.5 किग्रा. (सक्रिय तत्व) प्रति है. की दर से 5 बार छिड़काव करना चाहिए। फ्यूराडान अथवा कार्बोफ्यूरान-100 रसायन का छिड़काव तथा पौध रोपण के समय इस रसायन के घोल में डुबो कर ही रोपाई करनी चाहिए। रोगरोधी प्रजातियों को बोना चाहिए। उपयुक्त फसल चक्र अपनाना चाहिए।
तना सडन (Stem rot) (लेप्टोस्फेरिया सालविनाई)	फसल की रोपाई के पश्चात् छोटे-छोटे काले रंग के पत्तियों के जुड़ने के स्थान पर धब्बे बन जाते हैं। यह फफूँदी धीरे-धीरे तनों के अन्दर घुसकर बड़े आकार के काले, चिकने तथा चमकीले स्कलरोसिया बनाते हैं। इस प्रकार से प्रभावित पौधों के तने सड़ जाते हैं और पौधा गिर जाता है। संक्रमित पौधों में बालियाँ चाफी तथा दाने नहीं बनते हैं।	ग्रीष्म कालीन खेत की गहरी जुताई कर देने से इसके ककव तेज धूप एवं गर्मी से मर जाते हैं। रोगग्रसित पौधों को उखाड़कर जला देना चाहिए। खेत में भरे हुए अतिरिक्त पानी को समय-समय पर निकालते रहना चाहिए।

तालिका 1.14 : धान की फसल में लगने वाले प्रमुख कीट एवं उनका नियन्त्रण

कीट एवं उनका वैज्ञानिक नाम	लक्षण	नियन्त्रण
तना छेदक	फसल में गिडारों का प्रकोप होने की प्रारम्भिक अवस्था में पौधों का मुख्य तना सूख जाता है जिसे डेड हर्ट कहते हैं। जब इस कीट का प्रकोप बालियाँ निकलने के समय होता है तब बालियाँ सूखकर सफेद हो जाती हैं।	इस कीट के प्रकोप होने पर 3 प्रतिशत फ्यूराडान को 30-35 किग्रा प्रति हैक्टेयर की दर से अथवा 10 प्रतिशत थिमेट को 10 किग्रा प्रति हैक्टेयर की दर से खड़े पानी में भुरकाव कर देना चाहिए। आवश्यकता पड़ने पर पुनः छिड़काव किया जा सकता है। इण्डोसल्फान अथवा मैलाथियान का 2.5 लीटर प्रति है. की दर से 800-1000 लीटर पानी में घोलकर दो बार छिड़काव करना चाहिए।
धान की जड़ सूँडी	इस कीट के गिडार उबले हुए चावल के समान होते हैं। इसकी सूँडी फसल जमने के पश्चात महीन जड़ों को खाकर नुकसान पहुँचाती है जिससे जड़ों द्वारा पोषक तत्वों की आपूर्ति बंद होने से पौधा पीला पड़कर सूख जाता है।	तना छेदक अवरोधी प्रजातियों को उगाना चाहिए। एल्ड्रिन 30 ईसी या गामा वी एच सी रसायन 20 ईसी 2.5 लीटर प्रति हैक्टेयर की दर से छिड़काव करना चाहिए।
गाल मिज (Gall midge)	इस कीट से प्रभावित पौधों तथा कल्लों में गाल जैसे बन जाते हैं जिससे कारण पत्तियाँ प्याज के आकार की हो जाती हैं। इस कीट का अधिक प्रकोप होने की दशा में उपज में काफी गिरावट आ जाती है। इस कीट से प्रभावित कल्लों में बालियाँ नहीं बनती।	3 प्रतिशत फ्यूराडान के दाने 30-35 किग्रा अथवा 10 प्रतिशत थीमेट के दाने 10 किग्रा प्रति हैक्टेअर की दर से खड़े पानी में भुरकाव कर देना चाहिए। आवश्यकतानुसार इन कीटनाशी रसायनों का 2-3 बार छिड़काव कर देना चाहिए। इस कीट अवरोधी प्रजातियों को उगाना चाहिए। मैलाथियान 50 ई.सी. 2.5 लीटर अथवा इण्डोसल्फान 35 ई.सी. 7.50 लीटर अथवा फासफोमिडान 100 ई.सी. 200-250 मिली प्रति हैक्टेअर की दर से 800-1000 लीटर पानी में घोलकर छिड़काव कर देना चाहिए।
धान को हिस्पा (Rice Hispa)	व्यस्क कीट पत्तियों को ऊपरी सतह को खुरच-खुरच कर खाता है जिसके कारण पत्तियों की निचली सतह बचती है। कीट प्रभावित पत्ती सिराओं की तरफ समानान्तर सफेद रंग की धारियाँ पड़ जाती है।	डेमेक्रोन (100 ई.सी.) की 0.5 मिली अथवा फेनीट्रोथिआन (50 ई.सी.) की 1 मिली दवा प्रति लीटर की दर से घोल कर छिड़काव करना चाहिए। मैलाथियान (50 ई.सी.) अथवा इण्डोसल्फान (35 ई.सी.) अथवा कारबा राइल (50 डब्लू A) 1.5 लीटर प्रति है. की दर से 800-1000 लीटर पानी में घोलकर छिड़काव करना चाहिए।
धान का गन्धी बग (Gandhi bug)	धान में बालियाँ निकलने के पश्चात् इसका प्रकोप होता है। कीट के प्रौढ़ एवं निम्फ दोनों ही बालियों में नवविकसित दाने का रस चूस लेते हैं जिससे बालियों में दाने पड़ते ही नहीं अथवा दाने सिकुड़ जाते हैं।	5 प्रतिशत बी एच सी 30-35 किग्रा. प्रति हैक्टेअर अथवा 10 प्रतिशत हेप्टाक्लोर 15-20 किग्रा. प्रति हैक्टेअर की दर से सुबह के समय भुरकाव कर देना चाहिए।

टिड्डा (Grass hopper)	इस कीट का निम्फ तथा व्यस्क दोनों ही पत्तियों के किनारे को काटता है।	10 प्रतिशत बी. एच. सी. का 30-35 किग्रा. प्रति हैक्टेअर की दर से भुरकाव कर देना चाहिए। मैलाथियान 50 ई.सी. 2.5 लीटर 800-1000 लीटर पानी में घोलकर छिड़काव करना चाहिए।
हरी पत्ती हॉपर (Green leaf hopper)	यह कीट पत्तियों तथा पौधे के ऊपरी मात्रा को खाता है जिसके कारण टुंग्रो वायरस बीमारी फैलती है। इसके प्रकोप से पौधे की बढ़वार रूक जाती है तथा कल्ले कम निकलते हैं। पौधे की नई पत्तियाँ मुड़कर पत्तियों पर पीले अथवा सफेद रंग के धब्बे बन जाते हैं जिससे पौधे पर बालियाँ बहुत कम तथा पतली पड़ जाती हैं।	डेमेक्रोन 100 ई.सी. 0.5 मिली प्रति लीटर पानी अथवा सेबिन (50 डब्लू A) 1 मिली प्रति लीटर पानी में घोलकर खड़ी फसल पर छिड़काव करना चाहिए। फ्यूराडाल 3 प्रतिशत को 30 किग्रा. अथवा सैवीडाल 4.4 प्रतिशत को 12 किग्रा. प्रति हैक्टेअर की दर से भुरकाव करना चाहिए।
पौधे के हॉपर (Plant hopper)	इस कीट द्वारा पौधों का चूसने के कारण पौधे पीले पड़ कर सूख जाते हैं। यह कीट ग्रासी स्टन्ट वायरस बीमारी फैलाते हैं। इस बीमारी के प्रकोप से पत्तियाँ संकरी तथा सीधी होकर पीली अथवा पीलापन लिये हुए हरे रंग की जिन पर गहरे धब्बे पड़ जाते हैं। इस बीमारी से प्रभावित पौधे पर बालियाँ बहुत कम तथा बहुत पतली एवं दाने काले भूरे रंग के हो जाते हैं।	3 प्रतिशत फ्यूराडान जी को 30-35 किग्रा. अथवा 10 प्रतिशत थीमेट को 10 किग्रा. अथवा 4.4 प्रतिशत सेवीडाल का 10-15 किग्रा प्रति हैक्टेअर की दर से झुरकाव करना चाहिए। डेमक्रोन 100 ई.सी. 0.5 मिली अथवा रोगोर 30 ई.सी. 1.75 मिली प्रति लीटर पानी की दर से छिड़काव करना चाहिए।
पत्ती मोड़क (Leaf roller)	इस कीट की सूंडी पत्तियों के सिरे की तरफ से मोड़कर एक गोल संरचना बना देती है और इसी के अन्दर छिपकर हरी पत्तियों का रस चूसती रहती है। प्रत्येक मुड़ी हुई पत्ती में सामान्यत: एक ही सूंडी पाई जाती है। सूड़ी के खाने के स्थान पर पत्ती सफेद रंग की हो जाती है।	इकालक्स 25 ई.सी. रसायन की 2 मिली दवा प्रति लीटर पानी में खोलकर अथवा जोबाक्रान 40 ई.सी. रसायन की 1 मिली मात्रा प्रति लीटर पानी की दर से घोल कर इस कीट के आक्रमण शुरू होने पर छिड़काव कर देना चाहिए। 5 प्रतिशत बी.एच.सी. 20 किग्रा प्रति हैक्टेअर की दर से खड़ी पर भुरकाव करना चाहिए।

कटाई एवं मड़ाई (Harvesting and threshing)

धान की विभिन्न प्रजातियाँ 100 से 150 दिन में पककर तैयार हो जाती है। पौधों में बालियाँ निकलने के 25-30 दिन पश्चात् फसल पक जाती है। जब बालियों के दानों में दूध गाढ़ा हो जाये तो फसल पक जाती है। फसल पकने की अवस्था में पौधा पीला पड़ कर सूखने लगता है तथा बालियाँ भी सूखने लगती है। ऐसी अवस्था में धान की फसल की कटाई हँसिया से कर ली जाती है।

धान की फसल की कटाई करने में पश्चात् खलिहान में फसल को एक दो दिन के पश्चात् डंडों अथवा बैलों अथवा ट्रैक्टर द्वारा दाँय चलाकर मड़ाई कर ली जाती है। इसके पश्चात् हाथ की सहायता से धान के पुआल को अलग कर देते हैं तथा दानों को हवा की सहायता से साफ कर लेते हैं।

धान के दानों को हवा से साफ करने के उपरान्त धूप में अच्छी तरह से सुखाया जाता है क्योंकि धान के दानों में फसल की कटाई के समय काफी नमी रहती है। अत: दानों में जब 10-12 प्रतिशत् नमी रह जाये तभी इसका भण्डारण करते हैं। भण्डारण करते समय धान को बोरों अथवा टिन की

बनी बड़ी-बड़ी टंकियों में रखा जाता है। भण्डारण के समय धान में भण्डारण कीट जैसे वेधक बीटल (Borer beetle) तथा धान का मोथ (Rice moth) का प्रकोप हो जाता है। धान में अधिक नमी होने पर दानों में फफूँदी का प्रकोप हो जाता है।

उपज (Yield)

देशी धान की प्रजातियों को छिड़कवाँ विधि द्वारा बुआई करने पर 20-25 कुन्टल प्रति हैक्टेअर जबकि रोपाई विधि द्वारा 30-35 कुन्टल प्रति हैक्टेयर की दर से उपज प्राप्त होती है।

उन्नतशील धान की बौनी प्रजातियों की उन्नत विधि द्वारा फसल उगाने से 50-60 कुन्टल प्रति हैक्टेयर उपज प्राप्त होती है। संकर धान की फसल की उपज 70-80 कुन्टल प्रति हैक्टेयर तक प्राप्त होती है।

अध्याय 2

मक्का (Maize)

वानस्पतिक नाम	:	जिया मेज
(Botanical name)	:	(*Zea mays L.*)
कुल (Family)	:	ग्रेमिनी (Gramineae)

आर्थिक महत्व (Economic Importance)

चारे और दाने दोनों के लिए उगाई जाने के कारण मक्का एक प्रमुख फसल है। अनाज एवं चारे के लिए उगाई जाने वाली मक्का की फसल से भुट्टे काटने के पश्चात् तनों का प्रयोग चारे के रूप में किया जाता है। मक्का का चारा बहुत ही पौष्टिक एवं स्वादिष्ट होता है। मक्का का हरा चारा ज्वार के हरे चारे की तुलना में पौष्टिक तथा मीठा होता है। जिस कारण इसे पशु बहुत ही चाव के खाते हैं। मक्का के हरे चारे में पोषक तत्वों की सबसे अधिक मात्रा भट्टे आने की अवस्था में होती है। इस अवस्था में चारे में शुष्क पदार्थ के आधार पर 7–10 प्रतिशत प्रोटीन, 25–36 प्रतिशत रेशा, 2.10–2.60 प्रतिशत ईथर निष्कर्षण, 0.40–0.70 प्रतिशत कैल्सियम तथा 56 प्रतिशत नत्रजन रहित निष्कर्षण पाया जाता है। मक्का की खेती मुख्यतयः दाने, भुट्टों तथा चारे के लिए की जाती है।

शहरों के आसपास की भूमियों में मक्का की खेती मुख्यतः भुट्टों के लिए की जाती है। मक्का के भुट्टों को आग में भूनकर खाया जाता है। कभी-कभी इन भुट्टों से हरे दानों को निकाल कर भूनने के बाद खाते हैं। भूने हुए मक्का के दानों से कार्न फ्लेक्स बनाया जाता है जो अमीर व्यक्तियों के लिए

उत्तम किस्म का नाश्ता होता है। मक्का के दानों में बहुत ही कम मात्रा में प्रोटीन होती है। यह आम धारणा है कि मक्का विशेष रूप से गरीब व्यक्तियों का ही भोजन है। मक्का के सूखे दाने को पीसकर रोटी बनाई जाती है। पंजाब में मक्का की रोटी के साथ सरसों का साग बहुत ही लोकप्रिय है।

मक्का के दानों को पशुओं को रातव के रूप में खिलाया जाता है। मुर्गियों को मक्का खिलाने से अन्डे का पीला भाग अधिक मात्रा में बनता है। अमेरिका में मक्का की खेती विस्तृत रूप से सुअरों को खिलाने के लिए की जाती है। मक्का के दानों से तेल भी निकाला जाता है इसका तेल सोयाबीन तथा कपास के बीज के तेल की अपेक्षा महंगा होता है। इसके तेल में 95 प्रतिशत ट्राईग्लिसीरिक अम्ल पाया जाता है। इसके अतिरिक्त कम मात्रा में सभी वसीय, अम्ल वैक्स, फासफोलिपिड, पिगमेन्ट तथा सुगन्धित पदार्थ भी पाये जाते हैं। इसके तेल का प्रयोग सामान्यतः साबुन बनाने में किया जाता है। मक्का से ग्लूकोज भी तैयार किया जाता है। मक्का के स्टीप (steep) जल में एक जीवाणु (Penicillum notatum) को पैदा करके इससे पेन्सिलीन दवाई बनाई जाती है। मक्का एसिटिक अम्ल तथा लैक्टिक अम्ल, रेयन, कागज, प्लास्टिक, रंग, कृत्रिम रबड़, चमड़ा, जूते की पालिस तथा पैकिंग पदार्थों के काम आती है। मक्का के तेल में 60 प्रतिशत लिनोलिक, 20 प्रतिशत ओलिक, 18 प्रतिशत पाल्मटिक तथा 2 प्रतिशत स्टियरिक अम्ल पाया जाता है।

मक्का के दानों में रासायनिक पदार्थ जैसे कैल्सियम, मैगनीशियम, फासफोरस, लोहा, सोडियम, पोटेशियम तथा क्लोरीन के लवण पाये जाते हैं। मक्का में प्रोटीन के दो प्रमुख जीन हैं और इसमें ट्रिप्टोफेन (Tryptophan) तथा लाइसीन (Lycine) एमीनो अम्ल पाये जाते हैं। मक्का में विटामिन ए तथा ई प्रचुर मात्रा में होती है। मक्का के भ्रूण में 30 से 40 प्रतिशत तक तेल पाया जाता है।

मक्का से औद्योगिक रूप में स्टार्च तथा शराब बनाई जाती है। मक्का के बीजों में अन्य धान्य फसलों के अपेक्षा स्टार्च की मात्रा सबसे अधिक पाई जाती है। सूखा स्टार्च को खाने के लिए, धुलाई तथा औद्योगिक रूप में प्रयोग किया जाता है। मक्का के दानों में 80 प्रतिशत कार्बोहाइड्रेट, 10 प्रतिशत प्रोटीन, 4.5 प्रतिशत तेल, 3.5 प्रतिशत रेशा तथा 2 प्रतिशत खनिज तत्व पाये जाते हैं।

उत्पत्ति एवं इतिहास (Origin and History)

मक्का की खेती एशिया महाद्वीप के अधिकांश देशों में बृहद रूप में की जाती है अतः मक्का का जन्म स्थान एशिया महाद्वीप का कोई एक देश ही है परन्तु वास्तविकता में मक्का का जन्म स्थान अमेरिका है क्योंकि यहाँ पर इसकी खेती अति प्राचीन काल से होती आ रही है। कोलम्बस (1492) द्वारा अमेरिका अन्वेषण के पूर्व पुरानी दुनिया के लोगों को मक्का की खेती के सम्बन्ध में कोई ज्ञान नहीं था। अमेरिका से फ्रांस, इटली, बालकन्स तथा उत्तरी अफ्रीका में मक्का की फसल का प्रचार प्रसार हुआ। परन्तु अधिकांश वैज्ञानिकों का मत है कि मक्का का जन्म स्थान मैक्सिको है।

भारतवर्ष में मक्का सर्वप्रथम 16वीं शताब्दी में पुर्तगालियों द्वारा लाई गई। कुछ समय तक यह भी माना जा रहा था कि मक्का की उत्पत्ति टिओसिन्टे (Teosinte-*Euchanta mexicanoa*) से चारे के रूप में हुई। क्योंकि मक्का के पैत्रिक पौधों की उत्पत्ति के बारे में अनेक मत हैं कुछ वैज्ञानिकों के अनुसार मक्का की उत्पत्ति पोडकार्न से हुई तथा कुछ वैज्ञानिकों का मत है कि टिओसिन्टे, गामाघास तथा मक्का तीनों ही इसके पूर्वज है।

तालिका 2.1 मक्का के विभिन्न उपयोगी

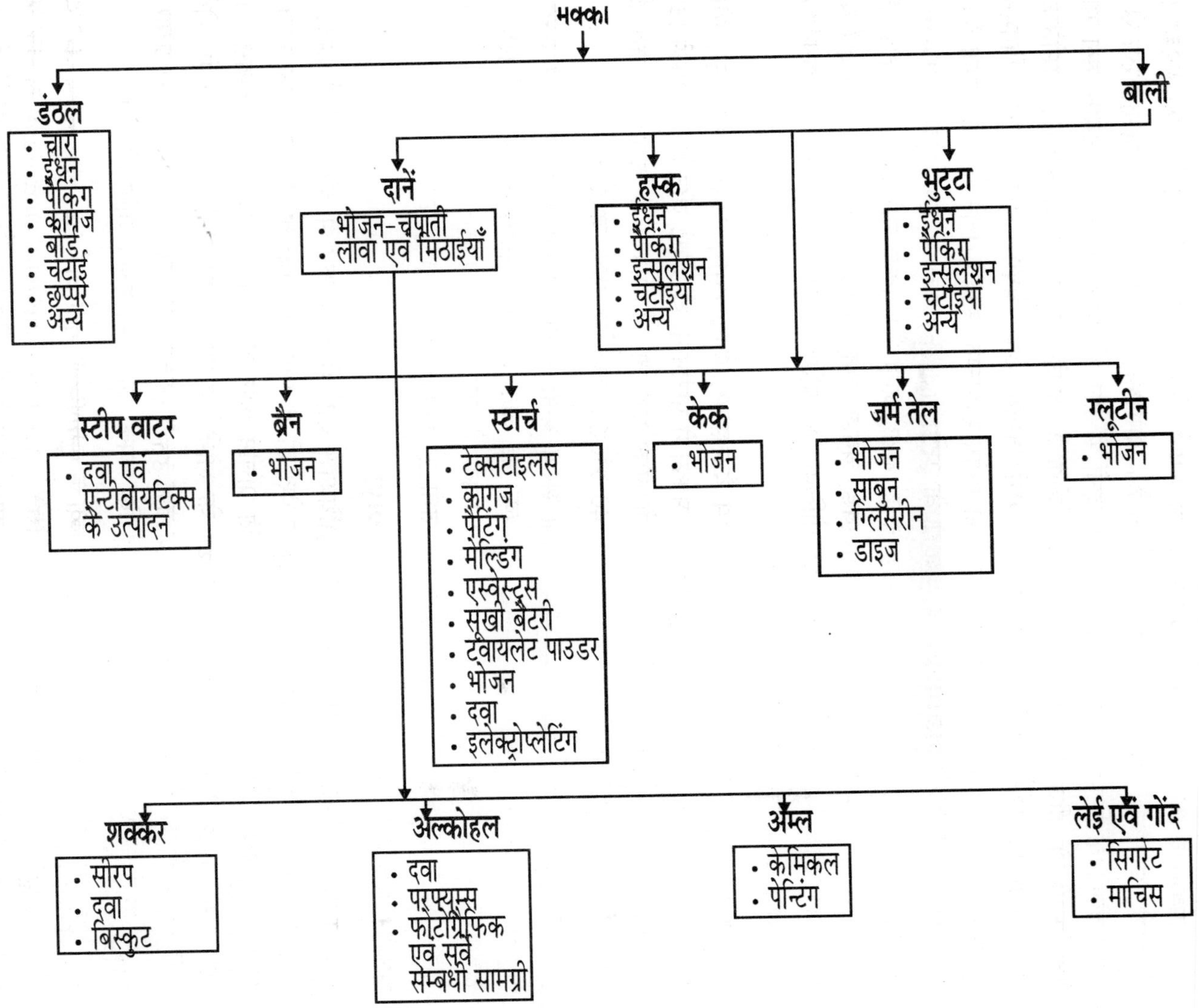

मक्का की उत्पत्ति सन् 1492 में मध्य अमेरिका में हुई। इसके पश्चात् मक्का अटलांटिक सागर के तट से स्पेन, पुर्तगाल, फ्रांस, इटली, दक्षिण-पूर्व यूरोप तथा दक्षिणी अफ्रीका तक विस्तार हुआ। भारत में मक्का की खेती सत्रहवीं शताब्दी के प्रारम्भ में शुरू हुई। मक्का की खेती अर्धशुष्क क्षेत्रों के उन सभी स्थानों पर की जा सकती है जहाँ पर वार्षिक वर्षा 25-50 सेमी तक होती है। इसकी खेती पंजाब, हरियाणा, दिल्ली, उत्तर प्रदेश, तमिलनाडु, महाराष्ट्र, राजस्थान, बिहार, पश्चिम बंगाल, हिमाचल प्रदेश तथा उत्तरांचल के पर्वतीय स्थानों पर की जाती है। भारतवर्ष में मक्का की खेती खरीफ ऋतु तथा रबी ऋतु में भी की जाती है। रबी ऋतु में मक्का का बीज उत्पादन उत्तरी बिहार, कर्नाटक, गुजरात, आन्ध्र प्रदेश एवं महाराष्ट्र में सफलतापूर्वक किया जा सकता है परन्तु उत्तरप्रदेश में रबी मक्का के अन्तर्गत क्षेत्रफल में वृद्धि हो रही है।

वितरण एवं क्षेत्रफल (Area and distribution)

कुछ प्रमुख खाद्यान्नों में, भारत में मक्का का क्षेत्रफल की दृष्टि से पाँचवां, उत्पादन में चौथा तथा उत्पादकता में तीसरा स्थान है। भारत के विभिन्न राज्यों में कर्नाटक (20.4%), आन्ध्र प्रदेश (16.3%), महाराष्ट्र (12.6%), बिहार (%), महाराष्ट्र (%), राजस्थान (%) तथा उत्तर प्रदेश में कुल उत्पादन का प्रतिशत है। सन् 2012-13 में देश के मुख्य मक्का उत्पादक राज्य जैसे उत्तरप्रदेश (7.4 लाख हैक्टेयर), बिहार (6.9 लाख हैक्टेयर), राजस्थान (9.7 लाख हैक्टेयर), मध्य प्रदेश (8.4 लाख हैक्टेयर), पंजाब (1.3 लाख हैक्टेयर), गुजरात (4.6 लाख हैक्टेयर), कर्नाटक (1.32 लाख हैक्टेयर) और आन्ध्र प्रदेश (9.7 लाख हैक्टेयर) है। पिछले कुछ वर्षों में रबी की फसल के दौरान मक्का का औसत उत्पादन 25.66 क्विंटल प्रति हैक्टेयर दर्ज किया गया है। आन्ध्र प्रदेश (49.95 क्विंटल प्रति हैक्टेयर), की तुलना में पश्चिम बंगाल (39.47 क्विंटल प्रति हैक्टेयर) तथा पंजाब (36.82 क्विंटल प्रति हैक्टेयर) में इसका उत्पादन स्तर अधिक है। देश में मक्का के अन्तर्गत सबसे अधिक क्षेत्रफल कर्नाटक इसके पश्चात् आन्ध्र प्रदेश, राजस्थान, मध्य प्रदेश तथा महाराष्ट्र राज्य है। कुल उत्पादन में क्रमशः आन्ध्र प्रदेश, कर्नाटक बिहार तथा उत्तर प्रदेश राज्य हैं।

विश्व में अमेरिका, अर्जेन्टाइना, चीन, ब्राजील, रोमानिया, यूगोस्लाविया, रूस, इटली, भारत, पाकिस्तान, जावा, मैक्सिको, मिश्र आदि देश मक्का की खेती में अग्रणी है। सन् 2012-13 में संसार के विभिन्न देशों में मक्का की खेती 178.6 मिलियन हैक्टेयर तथा उत्पादन 872.8 मिलियन टन है। विश्व में सबसे अधिक मक्का के अन्तर्गत क्षेत्रफल 35.36 मिलियन हैक्टेयर तथा उत्पादन 273.8 मिलियन टन केवल अमेरिका में ही है जो विश्व में कुल क्षेत्रफल का 22.5 प्रतिशत तथा 40 प्रतिशत उत्पादन करता है। मक्का की औसत उपज 8942 किग्रा. प्रति हैक्टेयर सबसे अधिक इटली में है इसके पश्चात् अमेरिका में 8672 किग्रा. फ्रांस में 8593 किग्रा तथा इजिप्ट में 7679 किग्रा प्रति हैक्टेयर है। भारत वर्ष में मक्का की उत्पादकता 2566 किग्रा प्रति हैक्टेअर है जो विश्व में कुछ देशों को छोड़कर सबसे कम है। विश्व में भारत क्षेत्रफल की दृष्टि से पाँचवा स्थान जबकि कुल उत्पादन में छटवें स्थान पर है।

जलवायु (Climate) : मक्का उष्ण कटिबन्धीय क्षेत्रों का एक प्रमुख पौधा है इसके लिए सामान्यतः गर्म एवं आर्द्र जलवायु की आवश्यकता होती है। मक्का के पौधे की अच्छी वानस्पतिक वृद्धि के लिए 9-10 डिग्री सेन्टीग्रेड तापमान से नीचे नहीं होना चाहिए। परन्तु पौधे की सामान्य वृद्धि के लिए 30-35 डिग्री सेन्टीग्रेड तापमान उपयुक्त होता है। हल्की वर्षा, आर्द्र जलवायु तथा मध्यम सूर्य का प्रकाश मक्का के पौधों की वृद्धि के लिए सर्वोत्तम माना गया है।

बीजों के अंकुरण एवं प्रारम्भिक विकास के लिए 15–17 डिग्री सेंटीग्रेट तापमान उपयुक्त होता है। जिन क्षेत्रों में वर्ष भर उपरोक्त प्रकार की जलवायु होती है वहाँ पर मक्का की 2–3 फसलें सफलतापूर्वक उगाई जाती हैं। जिन स्थानों में पाला अधिक पड़ता है तथा सूखाग्रस्त होने की दशा में मक्का की खेती करना लाभप्रद नहीं होता है। भूमि में कम नमी होने पर अथवा तापमान अधिक होने की दशा में पौधों की वृद्धि अवरोधित हो जाती है। ऐसी अवस्था में पौधे मुरझा जाते हैं।

भूमि (Soil) : मक्का की खेती के लिए अच्छी उपजाऊ भूमि की आवश्यकता होती है। इसके लिए गहरी दोमट से बलुई दोमट भूमियाँ सर्वाधिक उपयुक्त होती हैं। हल्की भूमियों में मक्का की खेती करने पर अधिक खाद एवं उर्वरकों की आवश्यकता होती है। बीज उत्पादन हेतु उगाई जाने वाली मक्का की खेती के लिए भूमि में अच्छी उर्वराशक्ति तथा जलनिकास का समुचित प्रबन्ध होना चाहिए। ऊँची-नीची एवं ऊबड़-खाबड़ भूमियाँ जिसमें जगह-जगह पानी भरता है मक्का की खेती के लिए उपयुक्त नहीं होती है। इसी तरह से ऊसर, चिकनी तथा भारी संरचना वाली भूमियों में मक्का का बीज उत्पादन नहीं करना चाहिए। मक्का की खेती के लिए भूमि क्षारीय नहीं होनी चाहिए। अत: जिन भूमियों में मृदा का पी एच मान 6.0 से 7.5 के मध्य हो मक्का की खेती के लिए उपयुक्त होती है।

वर्गीकरण (Classification)

मक्का का वर्गीकरण पकने, उपयोग, दानों के रंग आदि के आधार पर किया जाता है। मक्का वानस्पतिक वर्गीकरण दानों के आधार पर निम्न प्रकार से किया गया है।

1. पोडकार्न (Podcorn) : मक्का की यह प्राचीन किस्म है परन्तु इसकी खेती नहीं की जाती है। इसका वानस्पतिक नाम जिया मेज टयूनीकाटा (Zea mays tunicata) है। इस किस्म की मक्का का प्रत्येक दाना तथा सम्पूर्ण भुट्टा छिलके से ढका रहता है जिससे इसका व्यापारिक महत्व नहीं रह गया है।

2. स्वीट कार्न (Sweet corn) : मक्का की इस किस्म का वानस्पतिक नाम जिया मेज सेकरेटा (Zea mays saccharata) है। नाम के अनुसार इस मक्का के स्वीटकार्न इसलिए कहते हैं, क्योंकि इस किस्म की मक्का में शर्करा की मात्रा अधिक होती है। इसके भुट्टों को उबाल कर अथवा डिब्बा बंद के रूप में उपयोग किया जाता है।

3. वैक्सी कार्न (Waxy corn) : इस मक्का को जिया मेज सिरेटिना (Zea mays ceratina) भी कहते हैं। इस किस्म की मक्का के दानों को काटने पर मोम की तरह चिपकने लगते हैं इसलिए इसे वैक्सी कार्न कहते हैं। इस मक्का का प्रयोग चिपकने वाले पदार्थ बनाने, कपड़े तथा कागज के कारखानों में होता है।

4. पोप कार्न (Pop corn) : इस किस्म की मक्का को ज़िया मेज इवरटा (Zea mays everta) कहते हैं। इस मक्का के दाने तथा भुट्टे छोटे होते हैं इसके दानों की खील बनाकर खाया जाता है।

5. डेन्ट कार्न (Dent corn) : इसे जिया मेज इडेन्टाटा (Zea mays identata) कहते हैं। इस प्रकार की मक्का के दाने सूखने पर उन पर गढ्ढा बन जाता है इसलिए इसे डेन्ट कार्न कहते

हैं। इसके दाने सफेद तथा पीले रंग के होते हैं। विश्व में इसकी खेती सबसे अधिक भू-भाग पर की जाती है।

6. फ्लिन्ट कार्न (Flint Corn) : इस किस्म की मक्का को जिया मिज इन्डुराटा (Zea mays indurata) कहते हैं। इस मक्का के दाने कुछ कड़े तथा चिकने होते हैं। इसके दानों में स्टार्च की मात्रा अधिक पाई जाती है। भारतवर्ष के अधिकाश भागों में इस किस्म की मक्का की खेती की जाती है। इसके दाने गोल तथा छोटे होते हैं।

7. मुलायम मक्का (Soft corn or flour-corn) : इस किस्म की मक्का को जिया मेज एमाइलेसिया (Zea mays amylacea) कहते हैं। इस किस्म के दाने काफी मुलायम होते हैं जिन्हें पीसकर आटा बनाते हैं। इसलिए इसे मक्का के आटे की मक्का भी कहते हैं।

पकने की अवधि के अनुसार मक्का का तीन भागों में बांटा जाता है।

1. अगेती (Early) - 70-80 दिन
2. मध्यम (Medium) - 80-90 दिन
3. देर अथवा पिछेती (Late) - 90-120 दिन

भारतवर्ष में मक्का को ऋतुओं/उगाने के समय के अनुसार तीन भागों में बांटा जाता है।

1. खरीफ मक्का - जो वर्षा ऋतु में उगाई जाती है।
2. रबी मक्का - जो शीतकालीन समय में उगाई जाती है।
3. ग्रीष्मकालीन मक्का - जो ग्रीष्म/बसन्तकालीन समय में विशेषरूप से चारे के लिए उगाते हैं।

सुवनिस (1938) के अनुसार अमेरिका में मक्का के दानों के रंगों के आधार पर 6 वर्गों में विभक्त किया जाता है।

1. शुद्ध सफेद (Pure white)
2. पीली (Yellow)
3. नारंगी (Orange)
4. लाल (Red)
5. चित्तीदार (Spotted)
6. काली (Black)

उपरोक्त किस्मों में चित्तीदार तथा काले रंग के बीजों वाली मक्का की प्रजातियाँ बहुत कम पाई जाती हैं।

किस्म के अनुसार मक्का को तीन वर्गों में बाँटा गया हैं :

1. संकर मक्का (Hybrid maize)
2. संकुल मक्का (Composite maize)
3. देशी मक्का (Desi maize)

खेती की तैयारी (Field preparation)

मक्का की खेती के लिए दोमट, बलुई दोमट अथवा मटियार दोमट भूमियाँ उपयुक्त होती हैं। मक्का की फसल की बुआई करने वाले खेत में भूमिगत पानी की सतह नीची होनी चाहिए तथा पानी के निकास का समुचित प्रबन्ध होना चाहिए। मृदा का पी एच मान 6-7.5 के मध्य होना चाहिए। मक्का की बुआई के पूर्व भूमि की अच्छी तरह से तैयारी करनी चाहिए। भूमि की ग्रीष्मकालीन मौसम में एक गहरी जुताई करने से भूमि में पनपने वाले खरपतवार, कीटों के लारवा तथा अन्डे एवं बीमारियों के परजीवी आदि अधिक धूप एवं गर्मी से नष्ट हो जाते हैं। इसके पश्चात् खेत में पलेवा करके हैरो अथवा देशी हल से 2-3 जुताईयाँ करके मिट्टी को भुरभुरी बना देते हैं। जुताई अथवा हैरो की संख्या मृदा की किस्म, उसमें उगाई गई पूर्व फसल, नमी, खरपतवार के प्रकार एवं उनकी संख्या पर निर्भर करती है। अधिक खरपतवार तथा भारी भूमियों में हैरो एवं जुताई की संख्या 3-4 बार तक हो सकती है। इसी प्रकार अरहर की कटाई के बाद उसी खेत में मक्का की फसल उगाने के लिए खेत से अरहर की जड़ों को निकालने के बाद खेत की तैयारी अच्छी तरह करनी चाहिए। खरीफ ऋतु में खेत की नमी का संरक्षण करने के लिए प्रत्येक जुताई के बाद पाटा अवश्य लगा देना चाहिए। आखिरी जुताई के बाद पाटा लगाकर खेत समतल कर देना चाहिए ताकि खेत में पानी निचली जगहों में न भरें।

बीजोत्पादन के लिए बोई जाने वाली संकर मक्का की फसल के लिए भी खेत की तैयारी उपरोक्त विधि द्वारा करते हैं। परन्तु इसके अतिरिक्त फसल की बुआई ऐसे खेत में करें जिसके चारों तरफ किसी अन्य किस्म की मक्का का खेत लगभग 200 मीटर तक न हो। संकुल मक्का के बीज उत्पादन के लिए भी इतनी ही दूरी का पृथकरण आवश्यक होता है। इसका प्रमुख कारण मक्का की स्थानीय किस्म अथवा अन्य किसी प्रकार के परागकण संकरण की क्रिया को प्रदूषित न करें ताकि संकर मक्का के बीजोत्पादन की प्रक्रिया में आनुवांशिक शुद्धता बनी रहे।

फसल चक्र (Crop rotation) : मक्का की अधिक उपज प्राप्त करने के लिए यह आवश्यक है कि रबी के मौसम में दलहनी फसलों के बाद मक्का को उगाया जाये। इस तरह रबी में गेहूँ, जौ, आलू, तम्बाकू, मटर, चना तथा बरसीम उगाने के बाद मक्का की फसल उगाने से अधिक उपज प्राप्त होती है। मक्का आधारित एक वर्षीय प्रमुख फसल चक्र निम्न हैं।

1. मक्का - गेहूँ/जौ/जई
2. मक्का - मटर/चना
3. मक्का - आलू/सरसों
4. मक्का - बरसीम
5. मक्का - आलू-प्याज
6. मक्का - तोरिया-गेहूँ
7. मक्का - गेहूँ - लोबिया - मूँग
8. मक्का - आलू-तम्बाकू
9. मक्का - तोरिया-आलू-मक्का (चारा)

10. मक्का – गन्ना (दो वर्षीय)

11. मक्का – जई–नैपियर घास (दो वर्षीय)

12. मक्का – आलू–गन्ना (दो वर्षीय)

13. मक्का – चना + सरसों – लोबिया

अन्तः फसल पद्धति (Intercropping)

खरीफ मक्का की दो पंक्तियों के बीच में कोई भी दलहनी/तिलहनी फसल जैसे मूँग, उर्द, लोबिया, सोयावीन, मूँगफली, तिल आदि को उगाया जा सकता है। इस प्रकार मक्का की एक फसल की अपेक्षा अन्तः फसल से अधिक आमदनी प्राप्त होती है। साथ ही साथ दलहनी फसल उगाने से मक्का में उर्वरकों के प्रयोग में कमी भी की जा सकती है।

उन्नतशील प्रजातियाँ (Improved varieties)

मक्का की उन्नतशील प्रजातियों के विशिष्ट गुण तथा उनकी उपज क्षमता को तालिका 2.5 में दर्शाया गया है।

बीज एवं बुआई (Seed and sowing)

बीज दर (Seed rate) : खरीफ मक्का को बोने के लिए 20 किग्रा. प्रति हैक्टेयर की दर से बीज की आवश्यकता होती है। मक्का की बुआई हल के पीछे कूँडों में 5 सेमी भी गहराई पर बोने से बीजों का जमाव अच्छा होता है जिससे प्रति इकाई क्षेत्रफल पर उचित पौध संख्या रखी जा सकती है। मक्का के बीजों का 95 प्रतिशत जमाव होना चाहिए।

रबी मक्का के लिए 20–22 किग्रा बीज प्रति हैक्टेयर बीज की आवश्यकता होती है बुआई से पहले बीजों को रात भर हल्के गरम पानी में (45° सेन्टीग्रेड) डुबोए रखना चाहिए। बीजों को पानी में भिगोने से बीजों का जमाव अधिक तथा शीघ्र होता है। बीजों को खेत में 4–5 सेमी की गहराई पर बोने चाहिए।

पादप घनत्व (Plant population) : खरीफ मक्का की अधिक उपज प्राप्त करने के लिए 65–70 हजार पौधे प्रति हैक्टेयर रखने चाहिए। उचित मात्रा में पादप घनत्व के लिए पंक्ति से पंक्ति तथा पौधे से पौधे का अन्तरण 75×18 सेमी अथवा 60×22 सेमी रखना चाहिए। पंक्ति से पंक्ति की दूरी अधिक रखने की दशा में मक्का के साथ अन्तः फसल उगाना चाहिए।

रबी में मक्का की अधिक उपज प्राप्त करने के लिए 90000 पौधे प्रति हैक्टेयर की संख्या में उपयुक्त है। मक्का की पंक्ति से पंक्ति की दूरी 60 सेमी तथा पौधे से पौधे की दूरी 18 सेमी रखने से उचित पादप संख्या तथा धनत्व प्राप्त किया जा सकता है।

संकर : पंक्ति से पंक्ति की दूरी 60 सेमी, पौधे से पौधे की दूरी 25 सेमी (80000–85000 पौधे प्रति हैक्टेयर)

संकुल : पंक्ति से पंक्ति की दूरी 60 सेमी, पौधे से पौधे की दूरी 25 सेमी (85000–90000 पौधे प्रति हैक्टेयर)

तालिका 2.2 : खरीफ ऋतु की प्रजातियाँ

राज्य	किस्म	पूर्णकालीन प्रजातियाँ	मध्यम अवधि की प्रजातियाँ	जल्दी पकने वाली प्रजातियाँ
उत्तर प्रदेश	संकर	गंगा- II, के एच 528, सरताज, प्रो 311 (4640), बायो 9681, वाई 1402 के	डेकन 107, प्रो 303 (3461), को एच 9451, के एच 510, एम. एम. एच 69, बायो 9637	एम एम एच 133, एक्स 1123 जी, प्रकाश, जे एच 3459, विवेक 5, विवेक 9
	संकुल प्रभात	प्रभात	नवजोत, पूसा कम्पोजिट 2	अरूण, किरन, मेघा, डायरा 3, कंचन, नवीन, आजाद, उत्तम, गौरव
बिहार, उड़ीसा, पश्चिम बंगाल	संकर	गंगा- II, राजेन्द्र हाइब्रिड-1, राजेन्द्र हाइब्रिड 2, बायो 9681, शक्तिमान 1, सीड टेक 2324	डेकन 107	डेकन 109, एक्स 1123 जी (3342), प्रकाश, के एच 510, जे एच 3459 डायरा-3, पूसा कम्पोजिट
	संकुल	सुआल, प्रभात	नवजोत, पूसा कम्पोजिट 2	डायरा 3, पूसा कम्पोजिट
राजस्थान	संकर	गंगा- II, गंगा 2, के एच 528, प्रो 311 कोहिनूर, सीडटेक 2324 सुआन, प्रभात	डेकन 109, डेकन 107, के एच 510, बायो 9637	एक्स 1123 जी (3342), जे के एम एन 175, कोहिनूर, प्रकाश, पूसा हाइब्रिड 1, हाईब्रिड-2, विवेक 4, हिम-129
	संकुल	प्रभात	नवजोत, पूसा कम्पोजिट 2	अरूण, किरन, गौरव, माही, कंचन, अमर, माही घवल, पूसा कम्पोजिट-1
मध्य प्रदेश	संकर	गंगा- II, प्रो 311 (4640), कोहिनूर, सीड टेक 2324	डेकन 107, के एच 510 बायो 9637	डेकन 109, हिम 129, विवेक 4, कोहिनूर, प्रकाश, पूसा हाइब्रिड 1 एवं 2, एक्स 1123 जी (3342)
	संकुल	प्रभात	नवजोत, पूसा कम्पोजिट 2	चन्दन 3, जवाहर 8, जवाहर 12, गौरव, अरून, किरन, अमर
गुजरात	संकर	गंगा- II, के एच 528, प्रो 311 (4640) सीड टेक 2324, कोहिनूर	डी एच एम 107, के एच 510, बायो 9637	डेकन 109, पूसा हाइब्रिड 1, 2 एवं 3, एक्स 1123 जी (3342), विवेक 4, जे के एम एच-175, कोहिनूर, हिम 129 प्रकाश
	संकुल	प्रभात	नवजोत, पूसा 2	अरूण, किरन पूसा-1, गुजरात, मक्की-1, गुजरात मक्की 2, गौरव

महाराष्ट्र	संकर	गंगा-1, गंगा 2, डेकन 103, प्रो 311 (4640), एस एस एफ 9374 (3058), बायो 9681, वाई 1402 के, जेके 2492, प्रो 312, कोहिनूर, सीड टेक 2324	डेकन 107, एम एस एच 69, के एच 9451, बायो 9637	पूसा हाइब्रिड 1, विवेक 9, जे के एम एच 175 कोहिनूर, पूसा हाइब्रिड 2, पूसा हाइब्रिड 3, एम एम एच 133, एक्स 133, एक्स 1123 जी (3342), प्रकाश
	कम्पोजिट	प्रभात	पूसा 2, नवजोत	किरन, पंचगंगा, अमर
पंजाब	संकर	गंगा-2, सरताज, पारस प्रो 311 (4640) के एच 528, बायो 9681, शीतल	डेकन 107, के एच 510, बायो 9637, प्रो 303 (3461), के एच 9451	डेकन 109, एम एम एच 133, एक्स 1123 जी (3342), प्रकाश जे एच 3459
	संकुल	प्रभात, प्रताप	नवजोत, पूसा 2, किरन	किरन, मेघा, पूसा 1, अरूण
दिल्ली एवं हरियाणा	संकर	सरताज, प्रकाश, गंगा 2, पारस, प्रो 311 (4640), बायो 9681, के एच 528, सीड टेक 2324	डेकन 107, प्रो 303 (3461) एम एम एच 69, एच एच एम 1, एच एच एम 2, के एच 9451 बायो 9637 , डीके 701	प्रकाश एम एम एच 133, जे एच 3459, एक्स 1123 जी (3342), डेकन 109
	कम्पोजिट	प्रभात	नवजोत, पूसा 2	पूसा 1, अरूण, किरन डापरा 3
आन्ध्र प्रदेश	संकर	गंगा- II, डेकन 103, प्रो 311 (4640) एस एस एफ 9574, प्रो 312, बायो 9681, वाई 1402 के, जे के 2492, सीडटेक 2324, कोहिनूर	डेकन 107, एम एम एच 69, बायो 9637, के एच 755, के एच 9451, के एच 510	पूसा हाइब्रिड 1, पूसा हाइब्रिड 2, पूसा हाइब्रिड 3, डी एच एम 109, एम एम एच 133, प्रकाश, विवेक 9, एक्स 1123 जी (3342), पी ए सी 701, कोहिनूर, जे के एम एच 175
	संकुल	प्रभात	बरूण, नवजोत, हर्षा	अमर, नर्मदा, मोती
हिमाचल प्रदेश एवं उत्तरांचल	संकर	हिम 123, गंगा II, सरताज	डी एच एम 107	एम एम एच 133, हिम 129, वी एल 42, एक्स 1123, जी (3342) वी एल 88, पी ए सी 701, प्रो 316, विवेक 5, विवेक 9
	संकुल	प्रभात, पार्वती	नवजोत, पूसा कम्पोजिट 2	वी एल 88, पूसा कम्पोजिट 1, वी एल 4 2, किरन

जम्मू एवं कश्मीर	संकर	–	डेकन 107	हिम 129 एक 1123, जी (3342), पी ए सी 701, विवेक 5, विवेक 9, एच एम एच 133
	संकुल	–	मनसर, सी 6, सी 8, सी 15, त्रिकुटा, निशांत	वी एल 88, प्रो 316
उत्तर-पूर्वी राज्य	संकर	गंगा- II	डेकन 107	डेकन 109, विवेक 5, विवेक 9, हिम 129, प्रो 316, एम एम एच 133, वी एल 42, एक्स 1123 जी (3342), पी ए सी 701
	संकुल	प्रभात, धवल	नवजोत, पूसा कम्पोजिट 2	पूसा कम्पोजिट-1, मेघा, गुजरात मक्की 2, वी एल 88
कर्नाटक	संकर	डेकन 103, गंगा 11, एस एस एफ 9374, सीड टेक 2324, बायो 9681, प्रो 311, जे के 2492, डी एच एम 1, डी एच एम 2, बाई 1402	के एच 510, प्रो 339, एम एम एच 69, के एच 9451, बायो 9637	विवेक 9, पूसा हाइब्रिड 2, पूसा हाइब्रिड 3, प्रकाश, एम एम एच 133, पी ए सी 701
	संकुल	प्रभात, प्रभा, एन ए सी 6004	नवजोत, एन ए सी 6004	रेनुका, नर्मदा, मोती
तमिलनाडु	संकर	डेकन 103, गंगा 11, प्रो 311, बायो 681. एस एस एफ 9374, सी ओ एच 2, सी ओ एच 3, सीड टैक 2324, जेके 2492, वाई 1402 के, कोहिनूर	डेकन 107, के एच 755, के एच 510, के एच 9451, एम एम एच 69, बायो 9637	डेकन 108, एम एम एच 133, पूसा हाइब्रिड 1, विवेक 9, पूसा हाइब्रिड 2, जेके एम एम एच 175, पूसा हाइब्रिड 3, जेके एम एम एच 175, पूसा हाइब्रिड 3, एक्स 1123 जी, एम एम एच 133, पीएसी 701, प्रकाश
	संकुल	सी ओ 1, प्रभात	नवजोत	किरन, डायरा 3, नर्मदा, मोती
चारे की मक्का		अफ्रीकन टाल, जे 1006, पी एफ एम 66, माधुरी प्रिय		
स्वीट कार्न				
पॉप कार्न		अम्बर पॉप, वी एल अम्बर, पॉप पर्ल, पॉप कार्न		
बेबी कार्न		वी एल 42, हिम 129, प्रकाश, पूसा हाइब्रिड 1 एवं 2, वी एल 34		
अधिक प्रोटीन की मक्का		शक्ति 1, शक्तिमान 1, शक्तिमान 2	डेकन 107, के एच 755	डेकन 109, पूसा हाइब्रिड 1

तालिका 2.3 : रबी मक्का की उन्नतिशील प्रजातियाँ

राज्य	किस्म	प्रजातियाँ
उत्तर प्रदेश	संकर	गंगा 11, डेकन 103, डेकन 105, के एच 5991, त्रिशुलता, एक्स 1382, (3054) सीड टेक 2324, शक्तिमान 1
	संकुल	धवल
राजस्थान	संकर	गंगा 11, डेकन 103, डेकन 105, त्रिशुलता, आई सी आई 705, एक्स 1382 (3054)
	संकुल	धवल
बिहार, उड़ीसा, पश्चिम बंगाल	संकर	गंगा 11, डेकन 103, डेकन 105, के एच 5991, त्रिशुलता, राजेन्द्र हाइब्रिड मक्का 1, राजेन्द्र हाइब्रिड मक्का 2, हाई-स्टार्च, शक्तिमान 2
	संकुल	धवल, लक्ष्मी, हेमन्त, देवली, आई सी आई 705, एक्स 1382 (3054)
गुजरात	संकर	गंगा 11, डेकन 103, डेकन 105, त्रिशुलता, गंगा सफेद 2, आई सी आई 705, एक्स 1382 3054)
	संकुल	धवल, गंगा मक्की 1, गंगा मक्की 2
मध्य प्रदेश	संकर	गंगा 11, डेकन 103, डेकन 105, त्रिशुलता, एक्स 1382 (3054) आई सी आई 705
	संकुल	धवल
महाराष्ट्र	संकर	गंगा 11, डेकन 103, डेकन 105, त्रिशुलता, गंगा सफेद 2, के एच 5991, के एच 5981
	संकुल	धवल, पंचगंगा, आई सी आई 705, एक्स 1382 (3054)
आन्ध्र प्रदेश	संकर	गंगा 11, डेकन 103, डेकन 105, बुलन्द, त्रिशुलता, के एच 5981, के एच 5991, डी एम एच 1, एक्स 1382 (3054),
	संकुल	धवल, वरुण
कर्नाटक	संकर	गंगा 11, डेकन 103, डेकन 105, त्रिशुलता, के एच 5991, के एच 5981, एक्स 1382 (3054), डी एम एच 1
	संकुल	धवल, रेनुका
तमिलनाडु	संकर	गंगा 11, डेकन 103, डेकन 105, त्रिशुलता, के एच 5991, के एच 5981, सी ओ एच 2, सी ओ एच 3, एक्स 1382 (3054)
	संकुल	धवल, सी ओ 1
दिल्ली, हरियाणा एवं पंजाब	संकर	गंगा 11, डेकन 103, डेकन 105, त्रिशुलता, के एच 5981, एक्स 1382, बुलन्द, शीतल
	संकुल	धवल, प्रताप, प्रताप-1, एच एच एम 1, एच एच एम 2
उत्तर-पूर्वी राज्य	संकर	गंगा 11, डेकन 103, डेकन 105, त्रिशुलता, के एच 5981, एक्स 1382, आई सी आई 705
	संकुल	धवल

तालिका 2.4 : मक्का की नव विकसित संकर/संकुल प्रजातियों के विशिष्ट गुण

प्रजातियों/संकर का नाम	पकने की अवस्था	दानों का रंग	क्षेत्रों के लिए संस्तुति
प्रताप कम्पोज़िट मक्का 4 (ईसी 1108)	जल्दी पकने वाली (80-85 दिन)	सफेद	जम्मू एवं कश्मीर, हिमाचल प्रदेश, उत्तरांचल की पहाड़ियों, पश्चिम बंगाल के पहाड़ों, उत्तर-पूर्वी राज्य
पूसा अर्ली हाइब्रिड-5 (ए एच 421)	जल्दी पकने वाली (80-85 दिन)	पीला से नारंगी	दिल्ली, हरियाणा, पंजाब, उत्तर प्रदेश
प्रगति (डी 994)	जल्दी पकने वाली (80-85 दिन)	नारंगी	पूर्वी उत्तरप्रदेश, बिहार, आसाम, उड़ीसा, पश्चिम बंगाल, झारखण्ड
डेकन हाइब्रिड 115 (बी एच 2187)	जल्दी पकने वाली (80-85 दिन)	नारंगी	पूर्वी उत्तरप्रदेश, बिहार, आसाम, उड़ीसा, पश्चिम बंगाल, झारखण्ड, जम्मू एवं कश्मीर, हिमाचल प्रदेश, उत्तरांचल के पहाड़ों, उत्तर-पूर्वी राज्य आन्ध्रप्रदेश, कर्नाटक, तमिलनाडु, महाराष्ट्र में खरीफ ऋतु
विरसा विकास मक्का 2	जल्दी पकने वाली (70-80 दिन)		बिहार
प्रो 345 (4644)	मध्यम समय में (90 दिन)	नारंगी	पूर्वी उत्तरप्रदेश, बिहार, आसाम, उड़ीसा, पश्चिम बंगाल, झारखन्ड
जे के एम एच 68-2	पूर्ण अवधि में (100-110 दिन)		जम्मू एवं कश्मीर, हिमाचल प्रदेश, उत्तरांचल की पहाड़ियों, पश्चिम बंगाल के पहाड़ों, उत्तर-पूर्वी राज्य, आन्ध्रप्रदेश, कर्नाटक, तमिलनाडु, महाराष्ट्र में खरीफ ऋतु में
बायो 9682	मध्यम समय में	नारंगी	दिल्ली, हरियाणा, पंजाब, उत्तरप्रदेश
राज्य द्वारा अनुमोदित			
प्रताप मक्का हाइब्रिड 1	जल्दी पकने वाली	सफेद	राजस्थान
विवेक कम्पोजिट मक्का-11	जल्दी पकने वाली	नारंगी	उत्तरांचल
गिरिजा कम्पोजिट	मध्यम पकने वाली	नारंगी	हिमाचल प्रदेश
श्रद्धामणि कम्पोजिट	मध्यम पकने वाली	नारंगी	उत्तरप्रदेश

उपरोक्त मक्का की नव विकसित प्रजातियों के अतिरिक्त संकुल मक्का की पूसा कम्पोजिट 3 एवं 4, विवेक संकुल मक्का-37, विवेक संकुल मक्का 35, पंत संकुल मक्का 3 तथा प्रताप कंचन-2 एवं संकर मक्का की विवेक मक्का हाइब्रिड 33, विवेक मक्का हाइब्रिड 27, ब्रिसको भीम, बिसको उजाला, बिसको 840, पी के वी एम-शतक, जे एच 31153, जे के एम एच 562, प्रजातियाँ विकसित की गई हैं।

देशी : पंक्ति से पंक्ति की दूरी 50 सेमी, पौधे से पौधे की दूरी 15 सेमी (90000-100000 पौधे प्रति हैक्टेयर)

बुआई का समय (Time of Sowing) : सिंचित क्षेत्रों में मक्का की बुआई मानसून शुरू होने के 10-15 दिन पूर्व कर देनी चाहिए। मक्का की बुआई मानसून शुरू होने के बाद करने की अपेक्षा मानसून आने के 10-15 दिन पूर्व करने से उपज में 10-15 प्रतिशत की वृद्धि हो जाती है। मक्का की जल्दी बुआई करने से खरपतवारों के नियन्त्रण हेतु निराई-गुडाई का पर्याप्त समय मिल जाता है। असिंचित क्षेत्रों में मानसून की वर्षा शुरू हो जाने के उपरान्त जब मृदा में पर्याप्त मात्रा में नमी हो मक्का की बुआई कर देनी चाहिए। सिंचाई के सीमित साधन होने पर मक्का की जल्दी बुआई करने के लिए एक हल्की पलेवा करके बुआई कर देनी चाहिए। मक्का की जल्दी बोई गई फसल को मानसून शुरू होने के पूर्व 1-2 सिंचाईयों की आवश्यकता होती है। यदि संभव हो सके खरीफ में मक्का की बुआई जून के मध्य तक कर देनी चाहिए।

सामान्यत: रबी मक्का की बुआई अक्टूबर के अन्त तक हो जानी चाहिए। रबी मक्का की बुआई का उपयुक्त समय मध्य अक्टूबर होता है। देर से मक्का की बुआई के कारण उपज में आई कमी एक क्षेत्र से दूसरे क्षेत्र में घटती बढ़ती रहती है। मक्का की अधिक उपज प्राप्त करने के लिए विभिन्न राज्यों में बुआई का समय निम्न है।

तालिका 2.5 विभिन्न राज्यों में रबी मक्का की बुआई का समय

राज्य	बुआई का उपयुक्त समय
बिहार	20 अक्टूबर से 10 नवम्बर
उत्तर प्रदेश	15 अक्टूबर से 10 नवम्बर
आन्ध्र प्रदेश	15 अक्टूबर से 15 नवम्बर
गुजरात	15 अक्टूबर से 10 नवम्बर
महाराष्ट्र	20 अक्टूबर से 10 नवम्बर
तमिलनाडु	15 अक्टूबर से 10 नवम्बर
मध्य प्रदेश	15 अक्टूबर से 15 नवम्बर
कर्नाटक	15 अक्टूबर से 15 नवम्बर
पश्चिम बंगाल एवं उत्तर-पूर्वी क्षेत्र	15 अक्टूबर से 10 नवम्बर
उड़ीसा	25 अक्टूबर से 1 नवम्बर
पंजाब एवं हरियाणा	25 अक्टूबर से 30 नवम्बर

मक्का का प्रतिरोपण : देश में खासतौर पर उत्तर-पश्चिमी क्षेत्र और पूर्व के मैदानी क्षेत्रों में रबी मक्का के खेती पौध लगाकर (प्रतिरोपण द्वारा) सफलतापूर्वक की जा सकती है। यह विधि उन स्थानों के लिए विशेष रूप से उपयुक्त है जहाँ पर धान की कटाई विलम्ब से होती है। फसलों की जल्दी कटाई जैसे गन्ना की फसल अथवा जहाँ पर गन्ना की फसल खरीफ ऋतु में उगाई जाती है। प्रति रोपण विधि दियारा (Diara) और ताल क्षेत्रों के लिए भी उपयुक्त है जहाँ बाढ़ का पानी देर से उतरता है। जनवरी के दूसरे पखवाड़े में प्रतिरोपण के लिए नर्सरी की बुआई 20 से 30 नवम्बर के मध्य कर देनी चाहिए जिससे रबी मक्का की उपज में कमी न होने पाये। फसल की देर से सीधी बुआई की अपेक्षा

नर्सरी द्वारा पौध तैयार करके प्रतिरोपण विधि ज्यादा लाभकर है। एक हैक्टेयर फसल के लिए 1/10 हैक्टेयर क्षेत्रफल में नर्सरी तैयारी की जाती है। खेत में पंक्ति से पंक्ति के बीच की दूरी 20–22 सेमी रखनी चाहिए तथा 25 किग्रा बीज बोना चाहिए। बुआई के पूर्व नर्सरी के लिए 1.5–2.2 टन प्रति हैक्टेयर की दर से गोबर की खाद (FYM) का प्रयोग, 7.5 किग्रा नत्रजन, 2.5 किग्रा फासफोरस, 3.0 किग्रा पोटास तथा 1.0 किग्रा. जिंक सल्फेट देने की संस्तुत है। नर्सरी में अंकुरण से पूर्व खरपतवारों की रोकथाम के लिए एट्राजिन 1 किग्रा. प्रति हैक्टेयर की दर से छिड़काव कर देना चाहिए। पूर्व–पश्चिम की दिशा में यदि मेड़ हो तो पौध का प्रतिरोपण मेंड के दक्षिणी दिशा की ओर करना चाहिए। समतल क्यारियों में पौध को गड्ढे बनाकर प्रतिरोपित करना चाहिए और उनकी जड़ों पर हाथ से मिट्टी डालकर अच्छी प्रकार से दबा देना चाहिए। समतल क्यारियों की अपेक्षा मेड़ों पर प्रतिरोपण से अच्छी उपज प्राप्त होती है। खेत में पौध के प्रतिरोपण के तुरन्त पश्चात सिंचाई कर देनी चाहिए और दूसरी सिंचाई पौध रोपण के 8–10 दिन बाद करने से पौध सही ढंग से प्रतिस्थापित हो जाती है।

तालिका 2.6 : मक्का के किस्मों के पकने के आधार पर उर्वरक प्रबन्ध

खाद की मात्रा	नत्रजन	फासफोरस	पोटास
खरीफ (वर्षाकालीन)			
संकर	120	60	40
संकुल	100	50	40
देशी	60	30	30
रबी (शरदकालीन)			
संकर	120	60	40
संकुल	100	50	50
देशी	–	–	–
जायद (बसन्तकालीन)			
संकर	–	–	–
संकुल	80	40	40
देशी	60	30	30

उर्वरक प्रबन्ध (Fertilizer application)

मक्का की बुआई करने से पूर्व गोबर की खाद फैलाकर अंतिम जुताई के समय खेत में अच्छी तरह से मिला देनी चाहिए।

खरीफ ऋतु की मक्का के लिए 60–120 किग्रा नत्रजन, 40–60 किग्रा फासफोरस तथा 40 किग्रा पोटास प्रति हैक्टेयर की दर से आवश्यकता होती है।

देर से पकने वाली मक्का की प्रजातियों को 100–200 किग्रा नत्रजन, मध्यम समय में पकने वाली प्रजातियों को 80–100 किग्रा नत्रजन, जल्दी पकने वाली प्रजातियों को 60–80 किग्रा नत्रजन प्रति हैक्टेयर प्रयोग करनी चाहिए। हल्की, रेतीली तथा समतल की गई भूमियों में 20 किग्रा जिंक सल्फेट प्रति हैक्टेयर प्रयोग करना अति आवश्यक होता है।

रबी मक्का के लिए 120 किग्रा नत्रजन, 60 किग्रा फासफोरस तथा 40 किग्रा पोटास प्रति हैक्टेयर संस्तुत किया गया है।

नत्रजन की कुल मात्रा का एक चौथाई भाग, फासफोरस, पोटास तथा जिंक सल्फेट को मक्का की बुआई से पूर्व प्रयोग करना चाहिए। बोने से पूर्व उर्वरकों को 5–7 सेमी गहरे कूँड में प्रयोग से उर्वरकों की उपयोग क्षमता बढ़ जाती है। शेष बची हुई नत्रजन को दो बराबर भागों में खड़ी फसल में दो बार प्रयोग करनी चाहिए। नत्रजन की आधी मात्रा (60 किग्रा. नत्रजन) पौधे जब घुटनों की ऊँचाई छूने लगे (Knee high stage) अथवा बीज जगने के 20–30 दिन उपरान्त खेत में छिड़काव कर देना चाहिए। शेष बची हुई नत्रजन की 30 किग्रा मात्रा को ध्वज पर्ण निकलते समय प्रयोग करना चाहिए। नत्रजन उर्वरकों के प्रयोग करते समय यह सावधानी रखनी चाहिए कि यूरिया का छिड़काव पौधों से 10–12 सेमी दूरी पर करने से पौधों में होने वाली क्षति से बचाया जा सकता है।

2 प्रतिशत यूरिया के घोल का 2–3 छिड़काव तथा सूक्ष्म तत्वों को मिलाकर बोने के 3–5 सप्ताह बाद करने से पौधों की बढ़वार अच्छी हो जाती है जिसके फलस्वरूप मक्का की अधिक उपज प्राप्त की जा सकती है।

सिंचाई (Irrigation) : खरीफ ऋतु में जिन क्षेत्रों में वर्षा का समान वितरण तथा पर्याप्त मात्रा में नमी होने से मक्का की फसल असिंचित दशाओं में उगाई जा सकती है। फसल की बढ़वार एवं भुट्टे बनते समय वर्षा न होने की दशा में 1–2 सिंचाईयाँ कर देने से फसल की उपज में वृद्धि हो जाती है। मक्का का पौधा जल भराव के साथ–साथ कम नमी होने के प्रति बहुत ही सहिष्णु होता है। मक्का में फूल आने एवं दाना भरते समय पानी की कमी नहीं होनी चाहिए अतः ऐसी स्थिति में वर्षा न होने पर सिंचाई अवश्य कर देनी चाहिए।

रबी की फसल के लिए 4–6 सिंचाई की आवश्यकता होती है। मक्का की फसल को 6 सिंचाईयाँ फसल वृद्धि की निम्नलिखित अवस्थाओं पर जैसे दो बार सिचाईयाँ 20–25 दिनों के अन्तराल पर पुष्पण होने तक, एक बार पुष्पण होते समय, दो बार पुष्पण हो जाने के उपरान्त और एक बार फसल में दानों का भराव शुरू होते समय करनी चाहिए। यदि सिंचाई पांच बार ही करनी है तो उपरोक्त सिंचाई विधि में एक सिंचाई में पौधे की बढ़वार के समय छोड़ा जा सकता है। यदि चार बार सिंचाई करनी हो तो पौधों में दाने भरते समय से, डफ अवस्था तक सिंचाई छोड़ी जा सकती है। रबी के मौसम में वर्षा होने की दशा में सिंचाई क्रम सुविधानुसार बदला जा सकता है।

रबी में उच्च उपज के कारण (Reasons for high yield in rabi maize)

खरीफ और रबी दोनों ही फसलें बेहतर कृषि प्रबन्धन द्वारा अनुकूल परिणाम तो देती ही हैं। किन्तु दक्षिण–पश्चिम मानसून द्वारा वर्षा की अनियमितता खरीफ की फसल के लिए आवश्यक और समयानुकूल कृषि कार्यों के संचालन में बाधा पहुँचती है। रबी की फसल के दौरान यदि कोई बड़ा प्राकृतिक प्रकोप या अड़चन उपस्थित न हो तो इच्छित कृषि कार्यों की योजना बनाकर अभीष्ट समय पर कारगर ढंग से लागू किया जा सकता है। इसके अतिरिक्त अनेक प्राकृतिक कारण भी हैं जो अतिरिक्त पूँजी निवेश को वसूल करने में सहायता करते हैं। इनमें बीमारियाँ न फैलना और घातक कीटों का प्रकोप न होना प्रमुख रूप से शामिल हैं। रबी के मौसम में मक्का की खेती से अधिक उपज प्राप्त होने के कुछ महत्वपूर्ण कारण निम्नलिखित हैं।

1. बेहतर जल प्रबन्ध (Better water management) : रबी की फसल के दौरान चूँकि वर्षाकाल अनिश्चित नहीं रहता, फसल जलाधिक्य अथवा जल भराव और पुष्पण पूर्व वृन्त गलन (PFSR) की समस्या से मुक्त रहती है और उर्वरकों के पानी में घुलकर बह जाने का डर भी नहीं रहता। सबसे बड़ा लाभ तो यह है कि फसल के दौरान अभिष्ट समय में अनेक आवश्यक कृषि कार्य सम्पन्न होते हैं। आकाश में यदि बादल छाये रहे तब भी रबी मक्का की फसल पर कोई हानि नहीं होती। खरीफ की फसल के समय 3-5 घन्टे तक सूर्य का प्रकाश रहता है जबकि रबी की फसल के समय सूर्य का प्रकाश 7-9 घंटे या इससे अधिक समय तक रहता है।

2. मृदु एवं अनुकूल तापमान (Mild and favourable temperature) : रबी की फसल के समय मक्का के पौधे, रात्रि में कम तापमान के कारण, निम्न प्रकाशीय श्वसन के प्रति अधिक प्रभावी होते हैं। साथ ही पत्तियों की चौड़ी सतह प्रभावी प्रकाश संश्लेषण में सहायक होती है इसके अतिरिक्त, फसल की बढ़वार की लम्बी अवधि उपज स्तर को बढ़ाने में सहायक होती है।

3. पोषक तत्वों के प्रति बेहतर प्रतिक्रिया (Better response to nutrients) : खरीफ फसल की तुलना में, पौधों की वृद्धि की अधिक अनुकूल परिस्थितियों की दृष्टि से रबी की फसल में नत्रजन तथा अन्य पोषक तत्वों के प्रयोग से बेहतर परिणाम प्राप्त होते हैं। रबी की फसल के समय होने वाले पोषक तत्वों के नुकसान को समुचित मृदा में जल प्रबन्ध विधियों द्वारा प्रभावी रूप से रोका जा सकता है। कृषि कार्यों में किये गये कुल व्यय का एक मुख्य अंश उर्वरकों पर किया गया व्यय भी है। इस मौसम में उर्वरक प्रयोग की प्रत्येक इकाई से प्राप्त बेहतर परिणाम उत्पादन व्यय को घटाता है।

4. बीमारियों और घातक कीटों का कम प्रकोप (Poor infestation of diseases and insects pests) : खरीफ की अपेक्षा रबी की फसल के दौरान बीमारियों का संक्रमण और घातक कीटों के आक्रमण से होने वाला नुकसान निम्न स्तर पर होता है। इसका मुख्य कारण रबी के मौसम में कम नमी और निम्न तापमान है।

5. बेहतर पादप घनत्व की स्थापना (Establishment of better plant stand) : रबी की फसल में खरीफ की अपेक्षा, मृदा एवं जल प्रबन्धन बेहतर होने और बीमारियों तथा घातक कीटों द्वारा फसल को कम से कम हानि होने के कारण अभीष्ट पादप घनत्व (जो कि अधिक उपज प्राप्त करने के लिए आवश्यक है) बहुत आसानी से सुनिश्चित की जा सकती है।

6. खरपतवारों की रोकथाम के बेहतर उपाय (Better weed control measures) : खरीफ की फसल के दौरान खरपतवार एक बड़ी कठिन समस्या है विशेषकर उन वर्षों में जब निरन्तर वर्षा होती रहती है। ऐसे समय में खरपतवार नियन्त्रण के लिए निराई-गुडाई करने का समय भी नहीं मिल पाता। रबी के मौसम में प्रभावी जल प्रबन्धन, कम तापमान के कारण और खरपतवार नियन्त्रण के प्रभावी कदम से खरपतवारों का प्रभावी नियन्त्रण किया जा सकता है। इसके द्वारा अप्रत्यक्ष रूप से उर्वरकों के प्रयोग के प्रभाव को बढ़ाने में मदद मिलती है और प्रत्यक्ष रूप से मक्का की अधिक उपज प्राप्त होती है।

प्रमुख खरपतवार एवं उनका प्रबन्धन (Weed Management)

खरीफ मक्का में घासकुल के खरपतवार जैसे सेवई, मकरा, मकरैला, दूब, बरू, मोंथा, दूब आदि तथा चौड़ी पत्ती वाले खरपतवार जैसे हजारदाना, लहसुआ, पत्थरचटा, चौलाई, कनकउआ, बड़ी दुधी, नुनिया, कटैला आदि मुख्य रूप से पाये जाते हैं। रबी मक्का में घासकुल के खरपतवार जैसे जंगली जई, गेहूँसा, जंगली मोंथा तथा चौड़ी पत्ती वाले खरपतवार जैसे जंगली कुसुम, पोइली, हिरनखुरी, अकरी, अंकरा, बथुआ, कृष्णनील, मटरी, दुधी सेन्जी, गजरी, सत्यानाशी आदि खरपतवार बहुतायत से उगते हैं। एक अनुमान के अनुसार फसल को विभिन्न प्रकार के खरपतवारों द्वारा लगभग 10-20 प्रतिशत की उपज में कमी हो जाती है। खरपतवार प्रबन्धन के लिये निम्न उपाय किये जाने चाहिए :

1. इसके अन्तर्गत वे सभी उपाय अपनाने चाहिएं जिनसे खरपतवारों के प्रसार को रोका जा सके। इसमें खरपतवार रहित बीज की बुआई, बीजों का प्रमाणीकरण एवं संगरोध क्वेरेन्टाइन आदि प्रमुख हैं।
2. समय से बुआई करने पर खरपतवार के उगने के पूर्व फसल इतनी अधिक बढ़ जाती है कि जब तक खरपतवार उगे वे फसल की बढ़वार के नीचे दबकर रह जाते और अधिक क्षति की स्थिति में नहीं पहुँचा पाते।
3. खेत की उपयुक्त तैयारी से जहाँ फसल के बीजों के जमाव में सहायता मिलती है वहीं अनेक खरपतवार जड़ से उखड़ कर नष्ट हो जाते हैं। ऐसे खरपतवारों के अवशेषों को एकत्र कर नष्ट किया जा सकता है। अतः खेत की तैयारी पर समुचित ध्यान देना चाहिए।
4. लगातार एक खेत में एक ही प्रकार की फसल लेने से खरपतवारों की समस्या बढ़ जाती है। अतः समुचित फसल-चक्र अपनाया जाना चाहिये।
5. अन्तः पंक्ति में शस्य क्रियायें अपनाने से खरपतवारों का उनके जड़ से कट जाने या उखड़ जाने के कारण बहुत हद तक इनका नियन्त्रण हो जाता है। इस क्रिया में वे खरपतवार जो पौधों के आसपास या फसल की पंक्तियों में होते हैं उनका नियन्त्रण नहीं हो पाता।
6. खरपतवार नियन्त्रण का यह सबसे सुलभ एवं प्रमुख साधन है जो प्रत्येक क्षेत्र में अधिकांशतः अपनाया जाता है। खरपतवार नियन्त्रण की इस विधि में मानव श्रम व समय बहुत ज्यादा लगता है अतः इसे केवल अल्प जोत कृषि में ही अपना सकते हैं। इस क्रिया में समय का विशेष ध्यान रखना चाहिये अन्यथा देर हो जाने पर खरपतवारों द्वारा इतनी क्षति हो चुकी होती है कि जिससे लाभ के बजाय हानि हो जाती है।
7. मक्का में खरपतवारों के प्रभावी नियन्त्रण हेतु एट्राजीन 50 प्रतिशत घुलनशील चूर्ण का प्रयोग करना चाहिए। खरपतवारनाशी रसायन का प्रयोग बुआई के बाद 2-3 दिन के अन्दर 2 किलो ग्राम प्रति हैक्टेयर की दर से करना चाहिये। रसायन के छिड़काव के समय खेत में पर्याप्त नमी होनी चाहिये अन्यथा एक सिंचाई कर देनी चाहिए।

मक्का की प्रमुख बीमारियाँ/कीट तथा उनकी रोकथाम (Important diseases/insects and their control measures)

मक्का की फसल में लगने वाली प्रमुख बीमारियों/कीटों की रोकथाम अग्र तालिकाओं में दर्शायी गयी हैं।

तालिका 2.7 : मक्का के प्रमुख रोग एवं उनका नियन्त्रण

बीमारी का नाम एवं कारक	लक्षण	नियन्त्रण
1. तुलासिता रोग (a) भूरीधारी मृदु रोमिल आसिता (स्कलेरोस्थोरा रेसीवार जी)	रोग की प्रारम्भिक अवस्था में पतली हरिमा हीन या पीली धारियों के रूप में प्रकट होने के बाद में इन धारियों के ऊतकक्षयी प्रकट होने से पत्तियाँ भूरे रंग की झुलसी हुई दिखाई देती हैं। प्रारम्भिक अवस्था में निचली पत्तियों में शुरू होकर ऊपर की पत्तियों पर फैलता है।	1. बुआई के लिए रोग रोधी तथा रोग सहिष्णु प्रजातियों का चुनाव 2. मक्का की अगेती बुआई करनी चाहिए। 3. खेत में उचित जलनिकास आवश्यक है। 4. उचित फसल चक्र अपनाना चाहिए। 5. उर्वरकों के साथ-साथ जिंक सल्फेट 20 किग्रा प्रति हैक्टेयर की दर से छिड़काव अवश्य करना चाहिए। 6. फसल कटने के पश्चात अवशेषों को जला देना चाहिए। 7. बुआई के पूर्व बीजों को 2 ग्राम थीरम प्रति किलो बीज दर से शोधित करना चाहिए। 8. जिन क्षेत्रों में शाकाणु जनित तना सड़न का प्रकोप होता हो वहाँ बुआई जुलाई के मध्य करनी चाहिए। 9. पौध घनत्व बढ़ा (70000 पौधे/है.) देना चाहिए। 10. रोगों का प्रकोप होने पर जिंक मैगनीज कार्बोनेट अथवा जिनेब के 2 किग्रा अथवा जीरम 1-5 किग्रा प्रति हैक्टेयर की दर से छिड़काव करना चाहिए। 11. तना सड़न रोग के नियन्त्रण हेतु 10 ग्राम स्ट्रेप्टोसाइक्लीन प्रति हैक्टेयर की दर से छिड़काव करना चाहिए।
(b) सफेद धारीदार मृदुरोमिल आसिता (स्केलेरोस्पोरा फिलिपनेन्सिस)	शुरू में पत्तियों पर लम्बे, चौड़े या सफेद धारियाँ पौधे के कुछ ऊपर तक सभी पत्तियों पर पाई जाती हैं। पत्तियों पर सफेद मोटी, मृदुरोमिल कवक वृद्धि हो जाती है। प्रारम्भिक अवस्था में ग्रसित पौधे बौने रह जाते हैं जिनमें भुट्टे नहीं लगते हैं।	
2. पीथियम तना सड़न (पीथियम एफेनीडरमेटम)	इसकी फफूँदी बोये गये बीजों को तथा जड़ों के कटे हुए भाग को सड़ा देती है फिर मुख्य जड़ तक सड़न बढ़ जाती है और जिससे नये पौधे सूखने लगते हैं। अधिक प्रकोप की दशा में पुनः बुआई करनी पड़ जाती है।	
3. पर्णअंगमारी हेलमिन्थोस्पोरियम टर्सिकम हेलमिन्थोस्पोरियम मेंडिस हेलन्थिोस्पोरियम कारबोरस	टर्सिकम पर्ण अंगमारी में पत्तियों पर लम्बे दीर्घ वृत्ताकार अथवा नाव के आकार वाले घूसर हरे से लेकर कत्थई रंग के धब्बे। ये धब्बे 4 सेमी चौड़े तथा 15 सेमी लम्बे हो सकते हैं। मेंडिस पर्ण अंगमारी में पत्तियों पर छोटे बिन्दु से लेकर 1.25 सेमी चौड़े तथा 3.75 सेमी लम्बे धब्बे। ये धब्बे अन्डाकार, एक दूसरे के समानान्तर, भूरे कत्थई से लेकर कत्थई लक्ष्य बिन्दु सदृश या एक केन्द्रित, इन धब्बों के किनारे प्रायः गहरे भूरे या बैंगनी रंग, प्रारम्भिक निवेश दृव्य का मुख्य श्रोत पौधे के अवशेष, हेलमिन्थोस्पोरियम टर्सिकम बीज द्वारा नहीं जबकि मेंडिस तथा कारबोरस बीज जन्य है।	
4. शाकाणु जनित तना सड़न इरविनिया स्पसीज	अधिक उपज देने तथा वर्षा वाले क्षेत्रों में इस रोग का अधिक प्रकोप होता है। नीचे की पौरी में पहले जलीय धब्बे, फिर इस स्थान पर सड़न होने के पश्चात पत्तियाँ पीली पड़कर सूखने लगती हैं। सड़े हुए भाग से दुर्गन्ध युक्त पीला गाढ़ा पदार्थ निकलता है। पौधे टूटकर गिर जाते हैं।	

तालिका 2.8 : मक्का में लगने वाले प्रमुख कीट एवं उनका नियन्त्रण

कीट एवं उनका वैज्ञानिक नाम	लक्षण तथा हानि की अवस्था	नियन्त्रण
तना बेधक (काइलोपरटिलस)	नई जन्मी सूँडियाँ पत्तियों के मुलायम हिस्सों (केन्द्रीय गोम) को खाती है। इसके उपरान्त यह तने में प्रवेश करके तने के अन्दर के भाग को बुरी तरह से नष्ट कर देती है जिससे पौधे की बढ़वार रुक जाती है। ग्रसित पौधों पर बाहर से छोटे-छोटे छिद्र दिखाई पड़ते हैं जो रेशेदार पदार्थ से ढके रहते हैं। पौधे बड़े हो जाने पर इस कीट का प्रकोप बहुत कम होता है।	मक्का की अगेती फसल बोना चाहिए। रबी फसल की कटाई के उपरान्त ग्रीष्मकालीन जुताई कर देनी चाहिए। कटाई के उपरान्त फसल अवशेषों को जला देने से इसमें पनपने वाले कीट एवं उनके अण्डे नष्ट हो जाते हैं। ट्राइकोग्रामा परभक्षी द्वारा इनको नष्ट किया जा सकता है। कीट के अण्डों के समूह को नष्ट कर देना चाहिए। प्रभावित पौधों को उखाड़कर नष्ट कर देने से इस कीट का नियन्त्रण हो जाता है।
प्ररोह मक्खी (एथेरिगोना सोकाटा)	इस कीट का लारवा (मैगेट) पौधे के अग्रभाग में छेद कर पौधे के बढ़ रहे अग्र भाग को क्षतिग्रस्त करने से मृतगोभ बनता है। प्रारम्भिक अवस्था में बने मृतगोभ (डेडहार्ट) के उपरान्त पौधों में शाखायें तो निकल आती हैं परन्तु उन पर भी इस कीट का प्रकोप हो जाता है। इस कीट का प्रकोप पौधे में 5-6 पत्ती तक की अवस्था में ही होता है। बड़े पौधों में इसका प्रकोप नहीं होता है।	अधिक बीज दर का प्रयोग करना चाहिए। बुआई के पूर्व 15 किलोग्राम/है. फोरेट 10 जी का प्रयोग करना चाहिए। ग्रसित पौधे के मृतगोभ को एकत्रित करके नष्ट करते रहना चाहिए।
मक्का का पत्ती लपेटक कीट (मरासमिया टेपजैलिस)	इस कीट की सूंडियाँ पत्तियों को लपेटकर उसके हरे भाग को खाती हैं जिससे पत्तियाँ सिरे से सूखने लगती हैं। चौड़ी पत्ती वाली प्रजातियाँ अपेक्षाकृत अधिक प्रभावित होती हैं।	खेत की नियमित निगरानी आवश्यक है। प्रभावित पत्तियां कीट सहित तोड़कर नष्ट कर देनी चाहिए। कीटनाशी रसायन का 10-12 दिन के अन्तराल पर दो बार छिड़काव कर देना चाहिए।
लाल मुडली या बालदर गिडार (एक्सेक्टा मुराई)	इस कीट की गिडारें पत्तियों को बड़ी तीव्रता से खाती हैं यहाँ तक कि केवल टहनियाँ ही शेष बचती है। इस कारण सम्पूर्ण फसल नष्ट हो जाती है।	खेत की ग्रीष्मकालीन गहरी जुताई कर देनी चाहिए। दलहनी फसलों के पास मक्का की फसल न उगायें। प्रभावित पौधों को कीट सहित उखाड़कर नष्ट कर देना चाहिए। फसल की प्रारम्भिक अवस्था में लाइटट्रेप का उपयोग कर पतंगों को नष्ट कर देना चाहिए।

खरीफ ग्रास होपर (टिड्डा) (हायरोग्लाइपस स्पीसीज)	इस कीट का व्यस्क तथा निम्फ दोनों ही पत्तियों को खाकर फसल को क्षति पहुँचाते हैं। इन टिड्डों द्वारा विशेषकर मक्का तथा ज्वार की फसल को अधिक क्षति होती है।	इस कीट के प्रकोप होने की प्रारम्भिक अवस्था में ही रोकथाम आवश्यक है। अण्डों के क्षेत्र में मेड़ों की सफाई, परती भूमि की गुड़ाई आदि शस्य क्रियाओं द्वारा नष्ट कर देना चाहिए। कीटनाशी रसायनों के छिड़काव द्वारा रोकथाम करनी चाहिए।
भुट्टों का चिकटा कीट (केलीकोरिस एन्गुस्टेटस)	इस की के प्रौढ़ तथा शिशु निम्फ दोनों भुट्टों के दूधिया अवस्था में मुलायम दानों का रस चूसकर नुकसान पहुँचाते हैं। इस कीट से प्रभावित दाने सिकुड़ जाते हैं और काले पड़ जाते हैं।	कीट का प्रकोप होते ही मैलाथियान 5 प्रतिशत चूर्ण-का 20 किग्रा प्रति हैक्टेयर की दर से भुरकाव करना चाहिए।

कटाई एवं मड़ाई (Harvesting and Threshing)

दाने के लिए उगाई जाने वाली मक्का की देशी किस्में 80-85 दिन में पककर तैयार हो जाती हैं। संकर तथा संकुल प्रजातियाँ 90-115 दिन में काट ली जाती हैं। चारे के लिए बोई जाने वाली मक्का को 60-65 दिन बाद काट लेते हैं। जब मक्का के दाने में 25 प्रतिशत तक नमी रह जाये तो पौधों से भुट्टों की तोड़ाई अथवा सम्पूर्ण पौधा काटने के पश्चात् भुट्टों की तोड़ाई कर ली जाती है। संकर तथा संकुल किस्म की मक्का के भुट्टे पकने पर पौधों का रंग हरा बना रहता है। इस समय मक्का के पौधों के भुट्टों को तोड़ लेना चाहिए। पकने के बाद मक्का के भुट्टों को तोड़कर पौधों को काटकर चारे के रूप में पशुओं को खिलाते रहते हैं। मक्का के पौधे सूखने के बाद इससे उत्तम किस्म की 'हे' भी बनाते हैं।

भुट्टों को तोड़ने के बाद भुट्टों में छिलका उतारकर धूप में सुखाते हैं। भूट्टों को तब तक धूप में सुखाया जाता है जब तक दानों में नमी की मात्रा 12 प्रतिशत तक न रह जाये। इसके पश्चात भुट्टों से दाने तथा अन्दर को भाज (गुल्ली) को अलग करते हैं। मक्का के भुट्टों की मड़ाई हाथ से, डन्डे से अथवा मशीन द्वारा करते हैं। भुट्टों से दाना अलग करने से मशीन को मक्का शैलर (Maize sheller) कहते हैं। मशीन द्वारा भुट्टों से दाने अलग करने का कार्य हाथ से, विद्युत अथवा ट्रैक्टर द्वारा किया जाता है। मड़ाई के उपरान्त दानों को सुखाकर बोरों में भरकर भन्डारण में रख देते हैं।

उपज (Yield)

मक्का की देशी प्रजातियों की औसत उपज 10-15 कु. प्रति हैक्टेयर होती है जबकि संकर तथा संकुल प्रजातियों की औसत उपज 30-40 कु. प्रति हैक्टेयर होती है। भूट्टों के लिए उगाई जाने वाली मक्का में औसतन 50-75 हजार भुट्टे प्रति हैक्टेयर तक प्राप्त होते हैं। मक्का की दाने वाली फसल से लगभग 50-90 कु. प्रति हैक्टेयर तक कड़वी (Stover) प्राप्त हो जाती है। चारे के लिए उगाई गई मक्का को भुट्टे निकलते समय काटने पर 225-250 कु. प्रति हैक्टेयर तक हरा चारा प्राप्त हो जाता है। भुट्टे निकालने के बाद कड़वी में पोषक तत्वों की मात्रा बहुत कम हो जाने से खराब किस्म का चारा प्राप्त होता है।

अध्याय 3

ज्वार
(Sorghum)

वानस्पतिक नाम	:	सोरघम बाईकलर
(Botanical name)	:	(*Sorghum bicolor L.*)
कुल (Family)	:	ग्रेमिनी (Gramineae)

आर्थिक महत्व (Economic Importance)

भारतवर्ष में ज्वार की फसल को दाने तथा चारे दोनों के लिए ही उगाया जाता है। उत्तर प्रदेश में ज्वार की फसल को सामान्यतः चारे के लिए ही उगाते हैं जबकि दक्षिणी राज्यों में इसके दानों को भोजन के रूप में प्रयोग करते हैं। जानवरों को चारों के रूप में हरे चारे, सूखे चारे एवं साइलेज के रूप में खिलाया जाता है। ज्वार के दाने को पशुओं को रातब के रूप में भी खिलाते हैं। मनुष्य ज्वार के आटे का प्रयोग गेहूँ के समान रोटी बनाकर करते हैं। कुछ स्थानों पर इसके दानों को उबाल कर भी प्रयोग किया जाता है।

ज्वार का उपयोग खाने तथा चारे के अतिरिक्त औद्योगिक रूप में विभिन्न पदार्थ बनाने के लिए किया जाता है। ज्वार की मोमी प्रजातियों से स्टार्च निकाला जाता है। ज्वार के आटे का प्रयोग जिप्सम बोर्ड को चिपकाने के लिए किया जाता है। ज्वार के दानों से उत्तम किस्म की एल्कोहल तथा बियर भी बनाई जाती है। ज्वार के पूरे पौधों को सुखाकर एक भोज्य पदार्थ बनाते हैं जिसमें शर्करा की मात्रा बहुत अधिक होती है। अमेरिका में इसे गेहूँ के साथ मिलाकर बहुत अधिक प्रयोग में लाया जाता है।

ज्वार के पौधों में हाइड्रोसायनिक अम्ल (HCN) या प्रूसिक अम्ल पाया जाता है। यह अम्ल पौधों की प्रारम्भिक अवस्था में अधिक होता है। पौधों की निचली पत्तियों की अपेक्षा ऊपरी पत्तियों में इसकी सान्द्रता अधिक होती है। इस अवस्था में ज्वार के पौधों का प्रयोग पशुओं द्वारा कर लेने से मृत्यु तक हो जाती है। नत्रजन के प्रयोग से इस अम्ल की मात्रा बढ़ जाती है। पौधों की जैसे-जैसे वृद्धि होती जाती है वैसे ही वैसे इसकी सान्द्रता कम होती जाती है। वर्षा अथवा फसल की सिंचाई कर देने से इस अम्ल की सान्द्रता कम हो जाती है। क्योंकि यह अम्ल पानी में घुलनशील है। एक बार में 0.5 ग्राम HCN का सेवन पशुओं द्वारा कर लेने से यह हानिकारक हो सकता है।

ज्वार के दाने में 10.3 प्रतिशत प्रोटीन, 1.8 प्रतिशत बसा, 1.9 प्रतिशत खनिज पदार्थ तथा 74.5 प्रतिशत कार्बोहाइड्रेड पाया जाता है। ज्वार की कुल प्रोटीन में 1.4–2.4 प्रतिशत लाइसीन अमीनो अम्ल पाया जाता है जो पौष्टिकता की दृष्टि से बहुत कम है। अमीनो अम्ल में ल्यूसिन की मात्रा (1.3–1.75%) होती है इसके दानों में ल्यूसिन की अधिक मात्रा होने के कारण ज्वार का प्रयोग अधिक करने वाले व्यक्तियों में पैलाग्रा (Pellagra) नामक बीमारी का प्रकोप होता है।

उत्पत्ति एवं इतिहास (Origin and History)

लिनेयस तथा अन्य वनस्पति शास्त्रियों के अनुसार ज्वार का जन्म स्थान भारत है, परन्तु संस्कृत में ज्वार का नाम न होने के कारण इसका जन्मस्थान भारत होना संदेहपूर्ण है। चीनी साहित्य में भी ज्वार का कोई वर्णन नहीं किया है। स्विटजरलैन्ड तथा इटली में भी इसके कोई सबूत उपलब्ध नहीं हैं। ग्रीक में तो ज्वार का कभी भी जिक्र ही नहीं हुआ है। डि-केन्डौल का मत है कि ज्वार का जन्म स्थान चीन है। ज्वार उष्ण कटिबन्धीय अफ्रीका का पौधा है। जहाँ से यह अरब में लाया गया बाद में यह भारत पहुँचा। इसके पश्चात् चीन ने भी अपना लिया। इस प्रकार चीन, ज्वार का जन्म स्थान नहीं हो सकता। अत: उपलब्ध सबूतों के आधार पर ज्वार का जन्म स्थान अफ्रीका को ही माना गया है। डोगेर ने अपने पुस्तक में कहा कि ज्वार की कृष्य योग्य प्रजातियाँ इथोपिया से शुरू में पश्चिमी अफ्रीका में पहुँची और वहाँ से सूडान होकर नाइजर नदी के ऊपरी इलाके में ले जाई गई। यहाँ से ज्वार की कई किस्में विकसित की गईं तथा अच्छी तरह से उगाई जाती हैं। इस प्रकार पश्चिमी अफ्रीका के काफी क्षेत्रों में इसकी खेती प्रसिद्ध हो गई। मौनी (1953) के अनुसार ज्वार पश्चिमी अफ्रीका में पाषाण काल से ही उगाई जाती है। इथोपिया से ज्वार-पूर्वी अफ्रीका पहुँची। पुरातत्व खोजों के अनुसार पूर्वी अफ्रीका में ज्वार बारहवीं सदी में लाई गई होगी। क्लार्क (1959) के अनुसार ज्वार मध्य तथा दक्षिण अफ्रीका में लगभग 18वीं शताब्दी में पहुँची।

क्षेत्रफल तथा वितरण (Area and Distribution)

विश्व में ज्वार उत्पादक प्रमुख देश उत्तरी एवं मध्य अमेरिका, भारत, पाकिस्तान, दक्षिणी अमेरिका, रूस तथा यूरोप हैं इसके अतिरिक्त अफ्रीका, चीन, ईरान, तुर्किस्तान, कोरिया तथा आस्ट्रेलिया हैं। क्षेत्रफल की दृष्टि से भारत विश्व में प्रथम तथा उत्पादन की दृष्टि से दूसरा स्थान है। ज्वार की औसत उत्पादकता में मिश्र प्रथम स्थान (45.7 क्विंटल प्रति हैक्टेयर), दूसरे स्थान पर फ्रांस (41.5 क्विंटल/हैक्टेयर) तथा भारत की औसत उपत 9.68 क्विंटल प्रति हैक्टेयर है।

भारतवर्ष में ज्वार की खेती लगभग सभी राज्यों में की जाती है। महाराष्ट्र, कर्नाटक, आन्ध्र प्रदेश, मध्य प्रदेश, राजस्थान तथा गुजरात ज्वार उगाने वाले प्रमुख राज्य हैं। महाराष्ट्र, कर्नाटक तथा आन्ध्र प्रदेश में ज्वार को गेहूँ तथा चावल की तरह प्रयोग किया जाता है तथा इन राज्यों की प्रमुख फसल ज्वार ही है। अतः इन राज्यों में ज्वार को धान्य फसल कहा जाता है। इन तीनों प्रदेशों में ज्वार के अन्तर्गत कुल क्षेत्रफल का लगभग 85 प्रतिशत भाग है भारत वर्ष में सन् 2012-13 में ज्वार के अन्तर्गत कुल क्षेत्रफल 6.21 मिलियन हैक्टेयर, कुल उत्पादन 5.28 मिलियन टन तथा उत्पादकता 850 किग्रा प्रति हैक्टेयर थी। ज्वार के अन्तर्गत सर्वाधिक क्षेत्रफल (3.16 मिलियन हैक्टेयर) तथा उत्पादन (1.94 मिलियन टन) महाराष्ट्र में है। इसके पश्चात कर्नाटक, राजस्थान मध्य प्रदेश तथा आन्ध्र प्रदेश में ज्वार की फसल उगाई जाती है। देश में ज्वार की सर्वाधिक उत्पादकता मध्य प्रदेश (2011 किग्रा/हैक्टेयर), आन्ध्र प्रदेश (1643 किग्रा/हैक्टेयर) तथा उत्तर प्रदेश (1348 किग्रा/हैक्टेयर) है।

उत्तर प्रदेश में ज्वार के अन्तर्गत सबसे अधिक क्षेत्रफल झाँसी जिले में है। इसके पश्चात् हमीरपुर, बाँदा, कानपुर तथा जालौन जिले आते हैं। उत्तर प्रदेश में सन् 2012-13 में ज्वार के अन्तर्गत कुल क्षेत्रफल 0.18 मिलियन हैक्टेयर तथा उत्पादन 0.25 मिलियन टन था।

जलवायु (Climate)

ज्वार उष्ण जलवायु की फसल है परन्तु शीघ्र पकने वाली जातियाँ ठंडे प्रदेशों में भी गर्मी के दिनों में उगाई जा सकती हैं। ज्वार की खेती समुद्र तल से 1000 मीटर तक की ऊँचाई वाले क्षेत्रों में आसानी से की जाती है।

मैदानी क्षेत्रों में उच्च तापमान ज्वार की फसल के लिए उपयुक्त होता है। वायुमन्डल में 25-30 डिग्री सेन्टीग्रेड तापमान पर भी जीवित रहती है। फसल में बाली निकलते समय 30 डिग्री सेन्टीग्रेड से अधिक तापमान फसल के लिए हानिकारक होता है। ज्वार के अंकुरण के लिए न्यूनतम तापमान 9-10 डिग्री सेन्टीग्रेड उपयुक्त होता है।

ज्वार की खेती के लिए 60-100 सेमी वर्षा वाले क्षेत्र उपयुक्त होते हैं। 50 सेमी से कम वर्षा वाले क्षेत्रों में ज्वार बिना सिंचाई के नहीं उगाई जा सकती है। ज्वार की फसल को बुआई से कटाई तक 35-40 सेमी से अधिक वर्षा होना अच्छी उपज के लिए आवश्यक होता है।

भूमि (Soil) : ज्वार की खेती देश के विभिन्न भागों में भिन्न-भिन्न प्रकार की भूमियों में की जाती है। इसकी अच्छी उपज प्राप्त करने के लिए अच्छे जल विकास वाली बुलुई दोमट मृदा उपयुक्त होती है। ज्वार को भारी दोमट, हल्की दोमट एल्यूवियल तथा कपास की काली भूमियों में सफलतापूर्वक उगाया जा सकता है। ज्वार की फसल को अधिक मात्रा में पोषक तत्वों की आवश्यकता होती है अतः भूमि का उपजाऊ होना आवश्यक होता है।

ज्वार की फसल हल्की लवणीय तथा क्षारीय मृदा में भी आसानी से उगाई जा सकती है। ज्वार की खेती के लिए मृदा का पी एच मान 5.0-8.5 उपयुक्त होता है।

ज्वार की फसल के लिए भूमि में जल निकास के पर्याप्त साधन होने चाहिऐ। निचली भूमियों में जहाँ पर पानी भरता हो इसकी खेती नहीं करनी चाहिए।

फसल चक्र (Crop rotation)

अन्तः/मिलवाँ फसल पद्धति (Inter mixed cropping system)

ज्वार की फसल को दलहनी, तिलहनी तथा अन्य फसलों के साथ अन्तः/मिश्रित फसल पद्धति के रूप में उगाया जाता है। कुछ प्रमुख अन्तः/मिश्रित फसल पद्धतियाँ निम्न है :

ज्वार + उर्द/मूँग
ज्वार + लोबिया/ग्वार
ज्वार + सोयाबीन
ज्वार + अरहर
ज्वार + तिल
ज्वार + अन्डी
ज्वार + पटसन
ज्वार + सनई

फसल चक्र (Crop rotations) : अच्छी जल निकास वाली मृदाओं में जिनमें रबी ऋतु में गेहूँ, चना मटर, बरसीम, आलू, सरसों आदि फसलें उगाई जा सकती हैं। खरीफ ऋतु में ज्वार की फसल को सफलतापूर्वक उगाया जा सकता है।

उत्तरी भारत में ज्वार आधारित फसल चक्र निम्नलिखित है :

एक वर्षीय

1. ज्वार – गेहूँ/जौ
2. ज्वार – चना/मटर/मसूर
3. ज्वार – बरसीम
4. ज्वार – ग्रीष्मकालीन मूँग
5. ज्वार – ग्रीष्मकालीन
6. ज्वार – आलू
7. ज्वार – आलू – गेहूँ
8. ज्वार – आलू – मूँग
9. ज्वार – लाही – बसन्तकालीन गन्ना
10. ज्वार – रबी कालीन सब्जियाँ

द्विवर्षीय

1. ज्वार – चना –परती – गेहूँ
2. ज्वार – गेहूँ – उर्द/मूँग–गेहूँ
3. धान – गेहूँ – ज्वार – चना

तमिलनाडु

1. मूँगफली – ज्वार – अरहर
2. ज्वार – धान – धान
3. ज्वार – कपास
4. कपास – ज्वार – चना
5. ज्वार – मंडुआ – तम्बाकू

कर्नाटक

1. ज्वार – अरहर
2. ज्वार – बाजरा – परती
3. मंडुआ ज्वार – दालें/मूँग
4. ज्वार – चना/अलसी

महाराष्ट्र

1. ज्वार – गेहूँ – आलू
2. ज्वार – चना/अलसी

मध्य प्रदेश

1. मक्का/ज्वार - परती/अलसी
2. कपास/ज्वार/मूँगफली-परती
3. संकर ज्वार - कपास
4. संकर ज्वार - गेहूँ

ज्वार की उन्नतशील प्रजातियाँ (Important varieties)

ज्वार की देशी प्रजातियाँ जैसे बासुमति तथा देवला झाँसी जिले में जबकि एक दनिया तथा दनिया कानुर क्षेत्रों में उगाई जाती हैं।

ज्वार की उन्नतिशील प्रजातियों के विशिष्ट गुण निम्न तालिका में दर्शाये गये हैं।

तालिका 3.1 : विभिन्न राज्यों के लिए ज्वार की उन्नतशील प्रजातियाँ

राज्य	उन्नतशील प्रजातियाँ
1. उत्तर प्रदेश	सी एस एच 1, सी एस एच 5, सी एस एच 6, सी एस एच 9, सी एस एच 11, सी एच वी 1, सी एच वी 2, सी एच वी 3, सी एच वी 5, सी एस 6, सी एस वी 11, एस पी वी 949, वर्षा टाईप 22, मऊ 1, मऊ 2
2. हरियाणा	सी एस एच 1, सी एस एच 5, सी एस एच 6, सी एस वी 2, सी एस वी 3, सी एस वी 4
3. राजस्थान	सी एस एच 1, सी एस एच 9, सी एस वी 2, सी एस वी 3, सी एस वी 4, एस पी वी 946, एस पी एच 504, एस पी वी 946, एस पी वी 245, सी एस वी 10, सी एस वी 11, एस पी एच 837
4. मध्य प्रदेश	सी एस एच 1, सी एस एच 5, सी एस एच 6, सी एस एच 9, सी एस वी 10, सी एस वी 11, एस पी वी 235, एस पी वी 236, एस वी एच 504
5. बिहार	सी एस एच 1, सी एस एच 5, सी एस एच 6, सी एस वी 2, सी एस वी 6
6. कर्नाटक	डी एस एच 4

तालिका 3.2 : ज्वार की प्रमुख उन्नतशील प्रजातियाँ

प्रजातियाँ	संस्तुत क्षेत्र	पकने की अवधि (दिन)	उपज (कु./है.)	विशिष्ट गुण
वर्षा	बुन्देलखण्ड के अतिरिक्त सम्पूर्ण उत्तर प्रदेश	125-130	25-30	दानों का रंग हल्का, पौधे 200-210 मी. सेमी ऊँचे
टाइप 22	मध्य उत्तर प्रदेश	125-130	15-20	दो दनिया, दाने सफेद, पौधे 290-300 सेमी लम्बे
मऊ टाइप 1	बुन्देलखण्ड	130-135	15-20	भुट्टे लम्बे, तिकोने, दाने सफेद, पौधे 270-280 सेमी लम्बे
मऊ टाइप 2	बुन्देलखण्ड	135-140	15-20	दाने हल्के पीले, पौधे 280-290 सेमी लम्बे
संकर प्रजातियाँ				
डी एस एच 4	उत्तरी कर्नाटक	115-120	30-35	रबी ऋतु
एस पी एच 837	राजस्थान	85-90	30-35	सूखा सहिष्णु, कम वर्षा तथा हल्की भूमियाँ

सी एस एच 1	दक्षिण भारत	95–100	35–45	खरीफ तथा रबी, पौधे 140–160 सेमी लम्बे
सी एस एच 2	अधिक वर्षा वाले क्षेत्र	120–125	40–50	पौधे 180–200 सेमी ऊँचे
सी एस एच 3	राजस्थान, मध्य प्रदेश, आन्ध्र प्रदेश, कर्नाटक	110–115	50	
सी एस एच 4	आन्ध्र प्रदेश, कर्नाटक, तमिलनाडु, महाराष्ट्र (खरीफ)	100–110	40–45	रबी ऋतु
सी एस एच 5	महाराष्ट्र, आन्ध्र प्रदेश, कर्नाटक, मध्य प्रदेश, राजस्थान, गुजरात, उत्तर प्रदेश	110–115	50–55	दानों का रंग पीला, पौधे 195–200 सेमी ऊँचे
सी एस एच 6	दक्षिण भारत	85–90	45–50	दाने पीले, पौधे 150–180 सेमी ऊँचे
सी एस एच 9	उत्तर प्रदेश, राजस्थान, मध्यप्रदेश	110–115	60–65	तना मोटा, रसीला, दाने मध्यम तथा सफेद, पौधे 190–200 सेमी ऊँचे
एस पी एच 504	मध्य प्रदेश, राजस्थान	110–115	30–35	लीफ स्पॉट रोधक तथा तना मक्खी संवेदनशील
सी एस वी 1 (स्वर्णा)	गुजरात, महाराष्ट्र, कर्नाटक आन्ध्र प्रदेश	110–115	35–40	पत्तियाँ ऊपर की तरफ मिश्रित खेती के लिए उपयुक्त, पौधे 150–160 सेमी ऊँचे
सी एस वी 2	महाराष्ट्र, आन्ध्र प्रदेश, कर्नाटक, मध्य प्रदेश, राजस्थान, उत्तर प्रदेश	110–115	35–40	पौधे 140–160 सेमी ऊँचे, डाउनी मिल्डयू अवरोधी
सी एस वी 3	महाराष्ट्र, आन्ध्र प्रदेश, कर्नाटक, मध्य प्रदेश, राजस्थान, उत्तर प्रदेश	100–105	30–35	रोपित फफूँदी रोग अवरोधी, दाने खाने वाली सूँडी का कम प्रकोप, पौधे 170–180 सेमी ऊँचे
सी एस वी 4	महाराष्ट्र, आन्ध्र प्रदेश, तमिलनाडु, उत्तर प्रदेश	110–115	35–40	प्रमुख रोगों के प्रति अवरोधी, पौधे 140–160 सेमी ऊँचे, दाने मध्यम तथा सफेद
सी एस वी 5	कर्नाटक, तमिलनाडु, आन्ध्र प्रदेश	110–115	55–60	डाउनी मिल्डयू तथा पूर्ण धब्बे रोग अवरोधी, दाने चमकीले तथा सफेद, पौधे 110–120 सेमी ऊँचे
सी एस वी 6	महाराष्ट्र, कर्नाटक, मध्य प्रदेश, उत्तर प्रदेश, राजस्थान, गुजरात	115–120	55–60	दाने बड़े तथा सफेद, पौधे 200–220 सेमी लम्बे
सी एस वी 7	महाराष्ट्र, कर्नाटक, तमिलनाडु, आन्ध्र प्रदेश	105–110	50–60	रबी ऋतु, दाने उत्तम गुणवत्ता वाले
एस पी वी 946	राजस्थान		35–40	प्रमुख बीमारियों एवं कीटों के प्रति अवरोधी

ज्वार की उपरोक्त प्रजातियों के अतिरिक्त नवविकसित संकुल प्रजातियाँ जैसे सी एस वी 17, 18, 20, 23, बुन्देला, जबकि संकर प्रजातियाँ सी एस एच 21 तथा 24 विकसित की गई हैं।

भूमि की तैयारी (Field preparation) : रबी फसल काटने के तुरन्त उपरान्त खेत की ग्रीष्मकालीन एक गहरी जुताई मिट्टी पलटने वाले हल से कर देने से भूमि में पनपने वाली बीमारियों के परजीवी, कीटों के अंडे तथा खरपतवार अधिक गर्मी एवं धूप से नष्ट हो जाते हैं।

मानसून प्रारम्भ होने के पश्चात् 2–3 जुताईयाँ कल्टीवेटर अथवा हैरो से करनी चाहिएं। प्रत्येक जुताई के बाद पाटा लगा देने से खेत की मिट्टी भुरभुरी हो जाती है जिससे बीजों का जमाव अच्छा होता है तथा मृदा में नमी का हास भी कम होता है। यदि खेत में खरपतवार हो तो 1 अथवा 2 अतिरिक्त जुताइयाँ कर देनी चाहिऐ जिससे खेत पूर्णरूप से खरपतवार रहित हो जाए। फसल की बुआई के पूर्व खेत समतल होना आवश्यक होता है।

बीज एवं बुआई (Seed and Sowing)

बीज (Seed) : ज्वार का बीज सदैव सरकारी संस्था से प्रमाणित बीज ही खरीदना चाहिए। बीज सदैव स्वस्थ एवं बीमारी रहित होना चाहिए।

बीजोपचार (Seed treatment) : ज्वार के बीजों को किसी एक कवकनाशी रसायन जैसे थीरम अथवा सेरेसान अथवा एग्रोसान जी एन 3 ग्राम प्रति किलोग्राम बीज दर से उपचारित करने से फफूँदी द्वारा फैलने वाली बीमारियों के प्रकोप से बचा जा सकता है।

बीज दर (Seed rate) : बीज की मात्रा, बीज का आकार, बीज की अंकुरण क्षमता, बोने की विधि, बोने का समय, बोने का अन्तरण, मृदा में नमी तथा मृदा की उर्वरता शक्ति पर निर्भर करती है। सामान्य दशाओं में ज्वार का बीज 12–15 किग्रा प्रति हैक्टेयर बोना चाहिए। ज्वार की अच्छी उपज प्राप्त करने के लिए प्रति हैक्टेयर लगभग 1,50,000 पौध की आवश्यकता होती है।

अन्तरण (Spacing) : ज्वार की पंक्ति से पंक्ति की दूरी 45 सेमी तथा पौधे से पौधे की दूरी 15 सेमी रखनी चाहिए। अधिक अथवा कम मात्रा में पौधे होने पर ज्वार की उपज घट जाती है।

बुआई का समय (Time of Sowing) : खरीफ ऋतु में असिंचित क्षेत्रों में उगाई जाने वाली ज्वार की बुआई का समय सामान्यतः मानसून पर आधारित होता है। जब मानसून की वर्षा प्रारम्भ हो जाती है उस समय ज्वार की बुआई की जाती है। ज्वार की फसल देश के किसी न किसी भाग में पूरे वर्ष बोई जाती है। दक्षिणी राज्यों में ज्वार की फसल वर्ष में दो बार बोई जाती है और कभी-कभी इसकी तीन फसल भी उगाई जाती है।

ज्वार की बुआई को मुख्य रूप से तीन भागों में बांटा गया है।

खरीफ ज्वार : खरीफ ज्वार की बुआई मानसून की शुरूआत में ही की जाती है।

उत्तरी तथा मध्य भारत	–	जुलाई का द्वितीय पखवाड़ा
गुजरात	–	जुलाई का प्रथम पखवाड़ा
मध्यप्रदेश	–	जून के अन्तिम सप्ताह से जुलाई के प्रथम सप्ताह
उत्तर प्रदेश	–	जून के अन्तिम सप्ताह से जुलाई के प्रथम सप्ताह
तमिलनाडु	–	जुलाई के प्रथम पखवाड़ा

रबी ज्वार : रबी के मौसम में ज्वार तमिलनाडु, कर्नाटक आन्ध्र प्रदेश तथा महाराष्ट्र में उगाई जाती है। इन प्रान्तों में ज्वार की फसल वर्ष में तीन बार काटी जाती है। रबी ज्वार की बुआई सितम्बर के द्वितीय सप्ताह से अक्तूबर के द्वितीय सप्ताह में बोई जाती है।

ग्रीष्मकालीन ज्वार : ग्रीष्मकालीन ज्वार की बुआई फरवरी के द्वितीय सप्ताह से मार्च के द्वितीय सप्ताह तक कर दी जाती है। ग्रीष्म कालीन ज्वार की खेती तमिलनाडु, आन्ध्रप्रदेश तथा कर्नाटक के कुछ भागों में सिंचित दशाओं में की जाती है परन्तु उत्तर प्रदेश में ग्रीष्मकालीन ज्वार की फसल केवल हरे चारे के रूप में प्रयोग की जाती है।

बोने की विधि (Methods of sowing)

उत्तर भारत में ज्वार की बुआई छिड़कवाँ अथवा पंक्तियों में की जाती है। छिड़कवाँ विधि द्वारा बीजों को एक समान मात्रा में छिड़क दिया जाता है इसके पश्चात कल्टीवेटर की सहायता से उथली जुताई करके अच्छी प्रकार से पाटा लगा दिया जाता है। पंक्तियों में ज्वार की बुआई देशी हल की सहायता से कूँड बना कर फिर बीज को बोया जाता है। संकर एवं नई उन्नतशील प्रजातियों की बुआई सदैव हल के पीछे पंक्तियों में की जानी चाहिए। अधिक उपज प्राप्त करने के लिए ज्वार की बुआई पंक्तियों में करना वैज्ञानिक विधि है। कपास की काली मिट्टी में ज्वार की बुआई पंक्तियों में की जाती है।

ज्वार की बीजों की बुआई सीडड्रिल से करना आसान तथा सर्वोत्तम है। इस विधि द्वारा बुआई करने से पंक्तियों तथा पौधे से पौधे की दूरी को भी नियंत्रित किया जा सकता है। सीडड्रिल से बुआई करने पर बीज एक समान मात्रा में गिरता है।

बीज की गहराई (Depth of sowing) : मृदा में नमी की मात्रा को ध्यान में रखकर बीज की गहराई 3–4 सेमी रखनी चाहिए। कम नमी होने की दशा में बीज की गहराई अधिक कर दी जाती है जिससे बीज नमी के सम्पर्क में आकार उनका जमाव पूर्ण रूप से हो जाता है।

अधिक गहराई पर बीजों को बोने से अंकुरण पर विपरीत प्रभाव पड़ता है।

खाद एवं उर्वरक प्रबन्ध (Manures and Fertilizers)

ज्वार की फसल को अधिक मात्रा में पोषक तत्वों की आवश्यकता होती है क्योंकि यह मृदा से अधिक मात्रा में पोषक तत्वों को गृहण कर लेती है कार्बनिक खादों का ज्वार की फसल में एक महत्वपूर्ण भूमिका है।

असिंचित क्षेत्रों में 10–15 टन गोबर की खाद अथवा कम्पोस्ट प्रति हैक्टेयर की दर से खेत में एक माह पूर्व फैलाकर मिट्टी में सही ढंग से मिला देने से मृदा की जलधारणा क्षमता तथा सूक्ष्म जीवाणुओं की क्रियाशीलता बढ़ जाती है। इसके अतिरिक्त 50–60 किग्रा नत्रजन, 30–40 किग्रा फासफोरस तथा 30–40 किग्रा पोटास प्रति हैक्टेयर की दर से फसल बोने के समय कूँडों में डाल देनी चाहिए।

सिंचित क्षेत्रों में देशी ज्वार को 50–60 किग्रा नत्रजन, 30–40 किग्रा फासफोरस तथा 30–35 किग्रा प्रोटास प्रति हैक्टेयर की दर से प्रयोग करना चाहिए। संकर ज्वार को 100–120 किग्रा नत्रजन, 50–60 किग्रा फासफोरस तथा 40–50 किग्रा पोटास प्रति हैक्टेयर की दर से दिया जाता है। नत्रजन की आधी मात्रा जबकि फासपोरस तथा पोटास की सम्पूर्ण मात्रा बुआई के समय कूँडों में बीज से 3–5 सेमी की गहराई पर डालना चाहिए। बुआई के समय दी जाने वाली उर्वरकों की सम्पूर्ण मात्रा फर्टी–सीडड्रिल की सहायता से दी जा

सकती है। यदि इस प्रकार का सीडड्रिल उपलब्ध न हो तो बुआई के पूर्व खेत में एक समान मात्रा में उर्वरकों को छिड़क कर कल्टीवेटर अथवा हैरो की सहायता से अच्छी तरह से मिल दिया जाता है। शेष बची हुई नत्रजन की मात्रा को बुआई के 30-35 दिन पश्चात् खड़ी फसल में छिड़क देना चाहिए। हल्की भूमियों में नत्रजन की आधी मात्रा को दो बार में खड़ी फसल में छिड़कना चाहिए।

शुष्क क्षेत्रों में 2 प्रतिशत यूरिया का 1000 लीटर पानी में घोल बनाकर खड़ी फसल में छिड़काव करना अत्यन्त लाभप्रद होता है। यदि मृदा में सूक्ष्म तत्वों की कमी हो तो सूक्ष्म तत्वों का भी छिड़काव करना आवश्यक होता है अन्यथा ज्वार की उपज पर बुरा प्रभाव पड़ता है। पोषक तत्वों में लौहा तथा जस्ता ज्वार की खेती के लिए विशेष रूप से महत्वपूर्ण हैं। फेरस सल्फेट का 3 प्रतिशत घोल बनाकर दो बार छिड़काव करने से ज्वार की उपज में वृद्धि हो जाती है।

रिक्त स्थानों को भरना तथा विरलीकरण (Gap filling and thinning) : ज्वार की फसल के लिए प्रति इकाई क्षेत्रफल में उपयुक्त पौध संख्या बनाये रखने के लिए रिक्त स्थानों को भरना तथा पौधों की छँटाई दोनों ही महत्वपूर्ण क्रियायें हैं। सामान्य दशाओं में ज्वार के बीजों का जमाव 5-6 दिन में हो जाता है यदि पंक्तियों में किसी स्थान पर बीजों का जमाव कम मात्रा में हुआ हो तो खूंटी की सहायता से बीज दुबारा बो देना चाहिए। बीजों का जमाव अधिक मात्रा से होने की दशा में पौधे से पौधे की दूरी 12-15 सेमी रखकर अतिरिक्त पौधों को उखाड़ देते हैं। पौधों की छटाई के समय बीमारी से प्रभावित पौधों को भी उखाड़ कर फेंक देते हैं।

सिंचाई प्रबन्ध (Irrigation Management)

सामान्यतः ज्वार की खेती असिंचित दशाओं में की जाती है जिन क्षेत्रों में सिचाई की सुविधा उपलब्ध हो वहाँ पर खरीफ ऋतु में वर्षा न होने की दशा में सिंचाई कर देनी चाहिए। पौधों की बृद्धि, फूल तथा दाने बनते समय पानी की अधिक आवश्यकता होती है। अतः इस समय सिंचाई द्वारा पौधों को पानी की आवश्यकता की पूर्ति की जा सकती है।

ज्वार की फसल के लिए सिंचाई देने की चार क्रान्तिक अवस्थायें होती हैं, जो निम्न हैं।

1. प्रारम्भिक बीज पौधे की अवस्था
2. फूल आने से पहले की अवस्था
3. फूलने की अवस्था
4. दाना बनने की अवस्था

उपरोक्त अवस्थाओं में पानी का अभाव होने पर ज्वार की उपज में भारी कमी हो जाती है। ग्रीष्मकालीन ज्वार को निम्न चार अवस्थाओं पर सिंचाई करके अधिक से अधिक उपज प्राप्त की जा सकती है।

1. बीज पौधे की अवस्था	10-30 दिन
2. अग्रज (प्राइमोर्डियल) अवस्था	30-50 दिन
3. फूलने की अवस्था	50-70 दिन
4. दाना भरने की अवस्था	70-90 दिन

खरीफ ऋतु में ज्वार की फसल को 25 प्रतिशत भूमि जल उपलब्धता के स्तर पर सिंचाई करना पर्याप्त होता है जबकि ग्रीष्म काल में 50 प्रतिशत का स्तर होता है।

इस प्रकार ज्वार की फसल खेती एवं अधिक उपज प्राप्त करने के लिए बीज अवस्था, फूलने के पूर्व या अग्रज अवस्था तथा फूलने की अवस्था के समय भूमि में नमी का अभाव नहीं होना चाहिए। ज्वार का पौधा जल भराव की दशा में सूख जाता है इसलिए अतिरिक्त जल को खेत से तुरन्त निकाल देना चाहिए।

खरपतवार नियन्त्रण (Weed Control Measures)

ज्वार की खेती खरीफ या वर्षा ऋतु में की जाती है इस मौसम में ज्वार के पौधे के साथ-साथ खरपतवारों के बीजों का भी अंकुरण, वृद्धि एवं विकास तीव्रगति से होता है। खरपतवारों द्वारा हानि फसल की प्रारम्भिक अवस्था में सबसे अधिक होती है। फसल की बुआई के 20-25 दिन उपरान्त खुरपी की सहायता से हाथ द्वारा 2 बार निराई-गुड़ाई कर देनी चाहिए। निराई करने के पश्चात हेन्ड हो से एक गुड़ाई कर देने से खरपतवारों का सम्पूर्ण नियन्त्रण हो जाता है।

जब खरपतवारों का प्रकोप अधिक मात्रा में हो तब खरपतवारनाशी रसायनों का प्रयोग करना लाभप्रद होता है। एट्राजिन 0.5 किग्रा. प्रति हैक्टेयर की दर से 600-800 लीटर पानी में घोलकर फसल बोने के तुरन्त बाद तथा अंकुरण के पूर्व छिड़काव कर देने से खरपतवारों का नियन्त्रण हो जाता है। यदि फसल में चौड़ी पत्ती वाले खरपतवारों का प्रकोप हो तो 2, 4-डी के सोडियम लवण 1.0-1.5 किग्रा. प्रति हैक्टेयर को 600-800 लीटर पानी में घोलकर फसल बोने के 25-30 दिन बाद छिड़काव कर देने से यह खरपतवार नियंत्रित हो जाते हैं। प्रोपेजीन 1.5 किलोग्राम प्रति हैक्टेयर को ज्वार बोने के 10-12 दिन पूर्व भूमि में मिला देने से खरपतवारों का संतोषजनक नियन्त्रण हो जाता है इसके अतिरिक्त प्रोपेजिन तथा एट्राजिन 0.5 किलोग्राम प्रति हैक्टेयर को बुआई के बाद परन्तु जमाव के पूर्व खेत में छिड़काव कर देते हैं।

ज्वार को दलहनी फसलों के साथ अन्तः फसल पद्धति के रूप में उगाया जाता है। अन्तः फसल पद्धति फ्लूक्लोरेलिन 0.5 किग्रा प्रति हैक्टेयर ज्वार की बुआई के पूर्व छिड़काव कर देने से खरपतवारों का नियन्त्रण हो जाता है। इसके अतिरिक्त नाइट्रोफेन 1 किग्रा प्रति हैक्टेयर की दर से छिड़काव करना भी लाभप्रद होता है।

तालिका : ज्वार की प्रमुख बीमारियाँ तथा कीट एवं उनका नियन्त्रण (Important diseases and insects/pest and their control measures)

ज्वार की प्रमुख बीमारियों तथा कीटों का नियन्त्रण निम्न तालिकाओं में दर्शाया गया है।

तालिका 3.3 : ज्वार की प्रमुख बीमारियाँ एवं उनकी रोकथाम

बीमारी का नाम एवं कारक	लक्षण	नियन्त्रण
कन्डुआ (Smut) ढका हुआ कन्डुआ (Covered smut) - स्फेसिलोथिका सारघम	रोगग्रसित ज्वार की बालियों में दाने के स्थान पर एक अन्य प्रकार अथवा गोलाकार मटमैले स्लेटी की थैलीनुमा आकार बन जाता है। इसका रंग सफेदी या बादामी भी हो सकता है। यह थैली मड़ाई के समय फूट जाती है जिससे स्वस्थ बीज इसके कवक से ग्रसित हो जाते हैं।	बीजों को बोने के पूर्व 135 डिग्री फारेनहीट तक गर्म पानी में 15 मिनट तक उपचारित करना चाहिए। थीरम अथवा एग्रोसन जी एन 2 ग्राम प्रति किलो बीज दर से उपचारित करना चाहिए।
छिदरा कन्डुआ (Loose smut)-स्फेसिलोथिका क्रूएन्टा	इस बीमारी से ग्रसित पौधा स्वस्थ पौधे की तुलना में छोटे होते हैं तथा इनमें बाली भी जल्दी निकल आती हैं। बीजाणुओं से भरी हुई	थीरम अथवा एग्रोसन जी एन 2 ग्राम प्रति किलो बीज दर से उपचारित कर बोना चाहिए।

	थैली बालियाँ निकलने के पहले ही फट जाती हैं और कटाई के पूर्व ही समस्त बीजाणु मुक्त हो जाते हैं।	बीजो को 135 डिग्री फारेनहीट ताप पर 15 मिनट तक पानी में भिगोकर बुआई करनी चाहिए।
भुट्टो का कन्डुआ (Head smut) - स्फेसिलोथिका रिलियाना	इस रोग के प्रकोप पर सारी बाली पर सोरस (बीजाणुओं की थैली) के रूप में बदल जाती है। बाली के बाहर निकलने के पूर्व ही यह झिल्ली फट जाती है तथा काले रंग की चूर्ण दिखाई देने लगता है और कुछ समय में सारे बीजाणु झड़ जाते हैं।	रोगरोधी प्रजातियों को बोना चाहिए। उपयुक्त फसल चक्र अपनाना चाहिए। रोगग्रस्त बालियों को काटकर जला देना चाहिए। डाइथेन एम 45 अथवा डाइथेन जेड 78 का 0.2 प्रतिशत घोल का छिड़काव बाली निकलने पर करना चाहिए।
दीर्घ कन्डुआ (Long smut)-पोस्पोरियम एडनबगाई	इस रोग के प्रकोप से बाली के कुछ दाने ही प्रभावित होते हैं। रोगग्रसित पुष्पक सफेदी लिए हुए पीले रंग लम्बी थैलियाँ बन जाती हैं।	उपयुक्त समय पर बुआई करनी चाहिए।
रतुआ (Rust)- पक्सीनिया परप्यूरिया	इस रोग का प्रकोप फसल में भुट्टे निकलने के समय होता है। पौधों की पुरानी पत्तियों पर भी यह रोग लग जाता है। पत्तियों पर छोटे लाल या गुलाबी रंग के धब्बे के रूप में पत्ती के मध्य भाग में दिखाई देते हैं। इसके पश्चात समस्त पत्ती पर यह फैल जाते हैं। रोगग्रसित पौधे की पत्तियाँ फसल पकने के पूर्व ही सूख जाती हैं।	ज्वार की रोगरोधी प्रजातियों की बुआई करनी चाहिए। जिनेव का 0.2 प्रतिशत घोल का छिड़काव 15 दिन के अन्तराल पर दो बार करना चाहिए।
मृदुरोमिल फफूँदी (Downey mil-dew)-स्कैलेस्पोरा सोरघाई	संक्रमित पौधों की निचली सतह पर सफेद रंग का चूर्ण जमा हो जाता है। यह सफेद चूर्ण फफूँदी कोनीडिया तथा कोनिडियोफोर का मिश्रण होता है। रोग ग्रसित पत्तियाँ पतली पड़कर झड़ जाती हैं। फसल की प्रारम्भिक अवस्था में इस रोग का प्रकोप होने पर पौधों की बढ़वार रूक जाती है तथा उनमें बालियाँ नहीं निकलतीं।	एग्रोसन जी एन अथवा सेरेसान 2.5 ग्राम प्रति किलो बीज दर से उपचारित कर बोना चाहिए। डाइथेन जेड 78 या डाइथेन एम 45 का 0.2 प्रतिशत घोल का छिड़काव करना चाहिए। रोग से ग्रसित पौधों को उखाड़कर जला देना चाहिए। रोगरोधी प्रजातियों को उगाना चाहिए।
चेंपा (Ergot)- स्पेसेलिया सॉरघाई	इस रोग से ग्रसित होने पर पुष्प शाखा पर स्थित स्पाइकिल से हल्के गुलाबी रंग का एक श्राव निकलता है जिसका स्वाद मीठा होने के कारण सभी कीट आकर्षित होते हैं। इस बीमारी से ग्रसित पौधे की बालियों में दाने नहीं बनते।	रोगग्रसित पौधों को उखाड़कर जला देना चाहिए। थीरम अथवा एग्रोसन जी एन 2.5 ग्राम प्रति किलोग्राम बीज की दर से बीजों को उपचारित कर बोना चाहिए।
मूल गलन (Root rot)	रोग ग्रसित पौधे की बढ़वार कम हो जाती है, पत्तियाँ मुड़ जाती हैं तथा पुरानी पत्तियों का ऊपरी भाग पीला पड़ जाता है। बीमारी का प्रकोप बढ़ने पर सम्पूर्ण पत्तियाँ सूख जाती हैं और पौधा मर जाता है। इस बीमारी के कम प्रकोप होने की दशा में पौधों में भुट्टे तो लगते हैं परन्तु उनमे दाने कम मात्रा में बनते हैं।	रोगरोधी प्रजातियों को उगाना चाहिए। थीरम अथवा कैप्टान अथवा एग्रोसन जी एन 2.5 ग्राम प्रति किलो बीज दर से बीज को उपचारित कर बोना चाहिए।

एन्थ्रेकनोज (Anthracnose) (कोलीट्रोट्रिकन ग्रेमिनीकोला)	इस बीमारी के प्रकोप से पौधों की निचली पत्तियों में लाल से भूरे रंग के सफेद धब्बे पड़ जाते हैं। इसके पश्चात इन धब्बों में काले रंग के बिन्दु समान दाग पड़ जाते हैं।	एग्रोसन जी एन 2.5 ग्राम प्रति किलोग्राम बीज दर से उपचारित करने के पश्चात बोना चाहिए। डाइथेन जेड 78 का 0.2 प्रतिशत घोल का 10 दिन के अन्तराल पर छिड़काव करना चाहिए। रोगरोधी प्रजातियों को उगाना चाहिए।
सरकोस्पोरा पर्ण धब्बे (Cercospora leaf spot) (सरकोस्पोरा सोरघाई)	पौधों की पत्तियों के दोनों तरफ आयताकार लाल, बैंगनी तथा भूरे रंग के जो सामान्यत: पत्तियों की शिराओं की तरफ होते हैं, धब्बे पड़ जाते हैं।	किसी कवकनाशी रसायन से बीजोपचार करने के बाद ही बोना चाहिए। डाइथेन जेड 78 का 0.2 प्रतिशत घोल का छिड़काव फसल की बुआई के 15 दिन के अन्तराल पर करना चाहिए।
चारकोल विगलन (Charcoal rot) (मैक्रोफोमिना फेजियोलाई)	जब इस बीमारी का प्रकोप छोटी अवस्था में होता है तब पौधा सूख जाता है। परन्तु बड़े पौधे पर इसका प्रकोप होने पर बालियाँ छोटी रह जाती हैं और समय पूर्व पक जाती हैं। रोगग्रसित पौधे का तना कमजोर तथा खोखला हो जाता है और पौधे गिर जाते हैं।	रोगरोधी प्रजातियों को ही बोना चाहिए। डाइथेन जेड 78 का 0.2 घोल का छिड़काव खड़ी फसल में करना चाहिए।
बीज विगलन या पौधे का झुलसा (Seed or seedling blight)	इस रोग के प्रकोप से बोया गया बीज सड़ जाता है अथवा यदि बीज जम भी जाता है तो पौधा भी सड़ जाता है।	थीरम अथवा एग्रोसन जी एन 2 ग्राम प्रति किलो बीज दर से बीजो को उपचारित बोना चाहिए।

तालिका 3.4 : ज्वार के प्रमुख कीट एवं उनका नियन्त्रण

कीट तथा कीट का वैज्ञानिक नाम	प्रकोप के लक्षण	नियन्त्रण
प्ररोह मक्खी (Shoot fly) ऐथेरिगोना बेरियोसोकाटा)	इस कीट के लारवा ज्वार के अन्दर घुसकर वृद्धि वाले भाग को काट देते हैं जिससे पौधे का वृद्धि भाग सूख जाता है। इस कीट से प्रभावित पौधा भुट्टा ग्रहण न कर पाने से उपज भी घट जाती है।	फसल की समय पर बुआई करनी चाहिए। 10 प्रतिशत थिमेट या फोरेट 15 किग्रा प्रति हैक्टेयर की दर से बुआई के समय कूँड में डालना चाहिए। मेटासिस्टाक्स 1 लीटर अथवा कार्बानिल 2 किग्रा अथवा मिथाइल डेमीटान 250 मिली, एल्ड्रिन 375 मिली अथवा मिथोएट 250 मिली का 600 लीटर पानी में घोल कर दो बार छिड़काव करना चाहिए।
तना छेदक (Shoot and stem borer)	इस कीट की सूंडियाँ छोटे पौधे की गोफ को काट देती हैं जिससे गोफ सूख जाता है। इसका प्रारम्भ बुआई के तुरन्त बाद से शुरू होकर भुट्टे आने तक रहता है। पौधे की बढ़वार के साथ-साथ यह तने में छेद कर घुस जाती है और सुरंग बनाकर तने के अन्दर के मुलायम भाग को खाती रहती है।	डी डी टी, वी एच सी, डाई मैथोएट, कार्बानिल तथा मैलाथियान के दाने तथा तरल रूप में छिड़काव करना चाहिए। 4 प्रतिशत इन्डोसल्फान अथवा 4 प्रतिशत कार्बनिल अथवा 1 प्रतिशत मैलाथियान के दाने को 15 किलोग्राम प्रति हैक्टेयर के दर से फसल की बुआई के 15-20 दिन पश्चात छिड़काव कर देना चाहिए।

ज्वार का मिज (Midge) (कोन्टारिनिया सोर्धाकैला)	इस कीट के लारवा ज्वार के गर्भाशय (अन्डाशय तथा ओवरी) को खाते हैं जिससे दानों के विकास की क्रिया समाप्त हो जाती है।	इण्डोसल्फान (35 ईसी) 1 लीटर अथवा कार्बानिल (50 डब्लू पी) 3 किग्रा अथवा लिन्डेन (20 ईसी) 1.25 लीटर प्रति हैक्टेयर की दर से 2-3 बार बालियों पर छिड़काव करने से इस कीट का नियन्त्रण हो जाता है।
परोह मत्कुण (Shoot bug) (पैरीग्रीनस मैंडिस)	इसके प्रौढ़ तथा अभ्रक ज्वार के गोथ में रहकर नुकसान पहुँचाते हैं।	बी एच सी अथवा एन्ड्रिन रसायन का प्रयोग करना चाहिए।
बालदार सूंडी (Hairy caterpiller)	इस कीट की छोटी-छोटी सूँडी पौधे की मुलायम पत्तियों को बहुत अधिक मात्रा में खाती हैं जिससे पौधे की पत्ती पर केवल सिरायें ही शेष बचती हैं।	कीटों के अण्डों को एकत्र कर जला देना चाहिए। बी एच सी 10 प्रतिशत अथवा फोलीडोल 2 प्रतिशत धूल का 25-30 किग्रा प्रति हैक्टेयर की दर से भुरकाव करना चाहिए। थायोडान (35 ई.सी.) का 0.1 प्रतिशत घोल का छिड़काव करना चाहिए।
चेंपा/तेला/माहूँ (एफिस सक्कारी)	हरे रंग का कीट जो तना तथा पत्तियों का रस चूसता है। इसका प्रकोप भुट्टो पर भी होता है।	प्राकृतिक शत्रु काक्सीनेलीडस और सिरकिडस इस कीट के नियन्त्रण के लिए असरदार हैं।

कटाई एवं मड़ाई (Harvesting and threshing)

ज्वार की देशी जातियाँ 80-85 दिन तथा संकर प्रजातियाँ 120-125 दिन में पककर तैयार हो जाती है। चारे के लिए ज्वार की फसल की कटाई 60-65 दिन पश्चात फूल आने के समय की जाती है।

ज्वार की फसल पकने के समय हरे भुट्टे सफेद अथवा पीले रंग में परिवर्तित हो जाते हैं। जब भुट्टों में दानों के अन्दर नमी की मात्रा घट कर 20 प्रतिशत रह जाये तब फसल की कटाई कर लेनी चाहिए। ज्वार के पूरे पौधे की कटाई करने के पश्चात् हँसिया की सहायता से भुट्टे को पौधों से काट लेते हैं। इसके पश्चात पौधों को हरे चारे के रूप में खिलाते रहते हैं। भुट्टों को काटने के पश्चात् कड़वी को सुखा कर सूखे चारे के रूप में खिलाते हैं।

भुट्टों को खलिहान में डालकर धूप में अच्छी तरह से सुखाते हैं। भुट्टों की मड़ाई के लिए बैलों या शक्ति चालित विद्युत या ट्रैक्टर की सहायता से थ्रेसर से दानों को अलग कर लेते हैं।

ज्वार के दानों का भण्डारण करने के पूर्व बीजों को पूर्व अच्छी तरह से सुखा कर ही करते हैं। भण्डारण के समय दानों में 12 प्रतिशत से अधिक नमी नहीं होना चाहिए।

उपज (Yield)

ज्वार की देशी प्रजातियों की उपज 12-15 क्विंटल प्रति हैक्टेयर होती है। उन्नतशील संकर प्रजातियों की उपज 35-40 कुन्टल प्रति हैक्टेयर होती है। ज्वार की कड़वी की उपज 65-70 क्विंटल प्रति हैक्टेयर जबकि हरे चारे की उपज 200-250 क्विंटल प्रति हैक्टेयर होती है।

अध्याय 4

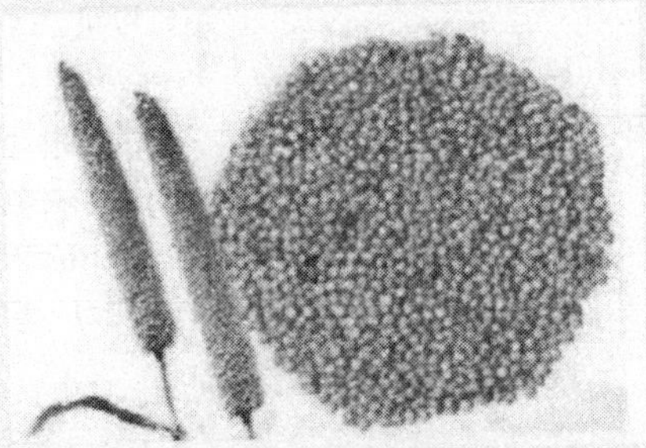

बाजरा
(Pearlmillet)

वानस्पतिक नाम	:	पैनीसिटम टाइफओइडस
(Botanical name)	:	(*Pennisetum typhoides L.*)
कुल (Family)	:	ग्रेमिनी (Gramineae)

आर्थिक महत्व (Economic Importance)

देश के विभिन्न भागों में बाजरा को भिन्न-भिन्न नामों से जाना जाता है। भारतवर्ष की गरीब जनता का मुख्य भोज्य पदार्थ बाजरा है जिसके दाने को पीसकर रोटी बनाई जाती है। भारतवर्ष में बाजरे की रोटी का प्रयोग सामान्यतः सर्दी के समय ही किया जाता है। ग्रीष्मकालीन समय में इसकी रोटी को नहीं खाया जाता है। ज्वार के समान बाजरे का प्रयोग विभिन्न प्रकार से किया जाता है। कुछ स्थानों पर बाजरे के दानों को उबालकर अथवा भूनकर खाया जाता है। बाजरे की बालियों को भूनकर दानों को खाया जाता है।

बाजरे के पौधे का प्रयोग हरे चारे अथवा सूखे चारे के रूप में पशुओं को खिलाने के लिए भी किया जाता है। चारे के रूप में 50 प्रतिशत बाल निकलने की अवस्था में पशुओं को खिलाने के लिए उत्तम किस्म का हरा चारा प्राप्त होता है। इसके साथ ही साथ बाजरा की फसल पकने के पश्चात बालियों को पौधे से अलग करने के पश्चात सूखी कड़वी को पशुओं को खिलाते हैं। इसका दाना दूध देने वाले पशुओं तथा मुर्गियों को भी खिलाया जाता है।

बाजरा के दाने में 11.5 प्रतिशत प्रोटीन, 2.6 प्रतिशत बसा, 68 प्रतिशत कार्बोहाइड्रेट तथा 2.5 प्रतिशत खनिज लवण होते हैं।

उत्पत्ति एवं इतिहास (Origin and History)

संसार में बाजरे की खेती अति प्राचीन काल से होती आ रही है। वर्थ (1937) के अनुसार बाजरा का उत्पत्ति स्थान भारतवर्ष है और यहाँ से अरब, एबीसिनिया तथा अफ्रीकी देशों में पहुँचा। कुछ वैज्ञानिक बाजरा का जन्म स्थान अफ्रीका मानते हैं क्योंकि बाजरे की 32 प्रजातियों में से 30 प्रजातियाँ अफ्रीकी देशों में पाई जाती हैं। साथ ही यह भी बड़े ही आश्चर्य की बात है कि अफ्रीका के पूर्वी तटवर्ती भागों में बाजरा जैसे हिन्दी नाम से प्रचलित है। यह कहा जाता है कि शायद भारत ही बाजरा का मूल उत्पत्ति स्थल है और यहाँ से ही इसे अन्य देशों में ले जाया गया है।

क्षेत्रफल तथा वितरण (Area and distribution)

बाजरा का उष्ण तथा शीतोष्ण कटिबन्धीय जलवायु में सफलतापूर्वक उगाया जाता है। विश्व में अफ्रीका तथा एशिया महाद्वीप बाजरा उगाने वाले प्रमुख महाद्वीप हैं। विस्तृत रूप से बाजरा की खेती करने वाले देशों में चीन, भारत, पाकिस्तान, अरब, फारस, मिश्र दक्षिण, पश्चिमी अफ्रीका, रूस, वेस्टइंडीज आदि प्रमुख हैं।

भारत वर्ष में पश्चिम बंगाल, आसाम, उड़ीसा को छोड़कर अन्य सभी स्थानों पर बाजरा उगाया जाता है। राजस्थान, महाराष्ट्र, गुजरात, उत्तर प्रदेश तथा हरियाणा की प्रमुख फसल बाजरा है। देश के कुल बाजरा क्षेत्र का लगभग 90 प्रतिशत भाग इन्हीं राज्यों में उगाया जाता है। राजस्थान में बाजरा के अन्तर्गत इसका कुल क्षेत्रफल 45 प्रतिशत है अर्थात् राजस्थान बाजरा उगाने वाला सबसे बड़ा राज्य है। अतः राजस्थान में बाजरा को प्रमुख धान्य फसल कहा जाता है। गुजरात तथा हरियाणा राज्य में भी यह खरीफ की प्रमुख फसल है। इन तीनों राज्यों राजस्थान, गुजरात तथा हरियाणा में देश के कुल बाजरा क्षेत्रफल का 80 प्रतिशत उगाया जाता है। अतः यह राज्य देश की सर्वाधिक महत्त्वपूर्ण बाजरा पट्टी है। सन् 2013-14 में बाजरा के अन्तर्गत 7.95 मिलियन हैक्टेयर तथा कुल उत्पादन 8.80 मिलियन टन था। सन् 2012-13 में, बाजरा के अन्तर्गत सर्वाधिक क्षेत्रफल 4.0 मिलियन हैक्टेयर राजस्थान में इसके पश्चात उत्तर प्रदेश, (0.90 मिलियन हैक्टेयर), महाराष्ट्र (0.79 मिलियन हैक्टेयर), गुजरात (0.60 मिलियन हैक्टेयर) तथा हरियाणा (0.41 मिलियन हैक्टेयर) में था। उत्पादन की दृष्टि से सबसे अधिक 3.88 मिलियन टन उत्पादन में महाराष्ट्र 1.76 मिलियन टन, उत्तर प्रदेश 1.04 मिलियन टन गुजरात तथा 0.79 मिलियन टन हरियाणा में था। सन् 2012-13 में बाजरा की उत्पादकता में सबसे अधिक उत्तर प्रदेश (1951 किग्रा प्रति हैक्टेयर) तथा हरियाणा में (1910 किग्रा प्रति हैक्टेयर रही) थी।

उत्तर प्रदेश में बाजरा मुख्य रूप से मथुरा, इटावा, आगरा, बुलन्दशहर, अलीगढ़, फर्रूखाबाद आदि जिलों में बहुतायत से उगाया जाता है। सन् 2012-13 उत्तर प्रदेश में बाजरा के अन्तर्गत कुल क्षेत्रफल 0.90 मिलियन हैक्टेयर तथा कुल उत्पादन 1.76 मिलियन लाख टन था।

वानस्पतिक वितरण (Botanical discription)

स्टाप्फ तथा हुकर के अनुसार प्रभाग पैन्नीसिटम (पर्स) बाजरा में कुल 12 प्रजातियाँ पाई गई हैं जिनके नाम निम्वत हैं।

1. पैनीसिटम लैनाटम
2. पैनीसिटम एलोपीकुरस

3. पैनीसिटम फ्लैसीडम
4. पैनीसिटम कॉम्प्रेसम
5. पैनीसिटम डाइकोडोमम
6. पैनीसिटम पर्वीफ्लोरम
7. पैनीसिटम आरिन्टैल
8. पैनीसिटम पौडिसिलेटेम
9. पैनीसिटम सीटोसम
10. पैनीसिटम बॉर्वोनिकम
11. पैनीसिटम सैनक्राइड
12. पैनीसिटम प्राइडराइ

कृष्णमूर्ति (1962) के अनुसार बाजरा की उगाई जाने वाली प्रजाति पैनीसिटम टाइफोइड्स एस तथा एच प्रभाग पैनीसिलरिया के अन्तर्गत है, साथ ही साथ उन्होंने यह भी बताया कि पैनीसिटम जीनस को स्टाप्फ (1938) ने निम्न पाँच प्रभागों में बाँटा है।

1. ग्याहनोथ्रिक्स
2. यूपैन्नीसेटस
3. पैनीसिलीरिया
4. हैटेरोस्टा इक्या
5. ब्रेबीबलबूला

वैज्ञानिकों का मत है कि प्रभाग पेनीसिलरिया की 32 प्रजातियाँ अफ्रीका में पाई जाती हैं। इनमें से 6 वार्षिक तथा शेष जंगली हैं। इन प्रजातियों के नाम निम्न हैं।

1. पैनीसिटम पीरोटैटाइ
2. पैनीसिटम मॉलीसिमम
3. पैनीसिटम बायोलोसियम
4. पैनीसिटम बर्सीकलर
5. पैनीसिटम एडोएन्स
6. पैनीसिटम लिमनोथ्रिक्स

भारतवर्ष में पैनीसिलरिया की एकमात्र प्रजाति पैनीसिटम टाइफोइड्स ही पाई जाती है।

जलवायु (Climate) : बाजरा में सूखा सहन करने की क्षमता ज्वार की अपेक्षा अधिक होती है। बाजरा की फसल को आमतौर पर कम वर्षा वाले क्षेत्रों में उगाया जाता है। बाजरा खेती के लिए 50 से 75 सेमी वर्षा वाले क्षेत्र उपयुक्त हैं। बाजरा की फसल को 200 सेमी वर्षा वाले क्षेत्रों में भी सफलतापूर्वक उगाया जा सकता है। पौधों की वृद्धि के लिए आर्द्र जलवायु उपयुक्त होती है जबकि फसल में फूल आने के समय तथा बालियों में दाना पकते समय स्वच्छ आकाश तथा शुष्क वातावरण की आवश्यकता होती है। इस समय यदि वर्षा अथवा वातावरण में आर्द्रता अधिक होने पर बीमारियों का प्रकोप हो जाता है।

बाजरा की फसल की बुआई से लेकर कटाई तक उच्च तापक्रम की आवश्यकता होती है। बाजरा की फसल के लिए 28–33 डिग्री सेन्टीग्रेड तापक्रम उपयुक्त होता है।

1. बुआई के समय के पूर्व होने वाली वर्षा का उपज पर कोई प्रभाव नहीं पड़ता परन्तु बुआई के समय पर इसका सकारात्मक प्रभाव पड़ता है।
2. बुआई के 3–4 दिन पश्चात् वर्षा होने पर बाजरा का अंकुरण न होने के कारण पैदावार घट जाती है।
3. अंकुरण से फूल आने तक अर्थात् वानस्पतिक वृद्धि तक 75–225 मिमी वर्षा होने से उपज में वृद्धि हो जाती है। केवल 150 मिमी वर्षा का होना दाने तथा चारे दोनों के लिए उपयोगी है।
4. फसल फूलने तथा पकने के समय भारी वर्षा का होना हानिकारक होता है।

भूमि (Soils)

बाजरा के लिए हल्की तथा अच्छी जलनिकास वाली भूमि उत्तम होती है क्योंकि आमतौर पर यह जलमग्नता को सहन नहीं कर सकता है। मृदा में जलस्तर का गहराई पर होना भी इसकी खेती के लिए उत्तम माना जाता है। सामान्यत: बाजरा की फसल अच्छी जलनिकास वाली समस्त प्रकार की भूमियों में उगाई जा सकती है। कपास की काली मिट्टियों, मटियार दोमट से बलुई तथा कंकरीली मृदा में बाजरा की खेती की जाती है। बाजरा की फसल के लिए अधिक उपजाऊ भूमि की आवश्यकता नहीं होती है।

फसल चक्र (Crop rotation) : सामान्यत: बाजरा की फसल मिश्रित अथवा अन्त: फसल पद्धति के रूप में उगाई जाती है। बाजरा आधारित अन्त: फसल पद्धतियाँ निम्न हैं।

बाजरा + लोबिया – गेहूँ

बाजरा + अरहर – चना

बाजरा + उर्द/मूँग – मटर

तालिका 4.1 : बाजरा उगाने वाले क्षेत्रों में निम्न फसल चक्र प्रचालित है

राज्य	फसलचक्र
पंजाब एवं हरियाणा	बाजरा-गेहूँ, बाजरा-जौ, बाजरा-गेहूँ-मूँग
राजस्थान	बाजरा-चना, संकर बाजरा-जौ/चना, बाजरा-गेहूँ
उत्तर प्रदेश	संकर बाजरा-गेहूँ, बाजरा+उर्द/मूँग-मटर, बाजरा-चना
तमिलनाडु	मूँगफली-बाजरा-कंगनी, ज्वार-बाजरा-परती, बाजरा-गेहूँ, बाजरा-मूँगफली
महाराष्ट्र	बाजरा-गेहूँ, बाजरा-दालें, बाजरा-चना, ग्रीष्म/सब्जी-बाजरा-आलू
मध्य प्रदेश	संकर ज्वार/संकर बाजरा-गेहूँ, बाजरा-सोयाबीन, बाजरा-अलसी

उन्नतशील प्रजातियाँ (Improved varieties)

बाजरा की उन्नतशील प्रजातियों के विशिष्ट गुण निम्न तालिकाओं में दर्शाये गये हैं।

तालिका 4.2 : बाजरा की प्रमुख उन्नतशील प्रजातियाँ

प्रजाति	पकने की अवधि (दिन)	उपज (कु./है.)	विशिष्ट गुण
पी एच बी 10	90-100	18-20	दाने बड़े
पी एच बी 14	90-100	18-20	दाने बड़े, पौधे बड़े, बालियाँ मोटी तथा 30-45 सेमी लम्बी, हरित बाल रोग सहनशील, पौधे 2 मी. ऊँचे
बी डी III	80-90	25-28	पौधे 80 सेमी ऊँचे, बालियाँ मोटी, दाने बड़े एवं चमकदार, हरित बाल रोग रोधी
बी डी 763	85-90	20-25	पौधे 180-190 सेमी ऊँचे, बाली सघन तथा छड़ के आकार की, दाने मध्यम आकार के
एच एस 1	75-80	20-25	बालियाँ मध्यम तथा सघन, अर्गट एवं हरित वाल अवरोधी

एल 6	90-95	20-25	अर्गट तथा हरित बाल अवरोधी
सी एम 5	75-80	25-28	पौधे 150-160 सेमी ऊँचे
एच बी 5	90-95	20-25	अर्गट एवं हरितवाल अवरोधी
बी जे 104	100-110	20-25	पौधे 160-165 सेमी, बालियाँ सघन, दाने सफेद तथा बड़े, डाउनी मिल्डयू तथा हरित वाल रोग सहिष्णु
बी के 360	85-90	20-25	पौधे 2 मीटर ऊँचे, बालियाँ मोटी
एम वी एच 110	80-85	20-25	प्रमुख बीमारियों का कम प्रकोप
डब्लू सी सी 75	75-80	18-20	पौधे 180-210 सेमी ऊँचे, बालियाँ मध्यम, बेलनाकार, दाने बड़े तथा घूमिल स्लेटी रंग, डाउनी मिल्डयू, अर्गट तथा कंडुवा रोगों का प्रकोप कम
विजय कम्पोजिट	80-85	20-25	पौधे 220-230 सेमी ऊँचे, बालियाँ लम्बी तथा मोटी, डाउनी मिल्डयू तथा अर्गट रोगों का कम प्रकोप
एच वी 68	65-70	20-25	हरियाणा के लिए संस्तुत

तालिका 4.3 : विभिन्न राज्यों के लिए बाजरा की उन्नतशील प्रजातियाँ

राज्य	उन्नतिशील प्रजातियाँ
पंजाब एवं हरियाणा	पी एच बी 10, पी एच बी 14, पी एच बी 47, बी जे 104, बी डी 111, एच एस-1, एम एच 169, एम एच 193, एम एच 208, डब्लू सी सी 75, सी एम 46, एच एच बी 67, जी एच 577, एच सी 10, पी सी बी 164, एच एच बी 117, आर एच बी 127
राजस्थान	जी एच बी 577, आर एच बी 127, पी बी 180, बी जे 104, पी एच बी 47, पूसा 23, सी एम 46, बी डी 111, बी के 560
उत्तर प्रदेश	बी जे 104, एच बी एच 110, एच बी 5, बी डी 111, बी डी 763, पी एच बी 10, पी एच बी 14, एम एच 36, बी के 560, सी एम 46, पी एच बी 47, पी एच बी 8
मध्य प्रदेश	बी डी 111, बी डी 763, बी के 560, सी एम 46, पी एच बी 47, बीजे 104, विजय कम्पोजिट, जी एच बी 577, आर एच बी 127
बिहार	बी डी 111, एम एच 143, बी जे 104, एम एच 169, बी के 560
तमिलनाडु	एस ए एम एच 166, बी पी 180, को. 3
महाराष्ट्र	एस ए एम एच 166, पी बी 180, पी पी सी 6
गुजरात	संकर जे 934, संकर जे 1270, डी 174, डी 356

उपरोक्त प्रजातियों में बाजरा की नव विकसित संकुल प्रजातियाँ जैसे पूसा कम्पोजिट 621 तथा एम पी 403 एवं संकर प्रजातियाँ जैसे एम एस एच 203, एम एच 1299, एम एच 1385, प्रो एग्रो 9444, 86 M86 तथा सुपर बॉस प्रमुख हैं।

भूमि की तैयारी (Field preparation)

रबी की फसल की कटाई के उपरान्त एक बार मिट्टी पलटने वाले हल से अप्रैल-मई में गहरी जुताई कर देनी चाहिए। ग्रीष्मकालीन गहरी जुताई कर देने से भूमि में पनपने वाली बीमारियों के परजीवी,

कीटों के अन्डे तथा लारवा, सूत्रकृमि के परजीवी तथा खरपतवार एवं इनके बीज अधिक धूप तथा गर्मी के कारण नष्ट हो जाते हैं। जिससे इनका प्रकोप फसल पर कम हो जाता है तथा वर्षा का पानी भी मृदा में खूब सोखता है।

वर्षा प्रारम्भ होने के पश्चात मिट्टी पलटने वाले हल से जुताई करने के पश्चात 2–3 जुताईयाँ देशी हल से अथवा हेरों से कर देनी चाहिए। बलुई मृदा में कल्टीवेटर द्वारा भी जुताई की जा सकती है। मिट्टी को भुरभुरा तथा समतल बनाने के लिए प्रत्येक जुताई के बाद पाटा अवश्य लगा देना चाहिए। बाजरा के बीजों की बुआई के पूर्व खेत पूर्ण रूप से समतल तथा खरपतवार रहित होना चाहिए।

तालिका 4.4 : बाजरा की नई विकसित उन्नतशील प्रजातियाँ

संकर/प्रजातियाँ	राज्यों के लिए अनुमोदित (टन प्रति हैक्टेयर)	औसत उपज	विशिष्ट गुण
जी एच बी 577	राजस्थान, हरियाणा, गुजरात, उत्तर प्रदेश, मध्य प्रदेश, पंजाब, दिल्ली	3.10	मध्यम समय में पकने वाली तथा डाउनी मिल्डयू अवरोधी
आर एच बी 127	राजस्थान, हरियाणा, गुजरात, उत्तर प्रदेश मध्य प्रदेश, पंजाब, दिल्ली	2.91	जल्दी पकने वाली तथा डाउनी मिल्डयू अवरोधी
एसएएमएच 166	महाराष्ट्र, आन्ध्र प्रदेश, तमिलनाडु तथा कर्नाटक	3.00	देर से पकने वाली, अधिक उपज देने की क्षमता तथा डाउनी मिल्डयू अवरोधी
पी बी 180	गुजरात, महाराष्ट्र तमिलनाडु तथा राजस्थान	4.00	ग्रीष्मकालीन, देर से पकने वाली, अधिक उपज देने वाली
एच सी 10	हरियाणा	2.24	मध्यम समय में पकने वाली, अधिक उपज देने वाली तथा बीमारियों से अवरोधी
पी पी सी 6	महाराष्ट्र	2.67	देर से पकने वाली, डाउनी मिल्डयू से अर्द्ध अवरोधी
पी सी सी 164	पंजाब	2.15	द्वि–उद्देशीय तथा अधिक उपज देने वाली
एस एच बी 117	हरियाणा	2.20	दाना तथा चारा अधिक देने वाली, पकने तक हरी अवस्था में रहने वाली

बीज एवं बुआई (Seed and Sowing)

बीज (Seed) : बाजरा का बीज सदैव प्रमाणित ही बोना चाहिए। बाजरा की फसल में पर–परागण (Cross pollination) होता है। जिसके कारण पूर्व फसल के बीज में वांछित गुण नहीं रह जाते, साथ ही साथ उपज भी प्रभावित हो जाती है। बीज बोने के पूर्व किसी आर्गेनोमरक्यूरियल रसायन जैसे एग्रोसन जी एन, कैप्टान, थीरम, सेरेसान आदि से उपचारित कर लेना चाहिए।

बीज की मात्रा (Seed rate) : बाजरा की शुद्ध फसल के लिए बीज 4–5 किग्रा प्रति हैक्टेयर आवश्यक होता है। अन्त: फसल पद्धति में मुख्य फसल तथा सहयोगी फसलों की पंक्तियों की संख्या के अनुसार बीज की आवश्यकता होती है। अत: मिश्रित फसल पद्धति में 2.0–3.0 किग्रा बीज प्रति हैक्टेयर आवश्यक होता है।

अन्तरण (Spacing) : बाजरा की पंक्ति से पंक्ति की दूरी 45 सेमी तथा पौधे से पौधे की दूरी 15 सेमी रखनी चाहिए।

बीज बोने का समय (Time of sowing) : उत्तर भारत में वर्षा ऋतु प्रारम्भ होने के पश्चात् बाजरा की बुआई की जाती है। बाजरा की बुआई का उपयुक्त समय जुलाई के द्वितीय सप्ताह से जुलाई का तृतीय सप्ताह है। दाने बनने की अवस्था में अधिक वर्षा हो जाने से बालियों से फूल झड़ जाते हैं। जिससे दाने कम बनते हैं। इसके मुख्य कारण परागकण बह जाना जिससे निषेचन क्रिया का अभाव हो जाता है। अत: जिन क्षेत्रों में वर्षा देर तक होती रहती है वहाँ पर बुआई देर से की जाती है।

उत्तर प्रदेश	जुलाई का प्रथम पखवाड़ा
राजस्थान	जुलाई के प्रथम सप्ताह से द्वितीय सप्ताह तक
दिल्ली	जुलाई के प्रथम सप्ताह से द्वितीय सप्ताह तक
गुजरात	जुलाई के द्वितीय सप्ताह से तृतीय सप्ताह तक
महाराष्ट्र	जुलाई के द्वितीय सप्ताह से तृतीय सप्ताह तक
कर्नाटक	जुलाई के प्रथम सप्ताह से द्वितीय सप्ताह तक

बोने की विधि (Methods of sowing) : बाजरा की अधिक उपज प्राप्त करने के लिए पंक्तियों में बुआई करना लाभप्रद होता है। बाजरा की बुआई हल के पीछे कूँडों में 45 सेमी की दूरी पर की जाती है। बाजरा की बुआई सीडड्रिल द्वारा भी की जा सकती है।

बाजरा की बुआई छिड़कवाँ विधि द्वारा भी की जाती है यह विधि वैज्ञानिक नहीं है। इस विधि द्वारा बुआई करने से कृष्य क्रियायें करने में काफी परेशानी होती है तथा बीज की भी अधिक आवश्यकता होती है।

रोपण विधि द्वारा बुआई : यदि जून के आखिरी अथवा जुलाई के प्रथम सप्ताह में मानसून की वर्षा आरम्भ न हो तो बाजरा की पौधशाला लगा देना चाहिए। बाजरा की इस विधि से बुआई करने के लिए पहले पौध तैयार कर ली जाती है। क्यारियों का आकार 10 मीटर लम्बा तथा 1 मीटर चौड़ा रखते हैं। एक हैक्टेयर बाजरा की पौध की रोपाई करने के लिए 500–700 वर्ग मीटर क्षेत्र पर्याप्त होता है। इन तैयार क्यारियों में 1.0 से 1.5 ग्राम प्रति वर्ग मीटर की दर से बाजरा का बीज बोया जाता है। बीज बोने के पश्चात् हजारे की सहायता से पानी छिड़क दिया जाता है जिससे बीजों का जमाव एक समान तथा शीघ्र होता है। तत्पश्चात् समय-समय पर पानी का छिड़काव करते रहना चाहिए। बीज की बुआई करने के 10–15 दिन पश्चात 2 प्रतिशत यूरिया का घोल का छिड़काव कर देना चाहिए।

15 से 20 दिन पुरानी पौध को क्यारियों से उखाड़कर खेत में 45 सेमी पंक्ति से पंक्ति तथा 10–15 सेमी पौधे से पौधे की दूरी पर पौध को रोपित कर दिया जाता है। इस प्रकार लगभग एक हैक्टेयर क्षेत्रफल में 2.0 लाख पौध रोपित हो जाती है।

रोपण का काम उस दिन करना चाहिए जिस दिन हल्की वर्षा हो रही है जिससे पौधे की जड़ें शीघ्र स्थापित हो जाती हैं। यदि पौध रोपण के समय खेत में पर्याप्त मात्रा में नमी उपलब्ध है और पौध रोपण का कार्य दोपहर के पश्चात् किया जा रहा है। जिन क्षेत्रों में सिंचाई के साधन उपलब्ध है वहाँ पर पौध रोपण के पश्चात् सिंचाई करना आवश्यक होता है।

बीज बोने की गहराई (Depth of sowing) : बाजरा का बीज 2–3 सेमी की गहराई पर बोना चाहिए। अत: सदैव उथली बुआई करनी चाहिए। अधिक गहराई पर बीज बोने से अंकुरण कम होता है।

खाद एवं उर्वरक प्रबन्ध (Manures and Fertilizers) : बाजरा की फसल को अन्य फसलों को तुलना कम पोषक तत्वों की आवश्यकता होती है, परन्तु अधिक उपज प्राप्त करने के लिए पोषक तत्वों की मात्रा मृदा उर्वरता तथा बाजरा की किस्म के अनुसार निर्धारित करना चाहिए। देशी उन्नतशील

प्रजातियों को 40-50 किग्रा नत्रजन, 30-40 किग्रा फासफोरस तथा 20-30 किग्रा पोटास प्रति हैक्टेयर देना चाहिए। संकर बाजरा को 100-120 किग्रा नत्रजन, 50-60 किग्रा फासफोरस तथा 40-50 किग्रा पोटास प्रति हैक्टेयर की दर से प्रयोग करना चाहिए। बाजरा की फसल को नाइट्रेट रूप की अपेक्षा अमोनिकल रूप में नत्रजन देना लाभदायक रहता है।

बाजरा की बुआई के एक माह पूर्व गोबर की खाद अथवा कम्पोस्ट 20 टन प्रति हैक्टेयर की दर से प्रयोग करना लाभदायक होता है। नत्रजन की एक तिहाई मात्रा, फासफोरस तथा पोटास की समस्त मात्रा बुआई के समय देनी चाहिए। शेष नत्रजन की दो तिहाई मात्रा दो बार में बुआई के 25-30 तथा 40-45 दिन के उपरान्त खड़ी फसल में छिड़काव कर देना चाहिए। 2 प्रतिशत यूरिया का घोल 600-800 लीटर पानी प्रति हैक्टेयर की दर से बनाकर खड़ी फसल में 35-40 दिन उपरान्त छिड़काव कर देने से बाजरा की उपज में वृद्धि हो जाती हैं।

बाजरा की खड़ी फसल में किसी सूक्ष्म पोषक तत्वों की कमी के लक्षण दिखाई दे तो उस तत्व का तुरन्त छिड़काव कर देना चाहिए। कम उर्बरा शक्ति वाली भूमियों में बीजोपचार जैव उर्वरक जैसे एजोस्पीरिलयम ब्रैसीलेन्स/एजोटोबैक्टर लीपोफेरस से करने के साथ-साथ 20 किग्रा नत्रजन प्रति हैक्टेयर की दर से बुआई के समय देने से बाजरा की उपज में 10-15 प्रतिशत वृद्धि हो जाती है।

बारानी क्षेत्रों में नत्रजन, फासफोरस तथा पोटास उवर्रकों का प्रयोग बुआई के समय ही करना चाहिए।

सिंचाई एवं जलनिकास (Irrigation and drainage)

सामान्यतः बाजरा की फसल असिंचित बारानी दशाओं में उगाई जाती है। असिंचित दशाओं में बाजरा की बुआई के समय खेत में पर्याप्त मात्रा में नमी होना चाहिए।

संकर बाजरा की फसल उगाने के लिए सिंचाई के पर्याप्त साधन होना अति आवश्यक है। यदि वर्षा न हो तो बुआई के पूर्व खेत का पलेवा कर देना चाहिए। चूँकि बाजरा की फसल वर्षा ऋतु में उगाई जाती है इसलिए सिंचाई की कोई आवश्यकता नहीं होती है परन्तु फसल की बढ़वार के समय वर्षा न होने की दशा में सिंचाई करना आवश्यक होता है। बाजरा की फसल में 50 प्रतिशत मृदा नमी उपलब्ध होने के दशा में सिंचाई करनी चाहिए। सामान्यतः बाजरा की फसल को 1-2 सिंचाईयों की आवश्यकता होती है।

बाजरा की पौधा जलभराव होने की दशा में शीघ्र ही मर जाता है अतः अधिक वर्षा होने की दशा में खेत से शीघ्र ही पानी निकाल देना चाहिए। अतः खेत में जलनिकास के लिए बुआई के समय 25-30 मीटर की दूरी पर जल निकास की नालियाँ बना देनी चाहिएं।

खरपतवार नियन्त्रण (Weed Management)

बाजरा की फसल खरीफ ऋतु में उगाई जाती है अतः फसल की प्रारम्भिक अवस्था में खरपतवारों को प्रकोप अधिक मात्रा में होता है। खेत की 1-2 निराई खुरपी की सहायता से बुआई के 20-25 दिन उपरान्त कर देनी चाहिए। इसके पश्चात कल्टीवेटर की सहायता से गुड़ाई कर देने से खरपतवार नियन्त्रण के साथ-साथ जड़ों को सुचारू रूप से वायु संचार होने से पौधों की बढ़वार शीघ्र हो जाती है। गुड़ाई के समय यह ध्यान रखना चाहिए कि खेत में पर्याप्त मात्रा में नमी होनी चाहिए।

खरपतवारनाशी रसायन जैसे एट्राजिन 0.05 किग्रा (सक्रिय तत्व) प्रति हैक्टेयर की दर से 600-800 लीटर पानी में घोल कर फसल की बुआई के बाद परन्तु जमाव के पूर्व छिड़काव कर देने से खरपतवार नष्ट हो जाते हैं।

बाजरा की फसल में लगने वाली प्रमुख बीमारियाँ एवं कीट तथा उनकी रोकथाम (Important diseases and insects-pests and their control measures)

बाजरा की फसल में लगने वाली प्रमुख बीमारियों एवं कीटों तथा उनकी रोकथाम का विवरण निम्न तालिकाओं में दर्शायी गई है।

तालिका 4.5 : प्रमुख बीमारियों के लक्षण एवं रोकथाम

बीमारी एवं कारक	लक्षण	रोकथाम
हरितबाल रोग (Green year) (स्कैलैरोस्पोरा ग्रेमिनीकोला)	रोग की प्रारम्भिक अवस्था में पत्तियों का हरा रंग समाप्त हो जाता है अर्थात् पीली अथवा भूरे रंग की हो जाती हैं। पत्ती की निचली सतह पर सफेद रंग की फफूँदी इकट्ठी हो जाती है। रोग ग्रसित पौधे की बढ़वार रूक जाती है और कुछ समय बाद पौधा सूख जाता है। उनकी बालियाँ पूर्ण अथवा आंशिक रूप से दाने के बजाये छोटी–छोटी हरी पत्तियों से भर जाती है इसी कारण इसे हरी पत्ती रोग कहते हैं।	उपयुक्त फसल चक्र अपनाना चाहिए। रोगग्रसित पौधों को उखाड़कर नष्ट कर देना चाहिए। कैप्टान एवं थीरम 2 ग्राम प्रति किलो बीज दर से उपचारित कर बोना चाहिए। रोगरोधी प्रजातियों को बोना चाहिए। डाइथेन एम 45 अथवा डाइथेन जेड 78 दो किग्रा प्रति हैक्टेयर की दर से 800–900 लीटर पानी में घोलकर छिड़काव करना चाहिए।
अर्गट (Ergot) (क्लेबीसैप्स माइक्रोसैफाला)	पौधे की बालियों पर गुलाबी अथवा हल्के शहद के रंग का द्रव्य दिखाई देता है। कुछ समय पश्चात् यह दृव्य सूख कर गहरे रंग में परिवर्तित हो जाता है। रोग ग्रसित बालियों में या तो दाने ही नहीं बनते अथवा बहुत कम बनते हैं।	स्वस्थ एवं प्रमाणित बीज ही बोने हेतु प्रयोग करना चाहिए। थीरम 2 ग्राम प्रति किलो की दर से बीज शोधन करने के पश्चात बोना चाहिए। सही समय पर बाजरा की बुआई करनी चाहिए। रोगरोधी प्रजातियों को ही बोना चाहिए। जिराम का 0.2 प्रतिशत अथवा डायकोल्टान का 0.05 प्रतिशत घोल का छिड़काव बालियाँ निकलने के समय करना चाहिए।
कंडुआ (Smut) (टोलीपोस्पोरियम पेनिसिलारियाई)	जल्दी बोई गई फसल में इस बीमारी का प्रकोप अधिक होता है। फसल में फूल आने के समय तापमान तथा सापेक्ष आर्द्रता अधिक होती है तब इस बीमारी का प्रकोप होता है। इस रोग का प्रकोप फूल आने के समय होता है इस रोग के जीवाणुओं का प्रसार हवा के द्वारा होता है।	उचित फसल चक्र अपनाना चााहिए। रोगग्रसित बालियों को तोड़कर जला देना चाहिए। रोगरोधी प्रजातियों को ही बोना चाहिए। थीरम अथवा एग्रोसन जी एन 2 ग्राम प्रति किलो बीजदर से बीजों का उपचारित कर बोना चाहिए। 0.10 प्रतिशत प्लान्टवैक्स का छिड़काव बालियों पर करना चाहिए।
गेरुई (Rust) (पक्सीनिया पेनीसिटाई)	इस रोग के कारण पत्तियों पर नारंगी रंग के धब्बे पड़ जाते हैं। पत्तियों पर गोलाकार, परन्तु विचित्र किस्म के धब्बे पड़ जाते हैं। इनका रंग पीलापन लिये हुए हरा होता है। ऊपरी	उपयुक्त फसल चक्र अपनाना चाहिए। फफूँदीनाशी रसायन जैसे डाइथेन एम 45 अथवा डाइथेन जेड 78 का 0.5 प्रतिशत घोल का

	सतह पर छोटे-छोटे नारंगी पीले रंग के समान फफूँदी दिखाई देती है। फसल की प्रारम्भिक अवस्था में रोग का प्रकोप होने से फूल आने तक पत्तियाँ सूख जाती हैं जिसके कारण बालियों में दाने ठीक से नहीं बनते और उपज घट जाती है।	छिड़काव रोग के प्रारम्भ होने पर करना चाहिए। बीज बोने के पूर्व किसी कवकनाशी रसायन से उपचारित कर बोना चाहिए।
पत्ती का ब्लास्ट (Leaf blast) (पाइरीकुलेरिया पैनीसिटाई)	इस रोग का प्रकोप होने पर निचली पत्तियों पर हल्के या गहरे बादामी रंग के गोल दाग जिन्हें फ्लैजनल कहा जाते हैं, बन जाते हैं। रोग की अधिकता से यह दाग एकत्रित होकर बड़े-बड़े धब्बों का रूप ले लेते हैं। इन धब्बों में 2-7 गोलाकार हल्के या गहरे बादामी रंग के छल्ले जैसे बन जाते हैं।	उपयुक्त फसल चक्र अपनाना चाहिए। थीरम, कैप्टान अथवा एग्रोसन जी एन 2 ग्राम प्रति किलो बीज दर से बीजों को उपचारित कर बोना चाहिए। डाइथेन एम 45 अथवा डाइथेन जेड 78 का 0.2 प्रतिशत घोल का छिड़काव करने से इस रोग का नियन्त्रण हो जाता है।

प्रमुख कीट तथा रोकथाम (Important insects and control measures)

बाजरा की फसल में हानि पहुँचाने वाले प्रमुख कीट एवं उनका नियन्त्रण निम्न है।

1. प्ररोह मक्की (Shoot fly-Atherigona bariasoccata) : बाजरा की फसल की समय से बुआई करने पर इस कीट का आक्रमण कम होता है। परन्तु जैसे-जैसे बुआई में देरी होती जाती है इस कीट का प्रकोप बढ़ता जाता है। इस कीट का सूँडियाँ पौधों की बढ़वार की प्रारम्भिक अवस्था में पौधे को काट देती हैं जिससे पौधा सूख जाता है। इस प्रकार पौधों की प्रति हैक्टेयर पौध संख्या कम हो जाने के कारण पैदावार घट जाती है।

रोकथाम :

1. इस कीट के प्रभावी नियन्त्रण के लिए फसल की समय पर बुआई तथा उपयुक्त मात्रा में बीज का निर्धारण करना चाहिए।
2. कीटों से प्रभावित पौधों तथा पत्तियों को तोड़कर जला देना चाहिए।
3. 10 प्रतिशत सक्रिय तत्व धारी फॉरेट के दानों का 1.5-2.0 किग्रा प्रति हैक्टेयर की दर से बुआई के समय प्रयोग करना चाहिए।
4. 2 किलोग्राम कार्बारिल (50% डब्लू पी) अथवा 250 मिलीलीटर मिथाइल डाइमैथोएट (20 ई सी) अथवा 325 मिलीलीटर एल्ड्रिन (20 ईसी) प्रति हैक्टेयर की दर से 600-800 लीटर पानी में घोलकर 5-7 दिन के अन्तराल पर दो बार छिड़काव करना चाहिए।

पत्ती खाने वाली कीट (Leaf eating insects)

बाजरा की फसल में पत्ती खाने वाले कीटों की सूची तालिका 4.6 में दर्शाई गई है।

तालिका 4.6 : पत्ती खाने वाले कीट

कीट का नाम	वैज्ञानिक नाम	हानि पहुँचाने की विधि	रोकथाम
1. कुतरने वाले कृमि (Cutworm)	एगोस्टिम इप्सीलान (Agrostis ypsilon)	पौधे के आधार को भूमि की सतह से काट देता है।	इन कीटों की रोकथाम के लिए 0.15 प्रतिशत थायोडान का 600-800 लीटर

			घोल प्रति हैक्टेयर की दर से पौधों पर छिड़कने से प्रभावी नियन्त्रण हो जाता है।
2. सेनाकृमि (Army worm)	सूडालैशिया सेपराटा (Sudalasia seprata)	पौधों को रात्रि के समय हानि पहुँचाते हैं।	4 प्रतिशत दाने दार सेविन को 15 किग्रा प्रति हैक्टेयर की दर से पौधों की गोफ में डालना चाहिए।
3. टिड्डा (Grass hopper)	हिएरोग्लाइफस नाइगोएलेटस	पौधों को पत्ती रहित कर देते हैं।	
4. बालों वाली सूँडी (Hairy caterpillers)	एमसेक्स कूरेई (Ansex curaiji)	बाजरा को पौधों को पत्ती रहित कर देते हैं।	
5. तना छेदक (Stem borer)	काइलोजोनेलस सैसामिया इन्फैरेन्स	यह कीट तने के अन्दर रहकर उसे खोखला कर देते हैं।	

रस चूसने वाले कीट (Sucking insects) : बाजरा में रस चूसने वाले कीटों का विवरण तालिका 4.7 में दर्शाया गया है।

तालिका 4.7 रस चूसने वाले कीट

कीट का नाम	वैज्ञानिक नाम	हानि पहुँचाने की विधि	रोकथाम
एफिड	रोवेलोसिकल्टम मैडिस	पत्ती की निचली सतह का रस चूसते हैं तथा मीठा तरल मधु द्रव्य छोड़ते हैं जिस पर काली फफूँदी का विकास होता है।	इन कीटों की रोकथाम के लिए डायमेथोएट (30 ईसी) की 250 मिलीलीटर प्रति हैक्टेयर की दर से 500-600 लीटर पानी में घोल कर छिड़काव करना चाहिए।
प्ररोह बग	पेरिग्रीनस मैडिस	पत्ती के आधार के पास रहकर रस चूसता है।	
माइट	क्लाइगोनाकस	पत्ती की निचली सतह को खाता है जिसके कारण पत्ती पर गहरे बादामी धब्बे बनकर पत्ती को झुलसा देता है।	
गन्ने का पाइरीला/ फुदका	पाइरिला परप्यूसिला	पत्ती के नीचे रहकर इसके प्रौढ़ तथा निम्न रस चूसते हैं।	

बालियों में लगने वाले कीट (Ear insects) : बाजरा की बालियों में लगने वाले कीटों का विवरण तालिका 4.8 में दर्शाया गया है।

तालिका 4.8 : बालियों में लगने वाले कीट

कीट का नाम	वैज्ञानिक नाम	हानि पहुँचने की विधि	रोकथाम
मिज (Midge)	जैरामिइया पैन्नीसिराई	इसका आक्रमण पौधों की बालियों पर होता है। बालियों के दाने को खाता है।	इन कीटों के नियन्त्रण के लिए कार्बोरिल 50 प्रतिशत घुलनशील चूर्ण 3 किग्रा प्रति हैक्टेयर की दर से 800 लीटर पानी में घोलकर छिड़काव करना चाहिए।

फफोला कारक गुबरैला (Blister beetle)	1. लाइटा टेन्यूइकोलिस 2. ग्नेथोस्पास्टोइडेज राडक्सी 3. जॉनब्रिस पुस्टूलाय 4. कैन्थोरिस रफीसैलिस	इन कीटों के प्रौढ़, पराग तथा फूल को खाते हैं।	10 प्रतिशत बी एच सी चूर्ण को 20 किग्रा प्रति हैक्टेयर की दर से भुरकाव करना चाहिए। 2 प्रतिशत मैलाथियान को 15 किग्रा प्रति हैक्टेयर की दर से भुरकाव करना चाहिए।
पुष्पभक्षी गुबरैला (Flower beetle)	आक्सीसैटोतनिया सीकलर	यह कीट बाजरा के फूलों को खाते हैं।	
बाली में लगने वाली सूँडियाँ (Ear caterpillers)	1. यूब्लैम सिलीक्यूला 2. स्टैनोक्रोइपा इलोन्जैला 3. क्रिप्टोब्लेबैस ग्नीडिएला	ये सूँडियाँ बालियों के कोमल दानों को खाती हैं।	

कटाई एवं मड़ाई (Harvesting and Threshing)

बाजरा की विभिन्न प्रजातियाँ 75-85 दिन में पक्कर तैयार हो जाती हैं। खड़ी फसल में बालियों को हँसिया से काटकर खलिहान में सुखाया जाता है। कुछ क्षेत्रों में सम्पूर्ण पौधे को काटकर खलिहान में ले जाकर सुखाया जाता है तथा इसके पश्चात बालियाँ काटकर सुखाते हैं। बालियाँ पूर्ण रूप से सूख जाने पर बैलों, ट्रैक्टर अथवा थ्रैसर की सहायता से मड़ाई करके दाने अलग कर लिये जाते हैं। खेत में खड़ी फसल में बालियाँ काटकर हरी कड़वी को हरे चारे के रूप में अथवा सूखी कड़वी को सूखे चारे के रूप में पशुओं को खिलाने के उपयोग में लाई जाती है।

उपज (Harvesting)

देशी उन्नतशील प्रजातियों से 15-20 क्विंटल प्रति हैक्टेयर जबकि संकर प्रजातियों से 30-35 क्विंटल प्रति हैक्टेयर की दर से दाने की उपज प्राप्त हो जाती है। बाजरा की कड़वी की उपज 100-125 क्विंटल प्रति हैक्टेयर प्राप्त हो जाती है।

❒❒❒❒❒

अध्याय 5

मंडुआ या रागी (Mandua or Ragi)

वानस्पतिक नाम	:	इल्यूसिन कोरकाना
(Botanical name)	:	(*Eleucine coracana L.*)
कुल (Family)	:	ग्रेमिनी (Gramineae)

आर्थिक महत्व (Economic Importance)

मंडुआ या रागी की खेती मुख्यत: दाना प्राप्त करने के लिए की जाती है। इसकी फसल का दाना प्राप्त करने के साथ-साथ जानवरों के लिए चारा भी प्राप्त होता है। इसके दाने का प्रयोग भोजन के साथ-साथ औद्योगिक रूप में भी किया जाता है। भोजन में इसका कई तरह से प्रयोग होता है और दाने को पीसकर आटा तैयार करके रोटी बनाई जाती है तथा चावल की तरह उबालकर भी भोजन के रूप में प्रयोग किया जाता है पहाड़ी क्षेत्रों के व्यक्तियों का मंडुआ प्रमुख भोज्य पदार्थ है। इसके अतिरिक्त मंडुआ के दाने से उत्तम किस्म की शराब भी बनाई जाती हैं। दक्षिण भारत में इससे केक, पुडिंग तथा मिठाइयाँ आदि भी बनाई जाती हैं। मंडुआ मधुमेह रोगियों के लिए उत्तम आहार है। इसके अंकुरित बीजों से माल्ट बनाकर शिशुओं के लिए भोजन तैयार किया जाता है। इसके दानों में 9.2 प्रतिशत प्रोटीन, 76.2 प्रतिशत कार्बोहाइड्रेट, 1.3 प्रतिशत बसा तथा 2.2 प्रतिशत खनिज लवण होते हैं। इसके दानों में कैल्सियम, फासफोरस तथा विटामिन प्रचुर मात्रा में होते हैं।

उत्पत्ति एवं इतिहास (Origin and History)

भारत में अति प्राचीन काल से मंडुआ की खेती की जा रही है। डि-कन्डोल (1884) के अनुसार मंडुआ की अनेक प्रजातियाँ भारत में पाई जाती हैं इसलिए इसका जन्म स्थान भारत है। बेविलोव (1926) तथा मेहरा (1963) के अनुसार मंडुआ का जन्म स्थान अफ्रीका है। राक्सबर्ध (1880) ने इसकी खेती के बारे में कहा कि मंडुआ कभी भी जंगली रूप में नहीं पाया गया। वैज्ञानिकों का मत है कि इसका विकास इल्यूसिन इन्डिका नामक धास से हुआ जो दक्षिणी एशिया में पाई जाती है। मिश्र के इतिहास में मंडुआ शायद प्राचीन काल में नहीं उगाया जाता था। इस प्रकार वनस्पति शास्त्र, इतिहास तथा दर्शन शास्त्र के आधार पर यही अनुमान लगाया जाता है कि मंडुआ का मूलस्थान भारत ही है।

वानस्पतिक वर्गीकरण (Botanical Classification)

हुकर (1898) ने अपनी पुस्तक फ्लोरा ऑफ ब्रिटिश इन्डिया में मंडुआ की कुल 6 प्रजातियों का वर्णन किया है। मंडुआ की ये समस्त प्रजातियाँ उष्ण जलवायु वाले भागों में ही उगाई जाती हैं। इन प्रजातियों का विवरण निम्न है—

1. **इल्यूसिन इन्डिका (*Eleucine indica*) :** यह प्रजाति मैदानी भागों से लेकर 5000 फुट की ऊँचाई तक उगाई जाती है। सामान्यत: यह उष्ण कटिबन्धीय जलवायु में मिलती है।
2. **इल्यूसिन एरिसटाटा (*Eleucine eristata*) :** यह प्रजाति पंजाब, राजस्थान, मालवा तथा सिन्ध में उगाई जाती है।
3. **इल्यूसिन बर्टीसिलाटा (*E. berticilata*) :** यह देश के मैदानी भागों तथा चरागाहों में उगाई जाती है।
4. **इल्यूसिन फलैल्लिफेरा (*E. phalelliphera*) :** पंजाब के मैदानी भागों तथा सिंध प्रान्त में यह प्रजाति उगाई जाती है। यह प्रजाति अफगानिस्तान तथा उत्तरी अफ्रीका के पश्चिमी भाग में भी उगाई जाती है।
5. **इल्यूसिन इजिपशियाका (*E. ergyptiaca*) :** भारत तथा बर्मा में यह प्रजाति विशेष रूप से उगाई जाती है।
6. **इल्यूसिन ब्रेवीफेलिया (*E. brabifalia*) :** कोरोमन्डल के रेतीली क्षेत्रों में यह प्रजाति उगाई जाती है।

क्षेत्रफल एवं वितरण (Area and distribution)

विश्व में मंडुआ उगाये जाने वाले देशों में अमेरिका, यूरोप के कुछ देश, भारत, चीन, अरब, फ्रांस एवं मिश्र आदि प्रमुख हैं।

भारतवर्ष में कर्नाटक, तमिलनाडु, आन्ध्र प्रदेश, महाराष्ट्र, बिहार, उड़ीसा तथा उत्तर प्रदेश प्रमुख मंडुआ उगाने वाले राज्य हैं। भारतवर्ष में इसका कुल क्षेत्रफल 25.3 लाख हैक्टेयर है। जिसमें 9.7 लाख हैक्टेयर क्षेत्रफल अकेले कर्नाटक राज्य में ही है। अत: कर्नाटक राज्य की प्रमुख फसल मंडुआ है। कर्नाटक के बाद मंडुआ उगाने में दूसरा स्थान तमिलनाडु का है तथा इसी प्रकार घटते क्षेत्रफल के क्रम में आन्ध्र प्रदेश, उत्तर प्रदेश, महाराष्ट्र, बिहार तथा उड़ीसा का स्थान है।

उत्तर प्रदेश में मंडुआ की खेती अधिक क्षेत्रफल पर नहीं की जाती है परन्तु फिर भी उत्तर प्रदेश में इसकी खेती कम या अधिक क्षेत्रफल पर लगभग सभी मंडलों में की जाती है। मंडुआ की सबसे अधिक खेती देहरादून में की जाती है। गोरखपुर, फैजावाद तथा इलाहाबाद मंडलों में मंडुआ की खेती का क्षेत्रफल अधिक है।

जलवायु (Climate) : मंडुआ की अच्छी उपज प्राप्त करने के लिए गर्म एवं तर जलवायु की आवश्यकता होती है। मंडुआ की फसल पहाड़ों पर 2100 मीटर की ऊँचाई पर भी उगाई जा सकती है। मंडुआ की फसल के लिए 500–1000 मिली वर्षा वाले क्षेत्र उपयुक्त होते हैं। अधिक वर्षा वाले क्षेत्रों में मंडुआ की फसल रोपाई विधि द्वारा अच्छी जलनिकास वाली भूमियों में की जा सकती है। इसकी फसल सिंचित तथा असिंचित दोनों प्रकार की दशाओं में भी उगाई जाती है।

भूमि (Soil) : मंडुआ की खेती भिन्न-भिन्न प्रकार की मृदाओं में की जा सकती है। इसकी खेती कपास की काली मिट्टियों से लेकर बलुई दोमट मृदाओं में की जाती है। मंडुआ की अच्छी उपज प्राप्त करने के लिए हल्की दोमट मिट्टी उपयुक्त रहती है। कपास की काली मृदाओं में मंडुआ की अच्छी उपज प्राप्त नहीं होती है। पहाड़ों पर पाई जाने वाली कंकरीली, पथरीली, ढालू मृदा पर अन्य फसलों की अपेक्षा रागी की अच्छी फसल प्राप्त होती है। रागी की अधिक उपज प्राप्त करने के लिए गहरी तथा मध्यम उपजाऊ एवं अच्छी जल धारण क्षमता वाली मृदा होनी चाहिए। मृदा में जल निकास के पर्याप्त साधन होनी चाहिए।

फसलचक्र (Crop rotation) : असिंचित क्षेत्रों में रागी की फसल ज्वार, बाजरा, दलहनी तथा तिलहनी फसलों के साथ अन्त:/मिश्रित फसल पद्धति के रूप में उगाई जाती है। पहाड़ी क्षेत्रों में सोयाबीन के साथ मिलवाँ फसल पद्धति के रूप में उगाई जाती है।

सिंचित क्षेत्रों में विभिन्न फसलों जैसे तम्बाकू, मिर्च, सब्जियों, हल्दी, चना, अलसी, सरसों, जौ आदि फसलों को फसलचक्र के रूप में उगाया जाता है। रागी के साथ कुछ प्रमुख फसलचक्र निम्न हैं :

उत्तरी भारत :

(*i*) रागी-चना
(*ii*) रागी-जौ
(*iii*) रागी-सरसों
(*iv*) रागी-अलसी
(*v*) रागी-तम्बाकू

दक्षिणी भारत :

(*i*) रागी-मूँगफली
(*ii*) रागी-तम्बाकू
(*iii*) रागी-गन्ना
(*iv*) रागी-आलू-मक्का
(*v*) रागी-आलू-रागी

उन्नतशील प्रजातियाँ (Improved varieties)

रागी उगाने वाले क्षेत्रों में रागी की कुछ प्रमुख उन्नतशील प्रजातियों का विवरण निम्न तालिकाओं में दर्शाया गया है।

तालिका 5.1 : उन्नतशील प्रजातियों के प्रमुख गुण

प्रजाति	विशिष्ट गुण	फसल पकने का समय (दिन)	उपज (क्विंटल/है.)	संस्तुत क्षेत्र
इन्डाफ-1	पौधे 95-100 सेमी ऊँचे	120-125	15-20	कर्नाटक
इन्डाफ -2	पौधे 90-95 सेमी ऊँचे	115-120	25-28	कर्नाटक, तमिलनाडु
शारदा	ब्लास्ट अवरोधी	115-120	25-30	तमिलनाडु
ई सी 4870	ब्लास्ट अवरोधी, ग्रीष्म कालीन खेती, दानों का भूरा रंग	100-105	18-20	आन्ध्र प्रदेश, तमिलनाडु, कर्नाटक
पी आर 202	पौधे 90-95 सेमी ऊँचे, दाने भूरे रंग के, सभी बीमारियों एवं कीटों से सहिष्णु	115-120	18-20	मध्य प्रदेश, उड़ीसा
आई ई 28	मोजेक, ब्लास्ट तथा तना छेदक कीट अवरोधी, दानों का रंग भूरा	110-115	25-30	कर्नाटक, तमिलनाडु
बी एल 101	पौधे 105-110 सेमी ऊँचे	100-105	15-20	उत्तराखण्ड की पहाड़ियों
बी एल 204	पौधे 70-75 सेमी ऊँचे	105-110	13-15	उत्तराखण्ड की पहाड़ियों
बी एल 149			25-30	उत्तराखण्ड की पहाड़ियों
पी ई एस 8	पौधे 90-95 सेमी, सूखा सहिष्णु	105-110	25-30	
बी एल 146	पौधे 80-100 सेमी ऊँचे, बालियाँ 6-7 सेमी तथा सात अंगुलियाँ, दानों का रंग हल्का ताँबे	95-100	25	
पी ई एस 176	पौधे 85-90 सेमी ऊँचे, दाने भूरे, सूखा सहनशील, ब्लास्ट रोगरोधी	105-110	25-30	मैदानी एवं पहाड़ी क्षेत्रों
निर्मल			15-20	उत्तर प्रदेश
एच आर 314	पौधे 90-95 सेमी ऊँचे, प्रमुख बीमारियों एवं कीटों के प्रति अवरोधी	105-110	20-25	रागी उगाने वाले क्षेत्र
जे एन आर 852	पौधे 95-100 सेमी ऊँचे, दानों का रंग भूरा	110-115	25-30	सम्पूर्ण भारत
पंत मंडुआ 3 (विक्रम)	पौधे 80-85 सेमी ऊँचे, ब्लास्ट अवरोधी बालियाँ मुड़ी हुई, दाने हल्के भूरे रंग के	95-100	20-25	उत्तराखण्ड के पहाड़ी क्षेत्र

तालिका 5.2 : विभिन्न राज्यों में रागी की उन्नतशील प्रजातियाँ

राज्य	उन्नतशील प्रजातियाँ
उत्तर प्रदेश	वी एल 101, वी एल 201, वी एल 149, ए वी एल 204, पी ई एस 176, पंज-4, विक्रम, निर्मल, टाइप 36, एन ए यू 63
बिहार	आर ए यू 1, आर ए यू 2, आर ए यू 5, बी आर 2, बिरसा गुन्डली 1, ओ एल एम 36, ओ एल एम 203, टी एन ए यू 63
मध्य प्रदेश	जे एन आर 852, जे एन आर 1008, बीआरा 407, पी आर 202, जे के 8, ओ एल एम 36
उड़ीसा	पी ई एस 176, एच आर 374, वी आर 407, पी आर 202, टी एन ए यू 63, ओ एल एम 36, ओ एल एम 203
महाराष्ट्र	वी आर 407, पी ई एस 176, एस आर 374
आन्ध्र प्रदेश	गोदावरी, एच आर 374, ई सी 4840, आई 28, ए के पी 2, ए के पी - 7, ओ एल एम 03
कर्नाटक	गोदावरी, इन्डाफ 1, इन्डाफ 5, एच आर 374, हम्सा, ई सी 4840, आई ई 28, टी एन ए यू 63, ओ एल एम 36, ओ एल एम 203
तमिलनाडु	ई सी 4840, आई ई 28, इन्डाफ 5, गोदावरी, शारदा, बी आर 407, मैयर 1, टी एन ए यू 63
झारखण्ड	बी आर 7
गुजरात	टी ए ए यू 63, ओ एल एम 36

भूमि की तैयारी (Field Preparation)

रबी ऋतु की फसलों की कटाई के पश्चात् मिट्टी पलटने वाले हल से ग्रीष्मकालीन एक गहरी जुताई कर देनी चाहिए। ग्रीष्मकालीन गहरी जुताई कर देने से मृदा में पनपने वाली बीमारियों के परजीवी, कीटों के अन्डे तथा लारवा, खरपतवारों के बीज आदि अधिक गर्मी एवं धूप से मर जाते हैं। इसके पश्चात् मानसून की वर्षा होने के पश्चात् 2-3 बार देशी हल अथवा हैरो से खेत की जुताई करके खेत खरपतवार रहित, ढेले रहित तथा समतल कर देते हैं। रागी की फसल के लिए खेत की तैयारी अच्छी प्रकार से की जाती हैं। ढेले युक्त खेत में बीजों का जमाव कम होने से उपज प्रभावित हो जाती है।

बीज एवं बुआई (Seed and sowing)

बीज (Seed) : रागी की बीज सदैव स्वस्थ तथा बीमारी रहित होना चाहिए। प्रमाणित बीज किसी सरकारी संस्था से ही खरीदना चाहिए।

बोने का समय (Time of Sowing) : कर्नाटक के सिंचित क्षेत्रों में रागी की फसल एक से अधिक बार बोई जाती है। असिंचित दशाओं में अप्रैल से मई के प्रथम सप्ताह तक रागी की फसल

की बुआई की जाती है। यदि मानसून की वर्षा में देरी हो तो इसको अगस्त तक बोया जा सकता है। बारानी दशाओं में रागी की फसल जल्दी से बोआई कर देने से फूल आने के समय पानी की कमी से बचा जा सकता है।

उत्तर प्रदेश में रागी की बुआई जून से अगस्त तक की जाती है। तमिलनाडु, कर्नाटक तथा आन्ध्र प्रदेश में रबी ऋतु में रागी की बुआई सितम्बर से अक्तूबर माह में की जाती है।

बीज दर (Seed rate) : रागी की बुआई के लिए 10–12 किलोग्राम प्रति हैक्टेयर बीज की आवश्यकता होती है। जब रागी की फसल की रोपाई की जाती है तब नर्सरी उगाने के लिए 4–5 किलोग्राम बीज प्रति हैक्टेयर उपयुक्त होता है।

बीज की बुआई करने से पूर्व बीजों को किसी कवकनाशी रसायन जैसे एग्रोसन जी एन अथवा थीरम 2.5 ग्राम प्रति किलोग्राम बीज दर से उपचारित कर देने से फँफूदी द्वारा लगने वाली बीमारियों से बचा जा सकता है।

बोने की विधि (Methods of sowing) : रागी सामान्यतः दो विधियों द्वारा बोई जाती है।

1. पंक्तियों में बुआई (Line sowing) : रागी के बीजों को हल के पीछे नाई बाँधकर बुआई की जाती है। इस विधि द्वारा बुआई करने पर बीजों का जमाव अच्छा होता है तथा कृष्य क्रियायें भी आसानी से की जा सकती हैं।

2. रोपाई द्वारा (Transplanting) : जिन क्षेत्रों में मृदा में नमी की पर्याप्त मात्रा होती है। वहाँ पर रागी की फसल की रोपाई की जा सकती है सामान्यतः खरीफ ऋतु में उत्तरी तथा दक्षिणी भारत में यह विधि अपनाई जाती है। इस विधि में धान के समान रागी की नर्सरी तैयार कर ली जाती है। नर्सरी की बुआई पट्टियों में मई-जून के महीने में की जाती है। इसके पश्चात् जब रागी की पौध 3–4 सप्ताह पुरानी हो जाती है तब उसको उखाड़कर पहले से तैयार खेत में रोपाई कर दी जाती है। नर्सरी की तैयारी धान की ही तरह की जाती है।

अन्तरण (Spacing)

पंक्ति से पंक्ति की दूरी	–	20–30 सेमी
पौधे से पौधे की दूरी	–	10–12 सेमी
बीजों की गहराई	–	2.0–2.5 सेमी

खाद एवं उर्वरक (Manures and Fertilizers)

फसल बोने के एक माह पूर्व 5–10 टन गोबर की खाद अथवा कम्पोस्ट प्रति हैक्टेयर छिड़क कर अच्छी तरह से मृदा में जुताई करके मिला देते हैं। कार्बनिक खाद का प्रयोग करने से मृदा की भौतिक दशा अच्छी हो जाती है तथा मृदा की जल धारण क्षमता में भी सुधार होता है। रागी की फसल के लिए 50–60 किग्रा नत्रजन, 30–40 किग्रा फासफोरस तथा 20–30 किग्रा पोटास प्रति हैक्टेयर की दर से प्रयोग करना चाहिए। नत्रजन की शेष आधी मात्रा को दो बार में खड़ी फसल में 30 तथा

50 दिन पश्चात् छिड़क देना लाभदायक होता है। बुआई के समय प्रयोग किये जाने वाले उर्बरकों को मृदा में 9–10 सेमी गहराई पर प्रयोग करना अधिक लाभप्रद होता है।

सिंचाई (Irrigation) : जिन क्षेत्रों में वर्षा सामान्य रूप से होती है वहाँ पर रागी की फसल खरीफ ऋतु में उगाने पर सिंचाईयों की आवश्यकता नहीं होती है। परन्तु यदि वर्षा ऋतु में लम्बे समय तक सूखा पड़ जाता है तब सिंचाई करना आवश्यक है। रबी ऋतु में रागी की फसल उगाने में सिंचाई की आवश्यकता होती है। रोपाई द्वारा फसल बोने पर सिंचाई करना आवश्यक होता है। फसल की रोपाई के पूर्व भी सिंचाई की जाती है।

रागी की अच्छी उपज प्राप्त करने के लिए पूरक सिंचाई के रूप में 130 मिली पानी 3 सिंचाइयों द्वारा देने की आवश्यकता पड़ती है।

बारानी क्षेत्रों में रागी उगाने में जल उपयोग क्षमता 4–5 मिमी होती है। रागी की फसल में अधिक वर्षा हो जाने की दशा में अतिरिक्त पानी को निकाल देना चाहिए क्योंकि रागी की फसल पानी भरने से सूख जाती है।

खरपतवार नियन्त्रण (Weed Control Measures) : फसल की बुआई के 15 दिन पश्चात् खुरपी की सहायता से एक निराई–गुड़ाई करना चाहिए। रागी की फसल को खरीफ ऋतु में उगाये जाने के कारण खरपतवारों का प्रकोप अधिक मात्रा में होता है। पहली निराई के 15–20 दिन पश्चात् दोबारा खुरपी से निराई करने से खरपतवार नष्ट हो जाते हैं। रागी की फसल को कुल मिलाकर 2–3 निराई की आवश्यकता होती है।

पंक्तियों में बोई गई फसल में निराई–गुड़ाई की क्रिया हल अथवा हैरो द्वारा भी की जा सकती है।

प्रमुख बीमारियाँ, कीट एवं उनका नियन्त्रण (Important diseaes, insects and their control measures)

रागी की फसल में लगने वाले प्रमुख कीट एवं उनका नियन्त्रण निम्न तालिकाओं में दर्शाया गया है।

तालिका 5.3 : रागी की फसल में लगने वाले प्रमुख बीमारियाँ एवं उनकी रोकथाम

बीमारी का नाम एवं कारक	लक्षण	नियन्त्रण
झुलसा (Blast) (पाइरीकुलेरिया स्पसीज)	नर्सरी की अवस्था में ही पत्तियों पर धब्बे पड़ जाते हैं। ये धब्बे सुई की बनावट के समान होते हैं। प्रारम्भिक अवस्था में ये धब्बे स्लेटी, हरे तथा सिरों पर पीले रंग के होते हैं। इन धब्बों का केन्द्रीय भाग धीरे–धीरे सफेद होकर टूटने लगता है। बालियाँ लगने पर इस रोग से सर्वाधिक हानि होती है। सबसे नीचे वाले स्पाइक के नीचे गर्दन प्रभाग काला होकर सिकुड़ जाता है और जो भी दाने बनते हैं वे सिकुड़े हुए तथा आकार में छोटे होते हैं।	बीजों को बोने के पूर्व एग्रोसन जी एन अथवा सिरेसान 2.5 ग्राम प्रति किलोग्राम बीज दर से उपचारित करना चाहिए। 0.2 प्रतिशत जिनेब अथवा 0.2 प्रतिशत आक्सीक्लोराइड का छिड़काव इस रोग के नियन्त्रण के लिए कारगर है। रोगरोधी प्रजातियों को बोना चाहिए।

मृदुरोमिल फफूँदी (Downey mildew) (स्कैलेस्पोरा मैक्रोस्पोरा)	रोग ग्रसित पौधे बौने रह जाते हैं। पत्तियाँ एक साथ निकलती हैं जिससे पौधे झाड़ीनुमा हो जाते हैं। बालियों में दाने के स्थान पर पत्तियाँ आ जाती हैं।	रोगरोधी प्रजातियों को ही उगाना चाहिए। एग्रोसन जी एन अथवा कैप्टान अथवा थीरम 2 ग्राम प्रति किलो बीजदर से बीजों को उपचारित करना चाहिए। 0.2 प्रतिशत डाइथेन जेड 78 के घोल का छिड़काव करना चाहिए।
बीज गलन (Seedling blight) (कोक्लीबोलस नोडुलिअस)	इस बीमारी का प्रकोप फसल उगाने के किसी समय भी हो सकता है। इसके प्रकोप से पौधे मर जाते हैं।	सेरेसान अथवा थीरम 2.5 ग्राम प्रति किलो बीज दर से उपचारित कर बोना चाहिए। डाइथेन जेड 78 का 0.2 घोल का छिड़काव करने से इस बीमारी पर नियन्त्रण हो जाता है।
कंड रोग (मैलानोकियम इल्यूसीनासिस)	इस रोग का प्रकोप केवल बालियों पर होता है।	किसी क़वकनाशी रसायन से बीजों को उपचारित कर बोना चाहिए। डाइथेन जेड 78 का 0.2 प्रतिशत घोल का छिड़काव करना चाहिए।

तालिका 5.4 : रागी की फसल में लगने वाले प्रमुख कीट एवं उनका नियन्त्रण

बीमारी का नाम एवं कारक	लक्षण	नियन्त्रण
गुलाबी छेदक (Pink borer) - सीसामिया इन्फेरेन्स	इस कीट की सूंडी अन्य तना छेदकों की तरह पौधे के केन्द्रीय भाग को खाकर पौधे की वृद्धि बिन्दु को समाप्त कर देता है।	4 प्रतिशत इन्डोसल्फान या 4 प्रतिशत कार्बारिल या 1 प्रतिशत लिन्डेन या 10 प्रतिशत मैलाथियान का छिड़काव करना चाहिए।
बिहार रोयेंदार सूँडी (Bihar hairy caterpillar)	यह कीट रागी की पत्तियों को हानि पहुँचाता है। कभी-कभी इसका प्रकोप तने पर भी हो जाता है।	5 प्रतिशत बी एच सी को 25-30 किग्रा प्रति हैक्टेयर की दर से भुरकाव करना चाहिए। 0.2 प्रतिशत थायोडान (35 ई सी) घोल का छिड़काव कर देने से इस कीट का नियन्त्रण हो जाता है।
श्वेत छेदक (White borer) - सालूरिया इन्फीसिटा)	यह कीट पौधे के निचले भाग यानी भूमितल वाले भाग की खाकर नष्ट कर देता है।	4 प्रतिशत इन्डोसल्फान या 4 प्रतिशत कार्बारिल या 1 प्रतिशत लिन्डेन या 10 प्रतिशत मैलाथियान का छिड़काव करना चाहिए। 10 प्रतिशत फोरेट 20-25 किलोग्राम प्रति हैक्टेयर की दर से भुरकाव करना चाहिए।
जड माहूँ (Root aphid) - टेट्रान्यूरा हिरसुटा	यह कीट-रागी की जड़ को नुकसान पहुँचाता है। इस कीट का फसल के जिस भाग पर आक्रमण होता है वह धीरे-धीरे पीला पड़कर सूख जाता है।	सिंचाई द्वारा इस कीट का नियन्त्रण किया जा सकता है। किसी भी कीटनाशी रसायन का छिड़काव करके इसकी रोकथाम हो जाती है।

कटाई एवं मड़ाई (Harvesting and threshing)

जून-जुलाई माह में बोई गई फसल दिसम्बर के अन्त तक पक कर तैयार हो जाती है। पकी हुई फसल को हँसिया की सहायता से सम्पूर्ण पौधे को काट लिया जाता है और फसल को सूखने के लिए छोड़ देते हैं। फसल सूख जाने के पश्चात् पौधे से बालियों को अलग कर लिया जाता है। बालियाँ सूख जाने के पश्चात् डन्डे से पीटकर दानों को अलग कर लेते हैं।

रागी के बीज का भन्डारण बहुत दिनों तक किया जा सकता है। भण्डारण के समय दानों में 10-12 प्रतिशत नमी होनी चाहिए।

उपज (Yield)

रागी की फसल की औसत उपज 15-20 क्विंटल प्रति हैक्टेयर होती है परन्तु उत्तम सस्य क्रियाओं को अपना कर इसकी उपज 25-30 क्विंटल प्रति हैक्टेयर तक प्राप्त की जा सकती है। रागी के सूखे चारे की ऊपज 35-40 क्विंटल प्रति हैक्टेयर तक प्राप्त होती है।

❑❑❑❑❑

अध्याय 6

चीना/चैना/कुटकी (Cheena or Common Millet)

वानस्पतिक नाम	:	पेनीकम मिलिएसियम
(Botanical name)	:	(*Panicum miliaceum L.*)
कुल (Family)	:	ग्रेमिनी (Gramineae)

आर्थिक महत्व (Economic Importance)

अन्य लघु धान्यों के समान ही चीना की खेती भी दाने के लिए की जाती है। इसका उपयोग मनुष्यों के भोजन तथा पशुओं के चारे के रूप में भी किया जाता है। इसके दानों को पीसकर रोटी बनाई जाती है तथा दानों का उपयोग चावल की तरह पका कर अथवा भून कर भी किया जाता है। इसके दाने मुर्गियों के लिए भी अच्छा आहार हैं।

कम समय में पककर तैयार होने के कारण यह फसल सघन फसल पद्धति के लिए उपयुक्त है। इसकी फसल को पानी की बहुत कम आवश्यकता होती है इसलिए इसको असिंचित क्षेत्रों में खरीफ ऋतु में प्रमुख रूप से उगाया जाता है।

इसके दाने में 12.5 प्रतिशत प्रोटीन, 4.6 प्रतिशत लाइसिन नामक एमिनो अम्ल, 68.8 प्रतिशत कार्बोहाइड्रेट तथा 1.2 प्रतिशत बसा होती है।

उत्पत्ति एवं इतिहास (Origin and History)

अधिकांश वैज्ञानिक चीना की उत्पत्ति स्थान भारत ही मानते हैं क्योंकि इसकी जंगली प्रजाति पेनीकम साइलोपोडियम (*Panicum psilopodium*) से हुई है यह जंगली जाति भारत, बर्मा तथा मलेशिया में पाई जाती है। डि-केन्डोल ने अपनी पुस्तक "ओरिजन आफ कल्टीवेटेड प्लान्टस" में चीना के मूल स्थान के बारे में लिखा है कि इसकी खेती प्राचीनकाल से यूरोप, मिश्र तथा एशिया में की जाती है। अयंगर का कहना है चैना का मूल स्थान मिश्र है परन्तु इस बारे में कोई ठोस प्रमाण उपलब्ध नहीं है। इसके अलावा मैसोपोटामिया, भारत तथा चीन में भी इसकी खेती के कोई प्रमाण नहीं मिलते हैं। इस प्रकार संदेहास्पद स्थित में अधिकांश पुरात्वविद चैना का मूल स्थान भारत ही मानते हैं।

क्षेत्रफल तथा वितरण (Area and distribution)

विश्व में चीना की खेती भारत, चीन, जापान तथा पश्चिमी यूरोप में की जाती है। भारत में चीना महाराष्ट्र, कर्नाटक, तमिलनाडु, हिमाचल प्रदेश, पंजाब, बिहार तथा उत्तर प्रदेश में उगाई जाती है। भारत में चीना के अन्तर्गत लगभग 96 हजार हैक्टेयर क्षेत्रफल है। उत्तर भारत में चीना मैनपुरी, अलीगढ़ तथा लखनऊ जिले में उगाई जाती है। उत्तर प्रदेश में चीना कुल 4 हजार हैक्टेयर क्षेत्रफल पर उगाया जाता है।

भूमि (Soil) : चीना की फसल को कम अथवा अधिक उपजाऊ भूमियों में उगाया जाता है। मोटी बालू वाली मृदा इसकी खेती के लिए अनुपयुक्त होती है। अच्छी जलनिकास वाली बलुई अथवा बलुई दोमट भूमियाँ जिसमें कंकड़ न हो, चीना की खेती के लिए उपयुक्त होती है।

फसलचक्र (Crop rotations) : चीना आधारित सघन फसल पद्धतियाँ निम्न हैं।

असिंचित क्षेत्रों में (कम वर्षा वाले क्षेत्र)

चीना	–	गेहूँ/जौ/चना
चीना	–	लाही/तारामीरा
चीना	–	बाजरा - गेहूँ

सिंचित क्षेत्रों में (अधिक वर्षा वाले क्षेत्र)

मक्का	–	आलू-चीना
मक्का	–	गेहूँ-चीना
मक्का	–	तोरिया - गेहूँ - चीना
धान	–	गेहूँ - चीना

उन्नतशील प्रजातियाँ (Improved varieties)

चीना की प्रमुख उन्नतशील प्रजातियाँ एवं उनके विशिष्ट लक्षण निम्न तालिकों 6.1 तथा 6.2 में दर्शाये गये हैं।

तालिका 6.1 : चीना की प्रमुख प्रजातियाँ

प्रजाति	विशिष्ट लक्षण	पकने की अवधि (दिन)	उपज (क्विंटल/है.)	संस्तुत क्षेत्र
को 1	पौधे 85 सेमी ऊँचे	65–70	13–15	तमिलनाडु, उत्तराखण्ड
एम एस 4872	पौधे 95–100 सेमी ऊँचे	60–70	17–18	तमिलनाडु
एम एस 4884	पौधे 90–95 सेमी ऊँचे	60–65	10–12	तमिलनाडु
पी वी 1685	पौधे 75–80 सेमी ऊँचे	65–70	15–17	तमिलनाडु
बी आर 7	पौधे 70–75 सेमी ऊँचे	65–70	20–22	बिहार
जी पी यू 21	पौधे 90–95 सेमी ऊँचे	65–70	15–20	तमिलनाडु, कर्नाटक

तालिका 6.2 : विभिन्न राज्यों में चीना की उन्नतशील प्रजातियाँ

प्रजाति	प्रजाति
आन्ध्र प्रदेश	नागार्जुना
बिहार	बी आर 7
कर्नाटक	जी पी यू 8, जी पी यू 21
तमिलनाडु	को 1, को 2, को 3, को 4, जी पी यू 21, पी वी 196
उत्तर प्रदेश	भावना
उत्तरांचल	को–1

इसके अतिरिक्त विभिन्न क्षेत्रों में उगाये जाने के लिए चीना की अन्य उन्नतशील प्रजातियाँ जैसे बन्दना, पी वी 161, पी वी 162, पी वी 346, राम चेना, श्याम चेना तथा को 2 हैं।

भूमि की तैयारी (Field preparation)

रबी फसलों की कटाई के तुरन्त पश्चात् मिट्टी पलटने वाले हल से एक गहरी जुताई कर देने से मृदा में उपस्थिति बीमारियों के परजीवी, कीटों के अन्डे तथा लारवा एवं खरपतवार नष्ट हो जाते हैं। ग्रीष्मकालीन जुताई करने से वर्षा का पानी मृदा में खूब सोखता है जिससे मृदा की जल धारण क्षमता बढ़ जाती है। मानसून शुष्क होने के पश्चात् एक जुताई मिट्टी पलटने वाले हल से करने के उपरान्त 2–3 जुताइयाँ देशी हल अथवा कल्टीवेटर से करते हैं। जुताई के पश्चात् पाटा लगाकर मिट्टी को भुरभुरा करके खेत समतल कर देना चाहिए।

चीना की खेती ग्रीष्म कालीन समय में की जा रही हो तब खेत का पलेवा करके 2–3 जुताइयाँ कल्टीवेटर अथवा हैरो से करते हैं। ग्रीष्मकालीन समय में प्रत्येक जुताई के पश्चात पाटा लगा देने से मृदा की नमी का ह्रास नहीं होता है। बुआई के पूर्व खेत की मिट्टी भुरभुरी होने से बीजों का जमाव एक समान तथा अधिक मात्रा में होता है।

बीज एवं बुआई (Seed and sowing)

बीज (Seed) : चीना का बीज सदैव स्वस्थ तथा बीमारी रहित होना चाहिए। बीज बोने के पूर्व किसी कवकनाशी रसायन जैसे कैप्टान अथवा थीरम अथवा एग्रोसन जी एन 2.5 ग्राम प्रति किलोग्राम बीज दर से उपचारित करने के पश्चात् ही बुआई करनी चाहिए।

बीजदर (Seed rate) : 8–12 किग्रा प्रति हैक्टेयर की दर से बीज पर्याप्त होता है। मिलवाँ फसल पद्धति में 3–4 किग्रा प्रति हैक्टेयर बीज प्रयोग किया जाता है।

बोने का समय (Time of sowing)

खरीफ ऋतु — जुलाई का प्रथम पखवाड़ा अथवा मानसून शुरू होने के पश्चात्

ग्रीष्म ऋतु - अप्रैल का प्रथम पखवाड़ा अथवा रबी फसलों की कटाई के पश्चात्

बोने की विधि (Methods of sowing) : सामान्यतः चीना की बुआई छिड़कवाँ विधि द्वारा की जाती है परन्तु पंक्तियों में बुआई करने से चीना की अधिक उपज प्राप्त की जा सकती है। पंक्तियों में बुआई करने के लिए हल के पीछे नाई अथवा सीडड्रिल की सहायता से बीज की बुआई की जाती है।

अन्तरण (Spacing)

पंक्ति से पंक्ति	–	25–30 सेमी
पौधे से पौधे	–	8–10 सेमी
बीज की गहराई	–	2–3 सेमी

खाद एवं उर्वरक (Manures and Fertilizers)

चीना की फसल को अन्य खाद्य फसलों की अपेक्षा कम मात्रा में पोषक तत्वों की आवश्यकता होती है। अधिक उपज प्राप्त करने के लिए चीना की फसल को 40–60 किग्रा नत्रजन, 30–40 किग्रा फासफोरस तथा 20–30 किग्रा पोटास प्रति हैक्टेयर देना चाहिए। नत्रजन की आधी मात्रा, फासफोरस तथा पोटास की सम्पूर्ण मात्रा बुआई के समय खेत में छिड़क कर अथवा पंक्तियों में बीज से 3–5 सेमी की गहराई पर प्रयोग की जाती है। नत्रजन की शेष आधी मात्रा पहली सिंचाई के समय खड़ी फसल में दी जाती है। असिंचित दशाओं में 20–30 किग्रा नत्रजन, 20–30 किग्रा फासफोरस तथा 20–25 किग्रा पोटास प्रति हैक्टेयर की दर से फसल की बुआई के समय प्रयोग की जाती है। जस्ते की कमी वाले क्षेत्रों में बुआई के समय 15 किग्रा जिंक सल्फेट प्रति हैक्टेअर की दर से प्रयोग करना चाहिए।

सिंचाई प्रबन्ध (Irrigation management) : चीना की फसल खरीफ ऋतु में बोई जाती है इसलिए सिंचाई की कोई आवश्यकता नहीं होती है। पौधों में कल्ले निकलते समय तथा दानों में दूध बनते समय यदि वर्षा न हो तो सिंचाई कर देनी चाहिए। ग्रीष्मकालीन फसल की जलवायु तथा भूमि की किस्म के अनुसार 2–4 सिंचाइयों की आवश्यकता होती है। पहली सिंचाई फसल बोने के 20 दिनों बाद तथा अन्य सिंचाइयाँ 10–12 दिन के अन्तराल पर करते रहना चाहिए।

खरपतवार नियन्त्रण (Weed Control) : चीना की फसल खरीफ ऋतु में उगाये जाने के कारण खरपतवारों का प्रकोप अधिक मात्रा में होता है इसलिए फसल की बुआई के 35–40 दिन तक खेत में खरपतवार होने से चीना की उपज में काफी कमी हो जाती है। पहली निराई खुरपी की सहायता से फसल बोने के 20–25 दिन पश्चात् तथा दूसरी निराई 35–40 दिन पश्चात कर देने से खरपतवार पूर्ण रूप से नियन्त्रित हो जाते हैं।

प्रमुख कीट एवं उनका नियन्त्रण (Important insects and control measures)

चीनी की फसल में लगने वाले प्रमुख कीट निम्न हैं :

1. प्ररोह मक्खी (एथेरीगोना न्यूडीसैटा)

2. तना छेदक
3. एफिड
4. क्रिप्टोब्लेटस स्पसीज
5. यूब्लैमा सिलीक्यूला

रोकथाम

1. कीटों से प्रभावित पौधों को उखाड़कर जला देना चाहिए।
2. 15 किग्रा थीमेट प्रति हैक्टेयर की दर से खेत की तैयारी के समय भूमि में अच्छी तरह मिला देना चाहिए।
3. इन्डोसल्फान (35 ई सी) का 0.15 प्रतिशत घोल का 15 दिन के अन्तराल पर दो बार छिड़काव करने से इन कीटों का नियन्त्रण हो जाता है।

प्रमुख बीमारियाँ एवं नियन्त्रण (Important diseases and control measures)

चीना की फसल में लगने वाली प्रमुख बीमारियाँ निम्न हैं :

बाली का कंडुआ (Head smut) : इस बीमारी का प्रकोप स्फेसैलोथेका डैस्ट्रूअन्स (Sphacelotheca destruens) नामक फफूँदी द्वारा लगता है। रोग ग्रसित बालियाँ लम्बी तथा मोटी हो जाती हैं। इसके सम्पूर्ण पुष्पदन्ड बीजाणुओं से भरे थैले के रूप में बदल जाते हैं। रोगग्रस्त पौधे सामान्य पौधों की तुलना में अधिक समय तक हरे रहते हैं। यह बीमारी बीज के मध्यम से फैलती है।

रोकथाम

1. बीजों को 55 डिग्री सेंटीग्रेड तापमान पर 7–10 मिनट तक डुबोने से इसके बीजाणु मर जाते हैं।
2. बीजों को बोने के पूर्व कवकनाशी रसायन जैसे सेरेसान तथा एग्रोसन जी एन अथवा कैप्टान 2.5 ग्राम एक किलोग्राम बीज दर से उपचारित करने से इस बीमारी का नियन्त्रण हो जाता है।

बीज सड़न (Seed rot) : यह बीमारी मैलानोम्या पेनिसि नामक फफूँदी के कारण होती है।

रोकथाम

बीजों को कवकनाशी रसायनों जैसे एग्रोसन जी एन अथवा कैप्टान अथवा थीरम 2.5 ग्राम प्रति किलोग्राम बीज दर से बीजों को उपचारित करके बोने से इस बीमारी का प्रकोप समाप्त हो जाता है।

पत्ती की धारी दार रोग : सूडोमोनास पेनिसिमिलासेई नामक जीवाणु द्वारा इस रोग का प्रकोप चीना की फसल में होता है। इस बीमारी के प्रकोप से पत्तियों पर धारियाँ पड़ जाती हैं।

रोकथाम

1. बीजों को 5 प्रतिशत मैग्नीशियम आरसीनेट 1 ग्राम दवा प्रति किलोग्राम बीज दर से बीजों को उपचारित करने के पश्चात् बोने से इस बीमारी का नियन्त्रण हो जाता है।

कटाई एवं मड़ाई (Harvesting and threshing)

चीना की फसल 65–70 दिन में पककर तैयार हो जाती है। पूर्ण रूप से पकी हुई फ़सल की ही कटाई करनी चाहिए। फसल के अधिक पकने पर बाली के ऊपर के दाने झड़ने लगते हैं। चीना की बाली जब दो तिहाई तक पक जाये तब फसल की कटाई कर लेनी चाहिए। पूरे पौधे को हँसिया की सहायता से काट कर खलिहान में रख कर 5–6 दिनों तक खूब सुखाते हैं। अच्छी तरह से सूखने के पश्चात बैलों अथवा ट्रैक्टर की सहायता से मड़ाई कर देते हैं। मड़ाई के पश्चात् दानों को भूसे से अलग करके अच्छी तरह से सुखाने के पश्चात इसका भण्डारण करते हैं। भण्डारण करते समय दानों में 10–12 प्रतिशत से अधिक नमी नहीं होनी चाहिए।

उपज (Yield)

उन्नतशील शस्य क्रियाओं को अपनाकर चीना के दानों की उपज 20–25 क्विंटल प्रति हैक्टेयर तथा भूसे की उपज 50–60 क्विंटल प्रति हैक्टेयर तक प्राप्त की जा सकती है।

❏❏❏❏❏

अध्याय 7

काकुन या कांगनी (Kakun or Italian Millet)

वानस्पतिक नाम	:	पैनीकम इटैलीकम सिटेरिया इटेलिका
(Botanical name)	:	(*Pennicum italicum L./Setaria italica*)
कुल (Family)	:	ग्रेमिनी (Gramineae)

आर्थिक महत्व (Economic Importance)

भारत में काकुन की खेती दाना उगाने के लिए मुख्यत: की जाती है। काकुन के दाने का प्रयोग रोटी बनाने के साथ-साथ दूध में उबालकर भी किया जाता है। इसके दाने का उपयोग शराब बनाने में भी किया जाता है। इसका दाना चिड़ियों तथा मुर्गियों को खिलाने वाले आहार के रूप में भी प्रयोग किया जाता है। काकुन के दाने में 12 प्रतिशत प्रोटीन, 60.6 प्रतिशत कार्बोहाइड्रेट, 4.8 प्रतिशत बसा तथा 3.0 प्रतिशत खनिज पाये जाते हैं।

उत्पत्ति एवं इतिहास (Origin and History)

इसकी खेती प्राचीन समय से शीतोष्ण जलवायु वाले भागों में की जाती थी। इतिहास के अनुसार काकुनी चीना के उन पाँच पौधों में से एक है जिनकी बुआई सम्राट अपने हाथ से प्रति वर्ष चिननान्ग की आज्ञा पालने करने के लिए करता था। इसका प्राचीन चीनी नाम सिओओमि है, जिसका आशय छोटा दाना से है। वेवीलोव (1935) के अनुसार इसका जन्म स्थान चीन है। चीन से यह भारत, यूरोप,

अमेरिका आदि देशों में पहुँची। काकुन के जन्म स्थान के सम्बन्ध में ऐसा कोई ठोस सबूत नहीं उपलब्ध है जिसके आधार पर इसके मूल स्थान का पता लगाया जा सके। वेस्टइंडीज या भारत इसका मूल स्थान नहीं माना जा सकता। जापान में यह जंगली रूप में उगता हुआ पाया जाता है। डी-केन्डोल ने यह मत व्यक्त किया कि सभी उपलब्ध प्रमाणों से तो यही अनुमान लगता है कि कंगनी चीन, जापान तथा भारत में काफी समय से उगाई जा रही है और शायद इन्हीं देशों से पश्चिमी तथा अन्य देशों में इसका प्रसार हुआ।

क्षेत्रफल एवं वितरण (Area and Distribution)

विश्व के कई देशों में काकुन की खेती की जाती है। काकुन की खेती करने वाले प्रमुख देशों में जापान, चीन, भारत, बर्मा, दक्षिण अफ्रीका, यूरोप आदि हैं।

भारत में काकुन की खेती प्रमुख रूप से आन्ध्र प्रदेश, कर्नाटक, महाराष्ट्र, तमिलनाडु, उत्तर प्रदेश, पंजाब आदि राज्यों में की जाती है। काकुन का सबसे अधिक क्षेत्रफल आन्ध्र प्रदेश में है। तमिलनाडु तथा आन्ध्र प्रदेश में काकुन खरीफ तथा रबी दोनों ऋतुओं में उगाया जाता है।

उत्तर प्रदेश में काकुन की खेती सामान्यतः मिश्रित फसल पद्धति के रूप में की जाती है। उत्तर प्रदेश में गोरखपुर, इलाहाबाद, आगरा, झाँसी तथा फैजाबाद मंडलों में काकुन की खेती अधिक क्षेत्रफल पर उगाई जाती है। देश में काकुन के अन्तर्गत क्षेत्रफल तथा उत्पादन का आंकड़ा उपलब्ध नहीं है, परन्तु उत्तर प्रदेश में इसकी खेती 3.54 हजार हैक्टेयर क्षेत्रफल पर की जाती है।

वानस्पतिक वर्गीकरण (Botanical classification)

हुकर ने "फ्लोरा ऑफ ब्रिटिश इन्डिया" में यह बताया कि काकुन का लगभग 10 प्रमुख प्रजातियाँ हैं जी शीतोष्ण तथा उष्ण कटिबन्धीय जलवायु में पाई जाती हैं। काकुन की प्रमुख प्रजातियाँ निम्न हैं।

1. **सिटेरिया इटैलिका** (*Setaria italica*) **:** यह प्रजाति उष्ण तथा उष्ण कटिबन्धीय जलवायु में उगाई जाती है। सम्पूर्ण भारत वर्ष में इसकी खेती की जाती है। इसकी खेती हिमालय के 6000 फीट की ऊँचाई पर की जाती है।

2. **सिटेरिया ग्लूका** (*S. gluca*) **:** यह प्रजाति उष्ण कटिबन्धीय तथा शीतोष्ण जलवायु में मिलती है। यह प्रजाति सम्पूर्ण भारत वर्ष में उगाई जाती है। इसकी मुख्य प्रजातियाँ मेक्रोकार्पा तथा पूर्वीफ्लोरा हैं।

3. **सिटेरिया इन्टरमीडिया** (*S. intermedia*) **:** यह प्रजाति हिमालय, पंजाब, बंगाल, मध्य भारत तथा नीलगिरि में प्रमुख रूप से उगाई जाती है। यह प्रजाति आम प्रजाति नहीं है।

4. **सिटेरिया वर्टीकुलाटा** (*S. verticulata*) **:** यह प्रजाति शीतोष्ण तथा उष्ण कटिबन्धीय जलवायु वाले क्षेत्रों में प्रमुख रूप से पाई जाती है। वैसे तो यह प्रजाति देश के सम्पूर्ण भागों में पाई जाती है परन्तु छायादार स्थानों में ज्यादा पाई जाती है।

5. **सिटेरिया विरीडिस** (*S. viridis*) **:** शीतोष्ण तथा समशीतोष्ण जलवायु में यह प्रजाति प्रमुख रूप से पाई जाती है। हिमालय तथा तिब्बत में लगभग 11000 फुट की ऊँचाई तक यह प्रजाति उगाई जाती है।

6. **सिटेरिया ग्रेसीलि्लमा** (*S. grasillima*) : यह प्रजाति श्रीलंका में विशेष रूप से उगाई जाती है।

7. **सिटेरिया फार्बेस्टाना** (*S. farbestana*) : शीतोष्ण जलवायु के लिए यह प्रजाति उपयुक्त है। यह प्रजाति खासी पहाड़ियों तथा हिमालय के पर्वत पर 5000 फुट की ऊँचाई पर प्रमुख रूप से उगाई जाती है।

काकुन की अन्य तीन प्रजातियों का विवरण ठीक प्रकार से पता नहीं लगा। अतः ठीक प्रकार से पहचान भी नहीं की जा सकी है। यह प्रजातियाँ सिटेरिया कैनेसेन्स (*S. canascence*), सिटेरिया फिआलडिगाइ (*S. fialdgai*) तथा सिटेरिया हिर्टा (*S. hirta*) हैं।

जलवायु (Climate)

काकुन की फसल उष्ण एवं शीतोष्ण दोनों प्रकार की जलवायु में उगाई जाती है। इसकी खेती पहाड़ों पर 2000 मीटर तक की ऊँचाई पर की जा सकती है। फसल की अवधि के समय तापमान कम होने से पौधों की वृद्धि एवं विकास अच्छा होता है। इसकी खेती 50–75 सेमी वर्षा वाले क्षेत्रों में सफलतापूर्वक की जा सकती है। काकुन के पौधों की पानी की कम आवश्यकता होती है परन्तु लम्बे समय तक सूखा सहन नहीं कर पाते हैं।

भूमि (Soil)

काकुन की खेती लगभग सभी प्रकार की मृदाओं में की जाती है। इसकी खेती दक्षिणी भारत की लाल दोमट, मध्य प्रदेश की कपास की काली मिट्टी तथा उत्तरी भारत की एल्यूवियल मृदाओं में सफलतापूर्वक की जाती है। काकुन की फसल के लिए उपजाऊ तथा अच्छे जल निकास वाली बलुई दोमट भूमियाँ उपयुक्त होती हैं।

मृदा में जलनिकास का उचित प्रबन्ध होना आवश्यक है क्योंकि खेत में कम समय तक भी जल भराव होने की दशा में सम्पूर्ण फसल नष्ट हो जाती है।

फसल पद्धतियाँ (Cropping systems)

अन्तः/मिश्रित फसल पद्धति **(Inter-mixed cropping system)** : काकुन की फसल को कपास, मक्का, मूँगफली, अरहर तथा उर्द के साथ मिश्रित/अन्तः फसल पद्धति के रूप में उगाया जाता है। काकुन की फसल शुद्ध फसल के रूप में भी उगाई जाती है।

फसल चक्र **(Crop rotations)** : शुद्ध फसल के रूप में काकुन के साथ निम्न फसल चक्र प्रयोग किये जाते हैं।

काकुन	–	अलसी
काकुन	–	चना
काकुन	–	जौ
काकुन	–	मटर

उन्नतशील प्रजातियाँ (Improved varieties)

काकुन की उन्नतशील प्रजातियों के विशिष्ट गुण निम्न तालिका में दर्शाए गये हैं।

तालिका 7.1 : काकुन की प्रमुख प्रजातियाँ

प्रजाति	संस्तुत क्षेत्र	पकने की अवधि (दिन)	उपज (क्विंटल/है.)	विशिष्ट गुण
को 3	तमिलनाडु	80–85	10–15	
को 4	तमिलनाडु	60–70	10–15	पौधे 90–95 सेमी ऊँचे कपास तथा मूँगफली के साथ अत: फसल पद्धति के लिए उपयुक्त रबी ऋतु
आई एस सी 119	उत्तरखण्ड की पहाड़ियों, उत्तरप्रदेश	80–90	10–15	
आई एस सी 201	उत्तराखण्ड, उत्तर प्रदेश	85–90	10–12	
एम एस 1844/2	कर्नाटक, मध्य प्रदेश, उत्तर प्रदेश	65–70	12–15	
अर्जुन	आन्ध्र प्रदेश, कर्नाटक	80–85	12–15	पौधे 105–110 सेमी ऊँचे
एच–1	शुष्क क्षेत्रों	80–90	10–12	
जी–1		80–90	10–12	
आई एस सी 700	मध्य प्रदेश, उत्तर प्रदेश, कर्नाटक	70–75	10–15	अधिक कल्ले तथा सघन फसल पद्धति के लिए उपयुक्त
आई एस सी 701	कर्नाटक, उत्तर प्रदेश, मध्य प्रदेश	70–75	10–15	
एस आर 51 (प्रताप कंकगी 1)		65–70	18–20	

भूमि की तैयारी (Field preparation)

काकुन की फसल के लिए खेत के लिए अधिक तैयारी की आवश्यकता नहीं होती है। मध्य एवं दक्षिणी भारत में जहाँ पर काकुन की फसल भारी काली भूमियों में उगाई जाती है वहाँ पर 2–3 जुताईयाँ ब्लैड हैरो से की जाती हैं। उत्तर भारत में मानसून की वर्षा शुरू हो जाने के पश्चात 2–3 जुताईयाँ देशी हल अथवा कल्टीवेटर से की जाती है। खेत की जुताई के पश्चात् अच्छी तरह से पाटा लगा देने से भूमि भुरभुरी तथा समतल हो जाती हैं।

तालिका 7.2 विभिन्न राज्यों के लिए संस्तुत कांगनी की उन्नतशील प्रजातियाँ

राज्य	उन्नतशील प्रजातियाँ
आन्ध्र प्रदेश	एस आई ए 326, चित्रा, पी एस 4, टी एन ए यू 186, नरसिम्हाराया, कृष्णदेवराया
बिहार	एस आई ए 326, पी एस 4
झारखण्ड	बिरसा गुन्डली 1, ओ एल एम 203, टी एन ए यू 83
कर्नाटक	एस आई ए 326, पी एस 4, टी एन ए यू 186

महाराष्ट्र	एस आई ए 326, पी एस 4
मध्य प्रदेश	एस आई ए 326, पी एस 4
छत्तीसगढ़	एस आई ए 326, पी एस 4
तमिलनाडु	को 4, के 2, को 5, पी एस 4, के 3, टी एन एयू 43, टी एन ए यू 186
उत्तर प्रदेश	निश्चल, पी एच 4
राजस्थान	पी आर के 1

बीज एवं बुआई (Seed and Sowing)

बीज (Seed) : काकुन का बीज सदैव स्वस्थ तथा बीमारी रहित ही बोना चाहिए। बीज को बोने के पूर्व कवकनाशी रसायन जैसे एग्रोसन जी एन अथवा कैप्टान अथवा थीरम 2.5 ग्राम प्रति किलोग्राम बीज दर से उपचारित कर देने से फफूँदी द्वारा लगने वाली बीमारियों का प्रकोप नहीं होता है।

बीज की मात्रा (Seed rate) : काकुन का बीज बोने के लिए 8–10 किलोग्राम प्रति हैक्टेयर की आवश्यकता होती है। अन्त:/मिश्रित फसल पद्धति में 3–5 किलोग्राम प्रति हैक्टेयर बीज बोया जाता है।

बीज बोने का समय (Time of sowing) : काकुन की जल्दी बोई जाने वाली फसल मई माह में बोते हैं। खरीफ ऋतु में जून के अन्तिम सप्ताह से जुलाई के द्वितीय सप्ताह तक बोने पर फसल समय से पक जाने पर रबी की फसलों की बुआई समय से सम्पन्न हो जाती है। सिंचाई के पर्याप्त साधन होने पर काकुन की ग्रीष्मकालीन फसल फरवरी-मार्च में बोई जाती है। दक्षिण भारत में असिंचित दशाओं में काकुन बोने का उपयुक्त समय अगस्त-सितम्बर जबकि सिंचित क्षेत्रों में जून-जुलाई माह है।

बुआई की विधि (Method of sowing) : काकुन की बुआई छिड़कवाँ तथा पंक्तियों में दोनों ही रूपों में की जाती है। पंक्तियों में फसल को बोने के लिए हल के पीछे नाई अथवा सीडड्रिल की सहायता से करते हैं।

अन्तरण (Spacing) :

पंक्ति से पंक्ति की दूरी	–	25–30 सेमी
पौधे से पौधे की दूरी	–	10–15 सेमी
बीज की गहराई	–	2–3 सेमी

खाद एवं उर्वरक (Manures and Fertilizers) : फसल बोने के पूर्व 5–10 टन गोबर की खाद या कम्पोस्ट प्रति हैक्टेयर की दर से खेत में फैला कर अच्छी तरह से मिला देनी चाहिए। काकुन की अधिक उपज प्राप्त करने के लिए 40–60 किलोग्राम नत्रजन, 30 किग्रा फासफोरस तथा 20–30 किग्रा पोटास प्रति हैक्टेयर की दर से प्रयोग करनी चाहिए। असिंचित क्षेत्रों में उर्वरकों की सम्पूर्ण मात्रा बुआई के समय पंक्तियों में बीज से 3–5 सेमी गहराई पर प्रयोग की जाती है। सिंचित क्षेत्रों में नत्रजन की आधी मात्रा जबकि फासफोरस तथा पोटास की सम्पूर्ण मात्रा बुआई के समय प्रयोग की जाती है। नत्रजन की शेष आधी मात्रा सिंचाई के पश्चात खड़ी फसल में छिड़क देनी चाहिए।

सिंचाई प्रबन्ध (Irrigation management) : काकुन की फसल खरीफ ऋतु में उगाई जाती है इसलिए सिंचाई की आवश्यकता नहीं पड़ती है, परन्तु काफी समय तक सूखा पड़ने की अवस्था में यदि सिंचाई के साधन उपलब्ध हैं तो इस समय एक सिंचाई कर देने से फसल की उपज अधिक प्राप्त हो जाती है।

ग्रीष्मकालीन फसल को जलवायु तथा मृदा की किस्म के अनुसार 2–5 सिंचाइयों की आवश्यकता होती है।

वर्षा ऋतु में अतिरिक्त पानी का जलनिकास के माध्यम से निकाल देना चाहिए क्योंकि काकुन का पौधा जलभराव की दशा में तुरन्त सूख जाता है।

खरपतवार नियन्त्रण (Weed control) : काकुन की फसल प्रारम्भिक अवस्था में खरपतवार रहित होनी चाहिए। फसल बोने के 20–25 दिन पश्चात् खुरपी से एक निराई कर देनी चाहिए। यदि आवश्यकता हो तो दूसरी निराई पहली निराई के 15 दिन पश्चात् कर देने से खेत से खरपतवार समाप्त हो जाते हैं।

प्रमुख बीमारियों, कीट एवं उनका नियन्त्रण (Important diseaes, insects and their control measures)

तालिका 7.3 : काकुन की प्रमुख बीमारियों के विशिष्ट लक्षण एवं उनकी रोकथाम

बीमारी का नाम एवं कारक	विशिष्ट लक्षण	नियन्त्रण
बाली का स्मट (Kernel smut) (अस्टिलागो क्रेमेरी)	रोग ग्रसित पौधा छोटा रह जाता है। रोग ग्रसित बालियाँ काले रंग के चूर्ण से ढक जाती है। इस रोग का प्रकोप बीजों द्वारा होता है।	एग्रोसन जीएन अथवा सेरेसारन 2.5 ग्राम प्रति किलो बीज दर से उपचारित करके बोना चाहिए। रोगरोधी प्रजातियों की बुआई करनी चाहिए। उपयुक्त फसल चक्र अपनानी चाहिए। डाइथेन जेड 78 का 0.2 प्रतिशत घोल बनाकर छिड़काव करना चाहिए।
मृदुरोमिल रोग (Downey mildew) (स्कलैरोस्पोरा ग्रेमिनीकोला)	रोग ग्रसित पौधे की वृद्धि रूक जाती है तथा अधिक संख्या में कल्ले निकलते हैं। पत्तियों पर लम्बाई लिए हुए धारियाँ पड़ जाती हैं। अधिक प्रकोप होने की दशा में पत्तियों पर बड़े-बड़े धब्बे पड़ जाते हैं जिसके कारण पत्तियाँ सूख जाती हैं।	रोग ग्रसित पौधों को उखाड़कर जला देना चाहिए। एग्रोसन जी एन अथवा सेरेसान 2.5 ग्राम प्रति किलो बीज दर से बीजों को उपचारित कर बोना चाहिए। रोग रोधी प्रजातियों की बुआई करनी चाहिए। डाइथेन जेड 78 का 0.2 प्रतिशत घोल का छिड़काव करना चाहिए।
अर्गट (Ergot)	बीमारी की प्रारम्भिक अवस्था में बालियों से एक शहद जैसा श्राव निकलता है जो सूखकर दानों पर चिपक जाता है बाद में काले रंग में परिवर्तित हो जाता है।	उपयुक्त फसल चक्र अपनाना चाहिए। एग्रोसन जी एन अथवा कैप्टान 2.5 ग्राम प्रति किलोग्राम की दर से उपचारित कर बोना चाहिए। रोग रोधी प्रजातियाँ बोनी चाहिए।

	डाइथेन जेड 78 का 0.2 घोल का छिड़काव करना चाहिए।
	एग्रोसन जी एन अथवा सेरेसान 2.5 ग्राम प्रति किलो बीज दर से उपचारित कर बोना चाहिए।
	डाइथेन एम 45 का 0.2 घोल का छिड़काव करना चाहिए।

काकुन की फसल में लगने वाले प्रमुख कीट एवं उनका नियन्त्रण निम्नलिखित हैं।

1. प्ररोह मक्की
2. तना छेदक
3. सफेद चींटी
4. एफिड

उपरोक्त कीटों के अतिरिक्त काकुन की फसल में क्रिस्टोब्लेडस स्पसीज, यूब्लैमा सिलीक्यूला, नैजारा विरीडयूला और केलोकेरिस एन्यूटेटस भी हानि पहुँचाते हैं।

रोकथाम

दानेदार थीमेट 15 किग्रा प्रति हैक्टेयर की दर से प्रयोग करने पर तना छेदक कीट का नियन्त्रण हो जाता है। बी एच सी 10 प्रतिशत अथवा हैप्टाक्लोर 10 प्रतिशत अथवा एल्ड्रीन 10 प्रतिशत धूल 20-25 किग्रा प्रति हैक्टेयर का दर से भुरकाव करने पर इन कीटों का नियन्त्रण हो जाता है।

कटाई एवं मड़ाई (Harvesting and threshing)

काकुन की फसल में 50-60 दिन में फूल आ जाते हैं और फसल 80-90 दिनों में पक जाती है। काकुन की फसल पकने पर बालियाँ गहरे सुनहरे रंग की हो जाऐ तब फसल की कटाई कर लेनी चाहिए। फसल की कटाई पूरा पौधा काटकर अथवा केवल बालियाँ हँसिये की सहायता से काट ली जाती हैं। फसल काटने के बाद खलिहान में अच्छी तरह सुखाते हैं इसके पश्चात बैलों अथवा ट्रैक्टर की सहायता से इन बालियों से दानों को अलग कर लेते हैं।

भण्डारण के पूर्व जब दानों में नमी की मात्रा 10-12 प्रतिशत तक रह जाती है तब तक सुखाते हैं।

उपज (Yield)

असिंचित दशाओं के काकुन की उपज 6-10 कुन्टल तक प्राप्त हो जाती है जबकि सिंचित दशाओं में 10-15 क्विंटल तक काकुन की उपज मिल जाती है। काकुन की फसल में सूखे चारे की उपज 20-40 क्विंटल प्रति हैक्टेयर तक प्राप्त होती है।

अध्याय 8

कोदों (Kodon)

वानस्पतिक नाम	:	पास्पेलाम स्क्रोबिकुलेटम
(Botanical name)	:	(*Paspalum scrobiculatum*)
कुल (Family)	:	ग्रेमिनी (Gramineae)

आर्थिक महत्व (Economic Importance)

कोदों का प्रयोग चावल की तरह खाने में किया जाता है। इसके भूसे का प्रयोग जानवरों को खिलाने के लिए भी किया जाता है, परन्तु इसका भूसा घोड़ों के लिए विषाक्त होता है इसलिए कोदों के भूसे का प्रयोग घोड़ों को खिलाने के लिए नहीं किया जाता है। कोदों बारानी/असिंचित क्षेत्रों की फसल है। कोदों के दाने में 7.3–9.5 प्रतिशत प्रोटीन तथा 2.7–3.7 प्रतिशत बसा होती है।

उत्पत्ति एवं इतिहास (Origin and History)

डि-केन्डोल ने अपनी किताब "ऑरिजन ऑफ क्लटीवेटेड प्लान्टस" में इस मोटे अनाज की चर्चा नहीं की है। भारत में इसे कोदों तथा न्यूजीलैंड में डिवमिलेट कहते हैं। इसकी स्क्रोबाइकुलेटम प्रजाति दक्षिण-पूर्वी अमेरिका में उगाई जाने वाली घास की प्रजाति पैस्पालम से काफी मिलती-जुलती है। डालिस, वासी तथा वाहिया घास इस वर्ग की प्रमुख घासें हैं।

क्षेत्रफल एवं वितरण (Area and distribution)

विश्व में कोदों की खेती मुख्य रूप से चीन, जापान, दक्षिण अफ्रीका, भारत, दक्षिणी तथा पूर्वी यूरोप आदि देशों में की जाती है।

भारतवर्ष में कोदों की खेती आन्ध्र प्रदेश, गुजरात, तमिलनाडु, बिहार, मध्य प्रदेश तथा उत्तर प्रदेश में की जाती है। उत्तर प्रदेश में कोदों गोरखपुर मंडल में बहुतायत में उगाई जाती है। उत्पादन की दृष्टि से गोरखपुर, फैजावाद, लखनऊ तथा वाराणसी मंडल प्रमुख हैं। देश में कोदों की फसल के अन्तर्गत क्षेत्रफल तथा उत्पादन के आंकड़े उपलब्ध नहीं हैं। उत्तर प्रदेश में इसकी खेती के अन्तर्गत 1.80 लाख हैक्टेयर क्षेत्रफल है।

वानस्पतिक वर्गीकरण (Botanical classification)

हूकर (1898) ने अपनी पुस्तक "फ्लोरा आफ ब्रिटिश इन्डिया" में कोदों की प्रजातियों की संख्या लगभग 160 बताई है। कोदों की ये समस्त प्रजातियाँ गर्म जलवायु वाले क्षेत्रों में ही उगाई जाती हैं। कुछ प्रमुख प्रजातियों का विवरण निम्न हैं –

1. **पैस्पालम स्क्रोबाइकुलेटम (*Paspalum scrobiculatum*) :** भारतवर्ष में सभी गर्म जलवायु वाले क्षेत्रों में मिलती है।
2. **पैस्पालम कन्जुगेटम (*P. conjugatum*) :** यह प्रजाति उष्ण कटिबन्धीय तथा उष्ण जलवायु वाले क्षेत्रों में मिलती है।
3. **पैस्पालम टर्नेटम (*P. turnatum*) :** पश्चिमी घाट, बेलगांव तथा खासी की पहाड़ियों में पाई जाती है।
4. **पैसापालम सैन्गुइनेस (*P. senguines*) :** सम्पूर्ण भारत के उष्ण तथा नम जलवायु में प्रमुख रूप से उगाई जाती है। इसलिए विश्व के समस्त उष्ण देशों में पाई जाती है।
5. **पैस्पालम डिस्टीकम (*P. disticum*) :** यह प्रजाति उत्तर-पश्चिमी भारत तथा विश्व के उष्ण कटिबन्धीय देशों में उगाई जाती है।
6. **पैस्पालम गाइबेटम (*P. gaibatum*) :** यह प्रजाति खासी पहाड़ियों तथा अन्य नम स्थानों में 5000-6000 फीट की ऊँचाई तक पाई जाती है।
7. **पैस्पालम पैरोटेटिटाई (*P. parotatitae*) :** यह प्रजाति नीलगिरि में 6000 फीट की ऊँचाई तक पाई जाती है। यह प्रजाति उत्तरी अफ्रीका में विशेष रूप से उगाई जाती है।
8. **पैस्पालम एम्बीगुअम (*P. ambiguam*) :** यह प्रजाति हिमालय के पश्चिमी भाग में 1000-5000 फीट की ऊँचाई तक उगाई जाती है तथा शिमला एवं कश्मीर में भी उगाई जाती है। यह प्रजाति यूरोप तथा उत्तरी एशिया में विशेष रूप से उगाई जाती है।
9. **पेस्पालम कम्पेक्टम (*P. compactum*) :** खासी की पहाड़ियों, राजस्थान में आबू पहाड़ तथा तमिलनाडु के नीलगिरी में यह प्रजाति पाई जाती है। इस प्रजाति के नम क्षेत्रों में 5000 फीट तक की ऊँचाई में उगाया जाता है।
10. **पैस्पालम पैन्नाटम (*P. pannatum*) :** यह प्रजाति मिश्र तथा एबीसिनिया में पाई जाती है।
11. **पैस्पालम हैटैरान्थम (*P. heteranthum*) :** यह प्रजाति जावा तथा चीन में पाई जाती है।
12. **पैस्पालम पैडीसिलारी (*P. pedisilari*) :** मैदानी भाग तथा पहाड़ों की तलहटियाँ इस प्रजाति के प्रमुख क्षेत्र हैं। इस प्रजाति को 7000 फीट तक की ऊँचाई में उगाया जाता है। अफ्रीका की उष्ण कटिबन्धीय जलवायु में बहुतायत से मिलती है।

13. **पैस्पालन लौन्जीफ्लोरम** (*P. longiphlorum*) : यह प्रजाति विश्व के उष्ण कटिबन्धीय जलवायु वाले क्षेत्रों में उगाई जाती है। भारत में यह प्रजाति लगभग स्थानों पर उगायी जाती है। हिमालय पर्वत के 6000 फीट की ऊँचाई पर भी इसको उगाया जा सकता है।

14. **पैस्पालम रायलियानम** (*P. railianum*) : पहाड़ी प्रदेशों में 7000 फीट की ऊँचाई पर प्रमुख रूप से पाई जाती है। अफ्रीका की उष्ण कटिबन्धीय जलवायु में भी यह मिलती है।

जलवायु (Climate) : कोदों के पौधों को अच्छी बढ़वार के लिए शुष्क एवं नम जलवायु की आवश्यकता होती है। कोदों अत्यधिक सूखा सहन करने वाली फसल है। यह उन क्षेत्रों के लिए उपयुक्त है जहाँ पर वर्षा कम एवं असमान वितरण होता है। यह फसल उन क्षेत्रों में अच्छी तरह उगाई जा सकती है जहाँ पर औसत वार्षिक वर्षा 400–500 मिली होती है।

भूमि (Soil)

कोदों की फसल बलुई तथा कंकरीली कमजोर मृदाओं से लेकर दोमट मृदाओं में उगाई जाती है, परन्तु कोदों की फसल से अधिक उपज प्राप्त करने के लिए बलुई दोमट से दोमट मृदायें उपयुक्त होती है। जिन खेतों में वर्षा का पानी न भरता हो उन्हीं खेतों में इसकी फसल उगानी चाहिए।

उन्नतशील प्रजातियाँ (Improved varieties)

कोदों की नई उन्नतिशील प्रजातियाँ बहुत कम विकसित की गई है परन्तु कुछ प्रमुख प्रजातियों के विशिष्ट गुणों का वर्णन निम्न तालिका में दर्शाया गया है।

तालिका 8.1 : कोदों की प्रमुख प्रजातियों के विशिष्ट लक्षण

प्रजाति	संस्तुत क्षेत्र	पकने का समय (दिन)	उपज (कु/है.)	विशिष्ट लक्षण
निवास-1	मध्य प्रदेश	110–115	15–20	बालियों की लम्बाई 9.5 सेमी, दाने भूरे रंग के
डिंडोरी 73		110–115	18–20	बालियों की लम्बाई 7.5, दाने बड़े तथा भूरा रंग
पाली	सम्पूर्ण भारत	100–105	18–20	
जेके 76	मध्य प्रदेश	80–85	16–18	

उपरोक्त प्रजातियों के अतिरिक्त कोदों की अन्य उन्नत किस्में जैसे आर पी एस 158, केहरपुर, सिधी, जे एन के-364, पी एल आर-1, हरका-1 को 1, पी एस पी 1, पी एस पी 2, आर पी एस 41, आर पी, एस 123 आदि हैं।

तालिका 8.2 : विभिन्न राज्यों में कोदों की उन्नतशील प्रजातियाँ

राज्य	उन्नतशील प्रजातियाँ
आन्ध्र प्रदेश	जी पी यू के 3
झारखण्ड	एस आई ए 326, पी एस 4

गुजरात	जी के 2, जे के 48
कर्नाटक	जी पी यू के 3, पी बी के 155, जे के 48
महाराष्ट्र	जी पी यू के 3
मध्य प्रदेश	जे के 62, जे के 76, जे के 41, जी पी यू के 3, पी बी के 155, जे के 48
छत्तीसगढ़	जे के 62, जे के 6, जे के 41, जी पी यू के 3, पी बी के 155
तमिलनाडु	जी पी यू के 3, के एम वी 20
उत्तर प्रदेश	जी पी यू के 3
राजस्थान	एस आर 16, एस आर 11

फसल चक्र (Crop rotations) : कोदों की फसल एक फसली तथा मिलवाँ फसल पद्धति के रूप में उगाई जाती है।

अन्तः/मिश्रित फसल पद्धति (Inter-mixed cropping system) : कोदों को अरहर, तिल, ज्वार, उर्द, मूँग, लोबिया आदि फसलों के साथ अन्तः/मिश्रित फसल पद्धति के रूप में उगाया जाता है।

फसल चक्र (Crop rotations) : कोदों की फसल खरीफ में उगाने के पश्चात् रबी में सरसों, अलसी, चना, जौ, गेहूँ, मटर आदि फसलों को उगाया जाता है। कोदों आधारित फसल चक्र निम्न हैं–

कोदों - अलसी, कोदों - सरसों/तारामीरा

कोदों - चना, कोदों - जौ/गेहूँ

खेत की तैयारी (Field preparation)

मानसून शूरू होने से पूर्व खेत की अच्छी तरह से जुताई करके छोड़ देना चाहिए जिससे वर्षा का पानी मृदा में खूब सोख लिया जाए। मानसून शुरू होने के पश्चात् एक बार मिट्टी पलटने वाले हल से जुताई करने के पश्चात् 2–3 बार देशी/कल्टीवेटर/हैरो की सहायता से जुताई कर देनी चाहिए। मृदा को भुरभुरा बनाने तथा समतल करने के लिए प्रत्येक जुताई के बाद पाटा लगा देना चाहिए। अच्छी तरह से तैयार खेत में कोदों के बीजों का जमाव अच्छा होता है। कोदों की बुआई के पूर्व खेत भली भाँति समतल होना आवश्यक है जिससे वर्षा का पानी न भरने पाये।

बीज एवं बुआई (Seed and sowing)

बीज की मात्रा (Seed rate) : कोदों का बीज 15–20 किग्रा प्रति हैक्टेयर की दर से बोया जाता है। बीज बोने के पूर्व किसी कवकनाशी रसायन जैसे एग्रोसन जी एन या कैप्टान या थीरम 2.5 ग्राम प्रति किलोग्राम बीज की दर से उपचारित कर देने से बीमारियों का प्रकोप कम हो जाता है।

बोने का समय (Time of sowing) : उत्तरी भारत में कोदों की बुआई का उपयुक्त समय मध्य जून से मध्य जुलाई है। दक्षिणी भारत में कोदों की फसल सामान्यतः असिंचित दशाओं में उगाई जाती है। जहाँ पर बुआई का समय सितम्बर माह है। कोदों की फसल की समय पर अथवा जल्दी बुआई कर देने पर रबी की फसल की तैयारी के लिए पर्याप्त समय मिल जाता है।

बोने की विधि (Method of Sowing) : कोदों की सामान्यतः छिड़कवाँ विधि द्वारा बुआई की जाती है। पंक्तियों में बोने के लिए हल के पीछे नाई अथवा सीडड्रिल द्वारा इसकी बुआई की जाती है।

अन्तरण (Spacing) :

पंक्ति से पंक्ति की दूरी	25–30 सेमी
पौधे से पौधे की दूरी	8–10 सेमी
बीज की गहराई	2–3 सेमी

खाद एवं उर्वरक (Manures and Fertilizers)

कोदों की फसल में कार्बनिक खादों का प्रयोग करने से मृदा की भौतिक दशा में सुधार होता है, मृदा की जल धारणा क्षमता बढ़ जाती है तथा मृदा से पौधों को पोषक तत्व ग्रहण क्षमता बढ़ जाती है। गोबर की खाद अथवा कम्पोस्ट की खाद 5–10 टन प्रति हैक्टेयर की दर से फसल की बुआई के एक माह पूर्व खेत में अच्छी तरह मिला देनी चाहिए। इसके अतिरिक्त 40 किग्रा नत्रजन, 40 किग्रा फासफोरस तथा 20 किग्रा पोटास प्रति हैक्टेयर की दर से बुआई के पूर्व खेत में छिड़काव कर देना चाहिए।

सिंचाई प्रबन्ध (Irrigation maangement) : कोदों की फसल वर्षा ऋतु में उगाई जाती है इसलिए सिंचाई की कोई आवश्यकता नहीं होती है, परन्तु किसी कारण से बहुत लम्बे समय तक वर्षा न होने की दशा में 1–2 सिंचाई की जा सकती है।

अधिक वर्षा होने पर आवश्यकता से अधिक पानी के निकास के लिए जल निकास के पर्याप्त साधन होना आवश्यक है क्योंकि कोदों का पौधा जलभराव की दशा में सूख जाता हैं।

खरपतवार नियन्त्रण (Weed Management) : कोदों की फसल वर्षा ऋतु में उगाई जाती है इसलिए फसल की प्रारम्भिक अवस्था में खरपतवारों का प्रयोग अधिक मात्रा में होता है। फसल बोने के 20–25 दिन उपरान्त खुरपी की सहायता से हाथ से निराई कर देनी चाहिए। यदि आवश्यक हो तो 15 दिन उपरान्त दूसरी निराई भी कर देनी चाहिए। पंक्तियों में बोई गई फसल की निराई-गुड़ाई हैन्ड हो की सहायता से भी की जा सकती है।

प्रमुख कीट एवं नियन्त्रण (Important insects and control measures)

कोदों की फसल में लगने वाले प्रमुख कीट एवं उनकी नियन्त्रण निम्न हैं।

1. प्ररोह मक्खी
2. तना छेदक
3. सफेद चींटी
4. एफिड

इन प्रमुख कीटों के अतिरिक्त क्रिप्टोब्लेब्स स्पसीज, यूब्लैमा सीलीक्यूला, नैजारा विरीडयूला और केलोकेरिस एन्यूटेटस द्वारा भी कोदों की फसल में हानि पहुँचती हैं।

रोकथाम

बीएचसी 10 प्रतिशत, एल्ड्रीन अथवा हैप्टाक्लोर धूल 20–25 किग्रा प्रति हैक्टेयर की दर से भुरकाव फसल के बोने के पूर्व कर देने से इन कीटों का नियन्त्रण हो जाता है। दानेदार थीमेट 15 किग्रा प्रति हैक्टेयर की दर से प्रयोग करने पर तना छेदक कीट का नियन्त्रण हो जाता है।

तालिका 8.3 : कोदों की प्रमुख बीमारियों के लक्षण एवं उनकी रोकथाम

बीमारी का नाम एवं कारक	विशिष्ट लक्षण	नियन्त्रण
अर्ग्रट (Argut)	इस बीमारी से ग्रसित दाने का प्रयोग मनुष्यों एवं पशुओं के स्वास्थ्य के लिए हानिकारक है। बीमारी की प्रारम्भिक अवस्था में बालियों से शहद जैसा एक श्राव निकलता है जो बाद में गहरा भूरा होकर दानों पर चिपक जाता है।	उपयुक्त फसल चक्र अपनाना चाहिए। स्वस्थ, प्रमाणित एवं बीमारी रहित बीज की बुआई करनी चाहिए। कैप्टान अथवा थीरम अथवा एग्रोसन जी एन 2 ग्राम को प्रति किलो बीज दर से उपचारित करना चाहिए। रोग रोधी किस्मों की बुआई करनी चाहिए। डाइथेन जेड 78 का 0.2 प्रतिशत घोल का छिड़काव करना चाहिए।
स्मट (Smut)	इस रोग से ग्रसित बालियाँ काले रंग से पीले रंग की झिल्ली से ढक जाती है। इस बीमारी का प्रकोप बीजों द्वारा होता है।	रोग रोधी प्रजातियों को ही बोना चाहिए। किसी कवकनाशी रसायन से बीजों को उपचारित कर बोना चाहिए। डाइथेन जेड 78 का 0.2 प्रतिशत घोल का छिड़काव करना चाहिए।
गेरूई (Rust)	इस रोग के प्रकोप से पौधे की पत्तियों पर भूरे रंग के धब्बे पड़ जाते हैं। इसके प्रकोप से पत्तियों में प्रकाश संश्लेषण की क्रिया प्रभावित हो जाती है जिससे उपज में गिरावट हो जाती है।	कैप्टान अथवा थीरम अथवा एग्रोसन जी एन 2 ग्राम प्रति किलो बीज दर से उपचारित कर बोना चाहिए। डाइथेन एम 45 का 0.2 प्रतिशत घोल का छिड़काव करना चाहिए।

कटाई एवं मड़ाई (Harvesting and threshing)

उत्तरी भारत में कोदों की फसल सितम्बर से अक्तूबर माह में पककर तैयार हो जाती है। हँसिया की सहायता से पौधों को जमीन की सतह से काटकर बंडल बनाकर खलिहान में सुखाने के लिए एक सप्ताह तक रख देते हैं। इन बंडलों को हाथ अथवा बैलों की सहायता से दानों को अलग कर लेते हैं।

दानों को अलग करने के पश्चात् धूप में अच्छी तरह से सुखाकर जब दानों में नमी 10–12 प्रतिशत रह जाती है तब इनका भन्डारण करते हैं।

उपज (Yield)

कोदों की औसत उपज 15–18 क्विंटल प्रति हैक्टेयर प्राप्त होती है इसके अतिरिक्त चारे की औसत उपज 35–40 क्विंटल प्रति हैक्टेयर होती है।

❐❐❐❐❐

अध्याय 9

सांवा (Sawan)

वानस्पतिक नाम	:	इकाइनोक्लोआ क्रसगाली
(Botanical name)	:	(*Echinoclova crusgalli var. Frumentaceae*)
कुल (Family)	:	ग्रेमिनी (Gramineae)

आर्थिक महत्व (Economic Importance)

भारतवर्ष में सांवा का उपयोग चावल की तरह उबालकर खाने में किया जाता है। सांवा एक द्विउद्देशीय फसल है। जानवरों के चारे के लिए भी इसका प्रयोग किया जाता है। सांवा में पाई जाने वाली प्रोटीन 40 प्रतिशत तक पाचनशील होती है। इसके दाने में 9.2% प्रोटीन, 65.5% कार्बोहाइड्रेट, 4.5% बसा तथा 9.7% रेशा होता है।

उत्पत्ति एवं इतिहास (Origin and History)

भारत के प्राचीन ग्रन्थों में सांवा का वर्णन मिलता है। अनेक विद्वानों का मत है कि सांवा का उत्पत्ति स्थान मध्य एशिया है, जहाँ से यह यूरोप तथा अमेरिका में फैली है। हैक्टर (1936) ने अपनी पुस्तक 'इन्ट्रोडक्सन टु दी बाँटनी आफ डील्ड क्राप्स' में कहा है कि सांवा रियूडराल प्रजाति का निकट सम्बन्धी है। यह प्रजाति इकाइनोक्लोआ क्रसगाली काफी स्थानों पर पाई जाती है। लियोनार्ड एवं मार्टिन (1963) ने कहा कि सांवा कहीं-कहीं जापान, एशिया के अन्य देश, कभी-कभी आस्ट्रेलिया तथा अमेरीका में भी उगाई जाती है। मुदंकर (1933) के अनुसार भारत में सांवा की खेती एक मोटे धान्य

की फसल के रूप में उगाई जाती है। मिश्र में सांवा की फसल उन भूमियों पर उगाई जाती है जहाँ पर नमक की अधिकता के कारण धान तथा अन्य फसलें उगाना सम्भव नहीं है। अमेरिका में नार्थ पेसिफिक स्लोप में इसे पछेती फसल के रूप में चारे के लिए उगाते हैं। आस्ट्रेलिया में न्यू साउथ वेल्स में कोदों मुख्य फसलों के साथ अन्तः फसल के रूप में अल्पकाल के लिए उगाई जाती है।

क्षेत्रफल तथा वितरण (Area and distribution)

सांवा की खेती विश्व में भारत, चीन, जापान, मलेशिया आदि देशों में की जाती है। चीन तथा जापान में जब चावल की फसल किसी कारण से नष्ट हो जाती है तब इसकी पूरक फसल के रूप में उगाया जाता है। सांवा की खेती संयुक्त राज्य अमेरिका तथा अफ्रीका में की जाती है।

भारत में सांवा की खेती मध्य प्रदेश, उत्तर प्रदेश, तमिलनाडु, आन्ध्र प्रदेश, कर्नाटक, महाराष्ट्र तथा बिहार में की जाती है।

उत्तर प्रदेश में सांवा की खेती के अन्तर्गत लगभग 1.25 लाख हैक्टेयर क्षेत्रफल है तथा 0.82 लाख टन उत्पादन मिलता है। सांवा की खेती उत्तराखण्ड के गढ़वाल तथा कुमायूं मंडलों में तथा उत्तर प्रदेश में वाराणसी मंडल में बृहद स्तर पर की जाती है।

जलवायु (Climate)

सांवा की फसल में सूखा सहने की क्षमता अधिक होती है। इसलिए इसको असिंचित क्षेत्रों में सफलतापूर्वक उगाया जा सकता है। साथ-साथ सांवा को कम जल भराव वाले क्षेत्रों में भी सफलतापूर्वक उगाया जा सकता है। सांवा की फसल समुद्र तल से 2000 मीटर तक की ऊँचाई पर भी आसानी से उगाई जाती है। इसकी अच्छी उपज प्राप्त करने के लिए गर्म एवं नम जलवायु की आवश्यकता होती है। अन्य लघु खाद्यान्न फसलों की अपेक्षा सांवा की फसल प्रतिकूल जलवायु में आसानी से उगाई जा सकती है।

भूमि (Soil)

सांवा की फसल मध्यम उर्वराशक्ति वाली भूमियों में सफलतापूर्वक उगाई जा सकती है। सांवा की फसल में सूखारोधी तथा बाढ़रोधी क्षमता होती है। अतः हल्की भूमि से नदियों के किनारे की दलदली भूमि में भी सांवा की फसल उगाई जा सकती है। सांवा की फसल की अच्छी उपज प्राप्त करने के लिए बलुई दोमट से दोमट भूमियाँ जिसमें कार्बनिक पदार्थ की पर्याप्त मात्रा होती है, उपयुक्त होती है। कम उपजाऊ, कंकरीली तथा पथरीली मृदायें इसकी खेती के लिए अनुपयुक्त होती हैं।

फसल पद्धतियाँ (Cropping systems)

अन्तः/मिश्रित फसल पद्धति (Inter mixed cropping system) : सांवा की फसल को विभिन्न प्रकार की फसलों के साथ अन्तः/मिश्रित फसल पद्धति के रूप में उगाया जाता है। सांवा आधारित प्रमुख मिश्रित फसल पद्धतियाँ निम्न हैं : -

सांवा + कपास, सांवा + अरहर

सांवा + उर्द/मूँग, सांवा + लोबिया

फसल चक्र (Crop rotations) : सांवा की शुद्ध फसल को विभिन्न फसलों के साथ फसल चक्र के रूप में उगाया जाता है। सांवा आधारित कुछ प्रमुख फसलचक्र निम्न हैं :

सांवा - चना, सांवा - मटर

सांवा - अलसी, सांवा + जौ/गेहूँ

सांवा - सरसों

उन्नतशील प्रजातियाँ (Cropping systems)

सांवा की उन्नतशील प्रजातियों के विशिष्ट गुण निम्न तालिका 9.1 तथा 9.2 में दर्शाया गये हैं।

तालिका 9.1 विभिन्न राज्यों में साँवा की उन्नतशील प्रजातियाँ

राज्य	उन्नतशील प्रजातियाँ
आन्ध्र प्रदेश	को 1, वी एल 29
बिहार	आर ए यू 2, आर ए यू 3, आर ए यू 9, वी एल 29, वी एल 181
झारखण्ड	आर ए यू 2, आर ए यू 3, आर ए यू 9, वी एल 29
गुजरात	वी एल 172
कर्नाटक	वी एल 181
महाराष्ट्र	वी एल 29
मध्य प्रदेश	वी एल 29, वी एल 172, वी एल 181
छत्तीसगढ़	वी एल 29, वी एल 12
तमिलनाडु	को 1, के 2
उत्तर प्रदेश	अनुराग, चन्दन
राजस्थान	वी एल 21, वी एल 29, वी एल 172

तालिका 9.2 : सांवा की प्रमुख प्रजातियों के विशिष्ट लक्षण

प्रजाति	संस्तुत क्षेत्र	पकने की अवधि (दिन)	उपज (क्विंटल/है.)	विशिष्ट गुण
के-1	तमिलनाडु	100-115	10-12	
टाइप 25	पूर्वी उत्तर प्रदेश	100-110	10-12	
टाइप 46	उत्तर प्रदेश	90-95	12-14	यह प्रजाति गिरती नही है, बाढ़ एवं सूखा अवरोधी
आई पी एम 97		85-90	10-12	पौधे 140-150 सेमी, सीधी प्रजाति, बालियाँ 12-14 सेमी, दानों का रंग हल्का भूरा
आई पी एम 100		65-70	10-12	पौधे 130-140 सेमी ऊँचे, दानों का हल्का रंग
आई पी एम 148		80-85	11-12	पौधे 150-160 सेमी, बीजों का रंग हल्का भूरा

आई पी एम 149		80-85	12-15	पौधे 140-150 सेमी ऊँचे, दाने हल्के भूरे रंग
आई पी एम 151		80-90	12-15	पौधे 140-150 सेमी ऊँचे, बालियाँ 14-17 सेमी तथा पौधे सीधे
वी एल 1	उत्तराखण्ड के पहाड़ी क्षेत्र	–	12-15	
यू पी टी 8		75-80	12-15	पौधे 125-130 सेमी ऊँचे, पौधे सीधे, पत्तियाँ हल्की हरी, दानों का रंग हल्का भूरा

खेती की तैयारी (Field preparation)

सांवा की खेती हल्की भूमियों में की जाती है। इसलिए इसके लिए खेत की जुताई अधिक नहीं करनी पड़ती है। 2 जुताईयाँ देशी हल अथवा कल्टीवेटर से करने के पश्चात खेत को पाटा लगाकर समतल कर दिया जाता है।

बीज एवं बुआई (Seed and sowing)

बीज (Seed) : सांवा का बीज सदैव स्वस्थ एवं बीमारी रहित ही बोना चाहिए। बीज बोने के पूर्व किसी एक कवकनाशी रसायन जैसे थीरम अथवा कैप्टान अथवा एग्रोसन जी एन 2.5 ग्राम प्रति किलोग्राम बीज दर से उपचारित करने से फफूँदी द्वारा लगने वाले रोगों को प्रकोप कम हो जाता है।

बीज दर (Seed rate) : सांवा का बीज 8-10 किग्रा प्रति हैक्टेयर की दर से प्रयोग करते हैं।

बुआई का समय (Time of sowing) : सांवा की फसल की बुआई जून के अन्तिम सप्ताह से जुलाई के द्वितीय सप्ताह तक की जाती है। सांवा की फसल की जल्दी बुआई कर देने से रबी की फसल के लिए खेत जल्दी तैयार हो जाता है।

बोने की विधि (Method of sowing) : सामान्यत: सांवा की बुआई छिड़कवाँ विधि द्वारा की जाती है। पंक्तियों में बुआई हल के पीछे नाई अथवा सीडड्रिल की सहायता से की जाती है।

अन्तरण (Spacing) :

पंक्ति से पंक्ति की दूरी	–	20-30 सेमी
पौधे से पौधे की दूरी	–	10-15 सेमी
बीज की गहराई	–	3-4 सेमी

खाद एवं उर्वरक (Manures and Fertilizers)

सांवा की फसल में कार्बनिक खादों का प्रयोग करने से मृदा की भौतिक दशा, जल धारण क्षमता तथा पोषक तत्व ग्रहण क्षमता में सुधार होता है। बुआई के एक माह पूर्व 5-10 टन प्रति हैक्टेयर की दर से गोबर की खाद अथवा कम्पोस्ट की खाद खेत में फैलाकर इसके पश्चात् जुताई करके अच्छी तरह से मिला देना चाहिए। सांवा की फसल में 40-50 किग्रा नत्रजन, 30-40 किग्रा फासफोरस तथा 20-30 किग्रा पोटास प्रति हैक्टेयर की दर से प्रयोग करना चाहिए। असिंचित दशाओं में सांवा की खेती

करने पर उर्वरकों की सम्पूर्ण मात्रा बुआई के समय कूँडों में बीजों से 3–5 सेमी की गहराई पर डालनी चाहिए। सिंचित क्षेत्रों में नत्रजन की आधी मात्रा जबकि फासफोरस एवं पोटास की सम्पूर्ण मात्रा बुआई के समय कूँडों में प्रयोग की जाती है। नत्रजन की शेष आधी मात्रा पहली सिंचाई के समय खड़ी फसल में छिड़क देनी चाहिए। जिन क्षेत्रों में जिंक की कमी के लक्षण दिखाई दें तो वहाँ पर 15 किग्रा प्रति हैक्टेयर की दर से जिंक सल्फेट का प्रयोग करना चाहिए।

सिंचाई प्रबन्ध (Water management)

सांवा की फसल को पानी की बहुत कम आवश्यकता होती है। चूँकि सांवा की फसल खरीफ (वर्षा) ऋतु में उगाई जाती है इसलिए सिंचाई की कोई आवश्यकता नहीं होती है। जिन क्षेत्रों में सिंचाई की सुविधा होती है वहाँ पर यदि वर्षा ऋतु में काफी समय तक सूखा पड़ जाता है तब वहाँ पर एक सिंचाई कर देने से फसल की उपज में वृद्धि हो जाती है।

अधिक मात्रा में वर्षा होने से खेत में जलभराव की दशा में अतिरिक्त पानी को जलनिकास के माध्यम से निकाल देना चाहिए।

खरपतवार नियन्त्रण (Weed control measures)

सांवा की फसल में वर्षा ऋतु में उगाये जाने के कारण खरपतवारों का प्रकोप अधिक होता है। फसल की प्रारम्भिक अवस्था में खरपतवारों का अधिक प्रकोप होने से फसल की उपज में काफी अधिक हानि हो जाती है अतः फसल बोने के 25–30 दिनों तक खेत खरपतवार रहित रहना चाहिए। बुआई के 20–25 दिन उपरान्त एक निराई खुरपी के सहायता से करते हैं। इसके 15 दिन उपरान्त दूसरी निराई–खुरपी की सहायता से करके खेत खरपतवार रहित कर देते हैं। पंक्तियों में बोई गई फसल की निराई–गुड़ाई हैन्ड हो द्वारा भी की जा सकती है।

प्रमुख बीमारी तथा कीट एवं उनका नियन्त्रण (Important diseases and insects and their control measures)

सांवा की फसल में लगने वाले प्रमुख कीट निम्न हैं

1. गुलाबी कीट (Pink borer) – सीसामिया इन्फेरेन्स
2. श्वेत छेदक (White borer) – सालूरिया इन्फीसिटा
3. बालदार काली सूँडी (Hairy black caterpiller) – एस्टीग्मीनी लैक्टीनी
4. तना छेदक (Stem borer)
5. दीमक (Termite)
6. माहूँ (Aphids)
7. टिड्डा (Grass hoper)

इन समस्त प्रकार के कीटों के नियन्त्रण के लिए 5 प्रतिशत एल्ड्रिन अथवा हैप्टाक्लोर 15–20 किग्रा प्रति हैक्टेयर की दर से बुआई के पूर्व खेत में भुरकाव कर अच्छी तरह से मिला देना चाहिए। 15 किग्रा थीमेट प्रति हैक्टेयर की दर से भुरकाव करने से तना छेदक कीट का प्रभावी नियन्त्रण हो जाता है।

तालिका 9.3 : सांवा की प्रमुख बीमारियों के लक्षण एवं उनकी रोकथाम

बीमारियाँ एवं कारक	प्रमुख लक्षण	रोकथाम
मृदुरोमिला आसिता (Downey mildew)	रोग की प्रारम्भिक अवस्था में पत्तियों पर हल्के पीले रंग की धारियाँ पड़ जाती हैं जो बाद में सफेद रंग में परिवर्तित हो जाती है। इसके पश्चाात पत्तियाँ सूखने लगती हैं। रोग के अधिक प्रकोप पर पौधों की बालिया चाफी हो जाती है।	रोग ग्रसित पौधो को उखाड़ कर जला देना चाहिए। एग्रोसन जी एन अथवा थीरम 2.5 ग्राम प्रति किलो बीज दर से उपचारित कर बोना चाहिए। डाइथेन जेड 78 का 0.2 घोल का छिड़काव करना चाहिए।
स्मट (Smut)	इस रोग से प्रभावित पौधे की बालियों में दानों की जगह काले रंग का चूर्ण बन जाता है। इस बीमारी का प्रकोप बीजो द्वारा होता है।	एग्रोसन जी एन 2.5 ग्राम प्रति किलो बीज दर से उपचारित कर बोना चाहिए। बीजों को 55° सेंटीग्रेड गर्म पानी में 10 मिनट तक डुबोने से इस बीमारी के बीजाडु मर जाते हैं।
गेरुई (Rust)	इस बीमारी के प्रकोप से पत्तियों पर काले रंग के धब्बे बन जाते हैं। इस बीमारी के प्रकोप से सांवा की उपज में काफी गिरावट हो जाती है।	उपयुक्त फसल चक्र अपनाना चाहिए। एग्रोसन जी एन अथवा कैप्टान अथवा थीरम 2.5 ग्राम प्रति किलो बीज दर से उपचारित कर बोना चाहिए। डाइथेन एन 45 का 0.2 प्रतिशत घोल का छिड़काव करना चाहिए।

कटाई एवं मड़ाई (Harvesting and threshing)

सांवा की फसल 2.5 से 3.5 माह में पक्कर तैयार हो जाती है। पूर्ण रूप से पकी हुई फसल को हँसिया की सहायता से जमीन की सतह से सम्पूर्ण पौधे को काट लेना चाहिए। इसके पश्चात् लगभग एक सप्ताह तक खलिहान में सूखने के लिए छोड़ देते हैं। फसल के सूख जाने के पश्चात् बैलों अथवा ट्रैक्टर द्वारा दानों को अलग कर लेते हैं।

उपज (Yield)

उन्नत शस्य क्रियाओं द्वारा सांवा की उपज 10–12 क्विंटल प्रति हैक्टेयर तक प्राप्त की जा सकती है। सांवा की 20–30 क्विंटल प्रति हैक्टेयर पुआल तथा 40–50 क्विंटल प्रति हैक्टेयर हरा चारा प्राप्त किया जा सकता है।

❐❐❐❐❐

तिलहनी फसलें

- सोयाबीन
- मूँगफली
- तिल

अध्याय 10

सोयाबीन

(Soyabean)

वानस्पतिक नाम	:	ग्लाइसीन मेक्स
(Botanical name)	:	(*Glycine max*)
कुल (Family)	:	लेग्यूमिनेसी (Leguminaceae)

आर्थिक महत्व (Economic Importance)

सोयाबीन अपनी अद्‌भुत रासायनिक सम्मिश्रता के कारण सबसे सस्ती एवं महत्वपूर्ण कृषि उत्पाद है। इसमें प्रोटीन की मात्रा 40 प्रतिशत तक पाई जाती है। सोयाबीन के बीजों में 20 प्रतिशत तेल भी पाया जाता है। इस समय देश के कुल खाद्य तेलों में सोयाबीन के तेल का 5 प्रतिशत योगदान है। देश में लाखों गरीब व्यक्तियों को प्रोटीन की आवश्यकता की पूर्ति के लिए सोयाबीन को सोया आधारित विभिन्न खाद्य जैसे सोया पनीर, सोया दुग्ध, सोया आटा, सोया बडियाँ, सोया फ्लेक्स आदि रूपों में बदलकर घरेलू उपयोग में लाया जा सकता है। इसके अतिरिक्त सोयाबीन के उत्पादों का उपयोग मनुष्यों की बीमारियाँ जैसे स्तन कैंसर, हृदय, रजोनिवृत्ति लक्षण, ओस्टीओपरोसिस इत्यादि के इलाज में भी सहायक है। सोयाबीन पर आधारित खाद्यों का सेवन मधुमेह के रोगियों तथा जिन बच्चों में लेक्टोज के प्रति असहनशीलता पाई जाती है, में काफी लाभकारी है। क्योंकि सोयाबीन में अन्य दलहनों की अपेक्षा कम मात्रा में कार्बोहाइड्रेड (20–30%) पाया जाता है और ये मुख्यतय:

ग्लेक्टोओलिगो सेकेराइड्स जैसे रेफीनोज, स्टेकाई ओज के रूप में पाये जाते हैं अर्थात् स्टार्च जो मधुमेह और लेक्टोज के प्रति असहनशीलता वाले बच्चों के लिए हानिकारक है, उपस्थिति नहीं होते है। सोया आइसोफ्लेवोन का स्तन कैंसर की आशंका को कम कर देता है। इस समय देश में 100 से अधिक सोया खाद्य उत्पादन है अनेक निजी कम्पनियाँ सोया उत्पादों जैसे बसायुक्त तथा बसा रहित सोया आटा, सोया दूध, सोया पनीर (टोकू), सोया बड़ी, सोया लेसिथीन (पाउडर एवं द्रव्य), सोया प्रोटीन, सोया चटनी, सोया फोरटीफाइड बिस्कुट (सोया बिक्स) आदि प्रमुख हैं। दैनिक उपयोग वाले सोया उत्पाद जैसे सोया डोसा, सोया इडली, सोया पोहे, सोया भुजिया, सोया सेव, सोया फोरटीफाइड गुलाब जामुन, सोया सत्तु आदि घरों में ही बनाये जाते हैं।

तालिका 10.1 : सोयाबीन में पोषक तत्वों की मात्रा

जैवरासायनिक घटक	मात्रा (%)	जैवरासायनिक घटक	मात्रा (%)
प्रोटीन	40	रेफिनोज	1.1
(a) लाइसीन	6.3	सुक्रोज	5
(b) आरजिनिन	7.2	अन्य शर्करा	5
बसा	20	विटामिन्स	मिलीग्राम प्रतिग्राम
कार्बोहाइड्रेट	35	राइबोफ्लेविन	34.3
सेलूलोज	4	थाइमिन	11
हेमीसेलूलोज	15	नियासीन	21–23
स्टेकाइओज	3–8		

सोयाबीन की फसल जब 80 प्रतिशत पक जाने पर बीज का रंग हरा, हरा-पीला, मुलायम संरचना वाला और बड़ा हो जाए तो इसको सीधा नमक युक्त पानी में उबालकर खाया जा सकता है। इस अवस्था में प्रोटीन की मात्रा (11-16%), बसा (8-11%) एवं बीनी फ्लेवर पके हुए दानों की अपेक्षा कम होती है। सोयाबीन की खली का उपयोग पशु आहार में प्रोटीन के मुख्य स्रोत के रूप में किया जाता है। सोयाबीन के तेल को तैयार करते समय सोयाबीन लेसिथीन नामक उत्पाद के अनेक उपयोग हैं। लेसिथीन का उपयोग अनेक खाद्य पदार्थों जैसे चाकलेट में 0.25 प्रतिशत लेसिथीन को इमल्सीफायर के रूप में, पशुचारे में एन्टी आक्सीडेन्ट के रूप में पेन्टस एवं स्याही में डिसवर्सिंग एजेन्ट के रूप में, प्लाईवुड का सामान, कीटाणुनाशक दवायें, साबुन हेपजाइन्ट, आइसक्रीम, सौंदर्य प्रसाधन, दवायें (एन्टीबायोटिक्स), टाइपराइटर रिबन तथा किण्वित भोज्य पदार्थ के रूप में उपयोग होता है।

उत्पत्ति एवं इतिहास (Origin and History)

विभिन्न लेखों में सोयाबीन की उत्पत्ति पूर्वी एशिया अथवा चीन में हुई है। क्योंकि सोयाबीन की वन्य प्रजातियाँ ग्लाइसीन युसूरियेन्सिस (*Glycine ussuriensis*) चीन, मन्चूरिया तथा कोरिया में पाई जाती है जो सोयाबीन से काफी मिलती जुलती है। चीन की एक किताब पेन साऊ कांग भू (महेरिया मेडिका) जो 5000 वर्ष पूर्व छपी थी उसमें पाँच मुख्य दानों में सोयाबीन का नाम था। भारत में सोयाबीन की खेती कब शुरू की गई इसका कोई प्रत्यक्ष प्रमाण उपलब्ध नहीं है। सोयाबीन की खेती कई शताब्दियों से उत्तर की पहाड़ियों तथा देश में कहीं-कहीं की जा रही है और आज

उन क्षेत्रों में मनुष्यों के आहार में मुख्य है। भारत में सोयाबीन को विभिन्न नामों, जैसे भाट (Bhat), भाटमेन (Bhatman), रामकुल्थी (Ram Kulthi), भूट (Bhut), कालीतुर (Kalitur), तेलियाकुल्थ (Telia Kulth) आदि से जाना जाता है। इन क्षेत्रों में उगाई जाने वाली सोयाबीन के बीजों का रंग पीला, काला तथा कम उपज देने वाली थी।

क्षेत्रफल तथा वितरण (Area and distribution)

विश्व में सोयाबीन की खेती के अन्तर्गत 56.74 मिलियन हैक्टेयर क्षेत्रफल तथा 35 मिलियन टन उत्पादन होता है। विश्व के कुल उत्पादन का 60 प्रतिशत उत्पादन अकेले अमेरिका में होता है। अमेरिका में सोयाबीन की खेती 2.5 लाख हैक्टेयर क्षेत्रफल पर की जाती है। इसके पश्चात् चीन कुल विश्व उत्पादन का 25 प्रतिशत भाग पैदा करता है। सोयाबीन उत्पादन अन्य देश जैसे मैक्सिको, ब्राजील, इन्डोनेशिया, रूस आदि हैं। हमारे देश में इसकी खेती मुख्यतयः मध्य प्रदेश, महाराष्ट्र, राजस्थान, उत्तर प्रदेश, पंजाब एवं हिमाचल प्रदेश में की जाती है। पिछले आठ वर्षों में सोयाबीन का क्षेत्रफल मध्य प्रदेश, गुजरात, उत्तर प्रदेश, महाराष्ट्र में काफी बढ़ा है। उत्तर प्रदेश एवं उत्तराखण्ड में सोयाबीन की खेती नैनीताल के तराई, पहाड़ी क्षेत्रों तथा बुन्देलखण्ड में की जाती है।

सन् 2012-13 में देश में सोयाबीन के अन्तर्गत कुल क्षेत्रफल 12.03 मिलियन हैक्टेयर क्षेत्रफल तथा 12.45 मिलियन टन उत्पादन हुआ। सन् 1970-71 में देश में सोयाबीन के अन्तर्गत बहुत कम क्षेत्रफल (0.03 मि. है.) तथा (0.01 मिलियन टन) उत्पादन था। विगत 35 वर्षों में सोयाबीन के अन्तर्गत क्षेत्रफल में बहुत अधिक वृद्धि हुई है और देश की एक प्रमुख फसल के रूप में गिना जाने लगा है। सन् 2012-13 में सोयाबीन के अन्तर्गत कुल क्षेत्रफल 60.3 लाख हैक्टेयर तथा 78.0 उत्पादन लाख टन मध्य प्रदेश में है इसके पश्चात् दूसरा स्थान महाराष्ट्र तथा तीसरा स्थान राजस्थान का है। भारतवर्ष में 95 प्रतिशत से अधिक सोयाबीन का उत्पादन मध्य प्रदेश तथा महाराष्ट्र में किया जाता है। देश में सोयाबीन की सर्वाधिक उत्पादकता 1818 किग्रा प्रति हैक्टेयर आन्ध्र प्रदेश में है। इसके पश्चात् महाराष्ट्र तथा राजस्थान राज्य में है।

सोयाबीन की औसत उपज इटली (3282 किग्रा/हैक्टेयर), अमेरिका (2500 किग्रा/हैक्टेयर), स्पेन (2509 किग्रा/हैक्टेयर) तथा न्यूजीलैंड में 2667 किग्रा/हैक्टेयर है। भारत में सोयाबीन की उत्पादकता 1353 किग्रा/हैक्टेयर जो काफी कम है। इसका प्रमुख कारण भारत में सोयाबीन की फसल की कम अवधि (90 से 100 दिन में) पककर तैयार होना है। अतः सोयाबीन की उन्नत तकनीक अपनाकर हम इसका उत्पादन 30-45 क्विंटल प्रति हैक्टेयर कर सकते हैं।

जलवायु

सोयाबीन की खेती गर्म एवं आर्द्र वातावरण में अच्छी तरह से की जाती है।

सोयाबीन की बहुत सी प्रजातियों का 26 से 30° सेन्टीग्रेड मृदा तापमान अच्छा अंकुरण होता है तथा 7 से 10 दिन में जमाव पूर्ण हो जाता है। जबकि 20-30° सेन्टीग्रेड तापमान पर बीजों का जमाव कुछ जल्दी हो जाता है। पौधों की बढ़वार के लिए न्यूनतम तापमान 10° सेन्टीग्रेड होना उपयुक्त होता है। कम अथवा अधिक तापमान होने पर फूलने का समय बढ़ जाता है। अधिक तापमान (35 से 40° सेन्टीग्रेड) बढ़ने से पौधों की वृद्धि तथा विकास पर बुरा प्रभाव पड़ता है जिससे सोयाबीन के बीजों की गुणवत्ता खराब हो जाती है। कम तापमान होने पर सोयाबीन के बीजों में तेल की मात्रा घट जाती है।

सोयाबीन पर दिन-रात की अवधि का विशेष प्रभाव पड़ता है। सोयाबीन की अधिकांश प्रजातियों में छोटे दिन तथा लम्बी रातें होने पर ही फूल आता है। इसकी अधिकांश प्रजातियों से फूल निकलने तथा फसल पकना सुचारू रूप से तभी सम्भव होता है जब दिन का प्रकाश एक क्रान्तिक अवधि से (14 घन्टे से) कम होता है इसलिए इसे अल्प प्रकाश पेक्षी पौधा कहा जाता है।

सोयाबीन की अच्छी फसल उगाने के लिए 600 से 750 मिमी वर्षा वाले क्षेत्र उपयुक्त होते हैं।

उन्नतशील प्रजातियाँ (Improved varieties) : सोयाबीन की प्रजातियों के विशिष्ट गुण एवं उनका विस्तृत वर्णन निम्न तालिकाओं में दर्शाया गया है।

तालिका 10.2 : सोयाबीन की प्रमुख प्रजातियाँ तथा उनके विशिष्ट गुण

प्रजातियाँ	संस्तुत क्षेत्र	पकने की अवधि	उपज	विशिष्ट गुण
ब्रैग	उत्तरी पहाड़ी क्षेत्र, उत्तर मध्य क्षेत्र	120-125	20-30	पौधे मध्यम ऊंचे (90-100 सेमी), बीजों का आकार बड़ा तथा पीला, पीला मोजेक एवं रतुआ से सहिष्णु
ली	श्री नगर की घाटी, हिमाचल प्रदेश तथा कुमायूँ की पहाड़ियों	110	20-25	पौधा छोटा, सीधा, अधिक शाखाओं, बीजों का रंग पीला
क्लार्क		100	25-30	पौधे छोटे (70 सेमी), बीजों का रंग पीला
इम्प्रूब्ड पेलीकॉन	दक्षिण भारत	110-120	20-22	बीज हल्के पीले, मोजेक वायरस के प्रति मध्यम सहिष्णु
पंजाब 1	उत्तरी पहाड़ी क्षेत्र	90	20-25	पौधों के तने हरे रंग के, रोयेंदार फलियाँ, बीजों का रंग पीला, नाभि काले रंग की, प्रोटीन 41%, तेल 20%, सड़न रोगों के प्रति सहनशील
शिलाजीत	उत्तर प्रदेश के मैदानी तथा उत्तराखण्ड के पहाड़ी क्षेत्र	120-125	20-25	बौनी किस्म (50-70 सेमी), दानों का रंग पीला तथा गोल, पीला मोजक अवरोधी, रतुआ के प्रति मध्यम अवरोधी
अंकुर	उत्तरी मध्य क्षेत्र	110-115	25-30	पौधा लम्बा (120-130 सेमी), बीजों का रंग पीला तथा नाभि हल्की कत्थई, पीला मोजेक सहिष्णु, रतुआ अवरोधी
अलंकार	उत्तरी मैदानी क्षेत्र	105-110	30-35	बौनी किस्म, बीजों का रंग पीला, गोल आकार, तथा नाभि का रंग हल्का काला
पी के 262	उत्तर प्रदेश के तराई एवं भावर क्षेत्र		25-30	पीले मोजेक तथा राइजोक्टोनिया अवरोधी, बीजों का रंग पीला, गिरने के प्रति अवरोधी
जवाहर सोया 2	उत्तरी पहाड़ी क्षेत्र	100-105	20-25	बौनी किस्म (50 सेमी), अंगभारी अवरोधी तथा तना छेदक से सहनशील, पौधा सीधा तथा बौना, बीज का आकार बड़ा तथा हल्का पीला
गौरव	उत्तरी मध्य क्षेत्र	105-110	25-30	दाने पीले, गोल तथा बड़े
वी एल सोया 47	उत्तर-पश्चिमी पहाड़ियों	125-130	20-25	दाने मोटे, एन्थ्रेक्नोज तथा सरकोसपोरा लीफ ब्लास्ट से अवरोधी, कीटों से सहिष्णु, प्रोटीन 40%, तेल 23%
एम ए यू एस 81	मध्य प्रदेश, गुजरात, राजस्थान, महाराष्ट्र	90-95	20-25	नमी की कमी, पीला मोजेक, ब्लाइट, तना मक्खी, बीटल तथा टिड्डा अवरोधी

तालिका 10.3 : सोयाबीन की प्रचलित किस्में

किस्म का नाम	पकने की अवधि (दिन)	उपज (कु./है.)	विशिष्ट गुण
बी एल सोया 2	100–105	25–30	बैंगनी फूल, हल्के रंग की फलियाँ, बीमारी एवं कीटों से प्रतिरोधी
पूसा 16	100–105	25–30	सफेद फूल, दाना पीला, अधिक अंकुरण, जीवाणु, विषाणु एवं अन्य कीटों के लिए प्रतिरोधी
पी के 472	100–105	30–35	पीला दाना बड़ा, सफेद फूल, निश्चित बढ़ोत्तरी वाला पौधा, जीवाणु एवं विषाणु रोगों से प्रतिरोधी
मैक्स 58	90–100	25–30	बैंगनी फूल, रोयेदार फलियाँ, पीला दाना, जीवाणु, विषाणु एवं पत्ती धब्बा के लिए प्रतिरोधी
एन आर सी 12	90–95	30–35	सफेद फूल, पीला बड़ा दाना, उत्तम अंकुरण क्षमता, वृहद अनुकूलता
जे एस 7546	100–105	25–30	गहरे बैंगनी फूल, पीला दाना, पौधा अधिक बढ़ने वाला, पर्ण अंगमारी के लिए प्रतिरोधी
जे एस 335	95–100	25–30	बैंगनी फूल, पीला तथा मध्यम आकार का दाना, भूरी फलियाँ, अंकुरण क्षमता अधिक, जीवाणु धब्बा, विषाणु व पर्णमारी रोगों के लिए प्रतिरोधी
जे एक 841	105–115	25–30	बैंगनी फूल, पीला दाना, फलियाँ रोयेदार, जमाव क्षमता अधिक, जीवाणु धब्बा, विषाणु रोग व पत्ती खाने वाले कीटों के लिए प्रतिरोधी
एस एक 4	100–105	15–20	बीजों का आकार मध्यम तथा हल्का पीला रंगा

तालिका 10.4 : विभिन्न क्षेत्रों के लिए विकसित सोयाबीन की उन्नतिशील प्रजातियाँ

क्षेत्र	जातियाँ	पकने की अवधि (दिन)	उपज क्षमता (कु./है.)
उत्तरी पहाड़ी क्षेत्र	ब्रैग	120–125	20–25
	पंजाब 1	110–115	20–25
	शिलाजीत	105–110	20–25
	वी एल सोया 2	105–115	20–25
	वी एल सोया 47	115–120	20–25
उत्तरी मैदानी क्षेत्र	ब्रैग	120–125	20–25
	पी के 327	110–115	30–25
	पी के 262	125–130	25–30
	पी के 308	115–120	25–30
	पी के 416	115–120	30–35
	डी एस 73–16	120–125	30–35
	डी एस 75–22–4	120–125	30–35
	अंकुर	130–135	25–30
	शिलाजीत	120–125	20–25

	अलंकार	105–110	25–30
	जे एस 335	95–100	25–30
	पंजाब-1	90–95	20–25
उत्तरी मध्य क्षेत्र	ब्रैग	115–120	20–25
	गौरव	110–115	25–30
	अंकुर	110–115	25–30
	जे एस 2	105–110	20–25
	दुर्गा	110–115	25–30
	एम ए सी एस 13	110–115	25–30
	एस ए सी एस 58	120–125	25–30
	जे एस 76–205	110–115	25–30
	जे एस 75–46	110–115	25–30

भूमि (Soil) : अच्छी जलनिकास वाली दोमट भूमियाँ जिनका पी एच मान 6 से 7.5 के मध्य होता है। इसकी खेती के लिए उपयुक्त है। सोयाबीन की खेती सभी प्रकार की भूमि में की जा सकती है। अम्लीय एवं क्षारीय भूमियों में सोयाबीन की खेती करने से बीजों का जमाव प्रभावित हो जाता है। अम्लीय मृदाओं में चूने का प्रयोग करने के बाद ही फसल को बोना चाहिए। जिन मृदाओं में पानी भरता हो अथवा निकास के समुचित साधन न हों सोयाबीन की खेती नहीं करनी चाहिए।

फसल पद्धतियाँ (Cropping Systems)

मिश्रित/अन्तः फसल पद्धति (Mixed/Inter cropping) : सोयाबीन की खेती खरीफ की फसलें जैसे ज्वार, मक्का, तिल, कपास, अरहर, मंडुवा के साथ करने से अच्छी आमदनी तथा सफलतापूर्वक की जा सकती है। मक्का के साथ सोयाबीन की खेती करने पर मक्का की उपज पर कोई प्रतिकूल प्रभाव नहीं पड़ता बल्कि सोयाबीन की 10 क्विंटल प्रति हैक्टेयर अतिरिक्त उपज प्राप्त की जा सकती है। मक्का के साथ सोयाबीन की मिश्रित खेती में मक्का को 100 सेमी पंक्ति से पंक्ति की दूरी तथा पौधों से पौधों की दूरी 10 सेमी रखनी चाहिए। इसके साथ ही मक्का की दो पंक्तियों के मध्य तीन पंक्ति सोयाबीन की रखने से उपज अधिक प्राप्त होती है।

उत्तरी भारत

सोयाबीन + अरहर

सोयाबीन + कपास

सोयाबीन + उपरवार धान

दक्षिणी भारत

सोयाबीन + ज्वार/कपास

सोयाबीन + गन्ना

सोयाबीन + अरहर/मूँगफली

फसलचक्र (Crop rotation) : मध्य प्रदेश के कम वर्षा वाले क्षेत्रों में प्राय: यह देखने में आया है कि खरीफ ऋतु में खेत परती छोड़ देते हैं तथा मानसून की संचित नमी पर रबी की फ़सल उगाते हैं। लेकिन खरीफ ऋतु में सोयाबीन की जल्दी पकने वाली प्रजातियों को उगाने से 10 क्विंटल प्रति हैक्टेयर सोयाबीन की उपज मिल जाती है तथा रबी की फसलों की बुआई भी समय से की जा सकती है। सोयाबीन के साथ अन्य प्रचलित फसल चक्र निम्न हैं।

सिंचित क्षेत्रों में

सोयाबीन-आलू-मक्का (ग्रीष्मकालीन), सोयाबीन-तम्बाकू

मक्का-आलू-सोयाबीन (बसन्तकालीन), सोयाबीन-आलू

सोयाबीन-आलू-तम्बाकू

सोयाबीन-गेहूँ

ज्वार-चीना-सोयाबीन(बसन्तकालीन)

असिंचित क्षेत्रों में

सोयाबीन - चना

सोयाबीन - मसूर

सोयाबीन - गेहूँ (बारानी)

भूमि की तैयारी (Field preparation)

सोयाबीन के बीजों के उचित तथा अच्छे अंकुरण के लिए आवश्यक है कि भूमि में ढ़ेले न हो अर्थात् भूमि भुरभुरी होनी चाहिए। पूर्व फसल की कटाई करने के बाद भूमि की मिट्टी पलटने वाले हल से जुताई कर देनी चाहिए। इसके पश्चात् खेत की 2-3 जुताई करने के बाद दो बार डिस्क हैरो से खेत जोत कर पाटा लगा देना चाहिए। बुआई के पूर्व यह ध्यान रखना आवश्यक है कि खेत समतल हो तथा पूर्व फसल के अवशेष/डंठल भी न हो। बुआई के पूर्व यदि खेत में नमी की मात्रा कम हो तो पलेवा करने के उपरान्त उपरोक्त नमी आने पर जुताई करके मिट्टी को भुरभुरी बनाने के बाद बुआई करनी चाहिए जिससे बीजों का जमाव शत प्रतिशत हो जाये।

बीज एवं बुआई (Seed and sowing)

बीजोपचार (Seed Treatment)

1. सोयाबीन की फसल के लिये यह आवश्यक है कि बोने के पूर्व बीजों को फफूँदीनाशक रसायन जैसे थीरम 2.5 ग्राम अथवा बैविस्टीन 2 ग्राम प्रति किग्रा बीज की दर से अथवा थीरम 2 ग्राम + वैविस्टीन 1 ग्राम प्रति किलोग्राम बीज की दर से उपचारित कर देना चाहिए।
2. सोयाबीन एक दलहनी फसल है जो अपनी जड़ ग्रन्थियों द्वारा वायुमण्डल की नत्रजन को भूमि में एकत्रित करती हैं। अत: सोयाबीन के बीजों को राइजोबियम कल्चर से उपचारित करने के उपरान्त ही बुआई करनी चाहिए। राइजोबियम कल्चर से बीजों को उपचारित करने पर वायुमण्डल की नत्रजन को अधिक मात्रा में एकत्रित कर देती हैं। यदि बीजों को राइजोबियम के साथ पी एस बी (फासफोरस विलेय जीवाणु) द्वारा उपचारित करने से पौधों

को अधिक मात्रा में नत्रजन तथा फासफोरस उपलब्ध हो जाता हैं। उपरोक्त कल्चर के प्रयोग से सोयाबीन की फसल को 100 किग्रा नत्रजन तथा फासफोरस की बचत हो जाती है। एक हैक्टेयर बीजों को उपचारित करने के लिए 500 ग्राम राइजोबियम कल्चर तथा 500 ग्राम पीएसबी की आवश्यकता पड़ती है। बीज में कल्चर को मिलाने के लिए 10 प्रतिशत् गुड का घोल (100 ग्राम 1 लीटर पानी में) 15 मिनट तक उबालते रहते हैं। तत्पश्चात इस घोल को ठंडा कर लेते हैं। इस घोल को बीजों के ऊपर छिड़क कर अच्छी तरह से मिलाते हैं और बीज को छाया में सुखाते हैं। इस प्रकार बीजों के ऊपर राइजोबियम बैक्टीरिया की एक परत चढ़ जाती है। इस कल्चर से उपचारित किये गये बीजों को जल्दी से जल्दी खेत में बो देना चाहिए। जिन खेतों में सोयाबीन की फसल पहली बार बोई जा रही हो तो उसने कल्चर की मात्रा बढ़ा देना चाहिए।

बोने का समय (Time of sowing) : सोयाबीन की अधिकतर प्रजातियाँ दिन की लम्बाई कम तथा तापमान के प्रति संवेदनशील हैं। उत्तर भारत में सोयाबीन बोने का उपयुक्त समय जून के तीसरे सप्ताह से जुलाई का प्रथम पखवाड़ा उत्तम है। जून माह में सोयाबीन की बुआई करने पर बुआई के पूर्व सिंचाई (पलेवा) की आवश्यकता पड़ती है।

सिंचाई की सुविधा होने पर बुआई का सर्वोत्तम समय जून का द्वितीय पखवाड़ा है जबकि मानसून पर आधारित फसल की बुआई जुलाई के प्रथम पखवाड़ा तक अवश्य कर देनी चाहिए।

विभिन्न ऋतुओं में सोयाबीन को बोने का समय निम्नवत है।

खरीफ ऋतु - जून के अंतिम सप्ताह से जुलाई का द्वितीय सप्ताह

बसन्त कालीन - फरवरी के तृतीय सप्ताह से मार्च के द्वितीय सप्ताह

बीज एवं बीज दर (Seed and seed rate) : खरीफ की फसल के लिए 70-75 किग्रा प्रति हैक्टेयर (80% अंकुरण क्षमता वाला) तथा बसन्त कालीन फसल के लिए 100-120 किग्रा प्रति हैक्टेयर (80% अंकुरण क्षमता वाला) आवश्यक है।

फसल ज्यामिति (Crop goemetry) : फसल ज्यामिति फसल उत्पादन के लिए महत्वपूर्ण है। सामान्यत: सोयाबीन की बुआई 30 से 45 सेमी पंक्ति से पंक्ति की दूरी पर तथा 3 से 5 सेमी पौध से पौध की दूरी पर करते हैं। इससे पौध की संख्या 4.5 से 6 लाख प्रति हैक्टेयर होती है। पंक्ति से पंक्ति की दूरी बुआई के समय पर भी निर्भर करती है। देर से बुआई होने की दशा में पौधों का विकास कम होता है अत: बुआई कम दूरी पर (30 सेमी) करनी चाहिए। उचित समय पर बुआई करने पर 40-45 सेमी पंक्ति से पंक्ति की दूरी पर बुआई करनी चाहिए। बसन्त कालीन फसल की बुआई 30-40 सेमी पंक्ति से पंक्ति की दूरी पर तथा 2.5 से 3.0 सेमी पौधे से पौधे की दूरी पर करनी चाहिए।

बुआई की विधि (Methods of sowing) : सामान्यत: सोयाबीन की बुआई दो विधियों जैसे पंक्तियों में हल के पीछे तथा सीडड्रिल द्वारा की जाती है।

राजस्थान में 90 प्रतिशत किसान सोयाबीन की बुआई सीडड्रिल से करते हैं। सीडड्रिल या हल से खरीफ ऋतु में 30-45 सेमी की दूरी पर तथा बसन्त ऋतु में 30 सेमी की दूरी पर पहले पंक्तियाँ तैयार कर लेते हैं। इसके पश्चात 2-3 सेमी की दूरी पर बीजों की बुआई करते हैं। हल द्वारा बुआई करने पर फसल बोने के 10-15 दिन उपरान्त घने पौधों को उखाड़ देना चाहिए और पौधे से पौधे

के बीच की दूरी 2-3 सेमी कर देनी चाहिए। इसके विपरीत यदि किसी कूँड में पौधे की संख्या कम हो तो खुरपी की सहायता से रिक्त स्थानों पर बुआई कर देनी चाहिए।

बीज की गहराई (Depth of sowing) : भारी और चिकनी भूमियों तथा खरीफ ऋतु में 2-3 सेमी जबकि बलुई तथा हल्की भूमि में 3-4 सेमी की गहराई पर बीज बोना चाहिए। सोयाबीन की फसल बोने के बाद वर्षा होने की संभावना हो तो उसकी बुआई उथली ही करनी चाहिए इसके विपरीत गहरी बुआई कर देने से बीजों का जमाव कम हो जाता है।

खाद एवं उर्वरक (Manures and Fertilizers)

सोयाबीन में उर्वरकों की मात्रा मृदा परीक्षण तथा राइजोबियम कल्चर के प्रयोगों पर निर्भर करती है। विभिन्न पोषक तत्वों की मात्रा निम्नवत है।

नत्रजन	:	20-30 किग्रा प्रति हैक्टेयर (बैक्टीरियल कल्चर का प्रयोग करने पर)
		120-150 किग्रा प्रति हैक्टेयर (बैक्टीरियल कल्चर का प्रयोग न करने पर)
फासफोरस	:	60-80 किग्रा प्रति हैक्टेयर
पोटास	:	40-60 किग्रा प्रति हैक्टेयर

सिंचाई (Irrigation) : सोयाबीन की खेती मानसून सत्र में होने के कारण सिंचाई की आवश्यकता नहीं पड़ती है, परन्तु कम तथा असामान्य वर्षा होने के कारण सिंचाई की आवश्यकता होती है। वर्षा न होने की दशा में एक माह बाद फसल को एक सिंचाई कर देनी चाहिए। सोयाबीन में पानी की सबसे ज्यादा आवश्यकता फूल आने से दाना बनने के समय होती है। इस समय सिंचाई करने से उपज में लगभग डेढ़ गुना वृद्धि हो जाती है। इस अवस्था में नमी की कमी आ जाने पर दाना छोटा रह जाता है। बसन्त कालीन सोयाबीन की फसल को 10-15 दिन के अन्तराल पर 5 सेमी गहराई पर सिंचाई की आवश्यकता होती है। बलुई मृदा तथा तापमान अधिक होने पर भी सिंचाई की आवश्यकता होती है। बलुई मृदा तथा तापमान अधिक होने पर सिंचाई का अन्तर कम कर देना चाहिए। सोयाबीन को औसतन 0.8 हैक्टेयर सेमी प्रतिदिन पानी का उपयोग किया जाता है।

खरपतवार नियन्त्रण (Weed control) : सोयाबीन की फसल प्रारम्भिक अवस्था में खरपतवार के प्रति बहुत संवेदनशील है। खरपतवारों का प्रकार तथा सघनता के अनुसार सोयाबीन की फसल की उपज 40-45 प्रतिशत प्रभावित हो जाती है। सोयाबीन की फसल खरीफ ऋतु में उगाये जाने के कारण सामान्य रूप में खरपतवार काफी मात्रा में उग आते हैं। सोयाबीन की फसल में खरपतवार जैसे साँवा घास (*Echinoclova colonum*), मकरा (*Dactyloctinium aegypticum*), कोदाई (*Eleusine indica*), सफेद मुर्ग (*Celosia argentia*), मोथा (*Cyperus rotundus*), दूबघास (*Cynodon dactylon*) तथा बन चरी (*Sorghum helepense*) आदि पाये जाते हैं। फसल की प्रारम्भिक अवस्था (30-40 दिन तक) में खरपतवारों से बचाने के लिए एक निराई-गुड़ाई कर देनी चाहिए। इसके पश्चात उगे हुए खरपतवार फसल द्वारा ही नियंत्रित हो जाते हैं। सोयाबीन की फसल में खरपतवारों के पूर्ण नियन्त्रण के लिए खुरपी के द्वारा कम से कम दो निराई जैसे प्रथम निराई-बुआई के 15 दिन बाद तथा दूसरी बुआई के 40 दिन बाद आवश्यक होती है। सोयाबीन की फसल में खरपतवारों के नियन्त्रण के लिए खरपतवारनाशी रसायन जैसे एलाक्लोर (लासो) 2 लीटर प्रति हैक्टेयर, नाइट्रोफेन (टोक ई 25) 1.5 से 2.0 किग्रा सक्रिय अवयव प्रति हैक्टेयर, फ्लूक्लोरेलिन (बासालिन) 1.0 किग्रा सक्रिय अवयव प्रति हैक्टेयर तथा मेट्रीबुजीन

(सेन्कोर) 1 किग्रा सक्रिय अवयव प्रति हैक्टेयर की दर से 800 लीटर पानी में घोलकर छिड़काव करना चाहिए। सोयाबीन की फसल में खरपतवारनाशी रसायनों का प्रयोग विधि, मात्रा का विस्तृत वर्णन तालिका 10.5 में किया गया है।

तालिका 10.5 : खरपतवारनाशी रसायनों के प्रयोग की विधि

खरपतवारनाशी का नाम	व्यापारिक नाम	मात्रा	प्रयोग का नाम	प्रयोग की विधि
एलाक्लोर 50 ई. सी.	लासो, कैच	4-5 ली/है. 20-25 किग्रा/है.	बुआई के पूर्व बुआई के पूर्व	छिड़काव का दानेदार प्रयोग के पश्चात् मिट्टी में 1-2 इंच गहराई तक मिला देना चाहिए।
पेन्थीमिथालिन 30 ई.सी.	स्टाम्प	2.5-3.5 ली/है.	बुआई के पूर्व	तैयार एवं समतल खेत में 500-600 लीटर प्रति हैक्टेयर की दर से छिड़काव, कल्टीवेटर हल की सहायता से 1½ से 2 इंच गहराई पर
			बुआई के बाद	फसल बोने के 2 दिन में भी छिड़काव के लिए उपयुक्त
फ्लूक्लोरालिन 45 ई.सी.	बासालीन	2.5 लीटर/है.	बुआई के पूर्व	तैयार व समतल खेत में 500-600 लीटर प्रति हैक्टेयर की दर से छिड़काव इसके बाद हल या कल्टीवेटर से जुताई कर मिला देना चाहिए।
मेटोलाक्लोर 50 ई.सी.	डुअल	2.0 लीटर/है.	बुआई के तुरन्त बाद	600-700 लीटर पानी में घोल बनाकर छिड़कें
ट्राइफ्लूरालिन 48 ई.सी.	तूफान, त्रिनेम रेम्पेज	2.5 लीटर/है.	बुआई से पूर्व	सतह तरह से तैयार खेत में 500-600 का लीटर प्रति हैक्टेयर की दर से घोल का छिड़काव, कल्टीवेटर/हल की सहायता से 3-4 इंच गहरा दबायें
क्लोरिम्यूरान	क्लोबेन	40 ग्राम प्रति है.	बुआई के पूर्व	सतह पर 500 लीटर/हैक्टेयर की दर से घोल का छिड़काव
इथाइल 25 डब्लू पी		25 ग्राम प्रति है.	बुआई के बाद	बुआई के 7 दिन बाद तक सतह पर छिड़काव
नाइट्रोफेन	टोक ई. 25	1.5-2.0 किग्रा/है.	बुआई के बाद	बीजों के जमाव से पूर्व तथा बोने के बाद 800-100 लीटर पानी में छिड़काव
मेट्रीबूजीन	सेन्कार	1.0 किग्रा/है.	बुआई के बाद परन्तु जमाव के पूर्व	800-1000 लीटर पानी में घोल बनाकर छिड़काव

प्रमुख बीमारी तथा कीट एवं उनका नियन्त्रण (Important diseases and insects and control measures) : सोयाबीन की फसल में प्रमुख बीमारियों/कीटों का प्रकोप तथा उनका नियन्त्रण निम्न तालिकाओं में दिया गया है।

तालिका 10.6 : सोयाबीन में फफूँदी, जीवाणुओं, विषाणुओं तथा सूत्र कृमियों से होने वाले रोग

रोग	रोग फैलाने वाले कारक	पहचान
1. फफूँदी से होने वाले रोग		
(a) बीज एवं पौध का सड़ना	स्परजिलस क्लेक्स (*Spergillus clax*) कोलेटोट्राइकम ट्रंकेटम (*Colletotrychum tunchatum*)	बीज का जमीन में सड़ना
(b) पत्तियों का झुलसा रोग	कोलेटोट्राइकम ट्रंकेटम	पत्तियों पर गहरे काले भूरे धब्बे बनना
(c) पत्ती धब्बा	सर्कोस्पारी सोजिना (*Corcospari sozina*)	पत्तियों पर हल्के व लाल या मटमैले रंग के पणधब्बों का बनना
(d) राइजोक्टोनिया झुलसा	राइजोक्टोनिया सोलेनाई (*Rhizoctonia solani*)	पत्तियों, टहनियों या शाखाओं का सूखना
(e) चारकोल सड़न	मेक्रोफोमिना फेजियोलीना (*Macrophomina phaseolina*)	पौधों का सूखना
(f) गेरूई रोग	फ्रैंकोप्सोरा पैंकीरिजी (*Frankopsora pankirizi*)	पत्तियों पर भूरे रंग की फुंसिया
2. जीवाणु से होने वाला रोग		
जीवाणु स्फोटा	जेन्थोमोनास फेजियोलाई (*Xanthomonas phaseoli*)	पत्तियों के ऊपरी सतह पर छोटी-छोटी फुंसिया
3. विषाणु से होने वाले रोग		
(a) पीला मोजेक	सफेद मक्खी द्वारा	पत्तियों पर चमकीले पीले रंग के धब्बे
(b) सोयाबीन मोजेक	सफेद मक्खी द्वारा	पत्तियों के किनारे गहरे हरे रंग की होकर नीचे की ओर मुड़ना
4. सूत्रकृमि से होने वाले रोग	मेलोइडोगाइनी जाति	जड़ों में लम्बी व गोल गाँठ

कटाई एवं मड़ाई (Harvesting and Threshing)

सोयावीन की जल्दी पकने वाली प्रजातियाँ 90-100 दिन में जबकि देर से पकने वाली किस्में 130-140 दिन में पककर तैयार हो जाती हैं। फसल पकने की अवस्था में पौधों की पत्तियाँ पीली पड़कर गिरने लगती हैं और फलियाँ सूखने लगती हैं। जब फलियों के बीजों में 15-18 प्रतिशत नमी रह जाए इस समय फसल की कटाई हँसिया से कर लेनी चाहिए। कम्बाइन से कटाई करने के लिए बीज अच्छी प्रकार से पक जाये तथा बीजों में नमी की मात्रा 13-14 प्रतिशत से अधिक नहीं होनी चाहिए। हाथ से कटाई करने के उपारन्त फसल के गट्ठर बनाकर धूप में अच्छी प्रकार सुखा लेना चाहिए।

मड़ाई करने के लिए खेत से गट्ठर उठा करके अच्छी तरह से सुखा लेना चाहिए। इसकी मड़ाई डन्डों अथवा ट्रैक्टर अथवा बैलों द्वारा करनी चाहिए। चूँकि सोयाबीन के बीज बहुत ही मुलायम होते हैं इसलिए मड़ाई के समय दानों को टूटने, कुचलने तथा फटने से बचाना चाहिए। गेहूँ के थ्रेसर में थोड़ा परिवर्तन करके सोयाबीन की मड़ाई की जा सकती है।

तालिका 10.7 : सोयाबीन की प्रमुख बीमारियाँ एवं उनकी रोकथाम

बीमारी एवं कारक	लक्षण	रोकथाम
बीज एवं पौध आर्द्रगलन (Damping off or Seedling rot)-स्परजिलस फ्लेवस, स्परजिलस नाइजर, फ्यूजेरियम स्पसीज, मेक्रोफोमिना फेजियोलाई	यह रोग अंकुरित हुए बीजों पर या छोटे-छोटे पौधों (जमाव के तुरन्त पश्चात) पर लगता है जिससे यह अंकुरओं को गला देता है। इस बीमारी के प्रकोप से बीज कवक से ढक जाते हैं और पीधे को निचला भाग भूरे रंग का हो जाता है।	किसी कवकनाशी रसायन जैसे थीरम अथवा कैप्टान 3 ग्राम प्रति किलो बीज दर से बीजों को उपचारित कर बोना चाहिए। बीजोपचार थीरम+कार्बोन्डाजिम (1:1) में 3 ग्राम प्रति किलो बीज दर से करना लाभदायक है।
राइक्टोनिया झुलसा (Rhizoctonia blight) - राइजोक्टोनिया सोलेनाई	फसल बोने के लगभग 6 सप्ताह पश्चात् इस रोग के लक्षण प्रकट होते हैं। इस बीमारी के प्रकोप से पत्तियों पर लालिमायुक्त भूरे किनारे वाले, गोल या अनिश्चित आकार वाले धब्बे पड़ जाते हैं।	बीज बोने के पूर्व पी सी एन बी (75%) को 25 किलोग्राम प्रति हैक्टेयर की दर से खेत में अच्छी तरह से मिला देना चाहिए। कैप्टान अथवा थीरम 3 ग्राम अथवा थीरम + कार्बोन्डाजिम 3 ग्राम प्रति किलो बीज दर से बीजों को उपचारित कर बोना चाहिए।
पीला मोजेक (Yellow mosaic)	इस रोग के प्रकोप होने पर पत्तियाँ पीली, चित्तीदार तथा कुरूप हो जाती हैं। पत्तियों की सिराओं का किनारा भी पीला पड़ जाता है। इस रोग का प्रकोप छोटी मक्खी बेमिसिया टैबेकाई द्वारा फैलती है। इस बीमारी का प्रकोप बीज बोने के 15 दिन के बाद शुरू हो जाता है।	इस बीमारी का प्रकोप कम करने के लिए सफेद मक्खी के नियन्त्रण के लिए मेटासिस्टाक्स 25 ईसी 1 किग्रा प्रति हैक्टेयर की दर से 1000 लीटर पानी में घोल बनाकर 10 दिन के अन्तराल पर छिड़काव करना चाहिए। रोगरोधी प्रजातियों की बुआई करनी चाहिए।
रोमिला फफूँदी (Downey mildew)	इस बीमारी के प्रकोप से पत्तियों की ऊपरी तथा निचली सतह पर रोंम के आकार की रचनाएं दिखाई देती है।	बीजों को एग्रोसन जी एन से बीजों को उपचारित करना चाहिए रोगरोधी प्रजातियों को ही उगाना चाहिए।
एन्थ्रेकनोज (कोलेटोट्राइकम ट्रंकेटम)	इस रोग के प्रकोप होने पर छोटे पौधों की पत्तियों पर भूरे रंग के धब्बे बन जाते हैं बाद में यह धब्बे तनों एवं फलियों पर भी फैल जाते हैं जिसके फलस्वरूप फलियाँ पीली पड़कर सूख जाती हैं। फलियों में बीज की बढ़वार तथा विकास ठीक से नहीं हो पाता है। इस बीमारी के प्रकोप से बीज सिकुड़ जाते हैं।	रोगरोधी सोयाबीन की प्रजातियों को ही बोना चाहिए। बीजों को थीरम 3 ग्राम प्रति किलो बीज दर उपचारित कर ही बोना चाहिए। डाइथेन जेड 78 (जिनेव) 2.5 किग्रा प्रति हैक्टेयर की दर से 1000 लीटर पानी में घोलकर छिड़काव करना चाहिए।
जड़गलन (Root rot)	इस रोग के प्रकोप से पौधों की जड़े सड़ने लगती हैं। उचित जलनिकास न होने के कारण पानी का जमाव होने से अधिक नमी की दशा में इस रोग का प्रकोप अधिक होता है।	बीजों को कैप्टान अथवा थीरम 3 ग्राम प्रति किलो बीज दर से बीजोपचार कर बोना चाहिए। डाइथेन एम 45 अथवा जिनेव 2.5 किग्रा प्रति हैक्टेयर की दर से 1000 लीटर पानी में घोलकर छिड़काव करना चाहिए।

पत्ती धब्बा (Leaf spot)	इस रोग के प्रकोप होने पर पत्तियों पर काले अथवा भूरे रंग के धब्बे उभर आते हैं।	डाइथेन जेड 78 किग्रा प्रति हैक्टेयर की दर से 1000 लीटर पानी में घोलकर छिड़काव करना चाहिए।
जीवाणु स्फोट जेन्थोमोनास फेजियोलाई	इस रोग का प्रकोप होने पर पत्तियों पर तथा कभी-कभी फलियों पर भी छोटे-छोटे पीले रंग के धब्बे पड़ जाते हैं जिनका मध्य भाग लाल तथा ऊपर की तरफ थोड़ा सा उठा होता है। रोग की उग्र अवस्था में ये धब्बे आपस में मिलकर बड़े धब्बे बनाते हैं जो बाद में सूख जाते हैं। सूखने के पश्चात पत्तियाँ कट फट जाती हैं।	रोग रोधी प्रजातियाँ बोनी चाहिऐ। बीजों को वीटावैक्स 2 ग्राम प्रति किलो बीज दर से उपचारित कर बोना चाहिए। डाइथेन एम 45 अथवा डाइफोलिटान का 2.5 किग्रा प्रति हैक्टेयर की दर से 1000 लीटर पानी में घोलकर छिड़काव करना चाहिए।
कली झुलसा (Bud blight)	इसका प्रकोप सर्वप्रथम छोटे पौधों पर दिखाई देता है और पौधों की कलिका भूरे रंग की होकर नीचे की पत्तियों पर जंग के समान भूरे धब्बे बन जाते हैं। पौधों पर फलियाँ छोटी आती हैं और पौधों की बढ़वार प्रभावित होती है। फसल पकने के बाद भी रोगग्रस्त पौधे टूटे हुए से दिखाई देते हैं।	जिनेव/मिनेव 2.5 किग्रा प्रति हैक्टेयर की दर से 1000 लीटर पानी में घोलकर छिड़काव कर देना चाहिए।

तालिका 10.8 : सोयाबीन के प्रमुख कीट एवं उनका नियन्त्रण

कीट	लक्षण	रोकथाम
बिहार रोमिल सूंडी (Bihar hairy caterpiller)	इस कीट की सूंडियों के शरीर पर पीले या भूरे रंग के रोयें होते हैं। इसका प्रकोप पौधों की प्रारम्भिक अवस्था में होता है। जो पत्तियों की निचली सतह पर झुण्ड के रूप में रहते हैं और पत्तियों को खाते हैं। इस कीट का आक्रमण फसल पर किसी भी समय हो सकता है।	फसल में खरपतवार नियन्त्रण बहुत ही आवश्यक है। सुबह के समय जब पत्तियाँ नम हो तब 10% वी एच सी या 20% फोल्डाल घूल को 25 किग्रा प्रति हैक्टेयर की दर से भुरकाव कर देना चाहिए। इण्डोसल्फान (35 ईसी) का 1.25 लीटर प्रति हैक्टेयर की दर से 1000 लीटर पानी में घोलकर छिड़काव कर देना चाहिए। मोनोक्रोटोफास 36 एस एल का 0.4% तथा मिथाइल पैराथियम 50 ईसी का 0.5% घोल का छिड़काव कर देना चाहिए।
सफेद मक्खी (White Fly)	यह कीट सोयाबीन की पत्तियों का रस चूसती है तथा साथ ही साथ विषाणुजनित रोग भी फैलाती है। इस कीट से प्रभावित पौधा पीला मोजेक वायरस से ग्रसित हो जाता है।	इस मक्खी के नियन्त्रण के लिए फोरेट 10जी दानेदार को 10 किग्रा प्रति हैक्टेयर की दर से छिड़काव कर देना चाहिए। मेलाथियान का 0.1 प्रतिशत, मेरासिस्टाक्स का 0.1 प्रतिशत अथवा थायोडान का 0.1 प्रतिशत अथवा क्वीनालकास 25 ईसी का 0.05 प्रतिशत घोल का छिड़काव 10 दिन के अन्तराल पर करते रहना चाहिए।

तम्बाकू की सूंडी (Tobacco caterpiller)	इस कीट की व्यस्क सूँडी पत्तियों को बहुत अधिक मात्रा में खाती है। यह पत्तियों के सिराओं तथा ऊतकों को खा जाती है। अधिक प्रकोप होने की दशा में पौधा बिना पत्तियों के रह जाता है। तम्बाकू की सूंडी फसल में पीला मोजेक वायरस रोग भी फैलाती है।	बुआई के पूर्व 10% वी. एच. सी. को 20-25 किग्रा प्रति हैक्टेयर की दर से फैला देना चाहिए। इण्डोसल्फान 35 ई.सी. का 0.05 प्रतिशत अथवा डाइमिथोएट 30 ई.सी. का 0.30 प्रतिशत अथवा मिथाइल डेमिटान का 0.03 प्रतिशत की दर से छिड़काव कर देना चाहिए।
माहूँ (Aphid) (माइजस पर्सिकी	इस कीट की व्यस्क तथा डिंभक दोनों ही अवस्थायें पत्तियों तथा पुष्पक्रम पर चिपक कर रस चूसते हैं। यह कीट सोयाबीन में पीली विषाणुजनित रोग फैलाने में मदद करते हैं। इस कीट का प्रकोप सामान्यत: फूल बनने की अवस्था पर ही होता है।	रोगग्रस्त पौधों की पत्तियों तथा पुष्पक्रमों को तोड़कर नष्ट कर देना चाहिए। एकेटिन का छिड़काव कर देना चाहिए। अधिक प्रकोप होने पर मैलाथियान 50 ईसी 500 मिली लीटर अथवा मेटासिस्टाक्स 25 ई सी का 0.5 लीटर को 200 लीटर पानी में घोलकर छिड़काव कर देना चाहिए।

सोयाबीन के भण्डारण के पूर्व अच्छी तरह से सुखाकर जब बीजों में 10 प्रतिशत नमी रह जाए तब भण्डारण करना चाहिए। सोयाबीन के बीजों में तेल की मात्रा अधिक होने के कारण अधिक समय तक भण्डारण नहीं करना चाहिए जिससे तेल की गुणवत्ता खराब हो जाती है। बीज के लिए सोयाबीन के बीजों का भण्डारण करते समय तेज धूप तथा तेज तापक्रम से बचाना चाहिए अन्यथा अंकुरण क्षमता में कमी आ जाती है। बीज के लिए भण्डारण करने के लिए बीजों को 20° सेन्टीग्रेड तापमान तथा 60-80 प्रतिशत सापेक्ष आर्द्रता पर रखने से बीजों की अंकुरण क्षमता को अधिक समय तक सुरक्षित रखा जा सकता है।

उपज (Yield)

सोयाबीन की उपज पर अनेक कारकों का प्रभाव पड़ता है। सामान्यत: एक अच्छी फसल से 20-25 क्विंटल प्रति हैक्टेयर की दर से उपज आसानी से प्राप्त की जा सकती है।

अध्याय 11

मूँगफली
(Groundnut)

वानस्पतिक नाम	:	ऐरेकिस हाइपोजिया
(Botanical name)	:	(*Arachis hypogea L.*)
कुल (Family)	:	लेग्यूमिनेसी (Leguminaceae)

आर्थिक महत्व (Economic Importance)

देश में मूँगफली एक बहुत ही महत्वपूर्ण तिलहन फसल है तथा देश की अर्थव्यवस्था में प्रमुख स्थान रखती है। इसका प्रयोग दैनिक जीवन में किसी न किसी रूप में किया जाता है। मूँगफली का हरा भाग (पौधा) खुदाई के बाद पशुओं के लिए चारे के रूप में प्रयोग करते हैं। मूँगफली के दानों (Kernels) को भूनकर, उबालकर, तलकर तथा मसाले आदि के साथ मिलाकर अथवा अनेक प्रकार के व्यंजन बनाकर खाया जाता है। इसका दाना बहुत ही पौष्टिक होता है। इनमें खनिज पदार्थ जैसे फासफोरस, कैल्सियम, लोहा आदि तथा कुछ आवश्यक विटामिन (थियासीन, राइबोफ्लैविन तथा निकोटिनिक अम्ल) प्रचुर मात्रा में पाये जाते हैं। मूँगफली देश में खाद्य वानस्पतिक तेल एवं प्रोटीन का प्रमुख एवं सस्ता स्रोत है। मूँगफली में जानवरों के माँस से 1.3 गुना, अन्डों से 2.5 गुना तथा फलों

से 8 गुना अधिक प्रोटीन होती है। मूँगफली के दानों में 40-50 प्रतिशत तक तेल पाया जाता है। इसका प्रयोग वानस्पतिक घी तथा साबुन के उत्पादन में भी किया जाता है। इसके तेल में 82 प्रतिशत तरल चिकनाई वाले ओलिक तथा लिनोलिक अम्ल पाये जाते हैं। मूँगफली के दानों में 25.3 प्रतिशत प्रोटीन, 10 प्रतिशत कार्बोहाइड्रेट तथा 40-41 प्रतिशत बसा पाई जाती है। इसके तेल का उपयोग सौन्दर्य प्रसाधन, क्रीमों, पशुचिकित्सा की दवाईयाँ आदि बनाने में किया जाता है। मूँगफली के दानों से तेल निकालने के बाद बची हुई खली का प्रयोग पशु आहार एवं खाद के रूप में किया जाता है। इसकी खली में 7-8 प्रतिशत नत्रजन, 0.05 से 1.5 प्रतिशत फासफोरस तथा 1.2 प्रतिशत पोटास पाया जाता है। मूँगफली से उत्तम किस्म का दूध तथा दही भी बनाया जाता है।

मूँगफली की फसल एक दलहनी फसल भी है। इसकी जड़ों में ग्रन्थियाँ पाई जाती हैं जो वायुमंडल की स्वतंत्र नत्रजन को एकत्रित करके भूमि की उर्वरा शक्ति को बढ़ाती है। अतः एक वर्षीय या बहुवर्षीय फसल चक्रों में मूँगफली की फसल का समावेश करने पर मृदा की उर्वरा शक्ति में वृद्धि हो जाती है। मूँगफली के तेल को विदेशों में निर्यात कर विदेशी मुद्रा अर्जित की जाती है। विश्व के समस्त मूँगफली के तेल का 50 प्रतिशत भाग भारत से अन्य देशों में निर्यात होता है।

उत्पत्ति एवं इतिहास (Origin and History)

मूँगफली का उद्भव स्थान दक्षिणी अमेरिका का ब्राजील देश माना गया है। ब्राजील में इस फसल की वृहद स्तर पर जैविक विविधता तथा 5-6 किस्मों के साथ-साथ जंगली प्रजातियाँ भी पाई जाती हैं। ऐसा अनुमान है कि सर्वप्रथम पुर्तगालियों द्वारा इस पौधे को ब्राजील से अन्य देशों जैसे यूरोप, एशिया, अफ्रीका तथा संयुक्त राज्य अमेरिका आदि में ले जाया गया। दक्षिण पूर्व एशिया में पुर्तगालियों द्वारा ही फिलीपिन्स में लाई गई। भारत में मूँगफली सर्वप्रथम तमिलनाडु में लाई गई। इसके पश्चात् देश के अन्य भागों में इसका प्रचार तथा प्रसार हुआ। पश्चिम बंगाल में मूँगफली का आगमन सम्भवतः चीन से हुआ। तमिलनाडु में मूँगफली को अभी भी 'मनीला कोटाई' जबकि बंगाल में 'चीनी बादाम' कहते हैं। पश्चिमी भारत में मूँगफली का आगमन सम्भवतः अफ्रीका अथवा ब्राजील से सीधे हुआ है।

मूँगफली का आगमन भारत में लगभग 17वीं सदी के अन्त हुआ। एक किदवंती के अनुसार भारत में मूँगफली को सबसे पहले जैसुक फादर ही लाये थे। इसका व्यवसायिक उत्पादन सर्वप्रथम तमिलनाडु के दक्षिणी भागों में उन्नीसवी सदी के मध्य में शुरू हुआ और फिर धीरे-धीरे दक्षिण में फैल गया। इसके पश्चात् धीरे-धीरे मध्य भारत, महाराष्ट्र, गुजरात होते हुए पंजाब तक पहुँच गई। अन्त में यही निष्कर्ष निकाला जा सकता है कि भारत में मूँगफली का आगमन चीन अथवा ब्राजील से हुआ है।

क्षेत्रफल एवं वितरण (Area and distribution)

पिछली सदी में विश्व में मूँगफली के क्षेत्रफल तथा उत्पादन में काफी वृद्धि हुई है। दुनिया के अनेक देशों जैसे भारत, चीन, संयुक्त राज्य अमेरिका, ब्राजील, इजराइल, टर्की, बर्मा, इटली, मलेशिया, नाइजीरिया, सूडान, सेनेगल तथा इन्डोनेशिया में मूँगफली क्षेत्रफल की दृष्टि से एक प्रमुख फसल है। मूँगफली के क्षेत्रफल की दृष्टि से विश्व में भारत का प्रथम स्थान है जबकि उत्पादन की दृष्टि में चीन प्रथम स्थान पर है तथा द्वितीय स्थान संयुक्त भारत है। भारत में मूँगफली की उपज (984 किग्रा प्रति हैक्टेयर) अन्य देशों की तुलना में काफी कम है। जबकि संयुक्त राज्य अमेरिका में 4699 किग्रा प्रति हैक्टेयर, चीन में 3571 किग्रा प्रति हैक्टेयर तथा म्यामार में 1558 किग्रा प्रति हैक्टेयर है।

सन् 2013-14 में देश में मूँगफली के अन्तर्गत कुल क्षेत्रफल (5.57 मिलियन हैक्टेयर) तथा उत्पादन (9.14 मिलियन टन) प्राप्त हुआ। सन् 1950-51 से देश में कुल क्षेत्रफल में 10.8 लाख हैक्टेयर तथा उत्पादन में 56.6 मिलियन टन की बढ़ोत्तरी दर्ज की गई। सन् 2012-13 में देश में मूँगफली के अन्तर्गत सर्वाधिक क्षेत्रफल (1.35 मिलियन हैक्टेयर) तथा उत्पादन (1.12 मिलियन टन) आन्ध्र प्रदेश राज्य में है। मूँगफली के क्षेत्रफल की दृष्टि में गुजरात का द्वितीय स्थान तथा राजस्थान तृतीय स्थान पर है। भारत में मूँगफली आन्ध्र प्रदेश, गुजरात, महाराष्ट्र, तमिलनाडु तथा कर्नाटक राज्यों में सबसे अधिक क्षेत्रफल में उगाई जाती है। अब मध्य प्रदेश, उत्तर प्रदेश, राजस्थान तथा पंजाब में भी मूँगफली एक महत्वपूर्ण फसल मानी जा रही है। भारत में मूँगफली की औसत उपज कम होने का प्रमुख कारण यह है कि अधिकांश भागों में इसकी खेती असिंचित दशाओं में की जाती है जहाँ पर इसकी औसत उपज 1500 किग्रा प्रति हैक्टेयर जबकि सिंचित दशाओं में 3500 किग्रा प्रति हैक्टेयर होती है।

वानस्पतिक वर्गीकरण (Botanical classification)

मूँगफली लेग्यूमिनेसी (Leguminaceae) कुल का एक तिलहनी पौधा है। विश्व में इसकी कुल 30-50 जातिवर्ग है। लेकिन मूँगफली की खेती योग्य प्रजाति एरेकिस हाइपोजिया है। इसमें गुण सूत्रों की संख्या (2n) 40 होती है जबकि अधिकांश जंगली प्रजातियों में गुणसूत्र (2*n*) संख्या 20 होती है।

मूँगफली का वर्गीकरण विभिन्न आधारों पर किया जाता है लेकिन इसके दो प्रमुख वर्गीकरण हैं, जो निम्न प्रकार हैं।

(a) वानस्पतिक वृद्धि के आधार पर (वाल्डरोन के आधार पर)

(*i*) **सीधे (गुच्छेदार) बढ़ने वाली (Erect type or bunch type) :** सीधे बढ़ने वाली प्रजाति के पौधे सीधे बढ़ते हैं। इस प्रकार की जातियाँ शीघ्र तथा कम समय में पककर तैयार होने वाली होती हैं। इस प्रजाति के पौधे अधिक उपज देने वाले होते हैं। इसके बीजों में सुषुप्तावस्था नहीं होती है। यह वर्ग मूँगफली को ऐरेकिस हाइपोडिया उपवर्ग प्रजाति फेस्टिजिएटा (*Arachis hypogea sp. fastigiata*) है।

(*ii*) **फैलकर बढ़ने वाली (Spreading type) :** इस वर्ग में मूँगफली के पौधे भूमि पर फैलकर बढ़ते हैं। इन जातियों में सुषुप्तावस्था पाई जाती है तथा फसल की अवधि ज्यादा होती है। यह देर से तैयार होने वाली मूँगफली की जाति है। इस वर्ग की मूँगफली ऐरेकिस हाइपोजिया उप प्रजाति प्रोकम्बेन्स (*Arachis hypogea sp. procumbens*) है।

(b) वाणिज्यिक आधार पर

(*i*) **कोरोमन्डल वर्ग (Coromandal group) :** इस वर्ग में मूँगफली की फलियाँ छोटी, छिलका पतला, दाना छोटा तथा अन्डाकार होता है।

(*ii*) **बोम्बे बोल्ड प्रकार (Bombay bold type) :** इस वर्ग की मूँगफली की फलियाँ तथा दाने कोरोमन्डल की तुलना में बड़े होते हैं। इसे 'बिग जापान' भी कहते हैं।

(*iii*) **खानदेश स्पेनिश प्रकार (Khandesh spanish type) :** कोरोन्डल वर्ग की अपेक्षा फलियों का आकार बड़ा होता है। इस वर्ग में मूँगफली के दानों का आकार छोटा तथा गोल होता है। इस वर्ग की सभी प्रजातियों में तेल की मात्रा अधिक पाई जाती है।

जलवायु (Climate)

मूँगफली का पौधा उष्ण कटिबन्धीय जलवायु का है। इसलिए यह सामान्य रूप से 45 डिग्री उत्तर से 35 डिग्री दक्षिणी अक्षांश के बीच वाले सभी उष्णकटिबन्धीय देशों में सफलतापूर्वक उगाई जा सकती है। समशीतोष्ण जलवायु वाले देशों में इस फसल के पकने की अवधि अधिक हो जाती है। मूँगफली की अच्छी फसल लेने के लिए 100 से 125 सेंटीमीटर वर्षा वाले क्षेत्र उपयुक्त होते हैं। वर्षा की नियमितता और एक समान वितरण वाले क्षेत्रों में मूँगफली की खेती 250 मिमी वार्षिक वर्षा वाले क्षेत्रों में भी की जा सकती है। इसकी फसल के लिए वर्षा की कुल मात्रा की अपेक्षा उसका विवरण समान होना चाहिए। अधिक वर्षा वाले क्षेत्रों में मूँगफली की खेती हानिकारक होती है। यदि एक हल्की वर्षा (75 से 175 मिमी) खेत की तैयारी के पूर्व, जुलाई के प्रथम पखवाड़े में तथा दो हल्की वर्षा अगले दो महीनों में होने पर मूँगफली की पैदावार अच्छी हो जाती है। फसल की कटाई के समय आसमान साफ तथा तेज धूप होना अति लाभदायक होता है क्योंकि इस अवस्था में फसल एवं फलियाँ भलीभाँति सूख जाती हैं जिससे मूँगफली एवं दानों की गुणवत्ता बढ़ जाती है। कटाई के समय यदि मौसम नम है तो फलियों में फफूँदी लग जाती है। जिससे बीजों का रंग बदल जाता है साथ ही साथ उसमें अफ्लाटाक्सिन का रासायनिक स्तर काफी बढ़ जाता है। अफ्लाटाक्सिन से प्रभावित दानों को खाने से दानों में कडुआहट आ जाती है।

मूँगफली के अंकुरण एवं प्रारम्भिक वृद्धि के लिए 24-25 डिग्री सेंटीग्रेड तापमान का होना आवश्यक है। जिससे बीजों का अंकुरण अच्छा एवं ठीक तरह से हो जाता है साथ ही साथ बीजों में तेल की मात्रा पर भी अच्छा प्रभाव पड़ता है। फसल के सम्पूर्ण जीवन काल में पर्याप्त सूर्य का प्रकाश, उच्च तापमान तथा सामान्य वर्षा का होना आवश्यक है। पाले या कम तापक्रम पर पौधों की बढ़वार रूक जाती है। फूल आने के बाद पौधों को उचित तापमान तथा धूप मिलने से फलियों का विकास अच्छा होता है। फसल की बृद्धि के लिए सर्वोत्तम तापमान 70 से 80 डिग्री फारेनहीट है। पाला पड़ने से मूँगफली की फसल नष्ट हो जाती है।

भूमि (Soil)

देश के विभिन्न भागों में मूँगफली की खेती विभिन्न प्रकार की भूमियों जैसे बलुई, बलुई दोमट, दोमट, काली तथा लाल भूमियों में की जा सकती है। लेकिन अच्छे जल निकास वाली, भुरभुरी, मुलायम, बलुई दोमट भूमि जिसमें प्रचुर मात्रा में कार्बनिक पदार्थ तथा कैल्सियम मौजूद हो, मूँगफली की खेती के लिए उपयुक्त है। भारी एवं कड़ी मृदायें मूँगफली की खेती के लिए अनुपयुक्त होती हैं। इसकी खेती दोमट भूमियों में भी की जा सकती है लेकिन सिंचाई देने के बाद वह कड़ी न हो पाये। मृदा बहुत सख्त होने से मूँगफली की खुदाई में बहुत कठिनाई होती है जिससे खुदाई में खर्च आ जाता है। बहुत भारी तथा गहरे काले रंग की भूमियों में मूँगफली की फलियों का विकास अच्छा नहीं होता साथ ही साथ फलियों का रंग भी खराब हो जाता है। अच्छे गुणों एवं रंग वाली मूँगफली हल्की भूमियों में खेती करने से प्राप्त होती है। ऐसी भूमियों में मूँगफली के 'पेग' आसानी से घुस जाते हैं। फलियों की वृद्धि एवं विकास अच्छा होता है तथा खुदाई में भी आसानी रहती है। मूँगफली की खेती के लिए भूमि का पी एच मान 6.0 से 7.0 के मध्य होना चाहिए। मूँगफली की खेती के लिए अम्लीय तथा क्षारीय भूमियाँ सर्वथा अनुपयुक्त होती है।

उन्नतशील प्रजातियाँ (Improved varieties) : सन् 1962 में भारत में केवल चार मुख्य प्रजातियों की खेती होती थी। ये प्रजातियां थी 'कोरोमंडल', 'बोल्ड', 'पीनट' तथा 'रेड नैताल'। देश के विभिन्न

भागों में ये प्रजातियाँ भिन्न-भिन्न नामों से बेची जाती थी। प्रथम दो फैलने वाली तथा बाद की दो सीधी बढ़ने वाली प्रवृत्ति के वर्ग से सम्बन्ध रखती थी। इन प्रजातियों का बीज उनके उत्पत्ति के स्थानों से विभिन्न स्रोतों द्वारा आयात किया जाता था।

कोरोमंडल : यह मोजाम्बिक से आयातित बीज की उत्पाद थी अत: इसे 'मारीशस या मोजाम्बिक' भी कहते थे।

बोल्ड : इसकी उत्पत्ति 'बिग जापान' के लिए ऋणी है।

पीनट्स : वास्तव में इसकी खेती स्पेन से आयातित बीज से होती थी परन्तु बाद में इसका स्थान अमेरिका से आयातित बीज ने ले लिया।

लाल नैताल : इसकी उत्पत्ति 'छोटी जापान' की ऋणी है और इसे मुम्बई में 'लाल बोसिया, मध्य प्रदेश में' 'लाल दाना' या 'छोटी जापान' तथा मद्रास (वर्तमान तमिलनाडु) में 'पोल्लाची लाल' या 'कालीकट रेड' भी कहते हैं।

स्थानीय प्रजातियाँ नामत : 'खानदेश क्वालिटी' (मुम्बई प्रांत के खान देश भाग में उगाई जाने वाली), 'सुपीरियर बोल्ड' (कठियावाड़ में उगाई जाने वाली), 'करद' (सतारा जिले में उगाई जाने वाली) तथा 'वर्जीनिया' (सूरत जिले में उगाई जाने वाली) भी उपर्युक्त वर्णित 4 प्रमुख प्रजातियों की ही व्युत्पत्ति थी।

भारत में मूँगफली का प्रवेश लगभग 350 वर्ष पूर्व हुआ था, परन्तु प्रजातियों का व्यवस्थित विकास 20वीं शताब्दी के प्रारम्भ में ही शुरू हुआ। भारत में मूँगफली की फसल के विकास के इतिहास में वर्ष 1905 और 1961 महत्वपूर्ण हैं। सन् 1905 ई. में धारवाड़, कर्नाटक से मूँगफली की प्रथम प्रजाति 'स्पैनिश इम्प्रूवड' विमोचित की गई जो कि स्पैनिश मूँगफली की विशुद्ध चयन थी और बाम्बे तथा कर्नाटक के बन्च मूँगफली उगाने वाले क्षेत्रों में उगाई गयी। सन् 1961 में एक वर्जीनिया बन्च प्रजाति 'सी 501' जो कि 'डी 3' तथा 'ए. एच 477' के संयोग से पंजाब प्रांत में खेती के लिए विकसित तथा विमोचित हुई। भारत में यह मूँगफली की प्रथम प्रजाति थी जो कि संकरण व चयन के द्वारा विकसित की गयी थी। बाद में सन् 1964 में गुजरात राज्य द्वारा 'ए. एच 2418' × 'ए. एच. 4354' के संकरण से जे 11 प्रजाति विकसित की गयी। जलगांव में परीक्षण के बाद यही प्रजाति महाराष्ट्र में 'एस. बी. 11' के नाम से विमोचित हुई। तबसे 70 से भी अधिक प्रजातियाँ संकरण के द्वारा विकसित की जा चुकी है।

सन् 1970 के प्रारम्भ तक मूँगफली की खेती खरीफ में ही की जाती थी। अल्पकालीन प्रजातियों के प्रवेश होने के बाद 1970 की शुरुआत से रबी के दौरान मूँगफली की खेती प्रारम्भ और अर्धशुष्कीय क्षेत्रों के किसानों के सिंचित खेतों में इसका विस्तार हुआ। रबी की फसल में इसका उत्पादन खरीफ की तुलना में दो गुना से अधिक थी। रबी के मौसम में सिंचाई के सुनिश्चित व्यवस्था ही अधिक उत्पादन का एक प्रमुख कारण है।

परिस्थिति विशिष्ट के लिए प्रजातियों के विकास का प्रयास नवीनतम अभिधारणा है। 1970 में विमोचित हुई टी. एम. वी. 9 ऐसी प्रथम प्रजाति है जो कि बारानी तथा सिंचित दोनों ही परिस्थितियों के लिए उपयुक्त है। हालांकि, प्रजातियों के विकास का कार्यक्रम मुख्यत: खरीफ मौसम को लक्ष्य को ध्यान में रखकर जारी की गई है और रबी या ग्रीष्म या बसन्त मौसमों के लिए प्रजातियों के विकास के प्रयास बहुत ही सीमित रहे हैं।

तालिका 11.1 : मूँगफली की नवविकसित प्रजातियाँ

राज्य	प्रजातियाँ
आन्ध्र प्रदेश	आई सी जी एस 44, आई सी जी एस 76, आर एस एच वाई 1, तिरूपति 2, के 134, डी आर जी 12, कादिरी 4 तथा जे सी सी 88
बिहार	बी जी 3, टी जी 22, बी ए यू 13, गुजरात आई सी जी एस 37, जी जी 3, जी जी 12, जी जी 26, जी जी 5, जी जी 6 एवं जी जी 7
कर्नाटक	डी एच 40, डी एस जी 1, आर 9251, आर 8808
महाराष्ट्र	आई सी जी एस 11, टी ए जी 24, टी के जी 19, ए जे एल 220 तथा एल जी एन 2
मध्य प्रदेश	जे जी एन 3
उड़ीसा	ओ जी 52-1
पंजाब	एम 335, एस जी 84 एवं एम 522
राजस्थान	आर जी 141, आर एस 138 एवं एच एन जी 10
तमिलनाडु	वी आर आई 1, ए एल आर 1, वी आर आई 2, वी आर आई 3, आई सी जी वी 86590, ए एल आर 2, ए एल आर 3, सी ओ 3, सी ओ 4 एवं वी आर आई (जी एन) 5
उत्तर प्रदेश	एम ए 16, आई सी जी एस 1, आई सी जी एस 5, सी एस एम जी 84-1 (अम्बर) एवं डी आर जी 17

रबी/ग्रीष्म मौसम में मूँगफली की खेती विभिन्न परिस्थितियों जैसे कि (*i*) रबी की अवशिष्ट नमी (*ii*) ग्रीष्मकालीन सिंचित एवं (*iii*) बसंत में सिंचित दशाओं में की जाती है। पूर्वी तथा उत्तर पूर्वी क्षेत्र जिनमें उड़ीसा, झारखंड, पश्चिमी बंगाल, असम, मेघालय, मणिपुर एवं त्रिपुरा आते हैं, में ग्रीष्मकालीन मूँगफली उत्पादन हेतु प्रबल राज्यों के रूप में उभर रहे हैं। इन राज्यों में रबी/ग्रीष्मकालीन में धान की फसल के बाद परती/अवशिष्ट नमी वाले खेतों (जो कि खाली पड़े रहते थे) में मूँगफली की उपयुक्त प्रजातियों के प्रवेश से मूँगफली के अंतर्गत आने वाले क्षेत्रफल का दायरा बढ़ रहा है। मात्र इन्हीं परिस्थितियों के लिए प्रजातियों के प्रजनन का प्रयास फिलहाल बिल्कुल नया है। कुछ प्रजातियों जैसे आई.सी.जी.एस. 44, ए.के. 12-24, ओ. जी. 52-1, जी.जी.-2, आई.सी.जी.एस. 11, आई. सी. जी.एस. 37 तथा टी.जी. 26 को इन परिस्थितियों में उपयुक्त पाई गई हैं।

उत्तर प्रदेश में मूँगफली के खोये हुए क्षेत्रफल को वापस लाने तथा बंगाल, हरियाणा, पंजाब तथा उत्तर प्रदेश में गेहूँ/आलू/तोरिया के बाद खाली पड़े रहने वाले खेतों में मूँगफली की बंच प्रजातियों की पुनः फसल ली जानी चाहिए।

तालिका 11.2 : विभिन्न क्षेत्रों के लिए मूँगफली की उन्नतशील प्रजातियाँ

राज्य	सीधी बढ़ने वाली (Erect or bunch type)	फैल कर बढ़ने वाली (Spreading type)
पंजाब	समराला 1, ए सी प्र. 1, ज्योति मूँगफली 37, कादिरी 3	पंजाब नं. 1, मूँगफली नं. 13, मूँगफली 179, विक्रम, मूँगफली नं. 145
हरियाणा	हरियाणा नं. 1 हरियाणा नं. 2, ज्योति, कादिरी 3	पंजाब नं. 1 (PG 1), मूँगफली नं. 13, एम 13, विक्रम

राजस्थान	आर बी एस 87, ज्योति, ए के 12-24,	पंजाब नं. 1, आर एस 1, एम 13
उत्तर प्रदेश	टा. 32, टा. 64, कौशल, फैजपुर 1-5, ज्योति	टा. 25, टा 28, एम 13, विक्रम, चित्रा, चन्द्रा
मध्य प्रदेश	ए के 12-24, ज्वाहर 2, ज्योति, गंगापुरी, टी जी 3	बर्जीनिया रनर, विक्रम
बिहार	कुबेर, अर्ली रनर, ए के 12-24, ज्योति, बी जी 1, बी जी 2	बिग जापान, विक्रम, ए के 10, एम 13
गुजरात	जूनागढ़ 11, जी ए यू जी 1	जी ए यू जी 10
महाराष्ट्र	कोपरगांव नं. 3, फूले प्रगति, एसवी एक्स 1, इम्प्रूण्ड सम्ला जापान, स्पेनिश इम्प्रूण्ड	कोपरगांव नं. 1, ए के 10, ए के 8-10, खरद 4-11
आन्ध्र प्रदेश	कादिरी 3	कादिरी 2
तमिलनाडु	टी एम वी 2, टी एम वी 7, टी एम वी 9	टी एम वी 1, टी एम वी 3, टी एम वी 6, टी एम वी 8, टी एम वी 10

तालिका 11.3 : मूँगफली की उन्नतशील प्रजातियों के विशिष्ट गुण

प्रजाति	संस्तुत क्षेत्र	पकने का समय (दिन)	उपज (कु./है.)	विशिष्ट गुण
जूनागढ़ 11	गुजरात	100-105	15-20	टिक्का बीमारी सहिष्णु, गुच्छे वाली, दानों में 49 प्रतिशत तेल
जी ए यू जी 1	गुजरात	95-100	15-20	दानों में 50 प्रतिशत तेल, गुच्छे वाली
जी ए यू जी 10	गुजरात	115-120	20-25	फैलने वाली, दानों में 50 प्रतिशत तेल
ज्योति	मध्य प्रदेश	95-110	20-22	गुच्छे वाली, दानों में 53 प्रतिशत तेल, टिक्का बीमारी सहिष्णु
आर एस 1	राजस्थान	135-140	15-20	टिक्का अवरोधी, फैलने वाली, दानों में 48 प्रतिशत तेल
फुले प्रगति	महाराष्ट्र	85-90	20-25	गुच्छे वाली, दानों में 51 प्रतिशत तेल
कोपरगाँव 1	महाराष्ट्र	120-125	15-20	फैलने वाली, दानों में 48 प्रतिशत तेल
कोपरगाँव 3	महाराष्ट्र	100-105	15-20	गुच्छों वाली, दानों में 47 प्रतिशत तेल
ए के 10	बिहार, महराष्ट्र	115-120	12-15	फैलने वाली, दानों में 46 प्रतिशत तेल
खरद 4-11	महाराष्ट्र	140-145	20-25	फैलने वाली, दानों में 48 प्रतिशत तेल
टाइप 28	उत्तर प्रदेश	125-135	20-25	फैलने वाली, दानों में 48 प्रतिशत, टिक्का बीमारी अवरोधी
टाइप 64	उत्तर प्रदेश	115-120	20-25	फैलने वाली दानों में 49 प्रतिशत तेल, टिक्का बीमारी के प्रति मध्यम अवरोधी
चन्द्रा	उत्तर प्रदेश	125-135	25-30	फैलने वाली, दानों में 48 प्रतिशत तेल
फैजपुर 1-5	उत्तर प्रदेश	100-105	15-20	गुच्छेदार, दानों में 52 प्रतिशत तेल, टिक्का सहिष्णु
कुबेर	बिहार	105-110	15-20	गुच्छेदार, दानों में 48 प्रतिशत तेल

मूँगफली हरियाणा नं. 1	हरियाणा	105–110	18–22	गुच्छेदार, दानों में 50 प्रतिशत तेल
मूँगफली हरियाणा नं. 2	हरियाणा	105–110	18–20	गुच्छेदार, दानों में 49 प्रतिशत तेल
मूँगफली नं. 13	पंजाब	125–135	25–30	गुच्छेदार, दानों में 49 प्रतिशत तेल
मूँगफली नं. 37	पंजाब	120–125	25–30	फैलने वाले, दानों में 50 प्रतिशत तेल
मूँगफली नं. 145	पंजाब	120–125	20–25	फैलने वाले, दानों में 50 प्रतिशत तेल
सी 501		125–130	20–25	फैलने वाली, दानों में 48 प्रतिशत तेल
टी एम वी 1	तमिलनाडु	130–135	15–20	गुच्छेदार, दानों में 50 प्रतिशत तेल
टी एम वी 2	तमिलनाडु	100–105	12–16	गुच्छेदार, दानों में 49 प्रतिशत तेल
टी एम वी 3	तमिलनाडु	130–135	20–25	फैलने वाली, दानों में 49 प्रतिशत तेल
टी एम वी 6	तमिलनाडु	120–125	10–15	फैलने वाली, दानों में 48 प्रतिशत तेल
टी एम वी 7	तमिलनाडु	100–105	15–20	गुच्छेदार, दानों में 50 प्रतिशत तेल
टी एम वी 9	तमिलनाडु	100–105	15–20	गुच्छेदार, दानों में 51 प्रतिशत तेल
टी एम वी 10	तमिलनाडु	120–125	18–20	फैलने वाले, दानों में 54 प्रतिशत तेल
जी पी बी डी 4	तमिलनाडु, आन्ध्र प्रदेश, कर्नाटक, केरल, महाराष्ट्र	100–105	18–20	सभी पर्ण रोगों के प्रति अवरोधी

भूमि की तैयारी (Field preparation)

भूमि की तैयारी का मुख्य उद्देश्य मृदा में वायुसंचार बढ़ाना, खेत को भुरभुरा बनाकर बीजों के अंकुरण के लिए उपयुक्त दशा प्रदान करना, मृदा नमी को संचित रखना, खरपतवारों को नष्ट करना आदि है। मूँगफली की फलियों का विकास भूमि के अन्दर होता है इसलिए यह आवश्यक है कि भूमि की तैयारी अच्छी हो। मूँगफली बोने के पूर्व खेत की मिट्टी, भुरभुरी, समतल तथा खरपतवार रहित होना चाहिए। भूमि में पर्याप्त मात्रा में नमी उपलब्ध नहीं होने पर एक पलेवा करना आवश्यक है। भूमि की एक गहरी (10–15 सेमी) जुताई एवं 2–3 बार हैरो अथवा देशी हल से जुताई करके पाटा लगा देना चाहिए। ग्रीष्मकालीन (अप्रैल-मई) मौसम में एक गहरी जुताई कर देने से मृदा में पनपने वाले हानिकारक कीटों के लारवा तथा उनके अन्डे, बीमारियों के परजीवी तथा खरपतवार अधिक गर्मी एवं तेज धूप से मर जाते हैं। खेत की अधिक गहराई पर जुताई करने पर भूमि में मूँगफलियों का बनना तथा अधिकीलन (Pegging) भी अधिक गहराई पर होता है जिससे मूँगफली की खुदाई के समय काफी परेशानी होती है।

सामान्यत: खेत की तैयारी के लिए जुताइयों की संख्या इस बात पर निर्भर करती है कि पूर्व फसल, भूमि की किस्म, नमी की मात्रा, प्रयोग किया जाने वाला यंत्र किस प्रकार का है, हल तथा खरपतवारों की उपलब्धता आदि प्रमुख हैं। हल्की भूमियों में जुताई कम तथा भारी भूमियों में अधिक जुताई की आवश्यकता होती है। मध्य भारत में पहली जुताई बक्खर से करने के बाद 5–7 जुताइयाँ देशी हल से अथवा कल्टीवेटर से करते हैं। जिन क्षेत्रों में बक्खर नहीं किया गया हो वहाँ पर प्रथम जुताई मिट्टी पलटने वाले हल से करने के बाद हैरो से जुताई करनी चाहिए। मूँगफली की खेती के लिए प्रमुख बात यह है कि खेत इतनी अच्छी तरह से तैयार हो कि बीज का अंकुरण तथा उसकी बढ़वार अच्छी हो सामान्यत: यह दशा खेत की एक गहरी जुताई तथा 2–3 हैरो द्वारा जुताई करने के बाद आ जाती है।

बीज (Seed)

मूँगफली बीज सदैव प्रमाणित तथा बीमारी रहित होना चाहिए। मूँगफली का उत्पादन वानस्पतिक (Vegetative propagations) विधियों द्वारा सम्भव है। कृषक मूँगफली उगाने के लिए बीज के रूप में फलियों तथा दानों (Kernels) का प्रयोग करते हैं अर्थात् मूँगफली की बुआई के लिए बीजों का प्रयोग दो प्रकार से किया जाता है, जैसे छिलके सहित फलियों को बोना तथा छिलका उतारकर दानों को बोना। मूँगफली के बीजों हेतु फलियों को ठंडे, शुष्क तथा हवादार जगह पर रखना चाहिए।

मूँगफली के दानों को बीज के रूप में प्रयोग करने पर फलियों से दाने बाहर निकालना पड़ता है। बीजों की बुआई के 1–2 दिन पूर्व फलियों से दाने निकाल लेने चाहिऐ। अधिक दिन पहले फलियों से दाने निकालने पर बीज नमी के सम्पर्क में आ जाने के कारण अंकुरण क्षमता में ह्वास होने लगता है। फलियों से दाने निकालने का काम हाथ से ही किया जाता है। इसलिए यह ध्यान रखना चाहिए कि फलियों से दाने निकालते समय दानों के ऊपर का लाल छिलका न निकलने पाये। दानों के ऊपर का लाल छिलका निकल जाने की दशा में बीज की अंकुरण क्षमता नष्ट हो जाती है। बीजों को बोने से पूर्व 12–14 घन्टे तक पानी में भिगोने से बीजों की अंकुरण क्षमता बढ़ जाती है तथा अंकुरण भी जल्दी हो जाता है।

बीज उपचार (Seed treatment) : बीज बोने से पूर्व दानों की कवकनाशी रसायनों जैसे थीरम अथवा सेरेसान अथवा कैप्टान 2.5 ग्राम प्रति किलोग्राम बीज की दर से बीजों को उपचारित करना चाहिए। बोने के पूर्व बीजों को कवकनाशी रसायनों से उपचारित करने पर अंकुरण की अवस्था के बाद फसल को बीज से उत्पन्न होने वाली बीमारियों के प्रकोप से बचाया जा सकता है, कभी–कभी बीज अंकुरण से पहले ही सड़कर नष्ट हो जाता है, इसलिए बीजोपचार करना बहुत ही आवश्यक है।

मूँगफली की दलहनी फसल होने के कारण राइजोबियम कल्चर से भी उपचारित कर देना चाहिए। राइजोबियम से बीजों को उपचारित कर देने से वायुमंडल की नत्रजन को अधिक मात्रा में स्थिरीकरण करती है जिससे मृदा की उर्वराशक्ति बढ़ जाती है।

बीज की मात्रा (Seed rate) : मूँगफली की गुच्छेदार एवं मोटे दाने की प्रजातियों की बीज दर 80–100 किग्रा प्रति हैक्टेयर प्रयोग की जाती है जबकि फैलने वाली अथवा छोटे दाने की प्रजातियों में 60–80 किग्रा प्रति हैक्टेयर बीज दर रखना चाहिए।

पौधों का अन्तरण (Spacing) :

1. गुच्छेदार प्रजाति की पंक्ति से पंक्ति की दूरी 30–40 सेमी तथा पौधे से पौधे की दूरी 10–15 सेमी
2. फैलने वाली प्रजाति की पंक्ति से पंक्ति की दूरी 45–60 सेमी तथा पौधे से पौधे की दूरी 15–20 सेमी

भारी मृदाओं में बुआई 4–5 सेमी गहराई पर जबकि हल्की भूमियों में मूँगफली के बीजों की बुआई 5–6 सेमी की गहराई पर करनी चाहिए।

बोने का समय (Time of Sowing) : मूँगफली की बुआई मानसून शुरू होने के साथ शुरू हो जाती है। वर्षा के प्रारम्भ होते ही जब मृदा में नमी की मात्रा पर्याप्त हो मूँगफली की बुआई कर देनी चाहिए। उत्तर भारत में मूँगफली की बुआई का समय जून के तृतीय सप्ताह से जुलाई के दूसरे

सप्ताह तक उपयुक्त है। मूँगफली की बुआई जितना जल्दी सम्भव हो सके कर देनी चाहिए क्योंकि अगेती फसल की वृद्धि एवं विकास अच्छी होती है, जिससे उपज में वृद्धि हो जाती है। सिंचाई के पर्याप्त साधन होने की दशा में मूँगफली की बुआई मानसून शुरू होने के 15-20 दिन पूर्व कर देनी चाहिए। सिंचित क्षेत्रों में जल्दी बुआई कर देने से जब तक मानसून शुरू होता है तब तक जमाव पूर्ण हो चुका होता है। इसके बाद वर्षा के पानी का पूर्णरूप से उपयोग फसल के द्वारा कर लिया जाता है, जिसके परिणामस्वरूप मूँगफली की उपज में भी वृद्धि हो जाती है। मूँगफली की जल्दी से बुआई कर देने पर खेत में खरपतवारों का प्रकोप भी कम हो जाता है, साथ ही साथ रबी की फसलों के लिए खेत समय पर खाली हो जाता है।

दक्षिण भारत में खरीफ में मूँगफली बोने का उपयुक्त समय मई-जून माह है। रबी फसल की बुआई नवम्बर से दिसम्बर माह में कर देनी चाहिए।

बोने की विधि (Method of sowing) : मूँगफली की बुआई निम्नलिखित विधियों द्वारा की जाती है।

- (*i*) **हल के पीछे बुआई :** इस विधि द्वारा मूँगफली की बुआई देशी हल से कूँड निकालने के बाद बीजों को 5-6 सेमी की गहराई पर बोते हैं। दो कूँडों के बीच की दूरी आवश्यकतानुसार रखते हैं।
- (*ii*) **डिबलर विधि द्वारा :** इस विधि द्वारा मूँगफली की बुआई करने के लिए खेत में खुरपी अथवा डिबलर द्वारा बुआई करते हैं। इस विधि में श्रम एवं शक्ति की आवश्यकता अधिक पड़ती है। इसलिए मूँगफली की लागत बढ़ जाती है। यह विधि अधिक क्षेत्रफल पर बुआई करने के लिए उपयुक्त नहीं है।
- (iii) **सीड प्लान्टर विधि :** इस विधि से मूँगफली की बुआई अधिक क्षेत्रफल पर कम समय में की जा सकती है। इस विधि द्वारा बुआई करने पर लगात कम आती है। बीजों की बुआई करने के बाद पाटा लगा देना चाहिए जिससे नमी का ह्रास कम होता है।

खाद एवं उर्वरक (Manures and fertilizers)

मूँगफली की प्रति इकाई क्षेत्रफल पर अधिक उपज प्राप्त करने के लिए उचित मात्रा में खाद एवं उर्वरकों का प्रयोग करना चाहिए। मूँगफली दलहनी फसल होने के कारण अन्य फसलों की तरह इसकी जड़ों में पाये जाने वाले जीवाणु वायुमंडल की नत्रजन को मृदा में स्थिर करते हैं। इसलिए मूँगफली की फसल को नत्रजन की अधिक आवश्यकता नहीं पड़ती है। हल्की भूमियों में जमाव के बाद बढ़वार के लिए 15-20 किग्रा नत्रजन प्रति हैक्टेयर की आवश्यकता होती है। कुछ समय पश्चात (बुआई के 20-25 दिन के बाद) जब जड़ें पूर्ण रूप से विकसित हो जाती हैं, तो वायुमंडल से नत्रजन ग्रहण करके अपना जीवनयापन स्वत: करने लगती हैं। मूँगफली में तिलहनी फसल होने के कारण, फासफोरस तथा पोटास की आवश्यकता अधिक होती है। फासफोरस तथा पोटास के प्रयोग करने से मूँगफली की उपज पर अनुकूल प्रभाव पड़ता है। फासफोरस पौधों की जड़ों के विकास में आवश्यक है जबकि पोटास पौधों की सामान्य बढ़वार तथा फलियों के विकास में सहायक है। मूँगफली की फसल में 50-60 किग्रा फासफोरस प्रति हैक्टेयर तथा 30-40 किग्रा पोटास प्रति हैक्टेयर की आवश्यकता होती है। मूँगफली

की फसल में कैल्सियम तथा सल्फर का उचित मात्रा में प्रयोग करने पर फलियों के विकास तथा उनकी गुणवत्ता बढ़ जाती है। कैल्सियम की अनुपस्थिति या कमी से फलियाँ छोटी, सिकुड़ी हुई अथवा बिना बीज की बनती हैं। नत्रजन, फासफोरस एवं पोटास उर्वरकों की सम्पूर्ण मात्रा बुआई के समय कूँडों में देनी चाहिए।

मूँगफली की फसल में 15 किलोग्राम प्रति हैक्टेयर की दर से जिंक सल्फेट का प्रयोग करने से उपज में काफी वृद्धि हो जाती है। गन्धक के प्रयोग करने से मूँगफली के दानों में तेल की मात्रा तथा जड़ ग्रन्थियों की संख्या बढ़ जाती है। जिससे नत्रजन का स्थिरीकरण अधिक हो जाता है। गन्धक एवं नत्रजन दोनों की पूर्ति के लिए अमोनियम सल्फेट का प्रयोग करना चाहिए। फासफोरस के लिए सिंगिल सुपर फासफेट तथा पोटास की पूर्ति के लिए पोटासियम सल्फेट के रूप में प्रयोग करना चाहिए। 2.5 टन प्रति हैक्टेयर की दर से कम्पोस्ट या गोबर की खाद अथवा खली की खाद का प्रयोग मूँगफली की बुआई के 20-30 दिन पहले खेत में छिड़क कर अच्छी तरह से मृदा में मिला देना चाहिए। 100 किग्रा कैल्सियम प्रति हैक्टेयर की दर से कैल्सियम आक्साइड अथवा कैल्सियम सल्फेट के रूप में बुआई के समय देना चाहिए। मैगनीशियम की कमी वाले क्षेत्रों में 25 किग्रा मैगनीशियम सल्फेट प्रति हैक्टेयर की दर से प्रयोग करने पर मूँगफली की उपज तथा गुणवत्ता बढ़ जाती है।

सिंचाई एवं जल निकास (Irrigation and drainage)

उत्तर भारत में मूँगफली की खेती खरीफ (मानसून) ऋतु में की जाती है इसलिये सिंचाई की आवश्यकता नहीं पड़ती है। वर्षा ऋतु में दीर्घकालीन सूखा पड़ने पर सिंचाई देना लाभदायक होता है। दक्षिण भारत में मूँगफली को खेती ग्रीष्म ऋतु में की जाती है इसलिए 10-15 दिन के अन्तराल पर सिंचाई की आवश्यकता पड़ती है। गुच्छेदार जातियों में 8-10 तथा फैलने वाली जातियों में 10-12 सिंचाइयों की आवश्यकता होती है। फसल की बुआई जल्दी करने की दशा में पलेवा की आवश्यकता पड़ती है। पौधों में फूल आने के समय यदि सूखा पड़ जाये तो उस समय सिंचाई करना आवश्यक है। मूँगफली की फलियों के विकास एवं वृद्धि के समय भूमि में पर्याप्त मात्रा में नमी की आवश्यकता होती है। अत: केवल फलियों के सम्पूर्ण वृद्धि एवं विकास के लिए 2-3 सिंचाईयों की आवश्यकता होती है।

भारी वर्षा के कारण जब खेत में पानी इकट्ठा हो जाये तो पानी खेत से तुरन्त निकाल देना चाहिए।

खरपतवार नियन्त्रण (Weed control)

निराई एवं गुड़ाई का मूँगफली की खेती में बहुत अधिक महत्व है। सामान्यतय: एक अथवा दो हेन्ड हो से खेत की निराई कर देना चाहिए। पहली निराई फसल बोने के तीन सप्ताह बाद तथा दूसरी निराई पहली निराई के तीन सप्ताह बाद अथवा फूल आने के पूर्व कर देनी चाहिए। इस बात का ध्यान रखना चाहिए कि जब पौधे में अधिकीलन (Pegging) के बनने, फलियों के बनने की क्रिया प्रारम्भ हो जाये तो कभी भी निराई-गुड़ाई या मिट्टी चढ़ाने का काम नहीं करनी चाहिए। अन्यथा नस्से (Pegs) कट जायेंगे तथा फसल की उपज कम हो जाती है। अन्तिम निराई तथा गुड़ाई फसल में फूल आने के समय करनी चाहिए जिससे नस्से (Pegs) आसानी से जमीन में घुस जाते हैं। मूँगफली की गुच्छेदार प्रजातियों में मिट्टी चढ़ाना लाभदायक होता है।

रासायनिक विधि से खरपतवारों का नियन्त्रण करने के लिए प्रोमीट्रान 1.5 किग्रा सक्रिय अवयव अथवा लासो 1.5 किग्रा सक्रिय अवयव प्रति हैक्टेयर की दर से 500-600 लीटर पानी में घोलकर बुआई

के बाद लेकिन जमाव के पूर्व छिड़काव करना चाहिए। टोक ई 25 (नाइट्रोकेन) 2 लीटर सक्रिय अवयव प्रति हैक्टेयर 800 लीटर पानी में घोल कर जमाव के पूर्व छिड़काव करने से खरपतवारों का नियन्त्रण हो जाता है। बासालीन 1 किग्रा सक्रिय अवयव प्रति हैक्टेयर की दर से 800 लीटर पानी में घोलकर बुआई से पूर्व छिड़काव करने से खरपतवार नष्ट हो जाते हैं।

फसल पद्धति (Cropping systems)

सामान्यतः मूँगफली की खेती शुद्ध फसल के रूप में की जाती है। मूँगफली को उत्तरी तथा दक्षिणी भारत के अनेक राज्यों में ज्वार, बाजरा, अरहर, अन्डी, कपास, सोयाबीन, गन्ना, मिर्च आदि फसलों के साथ मिलवाँ खेती की जाती है। आन्ध्र प्रदेश में मूँगफली की फसल ज्वार, अरहर, सोयाबीन, अंडी के साथ उगाई जाती है। महाराष्ट्र और गुजरात में मूँगफली की खेती कपास तथा अरहर के साथ मिलवाँ खेती काफी लोकप्रिय है।

सामान्यतयः असिंचित दशाओं में फैलने वाली मूँगफली प्रजातियों की खेती की जाती है। फैलने वाली मूँगफली की जातियाँ देर से पकती हैं ऐसी दशा में रबी की फसल लेना सम्भव नहीं होता है। गुच्छेदार तथा शीघ्र पकने वाली प्रजातियों के प्रयोग से दो फसल लेना सम्भव हो सका है। सिंचित क्षेत्रों में सिंचाई करके जल्दी बोई गई फसल के बाद गेहूँ की फसल उगाई जा सकती है। मूँगफली के पश्चात् सामान्य रूप से जौ, कुसुम, चना, मसूर, मटर, सूरजमुखी, लहसुन आदि की फसलें उगाई जा सकती हैं। मूँगफली के कुछ प्रचलित फसल चक्र निम्न हैं।

1.	मक्का (बसन्त कालीन)	–	मूँगफली	–	चना/सरसों
2.	मूँगफली	–	प्याज/लहसुन		
3.	मूँग	–	मूँगफली	–	गेहूँ
4.	लोबिया	–	मूँगफली	–	गेहूँ
5.	मक्का	–	मूँगफली	–	मटर
6.	मूँगफली	–	गेहूँ/जौ		
7.	मूँगफली	–	प्याज/लहसुन	–	मूँग/उर्द

जायद में मूँगफली की खेती

मूँगफली मुख्यतः खरीफ की फसल है, परन्तु उत्तर भारत के विभिन्न क्षेत्रों में जायद में मूँगफली उगाकर खरीफ की अपेक्षा डेढ़ गुना अधिक पैदावार ली जा सकती है क्योंकि –

1. खरीफ की फसल मुख्यतः वर्षा पर निर्भर रहती है और वर्षा के असमान वितरण के कारण फसल पर प्रतिकूल प्रभाव पड़ता है।
2. खरीफ मौसम में अधिक वर्षा से पोषक तत्वों की हानि अधिक होने से उर्वरक उपयोग क्षमता भी कम हो जाती है।
3. खरीफ मौसम में वर्षा, नमी तथा आर्द्रता के कारण कीटों तथा बीमारियों का प्रकोप अधिक होता है।
4. खरीफ मौसम में खरपतवारों की सघनता अधिक होती है।

इस प्रकार प्रतिकूल परिस्थितियों में जो कृषक गेहूँ की फसल नहीं ले सकते हैं अथवा खरीफ की फसल विलम्ब से कटती है, तो जायद में मूँगफली उगाकर लाभ कमाने के साथ-साथ खाद्य तेलों में देश को आत्मनिर्भर बनाने में सहयोग प्रदान कर सकते हैं।

जायद में मूँगफली उत्पादन के लिए प्रमुख सस्य क्रियाएं

भूमि का चुनाव : मूँगफली हेतु मुख्यतः हल्की भूमि जिसका पी. एच. मान 6.5-7.5 हो उपयुक्त होती है। भारी मृदा में कम नमी के कारण खूंटियाँ ज़मीन में नहीं घुस पाती हैं जिससे फली का समुचित विकास नहीं हो पाता है।

प्रजातियाँ : जायद में उगाई जाने वाली किस्मों में गुच्छे वाली तथा कम समय में पकने वाली अच्छी रहती हैं जिनमें आई. सी. जी. एस-11, आई. सी. जी. एस-5, जी.जी.-2, गिरनार, कौशल आदि प्रजातियाँ उत्तम पाई गई हैं।

खेत की तैयारी (Field preparation)

मूँगफली के अच्छे अंकुरण हेतु मृदा अच्छी तरह से भुरभुरी होनी चाहिए। इसके लिए खेत में पलेवा करके ओट आने पर एक या दो जुताइयाँ हैरो तथा 2-3 जुताईयाँ कल्टीवेटर से करनी चाहिऐ। अंतिम जुताई से पूर्व खेत में 15-20 गाड़ी गोबर की खाद प्रति हैक्टेयर की दर से मिला देना चाहिए। जिन मृदाओं में उकठा की समस्या हो वहाँ 78-80 किग्रा सड़ी गोबर की खाद में दो किग्रा ट्राइकोडर्मा फफूँदी नाशक को मिलाकर 15 दिन बाद अंतिम जुताई के समय प्रति हैक्टेयर की दर से भूमि में मिला देना चाहिए।

बीज की मात्रा : बीज के आकार के अनुसार 80-100 किलोग्राम बीज प्रति हैक्टेयर पर्याप्त होता है। मूँगफली की बुआई का समय भूमि एवं वातावरण के तापमान पर निर्भर रहता है। बुआई के समय भूमि के ऊपरी 10 सेंटीमीटर सतह का तापमान 18 डिग्री सेंटीग्रेड से कम नहीं होना चाहिए। अच्छी बढ़वार हेतु 13 डिग्री सेंटीग्रेड तथा परागकणों की सक्रियता के लिए 20-35 डिग्री सेंटीग्रेड तापक्रम होना चाहिए।

जायद की ऋतु में मूँगफली उगाने के लिए बोने का उपयुक्त समय फरवरी के मध्य सप्ताह से मार्च का प्रथम सप्ताह है।

बीज उपचार : बीज बोने से पूर्व फफूँदीनाशक दवाओं से उपचारित करने के लिए 250-300 ग्राम थीरम या 300 ग्राम बाविस्टीन प्रति 100 किग्रा बीज को उपचारित करना चाहिए। जहाँ दीमक का प्रकोप हो उस मिट्टी में क्लोरोपाइरीफास की 20 मिली प्रति किग्रा. बीज की दर से उपचारित करें। राइजोबियम कल्चर एक पैकेट प्रति 10 किग्रा बीज दर से उपचारित करना चाहिए।

बुआई की विधि : अच्छी उपज लेने के लिए मूँगफली के पौधों की वांछित संख्या होनी चाहिए क्योंकि मूँगफली की कुल लागत का लगभग 26-37 प्रतिशत बीज की कीमत पर खर्च होता है। अच्छी उपज लेने हेतु पौधों की संख्या 2.20 लाख प्रति हैक्टेयर तथा पंक्ति से पंक्ति की दूरी 30 सेंटीमीटर तथा पौधे से पौधे की दूरी 15 सेंटीमीटर रखनी चाहिए।

खाद एवं उर्वरक

मूँगफली की अच्छी पैदावार लेने हेतु संतुलित उर्वरकों का प्रयोग जरूरी है क्योंकि एक क्विंटल मूँगफली के उत्पादन में 5.8 किग्रा नत्रजन, 2.0 किग्रा फासफोरस, 3.0 किग्रा पोटाश, 2.8 किग्रा कैल्शियम, 0.57 किग्रा सल्फर, 13.3 ग्राम बोरान, 2.8 ग्राम जिंक तथा 0.4 ग्राम मॉलिबिडिनम की आवश्यकता

पड़ती है। उर्वरक की मात्रा मृदा परीक्षण के आधार पर ही देनी चाहिए। सामान्यतः फसल के लिए 20 किग्रा नत्रजन, 60-80 किग्रा फासफोरस, 40-60 किग्रा पोटाश तथा 150-200 किग्रा जिप्सम प्रति हैक्टेयर देना चाहिए।

तालिका 11.4 : कार्बनिक खाद एवं जिप्सम का उपज पर प्रभाव

प्रयोग	औसत उत्पादन (क्विंटल/है.)		
20 किग्रा नत्रजन +75 किग्रा फास्फोरस + 40 किग्रा पोटाश +200 किग्रा जिप्सम प्रति हैक्टेयर	29.60	30.51	30.05
20 किग्रा नत्रजन +75 किग्रा फास्फोरस + 40 किग्रा जिप्सम बुआई से पूर्व तथा 100 किग्रा खूंटी बनते समय प्रति हैक्टेयर	30.96	30.40	30.68
20 किग्रा नत्रजन +75 किग्रा फास्फोरस +40 किग्रा पोटास +7 किग्रा सी.पी.पी. प्रति हैक्टेयर	27.51	28.50	28.00
20 किग्रा नत्रजन +75 किग्रा फास्फोरस + 40 किग्रा पोटाश 600 किग्रा. वर्मी कम्पोस्ट प्रति हैक्टेयर	26.56	26.80	26.68
20 किग्रा नत्रजन +75 किग्रा फास्फोरस + 40 किग्रा पोटाश 200 किग्रा. जिप्सम + 7 किग्रा सी.पी.सी. + 600 किग्रा. वर्मी कम्पोस्ट प्रति हैक्टेयर	31.95	32.20	32.07

सिंचाई प्रबन्ध (Irrigation management)

मूँगफली की फसल को सामान्यतः 400-450 मिलीलीटर पानी की आवश्यकता पड़ती है। मूँगफली में फूल आने से पूर्व, फूल आने पर, नस्से बैठते समय, फली बनते समय, दाने बनते समय एवं दानों के विकास के समय पानी की अधिक आवश्यकता होती है।

खरपतवार नियन्त्रण (Weed Control) : जायद में लगभग 50 प्रतिशत नुकसान खरपतवारों की सघनता के कारण होता है इसलिए मुख्यतः दो अवस्थाओं को बुआई के करीब 30-35 दिन तथा 45-60 दिन तक खरपतवारों से मुक्त रखना चाहिए। इसके लिए हाथ द्वारा निराई सर्वोत्तम है। यदि रासायनिक विधि द्वारा खरपतवार नियन्त्रण करें तो निम्न रसायनों का प्रयोग किया जा सकता है।

तालिका 11.5 : जायद की फसल में खरपतवारनाशी रसायनों की मात्रा एवं प्रयोग विधि

खरपतवारनाशी	मात्रा सक्रिय तत्व किग्रा./है.	प्रयोग विधि
एलाक्लोर	2.0-2.5	बुआई के बाद परन्तु फसल तथा खरपतवारों के उगने से पूर्व
पेन्डिमेथिलीन (स्टैम्प)	0.75	-यथोक्त-
फ्लूक्लोरेलीन (वासालीन)	1.25-1.50	बुआई से पूर्व ज़मीन में मिलाना चाहिए

प्रमुख बीमारियाँ, कीट एवं उनकी रोकथाम (Important diseases, insects and their control measures) : मूँगफली की फसल में लगने वाले प्रमुख बीमारियों/कीट एवं उनकी रोकथाम को विभिन्न तालिकाओं में दर्शाया गया है।

तालिका 11.6 : मूँगफली की प्रमुख बीमारियाँ एवं उनकी रोकथाम

बीमारी एवं कारक	लक्षण	रोकथाम
बीज एवं पौध आर्द्रगलन (Damping off or seedling rot)	इस बीमारी का प्रकोप होने पर बीज पत्रों, बीज पत्राधरों तथा तनों के ऊपर गोल हल्के भूरे रंग के धब्बे पड़ जाते हैं बाद में यह धब्बे मुलायम हो जाते हैं, पौधे सड़ने लगते हैं तथा अन्त में सड़कर गिर जाते हैं। इस रोग के प्रकोप होने पर खेत में पौध संख्या बहुत कम हो जाती है।	प्रमाणित एवं स्वस्थ बीजों को ही बोना चाहिए। थीरम या कार्बोन्डाजिम 2 ग्राम प्रति किलो बीज दर से उपचारित करना चाहिए। कटे हुए, सिकुड़े हुए तथा रोगग्रस्त बीजों को नहीं बोना चाहिए।
टिक्का रोग (Tikka disease) - सरकोस्पोरा परसोनेटा एवं सरकोस्पोरा ऐरेचिडिकोला	रोग की प्रारम्भिक अवस्था में पौधों की नीचे की पत्तियों के ऊपरी सतह पर गहरे भूरे रंग के छोटे-छोटे गोलाकार धब्बे दिखाई देते हैं बाद में यह धब्बे ऊपर की पत्तियों तथा तना पर फैल जाते हैं। इस बीमारी का संक्रमण भूमि के द्वारा फैलता है। दूसरा संक्रमण और फैलाव हवा के कवक के कणो द्वारा फैलने से होता है।	रोग ग्रस्त फसल के अवशेषों को कटाई के उपरान्त जलाकर नष्ट कर देना चाहिए। बीजों को बुआई के पूर्व थीरम 3 ग्राम प्रति किलो बीज दर से उपचारित कर बोना चाहिए। डाइथेन एम 45 2 किलो प्रति हैक्टेयर की दर से 1000 लीटर पानी में घोलकर 10 दिन के अन्तराल पर दो-तीन बार छिड़काव करना चाहिए। रोग-रोधी प्रजातियों को बोना चाहिए।
स्केलेरोशियम गलन (Sclerotium rot) स्केलेरोशियम रोलफिसी	पौधों के जमीन के पास अथवा जमीन के बीच तने में सफेद धागे नुमा कवक का विकास होता है। रोग ग्रस्त पौधे अपना सामान्य रंग खो देते हैं और आमतौर से मुरझाये भूरे रंग के दिखाई देते है। भूमि की सतह पर जड़ के पास राई/सरसों के बीज के आकार की तरह संरचना दिखाई देती है। नम भूमियों में इस बीमारी का विकास एवं वृद्धि अच्छी तरह से होती है जिसके परिणास्वरूप पौधों की पत्तियाँ पीली पड़ जाती है और अन्त में सूखकर गिर जाती है।	उपयुक्त फसल चक्र अपनाना चाहिए। रोग ग्रस्त पौधों तथा उनके अवशेषों को जलाकर नष्ट कर देना चाहिए। थीरम अथवा कार्बोन्डाजिम 3 ग्रा प्रति किलो बीज दर से उपचारित करना चाहिए। ब्रेसीकोल 10-15 किलोग्राम प्रति हैक्टेयर की दर से बीज बोने के पहले भुरकाव करके अच्छी तरह से मिला देना चाहिए।
रोजेट (Rosette)	यह माँहू द्वारा फैलने वाला विषाणु जनित रोग है। इस रोग के प्रकोप से पौधे बौने रह जाते हैं। पौधों की पत्तियों में ऊतकों का रंग पीला पड़ जाता है और मोजेक जैसा दिखाई देता है।	रोग ग्रस्त पौधों को उखाड़ कर नष्ट कर देना चाहिए मेटासिस्टाक्स 25 ईसी को 1 लीटर प्रति हैक्टेयर की दर से 1000 लीटर पानी में घोल कर छिड़काव कर देना चाहिए।
ऐन्थ्रेकनोज (Anthracnose)	इस बीमारी का प्रभाव पत्तियों तथा ठन्डलों पर होता है। पत्तियाँ जगह-जगह पीली पड़ जाती है।	4:4:50 का बोरडोक्स मिश्रण अथवा 0.25 कापर कवकनाशी का छिड़काव 10-15 दिनों के अन्तराल पर कर देना चाहिए।

चारकोल सडन (Charcoal rot) - मेक्रोफोमिना फेजियोलाई	तने पर मृदा सतह के नजदीक लाल भूरे रंग के धब्बे दिखाई देते हैं। धब्बे तने पर ऊपर की ओर तक जड़ों के नीचे की ओर तेजी से बढ़ते हैं और पौधों की शीघ्र मृत्यु हो जाती है।	ग्रीष्म कालीन खेत की गहरी जुताई कर देनी चाहिए। रोग ग्रस्त पौधों एवं उनके अवशेषों को जलाकर नष्ट कर देना चाहिए। बीजों को थीरम अथवा कार्बेन्डाजिम 3 ग्रा प्रति किलो बीज दर से उपचारित कर बोना चाहिए। ब्रेसीकोल 10-15 किग्रा प्रति हैक्टेयर की दर से बुआई के पूर्व भूमि में मिला देनी चाहिए।
गेरूई (Rust) - पक्सीनिया ऐरेकिडिस	इस रोग के लक्षण सर्वप्रथम पौधों की निचली पत्तियों में गहरे भूरे रंग के धब्बे ऊपर की सतह की तुलना में अधिक पाये जाते हैं। अन्तिम अवस्था में यह धब्बे गहरे कत्थई रंग के हो जाते हैं। अत्यधिक संक्रमण होने की दशा में पौधों की समस्त पत्तियाँ गिर जाती हैं तथा पौधा सूख जाता है।	रोग ग्रसित पौधो एवं उनके अवशेषों को जलाकर नष्ट कर देना चाहिए। कवकनाशी रसायनों से किसी बीजों को उपचारित कर बोना चाहिए। जिनेब 0.2 प्रतिशत घोल को 10-15 दिन के अन्तराल पर चार बार छिड़काव करना चाहिए।

तालिका 11.7 : मूँगफली के प्रमुख कीट एवं उनकी रोकथाम

कीट	लक्षण	रोकथाम
बिहार रोमिल सूँडी (Bihar hairy caterpiller)	इस कीट की सूँडी पौधों की प्रारम्भिक अवस्था में ही पत्तियों को खाकर अंगविहीन कर देती हैं, इसके बाद भी यह सूँडी पूरे खेत में फैलकर यह पौधों की पत्तियों तथा ऊपरी कोमल भाग को खा जाती है जिसके कारण पूरा पौधा पत्तियों रहित हो जाता है। पौधों में पत्तियाँ न होने के कारण प्रकाश संश्लेषण की क्रिया सुचाक रूप से न हो पाने के कारण उपज में कमी हो जाती है।	सूँडियों तथा उनके अण्डों को इक्ट्ठा करके नष्ट कर देना चाहिए।
लीफ माइनर (Leaf Minor)	इस कीट की सूंडियाँ मुलायम पत्तियों को खाती है। इसके प्रकोप से पत्तियों पर पीले रंग के धब्बे पड़ जाते हैं। इसके गिडार पत्तियों के अन्दर ही छेद करके हरे भाग को खाती है। इसके प्रकोप से पौधों की बढ़वार रूक जाती है।	मेटासिस्टाक्स 25 ई.सी. 1 लीटर प्रति हैक्टेयर की दर से 1000 लीटर पानी में घोल बनाकर छिड़काव कर देना चाहिए।
मूँगफली की माहूँ (Aphid)	यह कीट बड़ी संख्या में एक होकर पत्तियों का रस चूसते हैं। माहूँ वायरस जनित रोग फैलाने में सहायक होती है।	मेटासिस्टाक्स 25 ई.सी. 1 लीटर प्रति हैक्टेयर की दर से 1000 लीटर पानी में घोल कर छिड़काव कर देना चाहिए।
सफेद भृंगक (White catterpiller)	इस कीट की गृब अवस्था ही फसल को नुकसान पहुँचाती है। यह कीट फसल की प्रारम्भिक अवस्था में जड़ों एवं पत्तियों को हानि पहुँचाने के कारण पौधा सूखा जाता है।	खेत की ग्रीष्मकालीन गहरी जुताई कर देना चाहिए। बीजों की बुआई के पूर्व 5 प्रतिशत हैक्टाक्लोर 20 किग्रा की दर से अथवा 10 प्रतिशत

		दानेदार 15 किग्रा प्रति हैक्टेयर की दर से खेत में छिड़काव करके अच्छी प्रकार मिला देना चाहिए। मेटासिस्टाक्स या रोगार 25 ईसी 1 लीटर अथवा डाइमेक्रेन 100 ई.सी. 2.5 लीटर प्रति हैक्टेयर की दर से 1000 लीटर पानी में घोलकर छिड़काव कर देना चाहिए।
थ्रिप्स (Thrips)	इस कीट के व्यस्क तथा निम्फ दोनों अवस्थायें पत्तियों के ऊपर की सतह का रस चूसती हैं जिससे पत्तियाँ सूख जाती हैं। अधिक प्रकोप होने की दशा में पौधे बोने रह जाते हैं। पत्तियों में हरापन गायब होने लगता है तथा पत्तियों की निचली सतह कत्थई रंग की होने लगती है।	मेटासिस्टाक्स 35 ई.सी. अथवा डेमेक्रान 1000 ई.सी. अथवा नुवाक्रोन 40 ई.सी. 1 लीटर दवा को प्रति हैक्टेयर की दर से 1000 लीटर पानी में घोलकर कर छिड़काव कर देना चाहिए। पुन: प्रकोप होने की दशा में एक दो अतिरिक्त छिड़काव कर देने चाहिए।
दीमक (Termite)	दीमक पौधों की जड़ों को खाती है। प्रारम्भिक अवस्था में दीमक बीजों तथा बीजांकुरों को खा जाती है। अधिक प्रकोप होने की दशा में यह फलियों को भी खा जाती है।	बुआई के पूर्व खेत में 5 प्रतिशत एल्ड्रिन अथवा हैप्टाक्लोर 5 प्रतिशत धूल 25 किग्रा प्रति हैक्टेयर की दर से मिला देना चाहिए।

तालिका 11.8 : जायद में मूँगफली के प्रमुख कीट एवं रोग का विवरण एवं उनके नियन्त्रण के उपाय

क्रम	कीट/रोग	नियन्त्रण
	प्रमुख कीट	
1.	एफिड	मेटासिस्टाक्स 25 ई.सी. 1-1.25 ली. प्रति हैक्टेयर
2.	लीफमाइनर	-यथोक्त-
3.	दीमक	क्लोरो पाइरीफॉस की 3.3 ली. प्रति हैक्टेयर
4.	वडनिक्रोसिस	यह थ्रिप्स कीट है जो नई पत्तियाँ गुच्छों में निकली है। 250 मि.ली. फास्फेमिडान 85 प्रतिशत अथवा डाइमेथोएट 30 ई.सी. 1-1.25 ली. प्रति हैक्टेयर।
	बीमारियाँ	
1.	मूँगफली क्राऊनरोट	यह अंकुरण के समय लगता है तथा यह फफूँदी जनक रोग है। इसके नियन्त्रण हेतु बीज शोधन करना चाहिए
2.	चारकोल राट	भूमि में नमी कम तथा तापक्रम अधिक होने पर लगता है। जड़ों का रंग भूरा हो जाता है तथा पौधे सूख जाते हैं। बीज उपचार करना चाहिए। पत्तियों पर हल्के भूरे रंग के गोल-गोल धब्बे बन जाते हैं। रोकथाम हेतु जिंक मैगजीन कार्बामेंट 2 किग्रा 600-700 ली. पानी में दो से तीन छिड़काव उपयुक्त हैं।

तालिका 11.9 : मूँगफली के कीट एवं नुकसान करने की विधि

कीट	वैज्ञानिक नाम	नुकसान करने की विधि
1. सफेद भ्रंगक (White caterpiller)	लैक्नोस्टर्ना कान्सागुनिया (*Lacnosterna cansagunia*)	जड़ों को काटना
2. बिहार रोयेदार सूँडी (Bihar hairy caterpiller)	डाइक्रीसिया आब्लीका (*Dicresia oblica*)	पत्तियों का खाना
3. लाल बालदार सूँडी (Red hairy caterpiller)	अमसैक्टा मुराई या आब्लीस्ट्रिगा (*Amsacta marai or ablistriga*)	पत्तियों को कुतरना
4. माँहू (Aphid)	एफिस क्रेसीबोरा (*Aphis cracivora*)	पत्तियों, पुष्पक्रम तथा फूलों का रस चूसना
5. थ्रिप्स (Thirps)	कैलियोथ्रिप्स इंडिकस (*Caliothrips indicus*)	पत्तियों का रस चूसना
6. टिड्डा (Grasshopper)	सक्रीडा टुरिना (*Sacrida turina*)	पत्तियों का काटना
7. तना छेदक (Stem borer)	स्फेनोप्टेरा पेरोटेरी (*Stenoptera peroteri*)	तनों में छेद करना
8. लीफ माइनर (Leaf miner)	स्टोमान्टेरिक्स सबसेसिबेला (*Stomonterics subsesibela*)	पत्तियों में सुरंग बनाकर हरे भाग को खाना
9. दीमक (Termites)	रोडेन्टोटरमिस (*Rodentotermis*)	जड़ों को तथा फलियों को नुकसान पहुँचाना

कटाई एवं मड़ाई (Harvesting and threshing)

मूँगफली की गुच्छेदार अथवा जल्दी पकने वाली प्रजातियाँ 95-110 दिन में तथा फैल कर बढ़ने वाली अथवा देर से पकने वाली प्रजातियाँ 130-135 दिन में पककर तैयार हो जाती हैं। उत्तर भारत में दक्षिण भारत की अपेक्षा फसल पकने में अपेक्षाकृत कम समय लगता है। उपज व तेल की अधिक मात्रा प्राप्त करने के लिए उचित समय तथा पूर्ण पकने की अवस्था में कटाई करनी चाहिए। अधपकी अवस्था में मूँगफली की फसल को काटने पर उपज तथा तेल की मात्रा में कमी आ जाती है। सामान्यरूप से जब पौधे पीले पड़ जाऐ तथा अधिकांश पत्तियाँ गिर जाऐ तभी खुदाई करनी चाहिए। मूँगफली की खुदाई फावड़े से अथवा मूँगफली डिगर से की जा सकती है। फलियों को पौधों से अलग करने के पूर्व पौधों को एक सप्ताह तक अच्छी तरह से सुखा लेना चाहिए। मूँगफली की फलियों को तब तक सुखाते रहना चाहिए जब तक दानों में नमी 10 प्रतिशत रह जाये। अधिक नमी की दशा में फलियों को भण्डारित करने पर फलियों पर सफेद फफूँदी (एस्परजिलस फ्लेवस) का प्रकोप हो जाने पर उनमें एफ्लाटाक्सिन बन सकता है।

मूँगफली के पौधे में फूल एक साथ न आकर धीरे-धीरे बहुत समय तक आते रहते हैं। गुच्छेदार जातियों में 2 माह तक जबकि फैलने वाली जातियों में 3 माह तक फूल आते रहते हैं। फूल आने के बाद फलियों को विकसित होने में दो माह का समय लगता है। मूँगफली की जब सम्पूर्ण फलियाँ पक जायें तब खुदाई करनी चाहिए। गुच्छेदार प्रजातियों में सुषुप्तावस्था न होने के कारण देर से खुदाई

करने की दशा में फलियों में ही बीजों का जमाव हो जाता है। फसल की पूर्ण परिपक्वता पर मृदा की किस्म, मृदा में नमी की मात्रा, जलवायु तथा फसल की प्रजाति का प्रभाव पड़ता है।

पौधों को उखाड़कर समय-समय पर फसल पकने का निरीक्षण करते रहना चाहिए। जब पौधे में अधिक से अधिक मात्रा में फलियाँ पक जायें तब फसल की कटाई कर लेनी चाहिए।

फैलने वाली प्रजातियों की फलियाँ जमीन में अधिक गहराई तक चली जाती हैं। इसलिए फसल की खुदाई हल द्वारा अथवा कुछ स्थानों पर फावड़े से की जाती है। दक्षिण भारत में मूँगफली की फसल पकने के पूर्व पौधों को (वानस्पतिक भागों) काट दिया जाता है तथा खेत में पर्याप्त मात्रा में पानी भरकर खेत में हल चला देते हैं जिससे मूँगफली की फलियाँ हल्की होने के कारण पानी की सतह पर आ जाती हैं। जिनको बाद में इकट्ठा कर लिया जाता है।

जायद ऋतु में

1. मूँगफली की गुच्छेदार किस्म 100-105 दिन तथा फैलने वाली 120-130 दिन में पककर तैयार हो जाती है। जब फली के अन्दर बीज बनकर सख्त हो जाए तथा छिलका बादामी हो जाए तथा पौधों की पत्तियाँ पीली पड़कर सड़ने लगें तब खुरपी या कुदाल से खुदाई कर छाया में अच्छी तरह सुखा दें और जब फली में करीब 10-12 प्रतिशत नमी रह जाए तब बोरों में भरकर गोदाम में भण्डारण करें।
2. जायद में मूँगफली की औसत पैदावार 25-30 क्विंटल प्रति हैक्टेयर तक प्राप्त हो जाती है। इससे 15000-20000 रू. की शुद्ध आय प्रति हैक्टेयर प्राप्त की जा सकती है।
3. इस प्रकार जायद में मूँगफली उगाकर किसान अधिक लाभ कमाने के साथ-साथ मूँगफली की पत्तियों चारे के काम ला सकते हैं अथवा खरीफ के लिए जमीन में हरी खाद के रूप में प्रयोग कर सकते हैं जिससे खेत की उर्वरा शक्ति में वृद्धि हो जाती है।

उपज (Yield)

मूँगफली की उपज किस्म एवं उगाने की विधि पर निर्भर करती है। सिंचित क्षेत्रों में मूँगफली की शुद्ध फसल से 20-30 क्विंटल प्रति हैक्टेयर तक पैदावार प्राप्त की जा सकती है। असिंचित क्षेत्रों में मूँगफली की उपज 15-20 प्रति हैक्टेयर प्राप्त होती है। गुच्छे वाली प्रजातियों की औसत उपज 15-20 क्विंटल प्रति हैक्टेयर जबकि फैलकर बढ़ने वाली प्रजातियों की उपज 20-30 क्विंटल प्रति हैक्टेयर प्राप्त होती है। मिश्रित अथवा अन्तः फसल पद्धति में मूँगफली की उपज कम प्राप्त होती है, लेकिन शुद्ध लाभ अधिक प्राप्त होता है।

भण्डारण (Storage)

गोदामों में मूँगफली की फलियों का भण्डारण छिलका सहित करना चाहिए। भण्डारण के समय फलियाँ खूब सूखी होनी चाहिऐ। ऐसा देखा गया है कि बिना छिलके वाले भण्डारित बीजों की अपेक्षा फलियों सहित भण्डारित किये गये बीजों की अंकुरण क्षमता अधिक होती है।

अध्याय 12

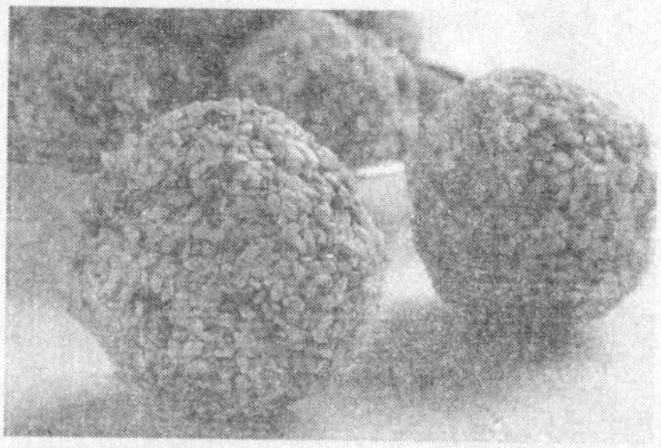

तिल (Til)

वानस्पतिक नाम	:	सीसेमम इन्डिकम
(Botanical name)	:	(*Sesamum indicum L.*)
कुल (Family)	:	पेडालिएसी (Pedaliaceae)

आर्थिक महत्व (Economic Importance)

तिल उत्तर भारत की मूँगफली के बाद दूसरी मुख्य तिलहनी फसल है इसे देश के विभिन्न प्रदेशों में अलग-अलग नामों से पुकारा जाता है जैसे तिल (हिन्दी), तक (गुजराती), तिली (पंजाबी), रासी (उड़िया), एकु (तमिल), नुबुल (तेलगू), सेसामम तथा गिगके (अंग्रेजी) आदि।

अन्य तिलहनी फसलों की भाँति तिल या जिंजली का भी महत्वपूर्ण स्थान है। भारत में इसकी खेती आदि काल से होती आ रही है। तिल के बीज में 45-55 प्रतिशत तेल तथा 20-25 प्रतिशत तक प्रोटीन पाई जाती है। तिल के बीज का प्रमुख उपयोग तेल के रूप में किया जाता है। इसका तेल बहुत ही अच्छी गुणवत्ता का होता है। तिल का तेल रंगहीन एवं गन्धहीन होता है तथा न्यूनतम तापमान पर भी द्रव बना रहता है। इसके तेल का प्रयोग भोजन पकाने एवं खाद्य तेल के रूप में, शरीर में लगाने,

व्यापारिक सुगन्धित तेल तैयार करने, साबुन बनाने, बादाम के तेल में मिश्रण करने इत्यादि के लिए किया जाता है। इसके तेल का उपयोग वनस्पति घी बनाने तथा दवाई आदि के रूप में भी किया जाता है। ठण्डी जलवायु वाले क्षेत्रों में इसे सलाद के तेल रूप में भी प्रयोग किया जाता है। तिल के बीजों को मीठे व्यंजनों, गजक, रेवड़ी आदि के रूप में भी प्रयोग करते हैं। तिल की खली पौष्टिक एवं स्वादिष्ट होने के कारण एक बहुमूल्य पशु आहार है। जिसका प्रयोग चीनी या गुड़ मिलाकर मनुष्यों के खाने के लिए किया जाता है। दूध देने वाले पशुओं के लिए लाभदायक एवं पौष्टिक भोजन है तथा इसकी खली का उपयोग खाद के रूप में भी किया जाता है। तिल की खली में सामान्यतः 6.0-6.2 प्रतिशत प्रोटीन, 2.0-2.2 प्रतिशत फासफोरस तथा 1.0-1.2 प्रतिशत पोटास तथा कैल्शियम, विटामिन, नियासीन आदि की अधिकता होती है।

तिल के तेल में ''सिसमोल'' की उपस्थिति से तेल को अधिक दिनों तक सुरक्षित रखा जा सकता है। तेल के तनों की सूखी लकड़ी जलाने के काम में आती है। तिल के तेल का उपयोग कई तरह की दवाइयाँ बनाने में भी किया जाता है।

उत्पत्ति एवं इतिहास (Origin and History)

तिल का उदभव स्थल दक्षिण अफ्रीका से लेकर मध्य एशिया तक बताया जाता है। अधिकांश वैज्ञानिकों का मत है कि तिल का उदभव स्थान दक्षिणी अफ्रीका है क्योंकि दक्षिणी अफ्रीका में इसकी बहुत अधिक वन्य जातियाँ पाई जाती हैं। बेबीलोव (1926) तथा डी-केन्डोल (1886) के अनुसार तिल का उत्पत्ति स्थान दक्षिणी अफ्रीका तथा स्वतंत्र रूप से भारत एवं दक्षिण-पश्चिमी एशिया है। भारत में तिल की खेती प्राचीन काल से होती आ रही है। अनेक पुरातत्व ग्रन्थों में भी तिल का वर्णन है। हिन्दुओं द्वारा तिल का उपयोग धार्मिक अवसरों पर किया जाता रहा है, परन्तु भारत में तिल का पौधा जंगली रूप में भी पाया जाता है। विद्वानों का मत है कि आर्यों के आगमन के पूर्व ही भारत में तिल की खेती की जाती थी। सम्भवतः तिलहन वर्ग की विभिन्न फसलों में आर्यों के आगमन के पश्चात् सर्वप्रथम तिल की फसल का ज्ञान हुआ।

क्षेत्रफल तथा वितरण (Area and distribution)

विश्व में तिल की खेती अफ्रीका, पाकिस्तान, भारत, चीन, जापान, सूडान, इथोपिया, तुर्की, थाइलैन्ड, वर्मा, बैनेजुएला, अर्जेन्टाइना, मेक्सिको आदि देशों में की जाती है। विश्व में भारत तिल के उत्पादन तथा क्षेत्रफल की दृष्टि से अग्रणी है और दूसरा स्थान चीन का है। विश्व में तिल उगाने वाले कुल क्षेत्रफल का लगभग 60 प्रतिशत भाग भारत, पाकिस्तान तथा बर्मा में है। विश्व में कुल तिल उत्पादन का 25 प्रतिशत भारत में ही होता है। भारत में तिल की खेती अधिकांश राज्यों में की जाती है। तिल की खेती मुख्य रूप से राजस्थान, गुजरात, उड़ीसा, महाराष्ट्र, मध्य प्रदेश, आन्ध्र प्रदेश, तमिलनाडु एवं उत्तर प्रदेश में होती है। सन् 2003-04 में भारत में तिल की खेती लगभग 5.26 लाख हैक्टेयर क्षेत्रफल पर की जाती है जिससे कुल 2.12 लाख टन उत्पादन तथा 403 किग्रा प्रति हैक्टेयर उत्पादकता है।

सन् 1990-2000 में उत्तर प्रदेश में तिल 1.59 लाख हैक्टेयर क्षेत्रफल में उगाई गई और 0.30 लाख टन उत्पादन प्राप्त हुआ है तथा इसकी उत्पादकता 190 किग्रा प्रति हैक्टेयर है। उत्तर प्रदेश में इसकी खेती मुख्यतः बुन्देलखण्ड की राकर भूमि में तथा मिर्जापुर, सोनभद्र, कानपुर, इलाहाबाद, फतेहपुर, आगरा, मैनपुरी, बदायूं, एटा, इटावा, मथुरा आदि जिलों में की जाती है। उत्तरांचल में तिल की बड़े पैमाने पर

खेती की जा सकती है और इसे 1500 मीटर ऊँचाई वाले क्षेत्रों तक सफलतापूर्वक मई-जून से सितम्बर-अक्तूबर के मध्य तक उगाया जा सकता है। उत्तरांचल में तिल की खेती बसन्त ऋतु में अप्रैल से जून के मध्य तक भी की जा सकती है।

सन् 1999-2000 में भारतवर्ष में सबसे अधिक क्षेत्रफल (3.00 लाख हैक्टेयर) गुजरात राज्य में था इसके पश्चात् क्रमशः राजस्थान (2.12 लाख हैक्टेयर), तमिलनाडु (1.72 लाख हैक्टेयर) तथा

मध्य प्रदेश (1.70 लाख हैक्टेयर) राज्य में हैं। उत्पादन की दृष्टि से तमिलनाडु में 0.93 लाख टन, गुजरात में 0.87 लाख टन तथा पश्चिम बंगाल में 0.85 लाख टन प्राप्त हुआ। विश्व के विभिन्न देशों में तिल के अन्तर्गत क्षेत्रफल, उत्पादन तथा उत्पादकता तालिका 18.1 में दर्शाई गई है।

वानस्पतिक वर्गीकरण (Botanical classification)

भारत में तिल का पौधा सीसेमम इन्डिकम जाति का है। इन किस्मों को पकने के आधार पर, भौगोलिक दशाओं, रंग, खेती के मौसम, अन्डपों की संख्या आदि के आधार पर वर्गीकृत किया गया है।

1. **पकने के आधार पर**
   (a) जल्दी पकने वाली (85-100 दिन) - कम शाखायें एवं कम फूलों वाली
   (b) देर से पकने वाली (130-150 दिन) - अधिक शाखायें एवं अधिक फूल वाली
2. **बीज के रंग के आधार पर**
   (a) सफेद बीज - कम शाखायें, कम फूलों वाली तथा अधिक तेल
   (b) काला बीज - अधिक शाखायें, अधिक फूलों वाली तथा कम तेल
3. **अन्डपो की संख्या के आधार पर**
   (a) दो अन्डपो (Bi carpellatum) - प्रत्येक कैप्सूल में दो अन्डपो की संख्या
   (b) चार अन्डपों (Quadri carpellatum) - प्रत्येक कैप्सूल में चार अन्डपों की संख्या
4. **गुणसूत्रों के आधार पर**

वर्ग	गुणसूत्रों की संख्या	जातियाँ
प्रथम वर्ग	26	सीसेमम इन्डिकम (*Sesamum indicum*)
		सीसेमम एलेटम (*Sesamum alatum*)
द्वितीय वर्ग	32	सीसेमम प्रोस्ट्रैटम (*Sesamum prostratum*)
		सीसेमम लेसीनियेटम (*Sesamum laciniatum*)
तृतीय वर्ग	64	सीसेमम रेडियेटम (*Sesamum radiatum*)
		सीसेमम एक्सीडेन्टल (*Sesamum accidentate*)

जलवायु (Climate)

तिल प्रमुख रूप से उष्णकटिबन्धीय जलवायु की फसल है। सामान्यतः भारत में तिल खरीफ ऋतु की फसल के रूप में उगाई जाती है इसलिए इस फसल की अधिक उपज प्राप्त करने के लिए अधिक तापमान एवं फसल वृद्धि के लिए पूरे समय समान वर्षा की आवश्यकता होती है।

भारतवर्ष में तिल की खेती समुद्र तल से 1500 मीटर की ऊँचाई पर भी की जाती है। दक्षिण भारत तथा मध्य भारत (मध्य प्रदेश, गुजरात तथा महाराष्ट्र) में जहाँ तापमान बहुत कम नहीं रहता तथा सिंचाई की सुविधा होने पर इसे रबी ऋतु में भी उगाया जा सकता है। देश के उन भागों में जहाँ वार्षिक वर्षा 500 मिमी से अधिक होती है वहाँ पर तिल की फसल आसानी से उगाई जा सकती है। बीजों के बोने के समय कम तापमान होने पर अंकुरण अच्छा नहीं होता, फसल की वृद्धि भी अच्छी नहीं होती तथा संपुट अविकसित रह जाते हैं। अधिक उपज एवं तेल के गुणवत्ता के लिए लम्बे दिन तथा गर्म मौसम का होना अति आवश्यक है। तिल की फसल पर ओस, अधिक समय तक सूखा, नम मौसम एवं पानी जमा होने की परिस्थितियाँ विशेषकर फूल बनते समय होने पर फसल पर प्रतिकूल प्रभाव पड़ता है।

हमारे देश में तिल की फसल वर्षा आधारित फसल के रूप में उगाई जाती है, परन्तु सिंचाई के समुचित साधन होने की दशा में कम वर्षा वाले क्षेत्रों में भी उगाई जा सकती है। अधिक वर्षा वाले क्षेत्र अथवा जिन भूमियों में पानी भरता हो इसकी खेती के लिए उपयुक्त नहीं है।

भूमि (Soil) : तिल की खेती विभिन्न प्रकार की मृदाओं में की जाती है। इसकी खेती के लिए बलुई दोमट भूमि अधिक उपयुक्त रहती है। इसे लेटेराइट या कंकरीली भूमियों में भी उगाया जा सकता है। मध्य प्रदेश में इसे मटियार दोमट भूमियों में तथा महाराष्ट्र में कपास की काली भूमि में भी खेती की जाती है। तिल की फसल भारी भूमियों की अपेक्षा हल्की भूमियों में पौधों का विकास एवं वृद्धि अच्छी होती है। अधिक उपजाऊ भूमि में पौधों की वानस्पतिक वृद्धि अधिक हो जाती है जिससे बीज कम बनते हैं। बलुई, क्षारीय तथा अम्लीय भूमि तिल की खेती के लिए अनुपयुक्त होती है। लेकिन तिल की खेती के लिए उदासीन मृदा (हल्की अम्लीय तथा हल्की क्षारीय) जिनका पी एच मान 5.5–8.0 के मध्य होता है, उपयुक्त होती है। मृदा में लवणों की अत्यधिक उपस्थिति में इसके पौधों की बढ़वार ठीक से नहीं होती है।

उन्नतशील प्रजातियाँ (Improved Varieties) : तिल की उन्नतशील प्रजातियों का वर्णन निम्न तालिकाओं में दर्शाया गया है।

तालिका 12.1 : तिल की उन्नतशील प्रजातियों के विशिष्ट गुण

प्रजाति	संस्तुत क्षेत्र	पकने की अवधि	उपज	विशिष्ट गुण
टाइप 4	बुन्देलखण्ड	95–100	6–10	बीजों का रंग सफेद, तेल 52 प्रतिशत
टाइप 12	सम्पूर्ण उत्तर प्रदेश		6–10	पौधे 1.25–1.5 मीटर लम्बे, कैप्सूल तने पर एकान्तर रूप से, दानों में 52 प्रतिशत तेल
टाइप 13	उत्तर प्रदेश के बुन्देलखण्ड	85–90	6–10	पौधे लम्बे (1.5 से 1.75) सेमी, दाने सफेद, दानों में 50 प्रतिशत तेल, कैप्सूल एकान्तर क्रम में
टाइप 22	सम्पूर्ण उत्तर प्रदेश	80–85	6–9	दाने काले तथा 46 प्रतिशत तेल
आर टी 46	हरियाणा, पंजाब, हिमाचल प्रदेश, जम्मू एवं कश्मीर	80–85	6–8	दाने सफेद तथा 50 प्रतिशत तेल

पंजाब तिला-1	हरियाणा, पंजाब	80-85	6-8	पौधे लम्बे, दाने बड़े, सफेद तथा 53 प्रतिशत तेल, पौधा लम्बा, कैप्सूल एकान्तर क्रम में
टाइप 5	पंजाब, हरियाणा	90-95	6-7	सफेद बीज, 50 प्रतिशत तेल
टी सी 289	पंजाब	90-95	8-9	पौधे लम्बे, दाने बड़े तथा दानों में 53 प्रतिशत तेल
टाइप 12-24		85-90	5-6	दानों में 50 प्रतिशत तेल
प्रताप	राजस्थान	95-100	8-10	दाने सफेद तथा 50 प्रतिशत तेल
टीसी 25		85-90	6-9	दाने सुडौल सफेद तथा 50 प्रतिशत तेल
न. 125		95-100	5-10	पौधे सीधे तथा लम्बे, कैप्सूल एकान्तर क्रम में, दाने हल्के भूरे, मध्यम आकार के तथा 51 प्रतिशत तेल, आल्टरनेरिया लीफ स्पाट अवरोधी
ग्वालियर 5	मध्य प्रदेश, बुन्देलखण्ड	90-95	5-8	पौधा सीधा तथा शाखा रहित, कैप्सूल एकान्तर क्रम में, बीजों का आकार बड़ा, सफेद रंग तथा 53 प्रतिशत तेल
ग्वालियर 35	बुन्देलखण्ड	95-100	5-8	पौधे सीधे, शाखाओं वाली, कैप्सूल तने पर एक-दूसरे के विपरीत, बीजों का रंग सफेद, आकार बड़ा तथा 53 प्रतिशत तेल
एन 32	मध्य प्रदेश	95-100	7-10	पौधे सीधे तथा कम शाखाओं वाले, कैप्सूल एकान्तर क्रम, बीजों का रंग सफेद तथा 53 प्रतिशत तेल
नं. 41		115-120	5-7	बीज भूरे रंग के तथा 54 प्रतिशत तेल
जे आई 7		85-90	8-10	पौधा सीधा, शाखायुक्त, सुडौल, बीजों का रंग सफेद तथा 47 प्रतिशत तेल
जे टी एस 8	मध्य प्रदेश, उत्तर प्रदेश, राजस्थान, महाराष्ट्र, गजुरात, आन्ध्र प्रदेश, कर्नाटक	85-90	8-10	दानों का रंग सफेद तथा 46.6 प्रतिशत तेल, प्रमुख बीमारियों के प्रति मध्यम अवरोधी
पतन 64	गुजरात	90-100	5-9	पौधे मध्यम ऊँचे, कैप्सूल एकान्तर क्रम में, दाने सफेद तथा 48 प्रतिशत तेल
पतन 65	उत्तरी तथा दक्षिणी गुजरात	100-105	5-8	दानों का रंग भूरा तथा 49 प्रतिशत तेल
टी एम वी 2	तमिलनाडु	80-85	7-8	दानों का रंग सफेद तथा 52 प्रतिशत तेल
टी एम वी 3		80-85	6-8	दानों का रंग भूरा तथा 50 प्रतिशत तेल
फुले तिल नं.1	मध्य तथा पश्चिमी महाराष्ट्र	90-95	6-10	पौधे सीधे तथा लम्बे, बीजों का रंग सफेद तथा 51 प्रतिशत तेल

गौरी	आन्ध्र प्रदेश	90–95	6–10	दाने मध्य आकार के, भूरे तथा 50 प्रतिशत तेल
माधवी	आन्ध्र प्रदेश, आसाम	75–80	8–10	पौधे छोटे तथा सीधे, पत्तियाँ चिकनी, दाने हल्के भूरे तथा मध्यम आकार
टी 85	उड़ीसा	115–120	6–8	बीजों का आकार बड़ा, सफेद तथा 52 प्रतिशत तेल
विनायक	उड़ीसा	110–115	6–7	खरीफ तथा ग्रीष्म ऋतु, बीजों का रंग हल्का भूरा
बी 3–1		110–115	6–8	बीजों का रंग काला, 48 प्रतिशत तेल
बी 3–2		105–110	7–9	बीजों का रंग काला, 47 प्रतिशत तेल, बैक्टीरियल ब्लाइट तथा सरकोस्पोरा लीफ स्पॉट अवरोधी
बी 9	पश्चिम बंगाल	85–90	8–10	दानों का रंग गहरा भूरा तथा 47 प्रतिशत तेल
बी 67	बिहार, पश्चिम बंगाल	80–85	10–15	बीजों का रंग काला तथा 48 प्रतिशत तेल
ए 10	पश्चिम बंगाल	80–85	9–10	बीजों का रंग सफेद तथा 51 प्रतिशत तेल
गुजरात तिल–10	गुजरात	100–105	7–10	बीजों का रंग काला तथा 48 प्रतिशत तेल
प्राची	उड़ीसा	95–100	10–12	दानों का रंग काला, प्रमुख बीमारियों एवं कीटों के प्रति अवरोधी
चन्दना	आन्ध्र प्रदेश	95–100	10–12	बीजों का रंग चंदन के समान, प्रमुख कीटों एवं बीमारियों के प्रति अवरोधी
तिलारानी	केरल	80–85	6–8	दानों का रंग गहरा भूरा तथा 51 प्रतिशत तेल

फसल चक्र (Crop rotation) : तिल की फसल को मिश्रित एवं शुद्ध फसल दोनों प्रकार से उगाया जा सकता है। तिल को बाजरा, ज्वार, मक्का, कपास, मूँगफली, अन्डी तथा अरहर के साथ मिश्रित फसल पद्धति के रूप में भी उगाया जाता है। दक्षिण भारत में रबी के मौसम में ज्वार, चना, अलसी, कुसुम, जौ, मसूर व गेहूँ के साथ मिलवाँ फसल के रूप में उगाते हैं। मध्य प्रदेश में तिल को मूंग या उर्द या सोयाबीन के साथ 3:1 के रूप में उगाने पर अधिकतम लाभ प्राप्त होता है। पश्चिमी उत्तर प्रदेश में तिल को अरहर के साथ 1:1 पंक्ति के अनुपात के उगाने पर अधिक लाभ मिलता है।

खरीफ में तिल की फसल लेने के बाद रबी में अलसी, चना, मटर, मसूर, जौ, जई, गेहूँ आदि कोई भी फसल ली जा सकती है। सिंचाई की सुविधा होने पर ग्रीष्मकाल में उर्द, मूँग एवं लोबिया को तीसरी फसल के रूप में भी उगाया जा सकता है।

तालिका 12.2 : विभिन्न राज्यों में तिल की उन्नतशील प्रजातियाँ

राज्य	प्रजातियाँ
आन्ध्र प्रदेश	गौरी, माधवी, राजेश्वरी, यालामान्चिली 1, यालामान्चली 2, स्वेता तिल, जे सी एस 94
आसाम	माधवी, गौरी, आर एस 1, आर टी 1, एस टी 1683, ओ एम टी 1163
बिहार	कृष्णा, बी 63, कान्के व्हाइट, ओ एम टी 1163

गुजरात	परवा 1, गुजरात तिल 1, गुजरात तिल 2, गुजरात तिल 10
हरियाणा	हरियाणा तिल 1, आर टी 46
हिमाचल प्रदेश	ब्रजेश्वरी
कर्नाटक	ई 8, डी जी 1, टी एम वी 3, के 1
केरल	कयानकुलम 1, तिलोतमा, सोमा, सूर्या, तिलक, तिलधारा, तिलरानी
मध्य प्रदेश	एन 32, जे टी 7, जे टी 21, टी के जी 22, टी के जी 55, जे टी एस 8, आर टी 46, रामा
महाराष्ट्र	फुले तिल 1, एन 8, टापी (जे एल टी 7), जे एल टी 26, ए के टी 64, ए के टी 101
उड़ीसा	टी 85, विनायक, कनक, कलिका, उमा, आशा, निर्मला, प्राची
पंजाब	टी सी 25, पंजाब तिल 1, टी सी 289
राजस्थान	प्रताप, आर टी 46, आर टी 54, आर टी 125, आर टी 46
तमिलनाडु	टी एम वी 3, टी एम वी 4, टी एम वी 5, टी एम वी 6, को 1, टी एस एस 6, पैयुरा
पश्चिम बंगाल	रामा, तिलोतमा

खेती की तैयारी (Field preparation)

तिल के बीज बहुत छोटे तता पतले होने के कारण इनको बोने के लिए खेत अच्छी तरह से तैयार होना चाहिए। खेत की ग्रीष्मकालीन (अप्रैल-मई) गहरी जुताई करने से खेत में पनप रहे कीटों के अन्डे एवं लारवा, बीमारियों के परजीवी तथा खरपतवार अधिक गर्मी एवं धूप से नष्ट हो जाते हैं। मानसून शुरू होते ही मिट्टी पलटने वाले हल के एक जुताई करने के बाद 2-3 हैरो या देशी हल से खेत की जुताई कर देना चाहिए। खेत की मिट्टी भुरभुरी होने पर तथा पर्याप्त नमी होने पर बीजों का अंकुरण अच्छा होता है। सामान्यत: तिल की खेती हल्की भूमियों में करने पर उपरोक्त विधियों से खेत तैयार करना चाहिए। जबकि भारी भूमियों में अच्छी तरह से खेत तैयार करने के लिए और अधिक जुताइयों की आवश्यकता होती है। जब तिल की फसल को ज्वार, बाजरा, अरहर, मक्का आदि फसलों के साथ मिलवाँ रूप में बोते हैं तो सामान्य रूप से खेत की तैयारी मुख्य फसल की आवश्यकतानुसार की जाती है। तिल का शुद्ध अथवा मिलवाँ फसल पद्धति में खेत की मिट्टी भुरभुरी, खेत समतल तथा पूर्व फसल के डंठल मौजूद नहीं होने चाहिऐ तथा अच्छे अंकुरण के लिए पर्याप्त मात्रा में मृदा नमी मौजूद रहनी चाहिए।

बीज एवं मात्रा (Seed and seed rate) : तिल की खेती शुद्ध अथवा मिलवाँ फसल के रूप में की जाती है। तिल के बीज का आकार बहुत छोटा तथा पतला होने के कारण बीज बोने के पूर्व रेत, सूखी महीन मिट्टी अथवा राख मिला लेनी चाहिए। विभिन्न दशाओं में बीज की मात्रा भिन्न-भिन्न होती है। शुद्ध फसल के रूप में 3-5 किग्रा बीज प्रति हैक्टेयर बोना चाहिए। जबकि मिश्रित खेती में 1.5 से 2.5 किग्रा बीज प्रति हैक्टेयर बोना चाहिए। मिश्रित खेती में बीज दर का निर्धारण मुख्य एवं सहयोगी फसल के अनुपात पर भी निर्भर करता है। यदि मिलवाँ/अन्त: फसल पद्धति में मुख्य फसल के साथ 3:1 के अनुपात में उगाया जा रहा है तो बीज की मात्रा शुद्ध फसल की अपेक्षा एक तिहाई कर देनी चाहिए। जबकि पश्चिमी उत्तर प्रदेश में तिल के साथ अरहर की मिलवां खेती 1:1 के अनुपात में की जाती है। ऐसी दशा में तिल के बीज की मात्रा शुद्ध फसल के बीज की मात्रा से आधी कर देनी चाहिए।

तिल का बीज सदैव प्रमाणित तथा कवकनाशी रसायनों से उपचारित करने के उपरान्त ही बोना चाहिए। तिल के बीजों को थीरम 3 ग्राम प्रति किलोग्राम बीज की दर से बोने के पूर्व उपचारित अवश्य कर लेना चाहिए।

बोने का समय (Time of sowing) : खरीफ ऋतु में तिल की बुआई सामान्यत: वर्षा ऋतु के आरम्भ होने के बाद ही की जाती है। परन्तु सिंचाई की उपलब्धता होने की दशा में पलेवा करके तिल की बुआई पहले भी की जा सकती है। खरीफ ऋतु में तिल बोने का उपयुक्त समय 20 जून से लेकर 10 जुलाई होता है। तिल को रबी के मौसम में भी उगाया जा सकता है। रबी में तिल बोने का उपयुक्त समय मध्य अक्टूबर से नवम्बर का प्रथम सप्ताह है। इस मौसम में 25 से 27 डिग्री सेन्टीग्रेड तापमान तिल के बीजों के अच्छे अंकुरण के लिए आवश्यक होता है। उत्तरांचल में तिल को मुख्यत: खरीफ ऋतु में उगाया जाता है अत: यहाँ बोने का उपयुक्त समय मई के अन्तिम सप्ताह से जून का प्रथम सप्ताह है।

मध्य प्रदेश तथा दक्षिणी भारत में तिल की बुआई अगस्त तथा मध्य सितम्बर में की जाती है। तमिलनाडु, आन्ध्र प्रदेश तथा महाराष्ट्र में तिल की बुआई अप्रैल से जून तक की जाती है। आसाम में तिल की तीन फसलें उगाई जाती हैं अत: इसकी बुआई क्रमश: फरवरी–मार्च, मई–जून तथा अगस्त–सितम्बर में की जाती है।

बोने की विधि (Method of Sowing) : तिल की बुआई सामान्यत: छिड़कवाँ विधि द्वारा की जाती है। शुद्ध एवं मिलवाँ फसल पद्धति दोनों प्रकार की फसलों की बुआई छिड़कवाँ विधि तथा साथ ही साथ निराई--गुड़ाई, सिंचाई तथा कटाई में भी आसानी रहती है। पंक्तियों में बोई गई फसल में पंक्ति से पंक्ति की दूरी 30–45 सेमी तथा पौधे से पौधे की दूरी 10–15 सेमी रखते हैं। तिल का बीज बहुत छोटा होने के कारण बीजों को 2–3 सेमी की गहराई पर बोना चाहिए। उचित पौध संख्या का निर्धारण करने के लिए बीज को बोने के 10–15 दिन बाद पौधों को उखाड़ कर पौधों से पौधों की दूरी 10–15 सेमी कर देनी चाहिए।

खाद एवं उर्वरक (Manures and Fertilizers)

मिश्रित फसल के रूप में तिल की फसल के लिए उर्वरकों को देने की आवश्यकता नहीं होती है। क्योंकि मुख्य फसल के लिए दी गई उर्वरकों की मात्रा ही पर्याप्त होती है। एकल फसल के रूप में तिल की बुआई करने के पूर्व 5–6 टन गोबर की खाद प्रति हैक्टेयर डालकर खेत में अच्छी तरह मिला देना चाहिए।

असिंचित दशाओं में तिल की फसल उगाने में 30–40 किग्रा नत्रजन, 20–30 किग्रा फासफोरस तथा 20–30 किग्रा पोटास प्रति हैक्टेयर की दर से बुआई के पूर्व खेत में फैलाकर अच्छी तरह से मिला देना चाहिए। सिंचित क्षेत्रों में 50–60 किग्रा नत्रजन, 40–50 किग्रा फासफोरस तथा 30–40 किग्रा पोटास प्रति हैक्टेयर की दर से देना चाहिए। दो तिहाई नत्रजन को खड़ी फसल में फूल आने के समय देना चाहिए। गोबर की खाद का प्रयोग करने से पौधों की आवश्यक सभी पोषक तत्व पर्याप्त मात्रा में उपलब्ध हो जाते हैं। फासफोरस को सिंगल सुपर फासफेट के रूप में देने से इसमें उपस्थिति सल्फर की पूर्ति हो जाती है अथवा 15–20 किग्रा प्रति हैक्टेयर की दर से सल्फर का प्रयोग करने से बीजों की वृद्धि एवं विकास अच्छा होता है तथा बीजों में तेल की मात्रा बढ़ जाती है।

सिंचाई (Irrigation)

तिल की फसल को सामान्यत: सिंचाई की आवश्यकता नहीं पड़ती है। यदि तिल की बुआई जल्दी करनी हो तो एक सिंचाई की आवश्यकता होती है। खरीफ में बोई गई फसल को सिंचाई की आवश्यकता नहीं पड़ती है परन्तु वर्षा ऋतु में पानी न बरसने अथवा सूखा पड़ने की दशा में 1-2 सिंचाइयों की आवश्यकता होती है। फूल आने के समय सूखा पड़ने की दशा में सिंचाई करना बहुत ही आवश्यक है। पौधों तथा फलियों एवं उनमें दानों के उचित विकास के लिए भूमि में उचित मात्रा में नमी रहना आबश्यक है। सिंचित क्षेत्रों में तिल की फसल को 2-3 सिंचाईयों की आवश्यकता पड़ती है। पहली सिंचाई 15-20 दिन बाद, दूसरी सिंचाई फूल आने के समय तथा तीसरी सिंचाई फलियों में दाना बनते समय करनी चाहिए। रबी में बोई जाने वाली तिल की फसल को 2-3 सिंचाईयों की आवश्यकता होती है।

अधिक वर्षा वाले क्षेत्रों में वर्षा का पानी खेत में इकट्ठा होने से पौधों की बढ़वार के लिए हानिकारक है। खेत से अतिरिक्त पानी को जलनिकास की नालियों द्वारा निकाल देना चाहिए। अत: मृदा में जल निकास का समुचित साधन होना चाहिए।

खरपतवार नियन्त्रण (Weed Control) : तिल की फसल खरीफ ऋतु में बोने के कारण वर्षा ऋतु में फसल पर खरपतवारों का प्रकोप बहुत अधिक मात्रा में होता है। फसल की प्रारम्भिक अवस्था में पौधों की वृद्धि बहुत धीमी होने के कारण खरपतवार बहुत अधिक हानि पहुँचाते हैं। सामान्य रूप में तिल की फसल को 2-3 बार खुरपी अथवा हेन्ड हो से निराई-गुड़ाई करने की आवश्यकता होती है। पहली बार निराई-गुड़ाई जब करते हैं तब पौधे 15-20 सेमी के हो जाऐ तथा दूसरी गुड़ाई फूल आते समय करनी चाहिए।

तिल की फसल में एलाक्लोर 1.5 लीटर अथवा फ्लूक्लोरिन 1.0 किग्रा सक्रिय तत्व प्रति हैक्टेयर की दर से 600-800 लीटर पानी में घोलकर बुआई के पश्चात् परन्तु जमाव के पूर्व छिड़काव कर देने से फसल की प्रारम्भिक अवस्था में ही खरपतवारों के प्रकोप को नियंत्रित रखा जा सकता है।

तिल की अधिक उपज प्राप्त करने के लिए कुछ आवश्यक बिन्दु

तिल की अधिक उपज प्राप्त करने के लिए कुछ महत्वपूर्ण सुझाव निम्न हैं।

1. क्षेत्र एवं परिस्थितियों के अनुसार संस्तुत की गई उन्नतशील किस्मों के बीजों का ही प्रयोग करें।
2. बोनें से पूर्व बीजों को कवकनाशी रसायनों से उपचारित अवश्य करें।
3. खेत को अच्छी तरह से तैयार करने के बाद सही ढंग से समतल करें और यह सुनिश्चित कर लें कि पानी का उचित निकास है।
4. खेत में खरपतवार तथा पूर्व फसल के अवशेष नहीं होने चाहिएं।
5. उचित समय पर तथा उचित बीज की दर से बुआई करें।
6. फसल को छिड़कवाँ बोने के बजाय पंक्तियों में 30-45 सेमी की दूरी पर बोयें तथा पौधे से पौधे की दूरी 10-15 सेमी रखें।
7. उर्वरकों की उचित मात्रा एवं उचित समय पर प्रयोग करें।
8. फसल की 10-15 दिन बाद पहली निराई-गुड़ाई करें तथा इसी समय घने पौधों को उखाड़ देना चाहिए।

9. कीटों एवं बीमारियों की उचित रोकथाम करनी चाहिए।
10. जब पत्तियाँ पीली पड़ जायें तब कटाई करनी चाहिए।
11. भण्डारण से पूर्व बीजों को अच्छी तरह सुखा लेना चाहिए।

प्रमुख बीमारियाँ, कीट एवं उनकी रोकथाम (Important diseases, insect and their control measures)

तिल की फसल में हानि पहुँचाने वाले प्रमुख बीमारियाँ तथा उनकी रोकथाम निम्न तालिकाओं में दर्शायी गई है।

तालिका 12.3 : तिल की फसल की प्रमुख बीमारियाँ एवं उनकी रोकथाम

बीमारी एवं कवरक	लक्षण	रोकथाम
फिलोडी	रोग ग्रस्त पौधे झाड़ीनुमा, तने के ऊपर का भाग खराब हो जाता है और पत्तियाँ फीते के आकार, शाखायें अधिक तथा तने की गाँठों के बीच की दूरी कम हो जाती है। आंशिक संक्रमण की दशा में कैप्सूल पौधे के निचले हिस्से में लगते हैं। इस कैप्सूल में बनने वाला बीज बहुत ही हल्का तथा बीजों में तेल की मात्रा कम होती है।	इस बीमारी का प्रकोप लीफ हॉपर द्वारा होता है। मेटासिस्टाक्स 1 लीटर प्रति हैक्टेयर की दर से 1000 लीटर पानी में घोल कर छिड़काव कर देना चाहिए। रोग रोधी किस्मों को बोना चाहिए।
फाइटोप्योरा ब्लाइट–फाइटोफ्योरा पैरासिटिका	रोग के संक्रमण होने पर पत्तियों के ऊपर छोटे–छोटे धब्बे पड़ जाते हैं। इसके बाद यह धब्बे बड़े आकार के होकर पूरी पत्तियों पर फैल जाते हैं। इसके कारण पत्तियाँ मुरझाई जैसी लगती हैं तथा बाद में गिर जाती हैं। अधिक संक्रमण होने की दशा में तनों के चारों तरफ भूरे धब्बे पड़ जाते हैं तथा तनों का छिलका आसानी से निकल जाता है। पौधों में फूल नहीं आते और अन्त में पौधे मर जाते हैं।	जल निकास का उचित एवं समुचित प्रबंध होना आवश्यक है। रोग रोधी किस्मों को बोना चाहिए। बीज बोने के पूर्व बीजों को 52 डिग्री सेन्टीग्रेड तापमान पर आधे घन्टे तक पानी में भिगोकर बोना चाहिए। जिनेब 2 किग्रो प्रति हैक्टेयर की दर से 1000 लीटर पानी में घोलकर छिड़काव करना चाहिए।
तना तथा जड़ विगलन–मेक्रोफोमिना फेजियो–लाई एवं स्कलेरोसियम बटाटीकोला	पौधों की जड़ों तथा तना का निचला भाग भूरे रंग का हो जाता है और बाद में यह पौधों के ऊपर की तरफ फैलता है। कुछ समय बाद पूरा पौधा भूरे रंग का हो जाता है। संक्रमण होने पर बीज सिकुड़ जाते हैं तथा हल्के वजन के हो जाते हैं।	कैप्टान अथवा ब्रेसीकोल 2 ग्राम प्रति किलो बीज दर से उपचारित कर बोना चाहिए। उपयुक्त फसल चक्र अपनाना चाहिए।
पर्ण दाग (Leaf Spot)-सरकोस्पोरा सीसेमाई	इस बीमारी का प्रकोप होने पर पत्तियों के दोनों तरफ छोटे भूरे धब्बे दिखाई पड़ने लगते हैं। बाद में ये धब्बे बड़े होकर पूरी पत्ती पर	बीजों को 52 डिग्री से सेन्टीग्रेड गर्म पानी में एक घंटे तक भिगोकर बोना चाहिए। रोगरोधी प्रजातियाँ बोनी चाहिऐ।

	फैल जाते हैं। वातावरण में आर्द्रता अधिक समय तक रहने पर ये धब्बे काले रंग में परिवर्तित हो जाते हैं। कुछ समय पश्चात पौधा बिना पत्तियों का हो जाता है।	डाइथेन जेड 78 दो किग्रा 1000 लीटर प्रति हैक्टेयर की दर से पानी में घोल कर छिड़काव करना चाहिए।
पर्ण कुंचन (Leaf curl)	माहूँ कीट द्वारा इस बीमारी का संक्रमण होता है। संक्रमित पौधों की पत्तियाँ नीचे की तरफ मुड़ने लगती हैं तथा पत्तियों का रंग गहरा हो जाता है। अधिक प्रकोप होने की दशा में पत्तियों का आकार छोटा हो जाता है तथा पौधों पर कैप्सूल नहीं बनते हैं।	फोरेट 10 जी 10 किग्रा प्रति हैक्टेयर की दर से भुरकाव करना चाहिए। मेटासिस्टाक्स 1 लीटर की दर से 1000 लीटर पानी में घोलकर छिड़काव कर देना चाहिए।
आल्टरनेरिया पर्ण धब्बे-आल्टरनेरिया सिसेमाई	इस बीमारी का प्रकोप बीजों के जमाव के समय पत्तियों पर काले धब्बे पड़ जाते हैं बाद में ये धब्बे ऊपर की पत्तियों पर फैल जाते हैं जिसके परिणामस्वरूप पौधों पर पत्तियाँ न होने के कारण पौधा मर जाता है।	बीजों को बोने के पूर्व बेनलेट अथवा बेविस्टीन 2 ग्राम प्रति किलो बीज दर से उपचारित कर बोना चाहिए। डाइथेन जेड 78 का 0.2 प्रतिशत घोल का छिड़काव करने से इसका नियन्त्रण हो जाता है।
बैक्टीरियल ब्लाइट-जेंथोमोनास सिसेमाई	इस बीमारी का संक्रमण पौधों की प्रारम्भिक अवस्था में पहले होता है। जमाव के बाद पौधों की पत्तियों पर भूरे से काले रंग के गोल धब्बे पड़ जाते हैं बाद में ये धब्बे एक-दूसरे से जुड़ जाते हैं। इसके प्रकोप से पत्तियाँ गिर जाती हैं।	बीज बोने से पूर्व एग्रोमाइसिन (0.025 प्रतिशत) तथा सिरेसन (0.05 प्रतिशत) के मिश्रण में बीजों को 9 घंटे तक उपचारित करना चाहिए। स्ट्रेप्टोसाइक्लिन 3 ग्राम एक गैलन पानी के घोल में बीज बोने के 25 दिन पश्चात 15 दिन के अन्तराल पर 2-3 बार छिड़काव करना चाहिए।

तालिका 12.4 : तिल की फसल में लगने वाले प्रमुख कीट एवं उनकी रोकथाम

कीट	लक्षण	रोकथाम
पर्ण लपेटक कीट (Leaf roller)	इस कीट की सूँडियाँ पत्तियों, तनों तथा फलियों को खाती है। जब इनका प्रकोप अधिक होता है तो यह पौधे के ऊपरी भाग तथा फूलों को नष्ट कर देती है।	डेमीक्रोन 300 मिली को 900 लीटर पानी प्रति हैक्टेयर की दर से घोल बनाकर अथवा पैराथियान का 0.4 प्रतिशत घोल अथवा एल्डिन के 0.02 प्रतिशत घोल का छिड़काव कर देना चाहिए।
गाल फ्लाई (Gall fly)	इस कीट की सूँडी फूल को खाती हैं जिससे कैप्सूल का विकास रूक जाता है। इसके प्रकोप से कलियों का रूप विकृत हो जाता है और उनमें बीज नहीं बनते हैं।	ग्रसित पौधों को उखाड़कर नष्ट कर देना चाहिए। इण्डोसल्फान का 0.15 प्रतिशत घोल का छिड़काव कर देना चाहिए।
तिल का हरा तेला अथवा जैसिड	यह कीट तिल की पत्तियों का रस चूस कर रोजेट बीमारी को फैलाते हैं। कीट का अधिक प्रकोप होने पर पत्तियाँ सूखकर गिरने लगती हैं।	0.15 प्रतिशत इण्डोसल्फान के घोल का छिड़काव करने से इसका नियन्त्रण हो जाता है।

बिहार की रोयेंदार सूँडी (Bihar hairy caterpillers)	इस कीट की सूँडी पौधों की पत्तियों को खाती है। अत्यधिक प्रकोप होने की दशा में पौधों पर पत्तियाँ नहीं रहती हैं।	सूँडियों को इकट्ठा कर नष्ट कर देना चाहिए। थायोडान 35 ईसी अथवा इकलाक्स 25 ईसी 1 लीटर को 1000 लीटर पानी में घोल कर छिड़काव कर देना चाहिए।

तालिका 12.5 : तिल के प्रमुख कीट तथा नुकसान करने की विधि

कीट	वैज्ञानिक नाम	नुकसान करने की विधि
पर्ण लपेटक	एन्टीगास्ट्रा कैटेलानेलिस (*Antigastra catlaunalis*)	पत्तियों को लपेटना तथा खाना
गाल फलाई	एसेफोन्डिलिया सीसेमाई (*Asphondylia sesami*)	लारवा द्वारा फूलों को खाना
थ्रिप्स	थ्रिप्स पाल्मी (*Thrips palmi*)	फूलों को खाना
बिहार की रोयदार सूंडी	डायक्रीसिया ऑब्लीका (*Diacrisia oblique*)	पत्तियों को कुतरना
माहूँ	माइजम पर्सिकी (*Myzum parsiki*)	रस को चूसना
भूरा टिकट	एकेरोन्सिया स्टिक्स	पत्तियों का कुतरना
लीफ माइनर	फाइटोमाइजा एट्रीकानिस	पत्तियों में सुरंग बनाकर हरे भाग को खाना

कटाई तथा मड़ाई (Harvesting and threshing)

तिल की फसल सामान्यत: 85–95 दिनों में पककर तैयार हो जाती है। फसल के पकने पर पत्तियों, तने तथा फलियों का रंग पीला पड़ने लगता है। इसकी फलियाँ सबसे पहले नीचे के भाग की पकती हैं इसके बाद ऊपर की ओर पकती जाती हैं जब फलियों का रंग पीला पड़ जाये इसकी कटाई का उपयुक्त समय है। इस अवस्था पर पौधों को हँसिया से काट कर पौधों के बंडल बनाकर सीधे खलिहान में सुखाना चाहिए। देर से कटाई करने पर फलियाँ चटकने लगती हैं तथा दाने बिखरने लगते हैं। तिल के पौधों की कटाई करते समय यह ध्यान रखना चाहिए कि पौधा सीधा रहे अन्यथा अधिक पकी हुई फलियों के बीज खेत में कटाई करते समय झड़ जाते हैं। खलिहान में मड़ाई करने के पूर्व पौधों को अच्छी तरह से सुखा देना चाहिए। जब पौधे भली भाँति सूख जाये तभी मड़ाई करनी चाहिए।

❑❑❑❑❑

दलहनी फसलें

- अरहर
- उर्द या उड़द
- मूँग
- लोबिया

अध्याय 13

अरहर
(Redgram)

वानस्पतिक नाम	:	केजेनस केजन
(Botanical name)	:	(*Cajanus cajan L. Millop*)
कुल (Family)	:	लेग्यूमिनेसी (Leguminaceae)

आर्थिक महत्व (Economic Importance)

अरहर भारत की एक महत्वपूर्ण दलहनी फसल है। अरहर उत्पादन तथा क्षेत्रफल की दृष्टि में चना के बाद दूसरे स्थान पर है। अरहर की दाल न केवल उत्तर प्रदेश एवं बिहार बल्कि सम्पूर्ण देश में प्रयोग की जाती है। अरहर में 20–21 प्रतिशत प्रोटीन तथा प्रचुर मात्रा में कार्बोहाइड्रेट, बसा, कैल्सियम, फासफोरस तथा पोटेसियम पाई जाती है (तालिका 13.1)। देश के कुछ राज्यों जैसे गुजरात तथा महाराष्ट्र में इसकी हरी फलियों को सब्जी के रूप में प्रयोग किया जाता है। अरहर के दानों का छिलका तथा बीजपत्रों के छोटे-छोटे टुकड़ों को पशुओं को खिलाया जाता है। फसल की हरी पत्तियों को भी हरे चारे के रूप में पशुओं को खिलाते हैं। अरहर की फसल से दाने निकालने के बाद पत्तियों एवं फलियों से भूसा प्राप्त होता है जोकि उत्तम किस्म का चारा होता है का प्रयोग भी पशुओं के चारे के रूप में किया जाता है। अरहर के तनों का प्रयोग जलाऊ लकड़ी के रूप में किया जाता है।

अरहर की फसल दलहनी फसल होने के कारण इसमें पाई जाने वाली मूसला जड़े जो सीमित नमी की दशा में भूमि की निचली सतह से मृदा नमी को शोषित करके फसल की बढ़वार को बनाये रखती हैं। अरहर की जड़ों में उपस्थित जड़ ग्रन्थियाँ वायुमण्डल की नत्रजन का स्थिरीकरण करती हैं। इस प्रकार की जड़ें मृदा की रासायनिक और जैविक दशाओं में सुधार करके मृदा की उर्वराशक्ति को बनाये रखने में सहायक होती है। दलहनी फसल होने के कारण अरहर सहजीवी विधि द्वारा नत्रजन की अपनी आवश्यकता की पूर्ति स्वयं ही कर लेती है क्योंकि यह लगभग 40 किलोग्राम प्रति हैक्टेयर की दर से नत्रजन भूमि में संचित कर देती है। इसकी पत्तियाँ एवं पतली टहनियाँ, फूल तथा अपरिपक्व फलियाँ झड़कर भूमि में मिलकर कार्बनिक पदार्थ की मात्रा में वृद्धि कर देती है। अरहर के पौधों को वायु द्वारा मृदा क्षरण रोकने में वायु प्रतिरोधक के रूप में भी काम में लाया जाता है। अरहर की पत्तियों को लाख के कीड़े पालने में भी प्रयोग करते हैं।

तालिका 13.1 : अरहर में पाये जाने वाले रासायनिक अवयव प्रति 100 ग्राम दाना

तत्व	ग्राम	तत्व	मिलीग्राम
प्रोटीन	22.3	कैल्शियम	120
कार्बोहाइड्रेट	60.1	पोटेशियम	1110
बसा	3.8	फासफोरस	300
लौह	7	विटामिन	
		बी$_1$	0.63
		ब$_2$	0.16

उत्पत्ति एवं इतिहास (Origin and History)

अरहर की खेती देश में लगभग 3000 वर्ष पूर्व से की जा रही है। भारत देश में अरहर की वन्य प्रजातियाँ नहीं पाई जाती हैं। बल्कि इसकी वन्य प्रजातियाँ अफ्रीका के नील नदी के उपरवार तथा मंगोल के तलहटी क्षेत्रों में पाई जाती हैं। इस तरह अरहर की उत्पत्ति स्थान अफ्रीका ही माना जाता है और यहीं से अरहर का विकास भारत में हुआ। वेवीलोव के अनुसार अरहर की उत्पत्ति स्थान भारत है लेकिन यहाँ पर अरहर की वन्य प्रजातियाँ न होने के कारण सन्देह है लेकिन कुछ वैज्ञानिकों का मानना है कि अरहर की उत्पत्ति भारत में ही हुई और बहुत समय पूर्व यहीं से विश्व के अन्य देशों में फैली। अरहर की उत्पत्ति का द्वितीय केन्द्र पूर्व अफ्रीका भी माना गया है। भारत में अरहर में विभिन्नता सर्वाधिक है। अरहर की वन्य जातियाँ जैसे केजानस लेन्सियोलेट (*Cajanus lentiolate*), केजानस कजानीफोलियस (*Cajanus cajanifolius*), केजानस एक्यूटिफोलियस (*Cajanus acutifolius*), केजानस लेटीसिपैलस (*Cajanus latisipallus*), केजानस स्केरेबिओडस (*Cajanus scarebiodus*), केजानस सिरिसियस (*Cajanus sirisius*), केजानस प्लेटीकार्पस (*Cajanus platicarpus*), केजानस मोलिस (*Cajanus molis*) आदि हैं जो एटाइलोसिया वंश में आती हैं। ये वन्य प्रजातियाँ आनुवांशिक स्तर पर अरहर से काफी मिलती जुलती हैं। अरहर में गुणसूत्रों की संख्या $2n = 22$ होती है।

क्षेत्रफल तथा वितरण (Area and Distribution)

अरहर उगाने वाले विश्व के विभिन्न देशों में भारत का प्रथम स्थान है। अरहर की खेती विश्व के सभी उष्ण एवं उपोष्ण क्षेत्रों में विस्तृत रूप से की जाती है। इसकी खेती करने वाले मुख्य देश आस्ट्रेलिया, मलेशिया, अफ्रीका, इन्डोनेसिया, वेस्टइंडीज तथा भारत हैं। भारत के लगभग सभी प्रान्तों में इसकी खेती मुख्यत: असिंचित दशाओं में की जाती है। देश में कुल दलहनी फसलों के क्षेत्रफल तथा उत्पादन की दृष्टि से अरहर में क्रमश: 12 तथा 17 प्रतिशत है। भारत में अरहर के अन्तर्गत सबसे अधिक क्षेत्रफल (11.8 लाख है.) उत्पादन (9.7 लाख टन) महाराष्ट्र राज्य में है। इसके अतिरिक्त मुख्य रूप से उत्तर प्रदेश, मध्य प्रदेश, कर्नाटक, गुजरात तथा आन्ध्र प्रदेश में उगाई जाती है। इस फसल के अन्तर्गत 1950-51 से अब तक 12 लाख हैक्टेयर क्षेत्र (21.8 से बढ़कर 38.8 लाख हैक्टेयर) की वृद्धि हुई है। सबसे अधिक वृद्धि महाराष्ट्र, आन्ध्र प्रदेश तथा गुजरात प्रान्तों में हुई है। कम समय में पकने वाली अरहर के विकास से अरहर के बाद गेहूँ की खेती करना सम्भव हो सकी है। इस फसल प्रणाली के अन्तर्गत पंजाब, उत्तर प्रदेश तथा हरियाणा के कुछ भागों में लगभग 2 लाख हैक्टेयर क्षेत्रफल की वृद्धि हुई है, परन्तु बिहार, राजस्थान एवं मध्य प्रदेश में कुल अरहर के क्षेत्रफल में कमी आई है। अरहर के उत्पादन में 1950-51 से अब तक 13.8 लाख (17.2 से 33.4 लाख टन) तथा उत्पादकता में 28 किलोग्राम प्रति हैक्टेयर (788 से 816 किलोग्राम प्रति हैक्टेयर) की वृद्धि हुई है। उत्तर प्रदेश में सन् 2012-13 में अरहर का कुल क्षेत्रफल (3.1 लाख हैक्टेयर) तथा उत्पादन 3.3 लाख टन था। उत्तर प्रदेश में अरहर में सबसे अधिक क्षेत्रफल जालौन, हमीरपुर, कानपुर, गाजीपुर, प्रतापगढ़ में है।

वानस्पतिक वर्गीकरण (Botanical classification)

अरहर के पौधों की ऊंचाई, स्वभाव, पकने की अवधि, फलियों का रंग, आकार एवं बीजों के आकार पर वर्गीकृत किया गया है। अरहर की मुख्य रूप से दो प्रजातियाँ हैं।

1. अरहर (केजेनस इन्डिकस जाति बाइकलर) (*Cajanus indicus var bicolor*) : इस प्रजाति के पौधे अधिक बढ़ने वाले, लम्बे तथा देर से पकने वाले होते हैं। फूलों की पाँचों पंखुड़ियों की पृष्ठीय सतह पर लाल शिरायें होती हैं। फलियों में 4-5 बीज होते हैं। पौधों में फलियाँ एक साथ (Synchronous) पकती है।

2. तुर (केजेनस इन्डिकस जाति फ्लेवस) (*Cajanus indicus var flavus*) : इस प्रजाति के पौधे कम ऊँचाई के बढ़ने वाले होते हैं। कम अवधि में पककर तैयार होने से पौधों में फूल सितम्बर से नवम्बर तक आ जाते हैं और फलियाँ नवम्बर से दिसम्बर तक बनकर पक जाती हैं। फूलों की पंखुड़ियाँ पीले रंग की तथा लाल सिरायें नहीं होती हैं। पौधों में फलियाँ एक साथ नहीं पकती इसलिए फलियों की तुड़ाई (Picking) की जाती है। दोनों तरह की किस्मों में गुणसूत्रों की संख्या $2n = 22$ होती है।

जलवायु (Climate)

अरहर को आर्द्र तथा शुष्क दोनों ही प्रकार की गर्म जलवायु में उगाया जाता है। पौधों की अच्छी बढ़वार के समय नम एवं गर्म जलवायु अधिक उपयुक्त होती है। पौधों में फूल आने एवं फलियाँ बनने

के समय शुष्क एवं चमकीला प्रकाश होने से फलियों का विकास अच्छा होता है तथा कीटों एवं बीमारियों का प्रकोप भी कम होता है। अरहर की फसल पर पालों से बहुत अधिक नुकसान हो जाता है। जिसके फलस्वरूप उत्तर भारत में पाला पड़ने की सम्भावना के कारण अधिकांश क्षेत्रों में अरहर की फसल नहीं उगाई जाती है।

अधिक वर्षा वाले क्षेत्र अरहर की खेती के लिए उपयुक्त नहीं होते हैं। सामान्यत: अरहर की खेती 750-1000 मिली वर्षा वाले क्षेत्रों में सुगमतापूर्वक की जा सकती है। शुष्क क्षेत्रों में अरहर की अच्छी फसल लेने के लिए एक या दो सिंचाईयों की आवश्यकता पड़ती है।

भूमि (Soil) : अरहर की फसल लगभग सभी प्रकार की भूमियों में उगाई जाती है। परन्तु इस की फसल के लिए हल्की दोमट भूमियाँ अधिक उपयुक्त होती हैं तथा पौधों की वृद्धि एवं विकास अच्छी होती है। अरहर की फसल उगाने के लिए यह आवश्यक है कि ऐसी भूमियों का चुनाव किया जाये जहाँ पर पानी न ठहरता हो, जो गहरी हो तथा जिनका पी एच मान उदासीन हो। गहरी भूमियाँ जिनकी जलधारणा क्षमता अधिक होती है उनमें पौधों की जड़ों का विकास अच्छा होता है जिससे भूमि के अन्दर गहराई से मृदा नमी की अधिक से अधिक मात्रा में शोषण कर लेती है।

अरहर की खेती के लिए अम्लीय तथा क्षारीय भूमियाँ बिल्कुल उपयुक्त नहीं होती हैं। अरहर की खेती कंकरीली भूमियों में करने पर अरहर की उपज कम प्राप्त होती है। अरहर उगाने के लिए विशेष रूप से भूमि की गहराई अधिक तथा जलधारण क्षमता अधिक होनी चाहिए, भूमि में जलनिकास के पर्याप्त साधन होने चाहिऐ, मृदा में पर्याप्त मात्रा में चूना होना चाहिए तथा भूमि का पी एच मान उदासीन होना चाहिए।

फसल पद्धति (Cropping Systems)

मिश्रित/अन्त: फसल पद्धति (Mixed/Intercropping Systems)

विभिन्न क्षेत्रों में अरहर की फसल के साथ मिश्रित/अन्त: फसल पद्धति में खरीफ की फसलें जैसे ज्वार, बाजरा, रागी, कोदों, उर्द, मूँग, कपास, लोबिया, मूँगफली, तिल आदि के साथ उगाई जाती हैं। गन्ना तथा कुछ अन्य नकदी फसलों के खेत के चारों ओर बाढ़ (Fencing) के रूप में भी अरहर की फसल उगाई जाती है।

अरहर की अन्त: फसल पद्धति में अरहर की एक पंक्ति तथा मूँग एवं उर्द की 2 पंक्तियों को बोया जाता है। इस पद्धति में अरहर की एक पंक्ति के बाद मूँग की एक पंक्ति 15 सेमी की दूरी पर तथा मूँग की दूसरी पंक्ति 30 सेमी की दूरी पर बोई जाती है। अरहर के साथ अन्य फसलों की अन्त: फसल क्रम निम्न प्रकार है।

अरहर + ज्वार/मक्का	(1:1)
अरहर + कपास	(2:1)
अरहर + बाजरा	(1:1)
अरहर + मूँगफली	(1:4)
अरहर + तिल	(1:2)

फसलचक्र (Crop rotation) : विभिन्न क्षेत्रों में देर से पककर तैयार होने वाला अरहर आधारित फसलचक्र निम्न हैं।

1. अरहर + मक्का/बाजरा–गेहूँ
2. अरहर + उर्द/ज्वार–मसूर
3. अरहर + मूँगफली–गन्ना
4. अरहर + ज्वार/मक्का–मटर

अरहर की शीघ्र पकने वाली फसल के साथ विभिन्न क्षेत्रों में अपनाये जाने वाले फसल चक्र निम्न हैं।

1. अरहर–गेहूँ
2. अरहर–बसन्तकालीन मक्का
3. अरहर–गन्ना
4. अरहर–पछेता आलू
5. अरहर–प्याज/ग्रीष्मकालीन सब्जियाँ
6. अरहर–गेहूँ–मूँग
7. अरहर–बसन्तकालीन सोयाबीन
8. अरहर–सूरजमुखी

अरहर की उन्नतशील प्रजातियाँ (Improved varieties)

अरहर में तीन परिपक्वता समूह है जैसे–शीघ्र पकन वाली (150 दिन तक), मध्यम अवधि में पकने वाली (150–200 दिन तक) और देर से पकने वाली (200 दिन से अधिक)।

शीघ्र पकने वाली अरहर : इस समूह में तीन उपसमूह हैं जैसे अतिशीघ्र पकने वाली अरहर (100–120 दिन), शीघ्र पकने वाली (130–140 दिन) और मध्यम अवधि में शीघ्र पकने वाली अरहर (140–160 दिन)। जैसे–जैसे हम देश में उत्तर से दक्षिण की ओर बढ़ते हैं, परिपक्वता की यह अवधि कम होती जाती है। अतिशीघ्र पकने वाली प्रजातियाँ वर्षा आधारित क्षेत्रों में बिना सिंचाई के उगाई जा सकती हैं।

शीघ्र पकने वाली प्रजातियाँ सम्पूर्ण उत्तर प्रदेश, हरियाणा, पंजाब, गुजरात और राजस्थान के सिंचित क्षेत्रों के लिए उपयुक्त हैं। इनसे अरहर–गेहूँ फसल चक्र का प्रचलन हुआ है। ये प्रजातियाँ आन्ध्र प्रदेश, उड़ीसा, कर्नाटक और तमिलनाडु में धान की कटाई के उपरान्त खाली होने वाले क्षेत्रों के लिए भी बहुत उपयुक्त हैं तथा गुजरात, राजस्थान और महाराष्ट्र के उन क्षेत्रों में, जहाँ वर्षा शीघ्र समाप्त हो जाती है, के लिए बहुत उपयुक्त हैं। कुछ प्रजातियाँ पश्चिमी मध्य प्रदेश के वर्षा आधारित क्षेत्रों के लिए उपयुक्त हैं तथा उत्तर प्रदेश, गुजरात और महाराष्ट्र के कुछ क्षेत्रों में जहाँ कपास, मूँगफली और ज्वार के साथ अन्तः फसली खेती होती है, के लिए भी बहुत उपयुक्त है। शीघ्र पकने वाली प्रजातियों का विकास 1970 के बाद हुआ है तथा ये प्रजातियाँ बहुत ही सीमित आनुवंशिक आधार वाली हैं। ये प्रजातियाँ दक्षिण भारत में जहाँ बहुत सर्दी नहीं होती है, पेडी के लिए भी उपयुक्त हैं।

मध्यावधि में पकने वाली अरहर : इस परिपक्वता समूह में दो उप–समूह हैं जैसे मध्यम परिपक्वता (150–170 दिन) और मध्यम–देर परिपक्वता (180–190 दिन)। मध्यम परिपक्वता वाली प्रजातियाँ महाराष्ट्र, मध्य प्रदेश के कुछ भाग, झारखण्ड, उत्तरी कर्नाटक, मध्य गुजरात, आन्ध्र प्रदेश, उड़ीसा और पश्चिम बंगाल के कुछ भागों में जहाँ की वर्षा आधारित खेती होती है, के लिए उपयुक्त हैं। इसके अलावा ये प्रजातियाँ उत्तर प्रदेश और मध्य प्रदेश के लिए भी उपयुक्त हैं। मध्यम–देर परिपक्वता वाली प्रजातियाँ कपास और मूँगफली के साथ अन्तः फसली के रूप में भी उगायी जा सकती है। ये प्रजातियाँ

तमिलनाडु, आन्ध्र प्रदेश, राजस्थान, बुन्देलखण्ड, मध्य प्रदेश और झारखण्ड में धान वाले क्षेत्रों के लिए भी उपयुक्त हैं।

देर से पकने वाली अरहर : इस परिपक्वता समूह की प्रजातियों को दो उपसमूहों में विभाजित किया गया है जैसे मध्यम देर से पकने वाली प्रजातियाँ (220-240 दिन) और देर से पकने वाली प्रजातियाँ (260-280 दिन)। मध्यम-देर उपसमूह वाली प्रजातियाँ देर से पकने वाली प्रजातियों की तुलना में फली भेदक कीट से कम प्रभावित होती हैं, क्योंकि इस कीट का अत्यधिक प्रकोप मार्च के अन्तिम या अप्रैल महीने के प्रारम्भ में अधिक होता है तब तक मध्यम-देर उपसमूह वाली प्रजातियों की कटाई हो चुकी होती है। इस परिपक्वता समूह की प्रजातियाँ मिश्रित खेती और अन्तः फसली खेती के लिए बहुत ही उपयुक्त हैं। ये प्रजातियाँ उत्तर प्रदेश, मध्य प्रदेश के कुछ भागों, बिहार, राजस्थान तथा आसाम और त्रिपुरा के कुछ भागों में वर्षा आधारित खेती के लिए भी उपयुक्त हैं। मिट्टी की दशा में सुधार करने के लिए इन प्रजातियों को उत्तर-पूर्व के पहाड़ी भागों में झूम खेती वाले क्षेत्रों में बहुवर्षीय फसल के रूप में भी उगाया जा सकता है। देश के दक्षिण-पूर्वी और उत्तर-पूर्वी भागों में धान के खेतों की मेड़ों पर उगाने के लिए भी ये प्रजातियाँ बहुत ही उपयुक्त हैं।

संकर अरहर की प्रजातियाँ : विश्व की प्रथम संकर अरहर प्रजाति आई सी वी एच-8 को 1991 में विकसित किया गया। इसकी उत्पादकता अरहर की लोकप्रिय प्रजाति आई सी पी एल 85 की तुलना में 30-40 प्रतिशत अधिक उपज प्राप्त हुई लेकिन इस संकर-प्रजाति के प्रसार का क्षेत्र गुजरात तथा महाराष्ट्र तक ही सीमित रहा।

भूमि की तैयारी (Field preparation)

रबी की फसल की कटाई के बाद ग्रीष्म ऋतु में एक बार मिट्टी पलटने वाले हल से जुताई कर देनी चाहिए। ग्रीष्मकालीन जुताई करने से खेत में पनपने वाले कीटों के अन्डे, बीमारियों के परजीवी तथा खरपतवार अधिक धूप एवं गर्मी से मर जाते हैं। इसके पश्चात् दो-तीन जुताइयाँ देशी हल अथवा कल्टीवेटर से करके भूमि को अच्छी तरह से भुरभुरा बना देना चाहिए। खेत को समतल करने तथा ढेले तोड़ने के लिए कम से कम एक बार पाटा लगा देना चाहिए। यदि अरहर की फसल के साथ मिलवाँ फसल उगाई जा रही हो तो खेत की तैयारी सह फसल के हिसाब से करनी चाहिए। अरहर की फसल की जड़ें गहराई तक जाने के कारण खेत की जुताइयाँ गहरी करनी चाहिऐ तथा भूमि को भुरभुरा बना देना चाहिए। खेत में ढेले तथा खरपतवार बिल्कुल नहीं होने चाहिऐ। अरहर की बुआई के समय खेत समतल होना चाहिए अन्यथा वर्षा ऋतु में जगह-जगह पानी भरने से अरहर के पौधे मर जाते हैं। दीमक से प्रभावित क्षेत्रों में आखिरी जुताई के समय 5 प्रतिशत बी एच सी धूल को 20-25 किलोग्राम प्रति हैक्टेयर की दर से भुरकाव कर देना चाहिए।

बीज एवं बुआई (Seed and sowing)

बीज (Seed) : अरहर का बीज सदैव उन्नतशील प्रजाति का प्रामाणित तथा स्वस्थ ही प्रयोग करना चाहिए। बीज कीटों द्वारा कटा कभी भी नहीं बोना चाहिए इससे अंकुरण कम होता है तथा खेत में उपयुक्त पौध संख्या नहीं हो पाने से उपज पर बुरा प्रभाव पड़ता है।

तालिका 13.2 : अरहर की उन्नतशील प्रजातियाँ

प्रजातियां	संस्तुत क्षेत्र	पकने का अवधि (दिन)	100 दाने का वजन (ग्राम)	उत्पादकता (क्विंटल/हैं.)
शीघ्र पकने वाली प्रजातियाँ				
यू पी ए एस 120	पश्चिमी उत्तर प्रदेश	140-150	7.5	12-16
ए एल 15	पंजाब	135-140	6.5	12-15
टाइप 21	उत्तर एवं मध्य भारत	160-170	8.0	15-20
के 5	तमिलनाडु	110-115	7.0	13-15
सी. ओ. पी. एच 1	तमिलनाडु	115-120	9.9	10-15
सी. ओ. पी. एच 2	तमिलनाडु	120-125	8.1	11-13
बम्बन 1	तमिलनाडु	95-100	7.6	10-11
दुर्गा	आन्ध्र प्रदेश	120-125	10.5	9-12
विशाखा (टीटी 6)	मध्य एवं दक्षिणी भारत	130-135	9.4	15-18
मानक (एच 77-216)	पंजाब, हरियाणा, पश्चिमी उत्तर प्रदेश, राजस्थान, दिल्ली	125-130	6.5	18-20
पूसा 33	राजस्थान, पंजाब, हरियाणा, दिल्ली, पश्चिमी, उत्तर प्रदेश	145-150	6.2	18-20
पूसा 84	पंजाब, हरियाणा, दिल्ली, राजस्थान, पश्चिमी उत्तर प्रदेश	140-150	7.7	15-16
पूसा 855	पश्चिमी उत्तर प्रदेश, राजस्थान, दिल्ली, पंजाब, हरियाणा	140-150	9.0	24-26
पूसा 992	पंजाब, हरियाणा, दिल्ली, पश्चिमी उत्तर प्रदेश	130-140	7.1	18-20
पारस (एच 82-1)	पंजाब, हरियाणा, दिल्ली, राजस्थान	140-145	7.9	18-20
ए एल 201	पंजाब	140-150	8.2	15-17
पीपीएच 4	पंजाब	150-155	10.0	17-20
आई. सी. पी. एल 85010	हिमाचल प्रदेश का मैदानी क्षेत्र	130-135	8.5	10-12
प्रगति (आई.सी.पी.एल. 87)	समस्त भारत	120-125	8.6	18-20
जागृति (आई.सी.पी.एल. 151)	दक्षिणी एवं मध्य भारत, पश्चिमी उत्तर प्रदेश तथा उत्तर प्रदेश का पहाड़ी क्षेत्र	110-115	10.1	18-20
गुजरात तुर 100	गुजरात	130-135	10.4	16-20
ए के पी एच 4101	मध्य भारत	130-140	8.8	20-25
पूसा 992	उत्तर-पश्चिमी मैदानी क्षेत्र	120-160	मध्यम बड़े दाने	24-25
जी ए यू टी 001 ई	मध्य भारत	140-150	-	26-27
मध्यकालीन प्रजातियाँ				
नं. 148	मध्य भारत	165-170	10.1	9-12

मालवीय अरहर 3	मध्य भारत	170-180	8.0	22-24
मारूति (आई सी पी एल 8863)	मध्य भारत	160-165	9.5	11-13
जवाहर (के एम 7)	मध्य प्रदेश	175-180	9.2	18-20
बिरसा अरहर-1	झारखण्ड	180-190	10.0	10-15
बी.एस.एम.आर 736	मध्य प्रदेश, महाराष्ट्र	180-185	10.6	15-18
बी.डी.एन 2	महाराष्ट्र, मध्य प्रदेश, गुजरात	155-160	8.7	10-12
बी.एस.एम. आर 175	महाराष्ट्र	165-170	10.4	12-14
सी 11	मध्य एवं दक्षिणी भारत	190-200	9.1	15-20
अभया (आई सी पी एल 322)	आन्ध्र प्रदेश	170-175	8.8	18-20
एल आर जी 30	आन्ध्र प्रदेश	170-180	8.4	17-20
आशा (आई सी पी एल 87119)	महाराष्ट्र, कर्नाटक, तमिलनाडु, आन्ध्र प्रदेश	160-170	10.6	18-20
टी टी बी 6	कर्नाटक	160-170	-	15-20
को 6	तमिलनाडु	170-175	-	9-10
डब्लू बी 20	पश्चिम बंगाल	165-170	10.0	18-20
दीर्घकालीन प्रजातियाँ				
शरद (डी ए 11)	बिहार, उत्तर प्रदेश	240-250	10.0	18-20
बहार	बिहार, उत्तर प्रदेश	240-250	10.2	20-25
टाइप 7	बिहार, उत्तर प्रदेश, मध्य प्रदेश	260-270	11.0	20-24
पूसा 9	बिहार, उत्तर प्रदेश	240-250	10.6	24-26
अमर (के ए 32-1)	उत्तर प्रदेश	250-260	10.5	15-20
नरेन्द्र अरहर-1	उत्तर प्रदेश	240-250	11.5	22-24
आजाद	उत्तर प्रदेश	260-270	10.5	18-20
मालवीय अरहर 6	बिहार, उत्तर प्रदेश	180-260	10.1	20-22
टी एस 3	कर्नाटक	180-190	14.1	15-17
मालवीय चमत्कार (एम ए एल 13)	बिहार, उत्तर प्रदेश, झारखंड, पश्चिम बंगाल, आसाम	230-240	-	25-27

प्रजातियाँ	संस्तुत क्षेत्र	पकने का अवधि (दिन)	100 दाने का वजन (ग्राम)	उत्पादकता (क्विंटल/हैं.)
शीघ्र पकने वाली				
ए के टी 8811	मध्य भारत	130-140	उकठा एवं फली छेदक अवरोधी	13-15
जी सी 11-39	दक्षिण भारत	130-140	परिमित वृद्धि	10-12
पी ए यू 881	उत्तर-पश्चिमी मैदानी	140-150	फली छेदक सहिष्णु	12-15
पी एल ए 1	उत्तर-पश्चिमी मैदानी	140-145	शीघ्र पकने वाली	15-16

मध्यम पकने वाली				
बी आर जी 1	दक्षिण भारत	165–170	परिमित वृद्धि, अर्द्ध फैलने वाली	13–15
लक्ष्मी	उत्तर-पूर्वी मैदानी	170–175	अपरिमित वृद्धि, अर्द्ध फैलने वाली	15–18
एम ए. 3	मध्य भारत	170–175	फली छेदक अवरोधी, अपरिमित वृद्धि	18–20
टी एस 3	दक्षिण भारत	170–175	सफेद बीज, उकठा अवरोधी	15–18
वम्बन 2	दक्षिण भारत	165–170	अपरिमित वृद्धि, अर्द्ध फैलने वाली	18–20
डब्लू आर पी 1	दक्षिण भारत	170–175	अपरिमित वृद्धि, फैलने वाली	18–20
दीर्घ कालीन				
बी एस एम आर 853	मध्य भारत	200–210	उकठा एवं मोजेक अवरोधी	18–20
एम ए 6	उत्तर-पूर्वी मैदानी	190–210	उकठा एवं मोजेक अवरोधी, अपरिमिति वृद्धि	22–25
बी डी एन 708	मध्य भारत	200–220	उकठा एवं मोजेक अवरोधी	15–18
एन डी ए 98-1	उत्तर-पूर्वी मैदानी	220–230	उकठा अवरोधी, अपरिमित वृद्धि	18–22
एन डी ए 3	उत्तर-पूर्वी मैदानी	230–240	आल्टरनेरिया ब्लाइट अवरोधी	20–23
बी आर जी 2	दक्षिण भारत	210–220	अपरिमित एवं अर्द्ध फैलने वाली	12–16
जे के एम 189	मध्य भारत	220–225	सूखा, उकठा एवं मोजेक अवरोधी	19–23
विपुला	मध्य भारत	220–230	उकठा अवरोधी	16–17
राजीव लोचन	मध्य भारत	230–235	उकठा एवं मोजेक अवरोधी	18–19
आई पी ए 203	उत्तर-पूर्वी मैदानी	225–235	मोजेक अवरोधी, उकठा एवं ब्लाइट सहिष्णु	22–25
फुले टी 0012	मध्य भारत	230–240	उकठा एवं मोजेक अवरोधी, फली छेदक एवं फली मक्खी सहिष्णु	16–20
संकर प्रजातियाँ				
पी पी एच 4	पंजाब	150–155	मध्यम दाने, अपरिमित, अर्द्ध फैलने वाली	17–20
सी ओ पी एच 1	तमिलनाडु	115–120	अपरिमित वृद्धि	15–18
सी ओ पी एच 2	तमिलनाडु	120–130	अपरिमित तथा फैलने वाली	15–20
ए के पी एच 4101	मध्य भारत	130–140	अपरिमित वृद्धि	20–22
ए के पी एच 2022	मध्य भारत	100–120	अपरिमित वृद्धि, फैलने वाली	18–20
आई पी एच 09-5	उत्तर-पूर्वी मैदानी	140–150	उकठा अवरोधी	18–20
जी टी एच 1	मध्य भारत	120–140	अर्ध फैलने, अपरिमित वृद्धि	17–19

बीज उपचार (Seed Treatment) : बोने से पूर्व बीज को किसी फफूँदीनाशक रसायन जैसे थीरम अथवा कैप्टान 3 ग्राम दवा को एक किलोग्राम बीज की दर से उपचारित करने पर फफूँदी जनित रोगों का प्रकोप कम हो जाता है।

बीजों को फफूँदीनाशक रसायन से उपचारित करने के बाद राइजोबियम कल्चर से उपचारित करने पर अरहर की उपज में 15–20 प्रतिशत तक की वृद्धि हो जाती है।

बीज दर (Seed rate) : अरहर की एकल फसल बोने के लिए 12-15 किलोग्राम प्रति हैक्टेयर बीज की आवश्यकता होती है। अरहर की अन्तः/मिश्रित फसल के रूप में बोने पर अरहर की फसल पंक्तियों के आधार पर बीज दर निर्धारित की जाती है। मिश्रित फसल पद्धति में 4-8 किलोग्राम प्रति हैक्टेयर की दर से बीज बोना चाहिए।

बुआई का समय (Time of Sowing) : अरहर की अगेती बुआई सदैव लाभदायक रहती है। जल्दी बुआई करने से रबी की फसल जैसे गेहूँ की बुआई समय से की जा सकती है। अरहर की फसल की बुआई देर से करने पर उत्तर भारत में सामान्यतः पाला पड़ने से फसल को काफी नुकसान हो जाता है। सिंचाई के समुचित साधन होने की दशा में खेत में पलेवा करके जल्दी पककर तैयार होने वाली अरहर की बुआई जून के प्रथम पखवाड़े में कर देनी चाहिए। असिंचित क्षेत्रों में अथवा वर्षा आधारित क्षेत्रों में अरहर की बुआई वर्षा ऋतु आरम्भ होने अथवा जुलाई के प्रथम पखवाड़े में की जाती है। जुलाई के प्रथम पखवाड़े में अरहर की बुआई करने से उपज में काफी हानि होने की सम्भावना रहती है। देर से अरहर की फसल बोने से कीटों एवं बीमारियों का प्रकोप अधिक हो जाता है अतः अरहर की बुआई के समय का प्रभाव उपज पर सीधा पड़ता है।

बोने की विधि (Method of Sowing) : उत्तर भारत में अरहर की बुआई सामान्यतः छिड़कवाँ विधि द्वारा ही की जाती है। अरहर तथा बाजरा/ज्वार की मिलवाँ खेती की बुआई भी छिटकवाँ विधि से करते हैं जबकि अरहर बोने की यह विधि त्रुटिपूर्ण है। अरहर की बुआई देशी हल से 60-75 सेमी की दूरी पर कूँड बनाकर की जाती है। अरहर की फसल में पौधे से पौधे की दूरी 25-30 सेमी रखनी चाहिए। अरहर की बुआई ट्रैक्टर चालित सीडड्रिल से करने पर कम समय में अधिक क्षेत्रफल पर बुआई की जा सकती है। अन्तः फसल पद्धति में अरहर की बुआई सह फसल के रूप में उगाई जाने वाली फसल पर निर्भर करती है।

विशेष परिस्थितियों जैसे जलभराव या निचली भूमियों में, अधिक भारी भूमियों में तथा अधोसतह में कड़ी तथा अभेद परत होने के कारण पानी ठहरना प्रारम्भ हो जाने की दशा में अरहर की बुआई मेड़ों (Ridges) पर करनी चाहिए। खेत में मेड़े बनाने वाले यंत्र (Ridge Maker) द्वारा 60 अथवा 75 सेमी की दूरी पर बनाने के बाद अरहर की बुआई की जाती है।

खाद एवं उर्वरक (Manures and Fertilizers)

अरहर एक दलहनी फसल होने के कारण अधिक मात्रा में नत्रजन की आवश्यकता नहीं होती है। अरहर के पौधों की जड़ों में उपस्थित राइजोबियम जीवाणुओं द्वारा वायुमण्डल की नत्रजन को इन जड़ ग्रन्थियों में स्थिरीकरण करते हैं। अरहर के पौधों की प्रारम्भिक अवस्था में जड़ों की उचित वृद्धि एवं विकास के लिए नत्रजन की आवश्यकता होती है। प्रारम्भ में राइजोबियम जीवाणुओं की कार्यक्षमता बढ़ाने के लिए बुआई के समय 20-30 किलोग्राम प्रति हैक्टेयर की दर से नत्रजन उर्वरक का प्रयोग किया जाता है। अरहर की फसल को सामान्यतः 80-100 किलोग्राम फासफोरस तथा 40-60 किलोग्राम पोटास प्रति हैक्टेयर की दर से बुआई के समय खेत में प्रयोग करना चाहिए। जिन मृदाओं में सूक्ष्म तत्व जैसे जिंक तथा सल्फर की कमी हो तो वहाँ पर 25 किलोग्राम जिंक सल्फेट प्रति हैक्टेयर की दर से बुआई के समय देना चाहिए। यदि जिंक की कमी के लक्षण खड़ी फसल में दिखाई दे तो 5 किलोग्राम जिंक तथा 2.5 किलोग्राम चूना प्रति हैक्टेयर की दर से 800-1000 लीटर पानी में घोल बना कर छिड़काव करने से जिंक की पूर्ति हो जाती है।

सिंचाई एवं जलनिकास (Irrigation and drainage)

अरहर की फसल की गहरी जड़ें होने के कारण सूखा सहने की क्षमता बहुत अधिक होती है इसलिए सामान्य दशाओं में सिंचाई की आवश्यकता नहीं पड़ती परन्तु वर्षा ऋतु में लम्बे समय तक सूखा पड़ने अथवा वर्षा न होने की दशा में 1–2 सिंचाईयों की आवश्यकता होती है। जिन क्षेत्रों में अरहर की जल्दी बुआई करके रबी में गेहूँ की फसल उगाई जाती है वहाँ पर पलेवा करने के बाद अरहर की बुआई की जाती है। इस फसल को सामान्यतः एक अथवा दो सिंचाईयों की आवश्यकता पड़ती है। जब मृदा में नमी 50 प्रतिशत हो जाए तब फसल में सिंचाई कर देनी चाहिए। अरहर की फसल में फूल आने तथा फलियों में दाना पड़ते समय मृदा में नमी की कमी नहीं होनी चाहिए। अतः इस समय सिंचाई अवश्य कर देनी चाहिए। अरहर की पछेती बोई गई फसल को पाले से बचाने के लिए सिंचाई अवश्य कर देनी चाहिए। अधिक मात्रा में पानी भरने से तुरन्त जल निकाल देना चाहिए।

खरपतवार प्रबन्ध (Weed Management) : अरहर की फसल खरीफ ऋतु में उगाये जाने के कारण खरपतवारों का प्रकोप बहुत अधिक मात्रा में होता है। खरपतवारों द्वारा कभी-कभी अरहर की फसल में 20–50 प्रतिशत तक का नुकसान हो जाता है। इसलिए अरहर की फसल में 1–2 निराई-गुड़ाई खुरपी की सहायता से हाथ से करते हैं। पहली निराई फसल बोने के 20–25 दिन उपरान्त जबकि दूसरी निराई फसल बोने के 40–45 दिन उपरान्त करनी चाहिए। अन्तः/मिश्रित फसल पद्धति में ज्वार/बाजरा/मक्का की फसल की कटाई के बाद देशी हल अथवा हैन्ड हो से गुड़ाई करने पर अरहर की उपज में काफी वृद्धि हो जाती है।

अरहर की फसल में रासायनिक विधि द्वारा खरपतवार नियन्त्रण के लिए फ्लूक्लोरेलिन (बासा लिन) 1 किलोग्राम सक्रिय तत्व प्रति हैक्टेयर की दर से 800 लीटर पानी में घोल कर फसल बोने के पूर्व छिड़काव कर देने से खरपतवार नियन्त्रित हो जाते हैं। पेन्डीमिथालीन (स्टाम्प) 1.25 किलोग्राम सक्रिय तत्व प्रति हैक्टेयर की दर से 800 लीटर पानी में घोलकर बुआई के बाद परन्तु जमाव के पूर्व छिड़काव करने से खरपतवार नियन्त्रित हो जाते हैं।

प्रमुख बीमारियाँ/कीट एवं उनकी रोकथाम (Important diseases insects and their control measures)

अरहर की फसल को सामान्यतः समस्त भारत में उकठा (Wilt) रोग से भारी क्षति पहुँचती है। उत्तर प्रदेश के पूर्वी एवं मध्यपूर्वी भागों में चितेरी रोग (Sterility Mosaic) भी विशेष चिन्ता का विषय बन गई है। शीघ्र पकने वाली (140–150) अगेती अरहर में फाइटोफ्थोरा अंगमारी द्वारा काफी नुकसान होता है। अरहर की फसल में इस रोग से अनुमानतः 10 से 80 प्रतिशत तक नुकसान हो जाता है। अरहर की फसल में लगने वाली प्रमुख बीमारियों/कीटों को निम्न तालिकों में दर्शाया गया है।

तालिका 13.3 : अरहर की फसल में लगने वाली प्रमुख बीमारियाँ एव उनकी रोकथाम

बीमारीएवं उनके कारक	लक्षण	रोकथाम
उकठा (Wilt)- फ्यूजेरियम उडम	संक्रमित पौधों की मुख्य जड़ तथा तने के भीतरी भाग में काले रंग की धारियाँ पड़ जाती हैं। तने के बाहरी सतह पर भी हल्के भूरे या काले रंग की लम्बी-लम्बी धारियाँ पड़ जाती	खेत की ग्रीष्मकालीन गहरी जुताई, मृदा को सोर्य विकिरण तथा सनई या ढैंचा की हरी खाद का प्रयोग करना चाहिए। उपयुक्त फसल चक्र अपनाना चाहिए।

	हैं। पौधे इस रोग से आंशिक रूप से भी ग्रसित होते हैं। अन्ततः रोग ग्रसित सम्पूर्ण पौधा सूख जाता है।	उकठा रोगरोधी प्रजातियों का चयन करना चाहिए। बीजों को बोने के पूर्व थीरम/कैप्टान/कार्बेन्डाजिम 2 ग्राम प्रति किलो बीज दर से उपचारित करना चाहिए। उकठा के नियन्त्रण के लिए थीरम/कार्बेन्डाजिम/कैप्टान/कॉपर आक्सीक्लोराइड रसायनों का प्रयोग करना चाहिए।
फाइटोफ्थोरा तना अंगमारी-फाइटोफ्टोरा ड्रेशलेरी	रोग ग्रसित पौधे के तने के आधार की तरफ से काफी ऊपर तक गहरे भूरे रंग के धब्बे जगह-जगह पड़ जाते हैं जो बाद में बढ़कर तने के चारों तरफ से घेर लेते हैं। ये धब्बे शाखाओं तथा पत्तियों पर भी दिखाई देते हैं। संक्रमित पौधा अन्ततः सूख जाता है। इस रोग से ग्रसित पौधों की जड़ें स्वस्थ रहती हैं। इस बीमारी से प्रभावित पौधे तेज हवा में चलने पर टूट जाते हैं।	ऊँचे तथा उचित जल निकास वाली भूमियों का चुनाव करना चाहिए। जिन क्षेत्रों में इस बीमारी का प्रकोप होता हो वहाँ पर मेड़ों पर बुआई करनी चाहिए। अरहर के साथ तिल/मूँग/उर्द/लोविया के साथ सह फसली बोना चाहिए। रोगरोधी प्रजातियों को बोना चाहिए। अरहर की अगेती बुआई तथा संक्रमण शुरू होने पर निराई-गुडाई नहीं करनी चाहिए। किसी कवकनाशी रसायन से बीजों को उपचारित कर बोना चाहिए।
बाँझ चितेरी रोग	इस रोग के प्रकोप से पौधे बौने, झाड़ी के आकार के एवं हल्के हरे रंग के हो जाते हैं। पत्तियाँ सामान्य से काफी छोटी एवं पतली हो जाती हैं एवं उन पर अनियमित आकार की हल्की हरी एवं गहरी चित्तियाँ पड़ जाती हैं। रोग ग्रसित पौधे छोटे रह जाते हैं तथा इनमें अधिक शाखायें निकलने से झाड़ी नुमा दिखाई देते हैं। इस रोग से ग्रसित पौधों के प्रजनन अंगों का विकास रूक जाता है जिससे फूल एवं फलियाँ नहीं बनती हैं। इसलिए इस रोग को बांझ रोग भी कहते हैं।	रोगग्रसित पौधों को उखाड़कर जला देना चाहिए। रोग रोधी प्रजातियाँ जैसे अमर, नरेन्द्र अरहर 1, मालवीय अरहर-6, बहार, शरद, आशा आदि प्रजातियों को बोना चाहिए। कीटनाशी रसायन जैसे कैलथेन/मेटासिस्टाक्स/डाइमेथोएट 0.2% घोल का छिड़काव 10 दिन के अन्तराल पर दो-तीन बार करना चाहिए।

तालिका 13.4 : अरहर की फसल को क्षति पहुँचाने वाले प्रमुख कीट

क्षेत्र/राज्य	शीघ्र पकने वाली से पकने वाली	मध्यम एवं देर
उत्तर-पश्चिमी मैदानी क्षेत्र (पश्चिमी उत्तर प्रदेश, पंजाब हरियाणा एवं राजस्थान)	धब्बेदार फली भेदक (*Maruca vitrata*), पत्ती लपेटक, धारीदार बीटिल (*Melabris postulata*), फली तितली, प्लूम पतंगा, (*Ecsalastitus otomosa*), चना फली भेदक	चना फली भेदक, फली मक्खी (*Malanogromyza obstusa*), धारीदार बीटिल

	(*Helicoverpa armigera*), फली बग (*Clavigrella jibosa*)	
उत्तर-पूर्वी मैदानी क्षेत्र (पूर्वी उत्तर प्रदेश, बिहार, पश्चिम बंगाल, आसाम)	चना का फलीभेदक, धब्बेदार फली भेदक, फली मक्खी धारीदार बीटिल, नीली तितली (*Lempidus voiticus*) प्लूम पतंगा	फली मक्खी, चना फली भेदक, फली भृंग (*Apione sp.*)
मध्य क्षेत्र (मध्य प्रदेश, महाराष्ट्र गुजरात)	चना फली भेदक, फलीबग पत्ती लपेटक, फली तितली फली	मक्खी, चना फली भेदक
दक्षिणी क्षेत्र (उड़ीसा, आन्ध्र प्रदेश, केरल, कर्नाटक, तमिलनाडु)	चना फली भेदक, धब्बेदार फली भेदक, धारीदार बीटिल फली	चना फली भेदक मक्खी

तालिका 13.5 : अरहर में लगने वाले प्रमुख कीट एवं उनकी रोकथाम

कीट	लक्षण	नियन्त्रण
फली मक्खी (Pod fly)	इस कीट की सभी अवस्थायें अन्डा, गिडार तथा प्यूपा फली के अन्दर ही पाये जाते हैं। पूर्ण विकसित गिडार दाने पर नालीनुमा स्थान बनाकर बाहर तक आ जाती है तत्पश्चात शलभ में परिवर्तित हो जाती है। इस प्यूपा से काले रंग की छोटी मक्खी फली की पतली झिल्लीदार परत को धक्का देकर बाहर आ जाती है। अरहर की फलियों के दानों को खाकर क्षतिग्रस्त कर देती हैं।	फली मक्खी कीट से प्रभावित पौधों तथा उनके अवशेषों को जलाकर नष्ट कर देना चाहिए। फली मक्खी अवरोधी प्रजातियों को उगाना चाहिए। मोनोक्रोटोफास 35 ई.सी./डायमेथोऐट 30 ई.सी./ क्वीनालफास 25 ईसी 2 मिली प्रति लीटर पानी में घोल कर छिड़काव करना चाहिए।
फली भेदक (Pod borer)	इस कीट की सूँडियाँ फली के ऊपरी भाग को खुरच-खुरच कर खाती हैं। इसके पश्चात् ये सूंडियाँ फलियों में गोलाकार छिद्र बनाकर अग्रभाग से घुसकर विकसित दानों को खाती है।	ग्रीष्मकालीन खेत की गहरी जुताई करनी चाहिए। ज्वार/बाजरा/मक्का/लोविया/तिल के साथ अन्तः फसल पद्धति अपनानी चाहिए। इन्डोसल्फान (0.07%) अथवा फेनवेलरेट (0.01%) अथवा साइपरमेथ्रिन (0.01%) अथवा क्लोरपायरीफास (0.05%) के तीन छिड़काव करने चाहिऐ।
कलगीदार पतँगा	इस कीट की सूंडियाँ कलियों, फूलों एवं बीजों को छेदकर बीजों को खाती हैं। इस कीट के छिद्र कलियों एवं कोमल पत्तियों पर आसानी से देखे जा सकते हैं।	0.04% मोनोक्रोटोफास अथवा 0.07% इण्डोसल्फान का छिड़काव फूल आने पर करना चाहिए।
धब्बेदार फली भेदक	इस कीट की सूडियाँ अरहर के कोमल भागों को जैसे पत्तियों, कलियों, फूलों तथा फलियों को एक-एक जोड़ कर जाल बनाते हैं तथा फलियों, फूलों एवं फलियों में छेदकर उनके अन्दर खाती है।	0.04% मोनोक्रोटोफास अथवा 0.07% इण्डोसल्फान का छिड़काव फूल आने पर करना चाहिए।

फली बग	इस कीट के प्रौढ़ एवं वयस्क फलियों पर दानों का रस चूसकर दानों को क्षति पहुँचाती हैं। इस कीट से प्रभावित दाने सिकुड़ जाते है ये दाने न ही बीज और न ही खाने के लिए उपयुक्त होते हैं।	निबौली का सत अथवा 0.04% मोनोक्रोटोफास/ 0.07% इन्डोसल्फान का छिड़काव फूल आने पर करना चाहिए।
फफोला भृंग	इस कीट के प्रौढ़ अरहर के फूलों को खाकर फसल को बहुत क्षति पहुँचाते हैं। खाये हुए फूलों से फली नहीं बनती है।	0.04% मोनोक्रोटोफास अथवा 0.07 प्रतिशत इन्डोसल्फान का पहला छिड़काव फूल आने पर करना चाहिए।
फली भृंग	इस कीट की सूँडी फली के अन्दर हरे दाने को खाती है। इस कीट द्वारा क्षति तब तक विदित नहीं होती जब तक कि प्रौढ़ कीट दाने से निकलकर फली से बाहर निकलने का रास्ता बनाकर निकल नहीं जाता है।	0.04% मोनोक्रोटोफास/0.07% इन्डोसल्फान का फूल आने के समय छिड़काव कर देना चाहिए।

कटाई एवं मंडाई (Harvesting and Threshing)

अरहर की फसल प्रजातियों के अनुसार 120 से 300 दिन में पककर तैयार हो जाती है। शीघ्र पकने वाली अरहर की प्रजाति की कटाई नवम्बर तथा दिसम्बर में करते हैं। जबकि मध्यम एवं देर से पकने वाली अरहर की प्रजातियों की कटाई मार्च-अप्रैल में की जाती है। अरहर की फसल की कटाई खुरपी अथवा गंडासे से की जाती है। फसल को काटने के पश्चात बंडलों में बाँधकर खलिहान में सुखाते हैं। फसल सूखने के उपरान्त डन्डों की सहायता अथवा पुलमैन थ्रेसर की सहायता से मंडाई की जाती है। इसके पश्चात हवा की सहायता से भूसे से दानों को अच्छी तरह से साफ कर लिया जाता है।

उपज (Yield)

अरहर की उन्नतशील प्रजातियों की उपज 15-30 क्विंटल प्रति हैक्टेयर तथा लकड़ी की उपज 60-70 क्विंटल प्रति हैक्टेयर तक प्राप्त हो जाती है। अन्तः फसल पद्धति में अरहर की उपज सह फसलों की पंक्तियों के आधार पर निर्भर करती है। सामान्यतः अन्तः फसल पद्धति में अरहर की उपज 12-16 क्विंटल प्रति हैक्टेयर तक प्राप्त हो जाती है।

❐❐❐❐❐

अध्याय 14

उर्द या उड़द (Blackgram or Urdbean)

वानस्पतिक नाम	:	विगना मुंगो
(Botanical name)	:	(*Vigna mungo* L-Hepper)
कुल (Family)	:	लेग्यूमिनेसी (Leguminaceae)

आर्थिक महत्व (Economic Importance)

देश में उर्द की खेती मुख्यत: दाल के लिए की जाती है। इसकी दाल बहुत ही पौष्टिक होती है। पश्चिमी उत्तर प्रदेश, हरियाणा तथा पंजाब में उर्द की दाल ज्यादा ही पसन्द करते हैं। इसके दानों में 24 प्रतिशत प्रोटीन, 60 प्रतिशत कार्बोहाइड्रेट तथा 13 प्रतिशत बसा पाई जाती है। इसके अतिरिक्त फासफोरस अन्य दालों की अपेक्षा 8 गुना अधिक पाये जाने के कारण दैनिक आहार में इसका विशेष महत्व है। उर्द की दाल गीली अथवा सूखा पीसकर तथा दक्षिणी भारत में कुछ तरह के स्वादिष्ट व्यंजन बनाये जाते हैं। इसकी दाल से पापड़, खिचड़ी, इडली, डोसा, बड़ा आदि बनाये जाते हैं। इसकी दाल की भूसी पशुओं को दाने के रूप में खिलाई जाती है। उर्द के हरे तथा सूखे पौधों से पशुओं को उत्तम किस्म का चारा मिलता है। उर्द के भूसे को पशु बड़े ही चाव से खाते हैं। उर्द एक दलहनी फसल

होने के कारण वायुमण्डल की नत्रजन का स्थिरीकरण करके भूमि का उर्वराशक्ति बढ़ाती है। इसके अतिरिक्त उर्द को उगाने में खेत में पत्तियाँ आदि गिरने में भूमि में कार्बनिक पदार्थ की मात्रा बढ़ जाती है। उर्द की फसल को हरी खाद के रूप में भी प्रयोग किया जा सकता है। उर्द से 45 किलोग्राम प्रति हैक्टेयर वायुमण्डलीय नत्रजन का स्थिरीकरण होता है। उर्द के दानों की पोषक गुणवत्ता तालिका 14.1 में दर्शाई गई है।

तालिका 14.1 : उर्द में पोषक गुणवत्ता (100 ग्राम दानों में)

अवयव	मात्रा (ग्राम)	अवयव	मात्रा (मिग्रा)
प्रोटीन	23.5	कैल्सियम	150
कार्बोहाइड्रेट	63.4	पोटेशियम	390
बसा	1.6	फासफोरस	–
		लौह	8
		विटामिन	
		बी$_1$	0.60
		बी$_2$	0.20

उत्पत्ति एवं इतिहास (Origin and History)

उर्द की खेती भारतवर्ष में अति प्राचीन काल से होती आ रही है। हमारे प्राचीन ग्रन्थों में भी उर्द का वर्णन मिलता है। पुरातत्व अध्ययनों के अनुसार भारत में उर्द का उत्पादन 2200 वर्ष ईसा पूर्व से हो रहा है। इसलिए इसका उद्गम तथा विकास भी भारतीय उपमहाद्वीप से ही हुआ है। उर्द की वन्य प्रजाति बिगना मुंगो (*Vigna mungo var. sylvestris*) ही सम्भावित पूर्वज है। यह वन्य प्रजाति भारत के पश्चिमी घाटों तथा महाराष्ट्र के उत्तरी पहाड़ियों में प्रचुरता से पाई जाती है। डी-केन्डोल (1884) तथा वेवीलोव (1926) के अनुसार उर्द का जन्म स्थान भारत ही है। भारत में उर्द तथा इनसे सम्बन्धित वन्य प्रजातियों के आकार-प्रकार एवं अन्य लक्षणों में व्यापक विविधता पाई जाती है।

क्षेत्रफल तथा वितरण (Area and distribution)

भारत तथा पाकिस्तान उर्द के प्रमुख उत्पादक देश हैं। भारत और पाकिस्तान के अतिरिक्त अफ्रीका, अमेरिका, यूरोप तथा एशिया महाद्वीप के अनेक देशों में उर्द की फसल उगायी जाती है। उर्द के उत्पादन में भारत देश अग्रणी है। देश में उगाई जाने वाली विभिन्न दाल की फसलों में इसका तीसरा स्थान है। भारत के मैदानी भागों में उर्द की खेती मुख्यतः खरीफ (वर्षा) ऋतु में की जाती है, परन्तु विगत दो दशकों में इसको बसन्त अथवा ग्रीष्म ऋतु की फसल के रूप में सफलतापूर्वक विस्तार हुआ है। दक्षिणी एवं पूर्वी प्रदेशों के कुछ भागों में उर्द की खेती धान की कटाई के बाद रबी की फसल के रूप में की जा रही है। देश में मध्य प्रदेश, उत्तर प्रदेश, पंजाब, महाराष्ट्र, पश्चिम बंगाल, आन्ध्र प्रदेश तथा कर्नाटक उर्द के प्रमुख उत्पादक राज्य हैं। देश के कुल उत्पादन का 60 प्रतिशत केवल मध्य प्रदेश, महाराष्ट्र तथा पश्चिम बंगाल से प्राप्त होता है। आन्ध्र प्रदेश, राजस्थान, उत्तर प्रदेश, तमिलनाडु तथा कर्नाटक में उर्द के उत्पादन तथा क्षेत्रफल में काफी वृद्धि हुई है। उत्तर प्रदेश में उर्द का उत्पादन 1964-65 में

6.40 लाख टन से बढ़कर 2013-14 में 17.0 लाख टन हो गया। इसी तरह से आन्ध्र प्रदेश तथा महाराष्ट्र में वर्ष 1976-80 से उत्पादन क्रमशः 1.98 तथा 1.64 लाख टन से बढ़कर 2012-13 में क्रमशः 3.16 तथा 1.87 लाख टन हो गया। प्राप्त आंकड़ों के हिसाब से बिगत वर्षों में उर्द के उत्पादन में वृद्धि इसलिए हुई क्योंकि चूर्णी कवक अवरोधी प्रजातियाँ विकसित हुई जो रबी ऋतु में धान को कटाई के बाद इसकी खेती के लिए उपयुक्त हैं। इसी तरह तमिलनाडु तथा उड़ीसा राज्यों में उर्द के विस्तार की सम्भावनाएँ हैं। सन् 2012-13 में उर्द के अन्तर्गत सर्वाधिक क्षेत्रफल (16.5 लाख है.) तथा उत्पादन (3.90 लाख टन) मध्य प्रदेश में था इसके पश्चात उत्तर प्रदेश में क्षेत्रफल (5.72 लाख है.) तथा उत्पादन (3.79 लाख टन) था। तीसरे स्थान पर आन्ध्र प्रदेश है जहाँ पर क्षेत्रफल (4.44 लाख है.) तथा उत्पादन (3.16 लाख टन) है।

उत्तर प्रदेश में उर्द का सबसे अधिक उत्पादन लखनऊ मंडल में है इसके बाद उर्द की खेती करने वाले मंडलों में क्रमशः फैजाबाद, बुन्देलखण्ड, झाँसी और वाराणसी का स्थान है। उत्तर प्रदेश के कुल उर्द के उत्पादन का 80 प्रतिशत भाग केवल लखनऊ, फैजाबाद तथा रूहेलखण्ड मंडलों में है। उर्द की खेती सबसे अधिक सीतापुर जिले में इसके बाद क्रमशः हरदोई, रायबरेली, बाराबंकी, खीरी, झाँसी, शाहजहाँपुर, लखनऊ, मुरादाबाद आदि जिलों में की जाती है।

वानस्पतिक वर्गीकरण (Botanical classification)

उर्द का कुल लेग्यूमिनेसी (Leguminaceae) तथा उपकुल पेपिलियोनेसी (Papilionaceae) है। उर्द के पौधे की ऊँचाई 30 से 100 सेमी तक होती है। इसके पौधे के तने हल्के धारीदार, भूरे रंग के रोयें से ढका हुआ एवं जमीन के पास से ही शाखाएं निकलती हैं। पत्तियाँ बड़ी आकार की, तीन पत्तियाँ एक साथ (trifoliate), रोंयेदार हरे से गहरे रंग की होती हैं। पुष्पक्रम गुच्छों में जिसमें 5-6 फूल होते हैं। फलियाँ 5-6 सेमी लम्बी तथा गोल होती है। प्रत्येक फली में 4 से 10 बीज होते हैं। उर्द के बीजों का रंग काला, गहरा भूरा तथा हरा होता है।

बोस (1932) के अनुसार विगना मुंगो (*Vigna mungo*) को दो उपजातियों में विभक्त किया गया है।

1. विगना मुंगों जाति नाइगर (*Vigna mungo var niger*) : इस जाति के उर्द की फसल जल्दी पककर तैयार हो जाती है। इसके दाने काले रंग तथा बड़े आकार के होते हैं।

2. विगना मुंगों जाति विरिडिस (*Vigna mungo var viridis*) : इस जाति की उर्द की फसल देर से पककर तैयार होती है। इसके दाने छोटे आकार के तथा हरे रंग के होते हैं।

उर्द को उगाने के समय के अनुसार दो भागों में विभक्त किया जा सकता है।

1. खरीफ ऋतु में उगाई जाने वाली।
2. ग्रीष्मकालीन समय में उगाई जाने वाली।

जलवायु (Climate)

उर्द के लिए गर्म एवं आर्द्र जलवायु की आवश्यकता होती है। उर्द की खेती समुद्र तल से 1800 मीटर तक की ऊँचाई वाले क्षेत्रों में आसानी से की जा सकती है। उत्तर भारत में उर्द की खेती

वर्षा तथा ग्रीष्म ऋतु में की जाती है। पूर्वी तथा दक्षिणी भारत में भी उर्द की खेती दोनों ऋतुओं में की जाती है। उर्द की अधिकांश प्रजातियाँ प्रकाश काल के लिए संवेदी (Photo-insensitive) होती हैं तथा फूल आने के समय रात्रि की अवधि एक न्यूनतम अवधि से अधिक होना उपयुक्त होता है। उर्द के पौधों की वृद्धि के लिए 25–30 डिग्री सेन्टीग्रेड तापमान उपयुक्त होता है।

उर्द की फसल 750–900 मिमी वर्षा वाले क्षेत्रों में सफलतापूर्वक उगाई जा सकती है। अधिक वर्षा वाले क्षेत्र इसकी फसल के अच्छे उत्पादन के लिए उपयुक्त नहीं होते हैं। पौधों में फूल आने के समय अधिक मात्रा में वर्षा होना हानिकारक होता है तथा उपज में गिरावट हो जाती है।

फसल पद्धतियाँ (Cropping System)

फसलचक्र (Crop rotation) : उर्द खरीफ तथा ग्रीष्म ऋतु में कम समय में तैयार होने वाली एक दलहनी फसल है। इसलिए फसल चक्र में उर्द का एक विशेष स्थान है। भारत में रबी में उगाई जाने वाली लगभग सभी फसलों के साथ फसल चक्रों में समावेश किया जा सकता है। उर्द आधारित कुछ प्रमुख फसल चक्र निम्न हैं।

1. मक्का-आलू-उर्द
2. मक्का-तोरिया-उर्द
3. मक्का-गेहूँ-उर्द
4. धान-गेहूँ-उर्द
5. उर्द-गेहूँ-मूँग
6. ज्वार/बाजरा-गेहूँ-उर्द
7. उर्द+बाजरा-गेहूँ-उर्द
8. ज्वार+उर्द-गेहूँ
9. कपास+उर्द-गेहूँ
10. मक्का-उर्द-मटर

मिश्रित/अन्तः फसल पद्धति (Mixed/inter cropping) : उर्द की फसल मिश्रित/अन्तः फसल पद्धति के लिए बहुत ही उपयोगी है क्योंकि इसके पौधे छोटे तथा कम झाड़ीनुमा होते हैं इसलिए इस फसल की मुख्य फसल के साथ किसी भी तरह की प्रतिस्पर्धा नहीं होती है। वर्षा कालीन उर्द की फसल प्रायः मिश्रित तथा अन्तः फसल के रूप में ज्वार, बाजरा, अरहर, मक्का, कपास आदि फसलों के साथ उगाया जाता है। उर्द की फसल अन्तः फसल पद्धति के रूप में दूरी पर बोई जाने वाली फसलें जैसे अरहर तथा गन्ना के साथ उगाने पर अधिक लाभकारी है। उर्द की दो पंक्तियों को अरहर की दो पंक्तियों के बाद बोते हैं। उर्द की फसल 80–85 दिनों में पककर तैयार हो जाती है तथा इससे 6–7 क्विंटल प्रति हैक्टेयर उपज प्राप्त हो जाती है। अरहर के पौधे की प्रारम्भिक अवस्था में वृद्धि भी कम होती है। इसलिए अरहर की उपज पर कोई बुरा प्रभाव भी नहीं पड़ता है। इसी तरह बसन्तकालीन गन्ना के साथ ग्रीष्म कालीन उर्द की अन्तः फसल पद्धति अपनाई जाती है। इस पद्धति में उर्द की दो पंक्तियों के बाद दो पंक्तियाँ गन्ना की बोई जाती हैं। उर्द की फसल से 5–7 क्विंटल प्रति हैक्टेयर अतिरिक्त उपज प्राप्त हो जाती है तथा गन्ने की फसल पर कोई हानिकारक प्रभाव भी नहीं पड़ता है।

भूमि (Soil) : देश के विभिन्न भागों में उर्द की खेती लगभग सभी प्रकार की भूमियों में की जा सकती है। उर्द की खेती दक्षिण भारत में भारी मृदायें जैसे कपास की काली भूमियाँ, गहरी लाल लेटराइट तथा एल्यूवियल भूमियों में तथा उत्तरी भारत की हल्की बलुअर दोमट भूमियों में की जाती है। उर्द की फसल कम उपजाऊ भूमियों में भी सफलतापूर्वक उगाई जा सकती है। इसकी खेती के लिए अम्लीय तथा क्षारीय भूमियाँ उपयुक्त नहीं होती हैं। उत्तम जल निकास वाली भूमियाँ इसकी खेती के लिए सर्वथा उपयुक्त होती हैं।

उर्द की प्रजातियों के विशिष्ट गुण : उर्द की प्रमुख बीमारियों के विशिष्ट गुण निम्न तालिका में दर्शाया गया है।

तालिका 14.2 : उर्द की प्रमुख प्रजातियों के विशिष्ट गुण

प्रजाति	संस्तुत क्षेत्र	पकने का समय (दिन)	उपज (क्विंटल/है.)	विशिष्ट गुण
पंत यू 19	उत्तर-पूर्वी मैदानी	80-85	12-15	अर्द्ध फैकने, बीज काले भूरे, पीत चितेरी रोगरोधी
पंत यू 30	मध्य तथा दक्षिण क्षेत्र	80-85	12-15	अर्द्ध फैकने, बीज मध्यम, पीत चितेरी रोगरोधी
टी एम वी 1	तमिलनाडु	65-70	10-12	खरीफ तथा ग्रीष्म ऋतु
कृष्नैय्या	दक्षिण भारत	80-90	10-12	पौधे सीधे, हरा काला तथा बड़े, चूर्णी कनक सहिष्णु
ए डी टी 3	तमिलनाडु	70-75	8-10	अर्द्ध फैलने, दाने बड़े, चूर्णीकवक सहिष्णु
पंत यू 35	उत्तर प्रदेश	75-80	12-14	अर्द्ध फैलने, दाने काले, पीत चितेरी रोगरोधी
टी ए यू 1	महाराष्ट्र	78-80	12-14	दाने बड़े तता बैंगनी काले, चूर्णीकवक सहिष्णु
जवाहर उर्द 2	मध्य प्रदेश	60-70	10-12	दाने बड़े तथा काले, चूर्णी कवक सहिष्णु
जवाहर उर्द 3	मध्य प्रदेश	70-75	10-12	दाने मध्यम, पीत चितेरी तथा सरकोस्पोरा पर्ण धब्बे सहिष्णु
माश 218	पंजाब	70-75	10-11	बसन्त कालीन
प्रभब	दक्षिण भारत	75-80	10-12	धान-परती के लिए, चूर्णीकवक तथा उकठा सहिष्णु
तेजा	आन्ध्र प्रदेश	70-75	12-14	धान-परती के लिए, चूर्णी कवक तथा उकठा सहिष्णु
बसन्त बहार	उत्तर-पूर्वी, उत्तर पश्चिमी मैदानी तथा मध्य भारत	75-80	10-12	पौधा सीधा, दाने बड़े तथा काले, बसन्त कालीन के लिए
नरेन्द्र उर्द 1	उत्तर प्रदेश	70-80	10-12	दाने काले तथा बड़े, पीत चितेरी सहिष्णु
टी ए यू 2	महाराष्ट्र	75-80	10-11	दाने मध्यम बड़े, चूर्णीकवक सहिष्णु
एल बी जी 611	आन्ध्र प्रदेश	85-90	12-14	पीत चितेरी सहिष्णु
डब्लू बी यू 108	उत्तर पूर्वी तथा उत्तर-पश्चिमी मैदानी तथा दक्षिण भारत	70-75	10-12	पीत चितेरी सहिष्णु
ए के यू 4	महाराष्ट्र	90-95	10-11	पीत चितेरी तथा चूर्णी कवक सहिष्णु, रबी ऋतु
बिरसा उर्द 1	बिहार तथा झारखण्ड	80-90	10-12	पीत चितेरी सहिष्णु
एल बी जी 623	आन्ध्र प्रदेश	60-75	10-12	दाने काले तथा बड़े, पीत चितेरी सहिष्णु
यू जी 218	हिमाचल प्रदेश	75-80	12-14	पीत चितेरी सहिष्णु
शेखर 1	दक्षिण भारत	70-75	10-12	पीत चितेरी रोग रोधी, चूर्णीकवक सहिष्णु
टी यू 94-2	दक्षिण भारत	70-75	12-13	पीत चितेरी रोग रोधी, चूर्णीकवक सहिष्णु
उत्तरा	उत्तर पश्चिमी तथा उत्तर पूर्वी मैदानी	70-75	12-13	पीत चितेरी रोग रोधी, खरीफ ऋतु
आजाद उर्द-1	उत्तर पूर्वी मैदानी	70-75	10-11	पीत चितेरी रोग रोधी, बसन्त कालीन
एल बी जी 685	आन्ध्र प्रदेश	70-80	10-12	पीत चितेरी रोग रोधी

शेखर 2	उत्तर-पश्चिमी मैदानी	70-75	10-12	पीत चितेरी रोग रोधी, बसन्त कालीन
आजाद उर्द 2	उत्तर प्रदेश	70-75	8-10	मध्यम तथा काले बीज, बसन्त कालीन
एल बी जी 645	आन्ध्र प्रदेश	70-75	10-12	बड़े चमकीले बीज, पीत चितेरी रोगरोधी
एनडीयू 99-2	उत्तर पहाड़ी क्षेत्र	75-80	10-12	पीत चितेरी रोगरोधी, खरीफ ऋतु
शेखर 3	उत्तर प्रदेश	75-80	10-12	पीत चितेरी रोगरोधी
वी बी एन 4	तमिलनाडु	70-75	10-12	पीत चितेरी तथा चूर्णीकवक सहिष्णु
माश 1008	पंजाब	68-72	10-12	पीत चितेरी रोगरोधी, बसन्तकालीन
गुजरात उर्द 1	गुजरात	70-75	10-12	चूर्णीकवक तथा सरकोस्पोरा पत्ती धब्बे सहिष्णु
पंत यू 31	उत्तराखण्ड तथा हिमाचल प्रदेश	70-75	10-12	पीत चितेरी रोग रोधी, खरीफ तथा बसन्त कालीन में अन्त: फसल पद्धति
पंत यू 40	उत्तराखण्ड के मैदानी तथा निचली पहाड़ियों	75-80	8-10	पीत चितेरी रोग रोधी, खरीफ ऋतु
आजाद उर्द 3	मध्य भारत	75-80	8-10	पीत चितेरी रोग रोधी, खरीफ ऋतु
एल बी जी 709	आन्ध्र प्रदेश	75-80	10-12	पीत चितेरी, सहिष्णु, उकठा अवरोधी, रबी ऋतु, धान-परती के उपरवार क्षेत्र
रश्मि	आन्ध्र प्रदेश	75-80	10-12	धान-परती के लिए उपयुक्त
सुजाता	उत्तर-पूर्वी मैदानी	70-75	10-12	पीत चितेरी रोग रोधी, बसन्त कालीन
आई पी यू 02-43	दक्षिण भारत	70-75	10-12	पीत चितेरी तथा चूर्णीकवक अवरोधी
एल यू 391	उत्तर-पश्चिमी मैदानी	70-75	10-12	पीत चितेरी रोग रोधी
के यू जी 479	उत्तर पश्चिमी मैदानी	70-75	10-12	बसन्त कालीन
आई पी यू 07-03	दक्षिण भारत	70-75	8-10	खरीफ ऋतु
टी यू 40	दक्षिण भारत	70-75	9-10	रबी ऋतु

तालिका 14.3 : विभिन्न प्रान्तों के लिए उपयुक्त उर्द की प्रजातियाँ

प्रान्त	वर्षाकालीन प्रजातियाँ	ग्रीष्मकालीन प्रजातियाँ
उत्तर प्रदेश	टा. 9, टा. 27, टा. 65, पंत यू 19, पंत यू 26, पंत यू 30, पूसा 1, माश 48, उत्तरा, जी 31, नरेन्द्र उर्द 1	पूसा 1, टा. 9, जी 31, के यू 92-1
मध्य प्रदेश	टा. 9, खरगाँव 3, पूसा 1, उज्जैन 4, ग्वालियर 2, पंत यू 30, जवाहर उर्द 2, जवाहर उर्द 3,	टा. 9, उज्जैन 4, जी 31, पूसा 1
बिहार	टा. 9, जी 31, पूसा 1, टा. 27, बी आर, 68, नवीन, पंत यू 19, बिरसा उर्द 1	टा. 9, जी 31, पूसा 1
राजस्थान	टा. 9, माश 48, कृष्णा, पन्त यू 30, बरखा	टा. 9, जी 31, पूसा 1
हरियाणा	माश 1-1, एल 64, माश 49, पंत यू 30	टा. 9, जी 31, पूसा 1
तमिलनाडु	–	वम्बन 1, ए डी टी 4, एडीटी 5, वम्बन 2, केबीजी 512
आन्ध्र प्रदेश	–	डब्लू बी जी 26, के यू 301, एल बी जी 17

खेत की तैयारी (Field preparation)

खेत की एक बार मिट्टी पलटने वाले हल से जुताई करके 2–3 जुताईयाँ देशी हल अथवा कल्टीवेटर से की जाती है। अन्तिम जुताई के बाद खेत में पाटा लगा देने से भूमि समतल हो जाती है। बुआई के समय खेत में खरपतवार नहीं होने चाहिऐं यदि खरपतवार हो तो एक अथवा दो अतिरिक्त जुताइयाँ करके खेत को खरपतवार रहित कर देना चाहिए। ग्रीष्मकालीन उर्द की खेती के लिए रबी की फसल काटने के बाद पलेवा करके 2–3 जुताइयाँ देशी हल अथवा कल्टीवेटर करके अच्छी तरह से पाटा लगा देना चाहिए। अच्छी तरह से पाटा लगा देने से भूमि भुरभुरी हो जाती है तथा मृदा में नमी संरक्षित भी रहती है जिससे बीजों का जमाव अच्छी तरह से होता है।

बीज एवं बुआई (Seed and Sowing)

बीज उपचार (Seed treatment) : बीज सदैव स्वस्थ तथा प्रमाणित ही बोना चाहिए। बीज बोने के पूर्व किसी फफूँदीनाशक रसायन जैसे कैप्टान अथवा थीरम 2.5 ग्राम प्रति किलोग्राम की दर से उपचारित कर देने से मृदा एवं बीज जनित फफूँदी रोगों का प्रकोप कम हो जाता है। इसके पश्चात् बीजों को उपयुक्त राइजोबियम कल्चर तथा पी. एस. बी. से भी उपचारित करने पर पौधों की नत्रजन एकत्रीकरण क्षमता बढ़ जाती है जिससे उर्द की उपज में वृद्धि हो जाती है।

बीज दर (Seed Rate) :

खरीफ ऋतु	:	12–15 किलोग्राम प्रति हैक्टेयर
ग्रीष्म ऋतु	:	20–25 किलोग्राम प्रति हैक्टेयर

अन्तरण (Spacing) : खरीफ ऋतु में अनुकूल तापमान मिलने से पौधों की वानस्पतिक वृद्धि अच्छी होती है अत: पौधों से पौधों के बीच की दूरी अधिक रखी जाती है। खरीफ ऋतु में उगाई जाने वाली फसल की पंक्ति से पंक्ति की दूरी 45 सेमी रखना चाहिए।

ग्रीष्मकालीन उर्द की पंक्ति से पंक्ति की दूरी 20–25 सेमी रखी रखनी चाहिए। उर्द के पौधे से पौधे की दूरी 10–15 सेमी रखनी चाहिए।

बोने का समय (Time of Sowing) : खरीफ ऋतु में उर्द की फसल की बुआई का समय मानसून पर आधारित रहता है। सामान्य दशाओं में उर्द की बुआई जून के अन्तिम सप्ताह से जुलाई के प्रथम सप्ताह में अथवा मानसून प्रारम्भ होने पर बुआई आरम्भ कर देते हैं। ग्रीष्मकालीन उर्द की बुआई का उपयुक्त समय फरवरी के अन्तिम सप्ताह से मार्च का अन्तिम सप्ताह है। जिन क्षेत्रों में सिंचाई के साधन उपलब्ध होते हैं। वहाँ पर गेहूँ की फसल काटने के उपरान्त मार्च के अन्तिम सप्ताह से अप्रैल के प्रथम सप्ताह तक खेत में पलेवा करके उर्द की बुआई कर देते हैं।

बुआई की विधि (Method of Sowing) : उर्द की बुआई सामान्यत: छिटकवाँ विधि से की जाती है, परन्तु इस विधि से बुआई करना अच्छा नहीं होता है। अत: उर्द की बुआई सदैव पंक्तियों में ही करनी चाहिए। पंक्तियों में बुआई करने के लिए पहले देशी हल से कूँड बना दिये जाते हैं। फिर

इन कूँडों में उर्द की बुआई की जाती है। जिन भूमियों में पानी भरता हो अथवा निचली हो वहाँ पर उर्द की बुआई मेड़ों पर करना अधिक लाभप्रद रहता है।

खाद एवं उर्वरक (Manures and Fertilizers)

उर्द की फसल एक दलहनी फसल होने के कारण अधिक नत्रजन की आवश्यकता नहीं होती है क्योंकि उर्द के पौधों की जड़ों में जड़ ग्रन्थियाँ होने के कारण इनमें उपस्थिति राइजोबियम जीवाणु वायुमण्डल की स्वतन्त्र नत्रजन को ग्रहण कर इन जड़ ग्रन्थियों में एकत्रित करते हैं जिसे पौधे बाद में ग्रहण करते रहते हैं। इन जीवाणुओं की क्रियाशीलता बढ़ाने के लिए फासफोरस पोषक तत्व की आवश्यकता होती है।

पौधे की प्रारम्भिक अवस्था में जड़ों एवं जड़ ग्रन्थियों की वृद्धि एवं विकास के लिए 15-20 किलोग्राम नत्रजन तथा 40-50 किलोग्राम फासफोरस प्रति हैक्टेयर देना चाहिए। मृदा परीक्षण के आधार पर पोटास उर्वरक का भी प्रयोग करना चाहिए। सामान्यत: 40 किलोग्राम प्रति हैक्टेयर की दर से पोटास का प्रयोग करना चाहिए।

नत्रजन तथा फासफोरस की मात्रा वैसे तो किसी उर्वरक द्वारा दी जा सकती है यदि डी ए पी उपलब्ध हो तो 100 किलोग्राम प्रति हैक्टेयर देने से दोनों पोषक तत्वों की पूर्ति हो जाती है। उर्वरकों की सम्पूर्ण मात्रा बुआई के समय कूँडों में बीजों से 4-5 सेमी नीचे गहराई पर देनी चाहिए अथवा छिड़कवाँ विधि द्वारा अन्तिम जुताई के समय खेत में फैला कर अच्छी तरह से मिला देना चाहिए।

सिंचाई एवं जल निकास (Irrigation and Drainage) : वर्षाकालीन उर्द की फसल में खरपतवारों का प्रकोप बहुत अधिक मात्रा में होता है। उर्द की फसल में खरपतवारों के अधिक प्रकोप होने से उपज में 40-50 प्रतिशत तक हानि हो जाती है। उर्द के पौधों की ऊँचाई कम होने के कारण खरपतवारों द्वारा फसल को पूरी तरह से ढक लिया जाता है। ऐसी स्थिति में उर्द की फसल में पहली निराई हाथों द्वारा खुरपी की सहायता से 20-25 दिन बाद कर देनी चाहिए यदि खेत में पुन: खरपतवारों का प्रकोप होता है तो एक और निराई की जानी चाहिए। पंक्तियों में बोई गई उर्द की फसल की निराई गुड़ाई हैन्ड हो द्वारा की जा सकती है परन्तु छिड़कवाँ विधि द्वारा बुआई करने पर हाथों द्वारा खुरपी की सहायता से ही की जाती है।

रासायनिक विधि द्वारा खरपतवार नियन्त्रण के लिए फ्लूक्लोरेलिन (बासालिन) 1 किलोग्राम सक्रिय तत्व प्रति हैक्टेयर की दर से 800-1000 लीटर पानी में घोल कर बुआई के पूर्व खेत में छिड़काव कर देना चाहिए। पेन्डीमिथ-लीन (स्टाम्प) 1.25 किलोग्राम सक्रिय तत्व प्रति हैक्टेयर की दर से 800-1000 लीटर पानी में घोलकर बुआई के बाद परन्तु बीजों के जमाव के पूर्व छिड़काव कर देने से खरपतवारों का नियन्त्रण हो जाता है। ग्रीष्म ऋतु में उगाई जाने वाली उर्द की फसल में खरीफ ऋतु में उगाई जाने वाली फसल की अपेक्षा खरपतवारों का प्रकोप कम होता है।

प्रमुख बीमारी, कीट एवं उनका नियन्त्रण (Important diseases, insects and their control measures) : इस फसल में लगने वाली प्रमुख बीमारियाँ, कीटों तथा उनकी रोकथाम को निम्न तालिकाओं में दर्शाया गया है।

तालिका 14.4 : उर्द की फसल में लगने वाले प्रमुख बीमारियाँ तथा उनकी रोकथाम

बीमारी एवं कवरक	प्रमुख लक्षण	रोकथाम
पीली चितेरी वायरस (Yellow mosaic virus)	पीली चितेरी रोग के प्रारम्भिक लक्षण पत्तियों पर पीले चितकबरे धब्बे के रूप में दिखाई पड़ते हैं। प्रकोप होने पर पत्तियों पर बड़े-बड़े धब्बे पड़ जाते हैं। अन्ततः पत्तियाँ पूर्ण रूप से पीली पड़ जाती हैं। पीली चितेरी रोग से ग्रसित पौधों में पत्तियों के साथ-साथ फलियों पर भी पीले धब्बे देखे जाते हैं। रोग ग्रसित पौधा देर से पकता है तथा स्वस्थ पौधे की अपेक्षा फलियाँ भी कम बनती हैं।	रोग ग्रसित पौधों का उखाड़कर नष्ट कर देना चाहिए। कुछ खरपतवार इस रोग को फैलाने में मदद करते हैं अतः खरपतवार नियन्त्रण बहुत ही आवश्यक है। रोग रोधी प्रजातियों को ही बोना चाहिए। इस बीमारी का प्रकोप शुरू होते ही मेटासिस्टाक्स 0.1 प्रतिशत या डाइमिथोएट 0.3 प्रतिशत प्रति हैक्टेयर की दर से 500-600 लीटर पानी में घोलकर छिड़काव करना चाहिए।
पर्ण कुंचन (Leaf curl)	यह रोग प्रारम्भिक अवस्था में तरूण पत्तियों के किनारों पर पार्श्व शिराओं तथा उनकी शाखाओं के चारों ओर हरिमाहीनता प्रकट करता है। संक्रमित पत्तियों के सिरे नीचे की तरफ मुड़ जाते हैं तथा पत्तियाँ भंगुर हो जाती हैं। ऐसी पत्तियों में जरा सा झटका दिया जाए तो वह डंठल सहित नीचे गिर जाती हैं। संक्रमित पौधों की वृद्धि रूक जाती है जिससे रोगग्रसित पौधे स्वस्थ पौधों की अपेक्षा बौने दिखते हैं।	इमिडा क्लोपिरिड 5 ग्राम प्रति किलो ग्राम की दर से बीजोपचार तथा बुआई के 15 दिन उपरान्त इसी रसायन का छिड़काव (0.25 मिली प्रति लीटर पानी) करने इस रोग की रोकथाम हो जाती है।
पर्ण झुर्रीदार (Leaf crinkle)	इस रोग के प्रारम्भिक लक्षण पौधे की तीसरी पत्ती पर दिखाई पड़ते हैं इससे पत्तियाँ सामान्य से अधिक वृद्धि तथा इनमें झुर्रियाँ या मरोड़पन होता है। छूने पर ये पत्तियाँ सामान्य से मोटी प्रतीत होती हैं। रोगग्रस्त पौधों पर फलियाँ कम बनती हैं तथा फसल पकने तक पौधे हरे बने रहते हैं। इन समस्त लक्षणों के कारण पौधों को दूर से देखकर ही इस रोग को पहचाना जा सकता है।	इस रोग से प्रभावित पौधों को उखाड़कर नष्ट कर देना चाहिए। रोगरोधी प्रजाति एडीटी 3 को ही उगाना चाहिए। संस्तुत कीटनाशी रसायन का छिड़काव करना चाहिए।
मोजेक मोटल (Mosaic mottle)	इस रोग का प्रकोप होने पर पत्तियों पर हल्के हरे रंग के रूप में प्रकट होते हैं और पत्तियाँ विरूपित हो जाती हैं तथा बाद में सिकुड़ जाती हैं। संक्रमित पत्तियों पर फफोले पड़ जाते हैं जिससे पौधों की वृद्धि रूक जाती है। संक्रमित पौधों पर पुष्प कलिकायें कम लगती हैं और जो भी लगती हैं वे गिर जाती हैं। संक्रमित पौधों पर फलियाँ भी कम लगती हैं तथा उनमें सिकुड़े हुए बीज होते हैं।	स्वस्थ एवं प्रमाणित बीज की ही बुआई करनी चाहिए। रोग ग्रसित पौधों को उखाड़कर नष्ट कर देना चाहिए। खेत में खरपतवारों का उचित एवं समय पर नियन्त्रण करना चाहिए। कीटनाशी रसायनों का छिड़काव करने से रोग वाहक कीटों का नियन्त्रण हो जाता है।

रूक्षरोग (Anthrac rose) - कोलोटोट्रिकम लिन्डेमुथियेमम कोलेटोट्रिकम केपसिकी	पत्तियों एवं फलियों पर भूरे रंग गोल धसे हुए धब्बे पड़ जाते हैं। इन धब्बों का केन्द्र गहरे रंग का तथा बाहरी सतह लाल रंग की हो जाती है। संक्रमण अधिक होने की दशा में पौधा सूख जाता है। इस रोग के जनक कवक, बीज तथा रोग ग्रस्त मरे हुए पौधों पर जीवित रहता है।	कैप्टान अथवा थीरम 2-3 ग्राम प्रति किलो ग्राम बीज की दर से बीजों का उपचारित कर बोना चाहिए। थाइथेन 78 (जिनेब) 2 ग्राम प्रति लीटर पानी में घोल कर 15 दिनों के अन्तराल पर दो बार छिड़काव करने चाहिए।
सरकोस्पोरा पत्र बुन्दकी (Cercospora leaf spot)- सरकोस्पोरा क्रुएन्टा सरकोस्पोरा कैनसेन्स	इस रोग को प्रकोप होने पर पत्तियों पर गहरे भूरे रंग के धब्बे पड़ जाते हैं जिनकी बाह्य सतह भूरे लाल रंग की होती है। ये धब्बे पौधों की शाखाओं एवं फलियों पर भी पड़ जाते हैं। अनुकूल परिस्थितियों पर ये धब्बे बड़े आकार के हो जाते हैं तथा पुष्पीकरण एवं फलियाँ बनने से पहले सभी पत्तियाँ गिर जाती हैं। रोगग्रस्त पौधों के बीज भी संक्रमित हो जाते हैं और सिकुड़कर काले हो जाते हैं।	बीजों को कैप्टान अथवा थीरम 2.5 ग्राम प्रति किलो बीज दर से उपचारित कर बोना चाहिए। रोग के लक्षण प्रकट होते ही कार्बेन्डाजिम (0.05%) अथवा मेंकोजेब (0.2%) घोल का छिड़काव करना चाहिए। आवश्यकता पड़ने पर 15 दिन के अन्तराल पर 1-2 और छिड़काव किये जा सकते हैं।
चूर्णी कवक (Powdery mildew)- इरीसिफी पोली गोनाई	इस रोग की आरम्भिक अवस्था में पौधे की पत्तियाँ और दूसरे भागों पर सफेद चूर्णी धब्बे पड़ जाते हैं। ये चूर्णी धब्बे बाद में मटमैले रंग में परिणित हो जाते हैं। रोग के अत्यधिक प्रकोप होने की दशा में पत्तियाँ अपरिपक्व अवस्था में ही सिकुड़ कर गिर जाती हैं।	रोग रोधी प्रजातियों को ही बोना चाहिए। घुलनशील गन्धक 3 किलोग्राम प्रति हैक्टेयर की दर से फसल पर छिड़काव करना चाहिए। कार्बोन्डाजिम (0.5 ग्राम प्रति लीटर पानी) या केराथेन कवकनाशी 1 मिली प्रति लीटर पानी में घोल बनाकर 1-2 छिड़काव करने चाहिएं।
राइजोक्टोनिया जाल अंगमारी (Rhizoctonia blight)-राइजोक्टोनिया सोलेनाई	इस रोग के लक्षण पत्तियों पर ऊतकक्षयी जलसिक्त धब्बे के रूप में शुरू होते हैं जो जल्द ही डंठल तथा तना पर फैल जाते हैं। इन धब्बों का रंग हरा, भूरा, हल्का या गहरा कत्थई होता है। रोग सक्रंमित पौधों की पत्तियाँ पहले पीली तथा बाद में भूरे रंग की होकर गिर जाती हैं। इस रोग का प्रकोप पौधे के हर भाग यहाँ तक कि परिपक्व फलियों पर भी होता है।	दो-तीन वर्ष का फसलचक्र अपनाना चाहिए। रोगग्रस्त पौधों तथा उनके अवशेषों को जलाकर नष्ट कर देना चाहिए। थीरम 0.45% अथवा बाइटाबेक्स 0.25% की दर से बीजों को उपचारित कर बोना चाहिए। बेनोमिल का 0.05 प्रतिशत का छिड़काव इस रोग के शुरू होते ही फसल पर कर देना चाहिए।
जीवाणु पर्ण बुन्दकी (Bacterial leaf blight)-जेन्थोमोनास केम्पेस्ट्रिस	इस रोग का संक्रमण होने पर पत्तियों तथा तने पर भूरे तथा कुछ उठे हुए धब्बे हो जाते हैं। रोग की अधिकता पर पत्तियाँ पीली पड़ जाती हैं तथा तना एवं फलियाँ भी संक्रमित हो जाती हैं। रोगग्रस्त पौधों के अवशेष मृदा में उपस्थित रहते हैं।	कैप्टान 0.3% या स्ट्रेप्टोमाइसिन सल्फेट 500 पीपीएम से बीजोपचार कर बीजों को बोना चाहिए। जिनेव (0.4%) या बेनोमाइन (0.25%) के घोल का छिड़काव करना चाहिए। रोगग्रसित पौधों के अवशेषों को जलाकर नष्ट कर देना चाहिए। रोगरोधी प्रजातियाँ बोनी चाहिऐ।

चारकोल विगलन (Charcoal rot)- मेक्रोफोमिना फेजियोलीना	इस रोग का प्रकोप होने पर जड़, तना, टहनी तथा पत्तियों पर काले धब्बे पड़ जाते हैं। पौधों की जड़ें सड़ जाती हैं तथा पौधे मर जाते हैं। विगलन जड़ से शुरू होकर तना तथा शाखाओं पर फैल जाता है तथा भूमि के निकट तने पर भूरे काले रंग के धब्बे आसानी से देखे जा सकते हैं।	रोगग्रस्त पौधों तथा उनके अवशेषों को जलाकर नष्ट कर देना चाहिए। बीजों को कैप्टान या थीरम 3 ग्राम प्रति किलो बीज दर से उपचारित कर बोना चाहिए। कार्बेन्डाजिम या बेनलेट (0.06%) घोल का छिड़काव रोग शुरू होते ही कर देना चाहिए।

तालिका 14.5 : उर्द में हानि पहुँचाने वाले प्रमुख कीट एवं उनका नियन्त्रण

कीट	लक्षण	रोकथाम
गेलरूसिड बीटल (Galerucid beetle)	इस कीट के बीटल के ग्रब जड़ के बालों और जड़ ग्रन्थियों में घुसकर खाते हैं। यह कीट दिन में जमीन के अन्दर रहता है वहाँ पर यह जड़ों को खाता रहता है और रात में बाहर निकल कर पत्तियों में छोटे-छोटे गोल छेद कर देता है।	उपयुक्त समय पर फसल की बुआई करनी चाहिए। ज्वार तथा अरहर की अन्तः फसल पद्धति अपनानी चाहिए। एल्डीकार्व या फोरेट के दाने 1.5 किलो ग्राम प्रति हैक्टेयर की दर से बुआई के पूर्व खेत में अच्छी प्रकार से मिला देना चाहिए।
लीफ हॉपर (Leaf hopper)	इस कीट के व्यस्क तथा निम्फ पत्तियों का रस चूसते हैं। सामान्यतः यह कीट पत्तियों की निचली सतह से रस चूसते हैं लेकिन कभी-कभी ऊपर की सतह से भी रस चूसते हैं। इसके परिणामस्वरूप पत्तियाँ कत्थई तथा किनारे से मुड़ जाती हैं।	फोरेट 10 जी, मेकोसोलान 5जी, डाई सुलफोटान 5 जी, कार्बोफ्यूरान 3जी या एल्डीकार्ब 10 जी को 2 किलोग्राम सक्रिय तत्व प्रति हैक्टेयर की दर से बुआई के पूर्व खेत में मिला देना चाहिए। बुआई के 6-8 सप्ताह बाद इन्डोसल्फान का छिड़काव करने से इस कीट का नियन्त्रण हो जाता है।
बिहार रोयेंदार सूंडी (Bihar hairy catterpiller)	यह कीट सामान्यतः पत्तियाँ खाते हैं परन्तु फूल तथा फलियों पर भी इसका प्रकोप हो जाता है। इस कीट की सूंडी पत्तियों का हरा भाग खाकर उसे नष्ट कर देती है जिससे प्रकाश संश्लेषण की क्रिया सुचारू रूप से नहीं होने पाती और उपज में काफी नुकसान हो जाता है।	इस कीट से प्रभावित सूंडियों के समूह तथा पौधों को इकट्ठा कर नष्ट कर देना चाहिए। फोरेट 10जी, मेफोसोलान 5जी, डाइसुल्फोटान 5जी, कार्बोफ्यूरान 3 जी या एल्डीकार्ब 10जी को 2 किग्रा सक्रिय तत्व प्रति हैक्टेयर की दर से बुआई के समय प्रयोग करना चाहिए।
सफेद मक्खी (White fly)	यह कीट उर्द की प्रत्यक्ष अथवा अप्रत्यक्ष रूप से हानि पहुँचाता है। यह मक्खी उर्द की पत्तियों का रस चूसकर पौधों में पीत चितेरी रोग के विषाणु फैलाती है।	उर्द के साथ ज्वार, तिल और अरहर के साथ अतः फसल पद्धति अपनानी चाहिए। एल्डीकार्ब 10जी, फोरेट 10जी को 2 किग्रा सक्रिय तत्व प्रति हैक्टेयर की दर से दो बार छिड़काव कर देना चाहिए।
बिलिस्टर बीटल (Blister beetle)	यह कीट उर्द के फूलों तथा परागकोष को खाती है।	बुआई के 6-8 सप्ताह पश्चात् इन्डोसल्फान का छिड़काव कर देना चाहिए।

माहूँ (Aphid)	यह कीट कोमल पत्तियों, तना, फूल, टहनी तथा फूलों का रस चूसते हैं। इस कीट के प्रकोप से फूल झड़ जाते हैं तथा दानों की गुणवत्ता खराब हो जाती है। यह कीट फसल में वायरस बीमारी को भी फैलाती है।	कीट रोधी प्रजातियों को ही बोना चाहिए। मोनोक्रोटोफास (0.075%), इन्डोसल्फान (0.07%), मेलाथियान (0.04%) या डाइमिथोएट (0.03%) के घोल का छिड़काव करना चाहिए।

कटाई एवं मड़ाई (Harvesting and threshing)

पकने के समय उर्द की फलियाँ हरे रंग से काले रंग में परिवर्तित होने लगती हैं ऐसे समय पर फसल की कटाई कर ली जाती है। उर्द की कुछ प्रजातियों में फलियाँ एक साथ नहीं पकती हैं अत: इन प्रजातियों की फलियों की 2-3 बार में हाथों से तुड़ाई की जाती हैं। उर्द की फसल बोने के 85-90 दिन में पककर तैयार हो जाती है। खरीफ ऋतु में जून-जुलाई में बोई गई फसल सितम्बर-अक्तूबर में पककर तैयार हो जाती है। ग्रीष्मकालीन अगेती फसल फरवरी-मार्च में बोने पर मई में पककर तैयार हो जाती है जबकि मार्च-अप्रैल में बोई गई फसल जून में पककर तैयार हो जाती है।

उर्द की वे प्रजातियाँ जिनकी फलियाँ एक साथ पकती हैं उनकी कटाई हँसिया से करके खलिहान में अच्छी तरह से सुखाते हैं। तत्पश्चात् डण्डों से पीटकर अथवा बैलों द्वारा मड़ाई कर ली जाती है। मड़ाई के बाद हवा की सहायता से बीजों एवं भूसे को अलग कर अच्छी तरह से साफ कर लेते हैं। उर्द के दानों को अच्छी तरह सुखाने के बाद जब दानों में 10-12 प्रतिशत नमी रह जाए तब भण्डारण करते हैं।

उपज (Yield)

उर्द की शुद्ध फसल की उपज 10-15 क्विंटल प्रति हैक्टेयर तक प्राप्त होती है। ग्रीष्मकालीन सिंचित फसल की उपज 8-10 क्विंटल प्रति हैक्टेयर तक प्राप्त होती है। देर से पकने वाली प्रजातियों की उपज 15-20 क्विंटल प्रति हैक्टेयर तक प्राप्त होती है। मिश्रित फसल पद्धति में उर्द की फसल से 6-8 क्विंटल प्रति हैक्टेयर प्राप्त होती है। जब उर्द की फसल चारे के लिए उगाई जाती है तब चारे की उपज 150-200 क्विंटल प्रति हैक्टेयर तक प्राप्त होती है।

अध्याय 15

मूँग (Mungbean)

वानस्पतिक नाम	:	विगना रेडिएटा
(Botanical name)	:	(*Vigna radiata L. Wilczek*)
कुल (Family)	:	लेग्यूमिनेसी (Leguminaceae)

आर्थिक महत्व (Economic Importance)

मूँग उत्तम किस्म की प्रोटीन का बहुत ही अच्छा स्रोत है। इसके दानों में लगभग 25 प्रतिशत प्रोटीन पाई जाती है। इसलिए भारत में मूँग बहुत प्रचलित तथा लोकप्रिय दालों में से एक है। मूँग को दाल के रूप में प्रयोग करके खाया जाता है। मूँग के अंकुरित किये हुआ दानों को दक्षिणी भारत में खट्टे व्यंजन बनाने में प्रयोग करते हैं। मूँग से नमकीन, मिष्ठान, पापड़ तथा मूंगोडी आदि बनाई जाती हैं। उत्तर भारत में मूँग को दाल के रूप में ही प्रयोग करते हैं। मूँग की दाल जल्दी पचने के कारण मुख्यत: मरीजों को खिलाई जाती है। मूँग की दाल का हलवा बहुत ही स्वादिष्ट तथा पौष्टिक होता है। मूँग की दाल को नमकीन बनाकर चाय तथा पेय पदार्थों के साथ खाया जाता है। मूँग के दानों को जमने के बाद विटामिन सी (एस्कार्बिक अम्ल) संश्लेषित हो जाती है तथा राइबोफ्लेविन एवं थायमिन भी बढ़ जाता है। इसके अतिरिक्त मूँग की हरी फलियों को सब्जी के रूप में भी प्रयोग करते हैं।

मूँग की फसल को हरी खाद के रूप में भी प्रयोग करते हैं। मूँग की फसल दलहनी फसल होने के कारण वायुमण्डल की स्वतन्त्र नत्रजन को पौधों की जड़ों में उपस्थिति राइजोबियम जीवाणुओं द्वारा भूमि में स्थिरीकरण करते हैं जिससे मृदा की उर्बरा शक्ति बढ़ जाती है। मूँग की फसल उगाने से वर्षा ऋतु में वर्षा के पानी का बहाव कम हो जाता है जिससे मृदाक्षरण कम होता है। मूँग की फसल कम समय में (60-70 दिन) में पककर तैयार होने के कारण सघन फसल प्रणाली के लिए भी उपयुक्त है।

मूँग की हरी फसल पशुओं के लिए हरे चारे के रूप में भी उगाई जाती है। मूँग की पकी हुई फसल से दाना निकालने के उपरान्त भूसा बहुत ही पौष्टिक तथा स्वादिष्ट होता है जिसको पशु बड़े ही चाव से खाते हैं। मूँग के दानों से दाल बनाने के बाद मूँग के छिलके तथा टूटे हुए दानों को पशुओं को रातब के रूप में भी प्रयोग किया जाता है। मूँग के दानों में 25 प्रतिशत प्रोटीन, 60 प्रतिशत कार्बोहाइड्रेट तथा 1.3 प्रतिशत बसा के अतिरिक्त खनिज पदार्थ प्रचुर मात्रा में उपलब्ध होते हैं। मूँग के दानों में पोषक गुणवत्ता तालिका 15.1 में दर्शायी गई है।

तालिका 15.1 : मूँग के दानों में पोषक गुणवत्ता (100 ग्राम दानों में)

अवयव	मात्रा	अवयव	मात्रा
प्रोटीन	23.0	कैल्सियम	120.0
कार्बोहाइड्रेट	61.8	पोटेसियम	1130.0
बसा	1.2	फासफोरस	330.0
		लौह	7.0
		विटामिन	
		बी$_1$	0.53
		बी$_2$	0.26

उत्पत्ति एवं इतिहास (Origin and History)

भारतवर्ष में मूँग की खेती अति प्राचीन काल से होती आ रही है। देश के विभिन्न भागों में मूँग की कई किस्में पाई जाती हैं परन्तु इसमें से कोई भी किस्म जंगली रूप में नहीं है। वैज्ञानिकों का मत है कि मूँग की किस्म विगबा रेडिऐटा उपजाति सबलोबेटा (*Vigna radiata var. sublobata*) ही मूँग का असली पूर्वज है। यह उपजाति भारत तथा इन्डोनेशिया में जंगली रूप में पाई जाती है। वेविलोव, 1726 (Vivilov, 1726) के अनुसार मूँग का उत्पत्ति स्थान भारत तथा मध्य एशिया है क्योंकि यहाँ पर मूँग की खेती अति प्राचीन काल से होती आ रही है। भारत तथा एशिया महाद्वीप से यह अफ्रीका तथा एशिया के अन्य देशों में फैली।

क्षेत्रफल तथा विवरण (Area and Distribution)

विश्व में मूँग की खेती भारत, बर्मा, लंका, पाकिस्तान, चीन, फिजी, क्वीन्सलैण्ड तथा अफ्रीका में प्रमुख रूप से की जाती है। भारत में मूँग की खेती लगभग सभी राज्यों में की जाती है। सन् 2013-14 से विश्व में भारत मूँग के क्षेत्रफल (2.94 मिलियन/हैक्टेयर) तथा उत्पादन (1.61 मिलियन टन) कर प्रथम स्थान पर है। भारत में मूँग की खेती महाराष्ट्र, राजस्थान, आन्ध्र प्रदेश, कर्नाटक, बिहार तथा उड़ीसा में मुख्य रूप से की जाती है। सन् 2012-13 देश में मूँग उगाने की दृष्टि से राजस्थान क्षेत्रफल (7.96 लाख हैक्टेयर) तथा उत्पादन (2.41 लाख टन) में प्रथम स्थान पर है। इसके पश्चात् महाराष्ट्र, उड़ीसा, आन्ध्र प्रदेश तथा कर्नाटक राज्यों में क्षेत्रफल की दृष्टि से क्रमशः दूसरे, तीसरे, चौथे

पाँचवे स्थान पर हैं। मूँग की उत्पादकता की दृष्टि से पश्चिम बंगाल (719 किलोग्राम प्रति हैक्टेयर) तथा आन्ध्र प्रदेश (676 किलोग्राम प्रति हैक्टेयर) राज्य अग्रणी हैं।

उत्तर प्रदेश में मूँग की खेती बहुत कम क्षेत्रफल (0.75 लाख हैक्टेयर) पर की जाती है। प्रदेश में मूँग की खेती मिश्रित तथा एकल फसल पद्धति दोनों ही रूपों में की जाती है। प्रदेश में सघन फसल पद्धति में ग्रीष्मकालीन मूँग का प्रचलन बढ़ रहा है। प्रदेश में मूँग की खेती लखनऊ, झाँसी तथा फैजाबाद मंडलों में मुख्य रूप से की जाती है। मूँग की खेती उन्नाव, झाँसी, रायबरेली, प्रतापगढ़, फतेहपुर, फैजाबाद कानपुर, मेरठ, मुजफ्फरनगर आदि जिलों में भी की जाती है।

वानस्पतिक वर्गीकरण (Botanical Classification)

मूँग लेग्यूमिनेसी (Leguminaceae) कुल तथा पेपिलियोनेसी (Papilionaceae) उपकुल के अन्तर्गत आती है। इसका पौधा छोटा, शाकीय तथा एक वर्षीय होता है। इसके पौधों की ऊँचाई सामान्यत: 30–40 सेमी होती है तथा ऊपर के भाग में कुछ शाखायें होती हैं। इसकी पत्तियाँ त्रिफलकीय (Trifoliate) तथा डंठल (Petioles) लंबा होता है। मूँग के पौधों का तना तथा पत्तियों पर छोटे–छोटे रोयें होते है। इसके फूल पीले रंग के तथा 10–20 पुष्प के गुच्छे होते हैं। फलियाँ 6–10 सेमी लम्बी, गोल तथा लम्बी होती है। प्रत्येक फलियों में 6–8 दाने होते हैं। दानों का रंग सामान्यत: चमकीला हरा परन्तु पीला, भूरा तथा बैंगनी भूरा रंग होता है।

बोस (1932) में मूँग को 40 विभिन्न प्रकार से वर्गीकृत किया है। मूँग का वर्गीकरण सामान्यत: पत्तियों का आकार, फूलों का रंग, फलियों का रंग तथा दानों के रंग के आधार पर किया गया है। सभी तरह के वर्गीकरण में गुणसूत्रों की संख्या $2n = 24$ होती है। मूँग के कुछ प्रमुख वर्गीकरण निम्न हैं।

बीजों का रंग	:	बीज हरे, काले, भूरे तथा पीले
बीजों की सतह	:	चमकीली तथा खुरदरी (Dull)
फूलों का रंग	:	हल्का पीला तथा पीला
फलियों का रंग	:	पकने पर फलियों का रंग भूरा, घूसर आदि।

जलवायु (Climate)

मूँग की फसल विभिन्न प्रकार की जलवायु में भिन्न-भिन्न समय पर उगाई जाती है। मूँग की खेती 2000 मीटर तक की ऊँचाई वाले क्षेत्रों में भी आसानी से की जाती है। मूँग की फसल उपोष्ण जलवायु की फसल है। मूँग के पौधों की गर्म तथा आर्द्र जलवायु में अधिक वृद्धि होती है। मूँग की फसल को अधिक वर्षा तथा जल भराव की दशा में हानि होती है। मूँग की खेती 600–750 मिमी वर्षा वाले क्षेत्रों में आसानी से की जा सकती है। मूँग के पौधों को गर्म जलवायु की आवश्यकता होती है तथा सूखा सहने की क्षमता भी बहुत अधिक होती है। उत्तर भारत में मूँग की खेती सामान्यत: खरीफ तथा ग्रीष्म ऋतु में की जाती है। परन्तु दक्षिण भारत में इसकी खेती रबी के मौसम में भी की जाती है। मूँग के पौधों की वृद्धिकाल में अधिक तापमान की आवश्यकता है। पौधों पर फूल आते समय तथा फलियाँ पकते समय उच्च तापमान तथा शुष्क मौसम लाभदायक होता है। फूल बनते समय वर्षा का होना मूँग की अच्छी उपज प्राप्त करने के लिए हानिकारक होता है।

भूमि (Soil) : मूँग की फसल विभिन्न प्रकार की मृदाओं में उगाई जाती है। मूँग की खेती दक्षिण भारत की लैटेराइट से महाराष्ट्र एवं मध्यप्रदेश की कपास की काली भूमियाँ तथा राजस्थान की बलुई भूमियों में की जाती है। मूँग की फसल के लिए भारी भूमियों की अपेक्षा हल्की मृदायें सर्वथा उपयुक्त होती हैं। मूँग की खेती के लिए उत्तम जल निकास वाली दोमट से बलुई दोमट भूमियाँ ज्यादा उपयुक्त होती हैं। अम्लीय तथा क्षारीय मृदाएं मूँग की खेती के लिए उपयुक्त नहीं होती हैं। मूँग की खेती निचली तथा जल भराव वाली भूमियों में नहीं की जा सकती है।

फसल पद्धति (Cropping System)

मिश्रित/अन्तः फसल पद्धति (Mixed/Intercropping) : मूँग की फसल को मिलवाँ खेती अरहर, ज्वार, बाजरा, मक्का, कपास तथा गन्ना आदि फसलों के साथ उगाया जाता है। मूँग की अन्तः फसल पद्धति बसन्तकालीन गन्ना के साथ की जाती है। फरवरी-मार्च में गन्ना की फसल बोने पर कम तापमान के कारण गन्ना की वृद्धि कम होती है अतः इस समय मूँग को अन्तः फसल के रूप में उगाया जाता है। इससे मूँग की 6-7 क्विंटल प्रति हैक्टेयर गन्ना के अतिरिक्त उपज प्राप्त हो जाती है तथा गन्ना की वृद्धि पर कोई हानिकारक प्रभाव भी नहीं पड़ता है।

फसल चक्र (Crop rotation) : सघन फसल पद्धति में मूँग के साथ अपनाये जाने वाले फसल चक्र निम्न हैं।

1. धान-गेहूँ-मूँग
2. मूँग+मक्का-तोरिया-आलू
2. मक्का-आलू-मूँग
4. मक्का-लाही-गेहूँ-मूँग
5. मूँग-मक्का-गेहूँ
6. मूँग-गेहूँ
7. मूँग-सरसों-मूँग
8. मक्का-चना-मूँग

उन्नतशील प्रजातियाँ (Improved Varieties) : मूँग की उन्नतशील प्रजातियों का विवरण निम्न तालिकाओं में दर्शाया गया है।

तालिका 15.2 : मूँग की उन्नतशील प्रजातियों के विशिष्ट लक्षण

प्रजाति	संस्तुत क्षेत्र	पकने का समय (दिन)	उपज (क्विंटल/है.)	विशिष्ट गुण
एम एल 267	उत्तर-पश्चिमी मैदानी	70-75	10-11	पौधा छोटा, दाना चमकीला तथा हल्के हरे रंग, पीत चितेरी रोगरोधी
पी डी एम 11	मध्य क्षेत्र	70-75	8-10	पौधा घना तथा सीधा, दाने का आकार बड़ा तथा चमकीला हरा, पीत चितेरी रोगरोधी
पी डी एम 54	उत्तर-पश्चिमी मैदानी	65-70	9-19	पौधा घना तथा सीधा, दाने बड़े तथा चमकीला हरा, पीत चितेरी रोगरोधी
पंत मूँग 2	उत्तर-पश्चिमी, उत्तर-पूर्वी मैदानी, मध्य भारत	60-70	10-12	चमकीला हरा बीज, पीत चितेरी रोगरोधी
पंत मूँग 3	उत्तर-पश्चिमी मैदानी	75-80	11-12	पौधा सीधा, दाना, हरा, पीत चितेरी रोगरोधी, चूर्णी कवक के प्रति मध्यम अवरोधी
एम यू एम 2	उत्तर-पश्चिमी मैदानी	60-70	10-12	चमकीला हरा बीज, पीत चितेरी रोगरोधी

वम्बन 1	उत्तर-पश्चिमी मैदानी	60–65	8–10	पीत चितेरी रोगरोधी
आर एम जी 62	राजस्थान	65–70	7–9	छोटे दाने, चमकीले हरे, सूखा सहिष्णु
एडीटी 3	तमिलनाडु	65–70	8–10	अर्द्ध फैलने वाले पौधे, पीत चितेरी तथा चूर्णी कवक के प्रति सहिष्णु
सी ओ 5	तमिलनाडु	70–75	9–10	अर्द्ध फैलने वाले पौधे, पीत चितेरी तथा चूर्णी कवक के प्रति सहिष्णु
नरेन्द्र मूँग 1	उत्तर प्रदेश	60–70	12–14	पौधा सीधा, दाने छोटे तथा हरे, पीत चितेरी रोगरोधी
ए ए यू 34	आसाम	60–65	10–11	पीत चितेरी रोगरोधी
बी एम 4	मध्य भारत	65–70	10–12	पौधा घना तथा सीधा, दाने हरे तथा मध्यम आकार, पीत चितेरी सहिष्णु
आशा	हरियाणा	75–80	10–12	पीत चितेरी रोगरोधी
ए के एम 8803	महाराष्ट्र	65–70	10–12	पौधा सीधा, बीज मध्यम आकार के चूर्णी कवक सहिष्णु
फूले एम 2	महाराष्ट्र	60–65	8–10	पीत चितेरी रोगरोधी
टी ए आर एम 1	महाराष्ट्र	70–75	10–12	रबी ऋतु, चूर्णी कवक अवरोधी
टी ए आर एम 2	महाराष्ट्र	65–70	10–12	छोटे बीज, चूर्णी कवक सहिष्णु
टी ए आर एम 18	महाराष्ट्र	65–70	10–12	चूर्णी कवक अवरोधी
पूसा 9072	दक्षिण भारत	65–75	9–10	रबी ऋतु, चूर्णी कवक के प्रति मध्यम सहिष्णु
वारन्गल 2	आन्ध्र प्रदेश	65–70	10–12	सभी ऋतुओं में उगाये जाने हेतु उपयुक्त
मदिरा 295	आन्ध्र प्रदेश	65–70	10–12	चूर्णी कवक सहिष्णु
गुजरात मूँग 3	गुजरात	65–70	10–12	पौधा सीधा, दाने छोटे तथा चमकीले हरे, पीत चितेरी रोग सहिष्णु
एम एल 613	पंजाब	70–75	10–12	पीत चितेरी रोगरोधी
एस एम एल 134	पंजाब	68–72	11–12	पौधा सीधा, दाने छोटे तथा हरे, जायद के लिए उपयुक्त
एल जी जी 460	आन्ध्र प्रदेश	65–70	10–12	पौधा सीधा, दाने हरे, पीत चितेरी रोगरोधी
पंत मूँग 4	उत्तर-पूर्वी मैदानी	65–70	12–14	पौधा सीधा, दाने हरे, पीत चितेरी अवरोधी
प्रज्ञा	मध्य प्रदेश	70–75	8–10	रबी ऋतु, चूर्णी कवक अवरोधी
मालवीय ज्योति	दक्षिणी एवं मध्य क्षेत्र	60–65	9–11	बसन्तकालीन, पीत चितेरी रोगरोधी
मालवीय जाग्रति	उत्तर प्रदेश	60–65	10–12	बसन्तकालीन, पीत चितेरी रोगरोधी
सी ओ 6	तमिलनाडु	62–68	10–11	सभी ऋतुओं के लिए, पीत चितेरी रोगरोधी
दुर्गा	राजस्थान	66–73	8–9	पौधा सीधा, दाने चमकीले हरे, पीत चितेरी सहिष्णु
इकासिला	आन्ध्र प्रदेश	70–75	6–8	पौधा सीधा, पीत चितेरी रोगरोधी
पूसा 9531	मध्य भारत	60–65	9–10	ग्रीष्म कालीन, पीत चितेरी रोगरोधी
पूसा विशाल	उत्तर-पश्चिमी मैदानी	60–62	11–12	पौधा सीधा, एक साथ फलियाँ पकने वाली, दाने बड़े, बसन्तकालीन, पीत चितेरी सहिष्णु
धानु	राजस्थान	62–74	8–10	पौधा सीधा, सूखा सहिष्णु
गंगोत्री	उत्तर-पश्चिमी मैदानी	72–75	9–10	खरीफ ऋतु, पीत चितेरी रोग सहिष्णु

मालवीय जनप्रिया	उत्तर प्रदेश	68-70	10-11	बसन्तकालीन, पीत चितेरी रोग सहिष्णु
सम्राट	उत्तर प्रदेश	58-62	10-12	पौधा सीधा, एक साथ फलियाँ पकने, दाने चमकीले हरे, बसन्तकालीन, पीत चितेरी रोगरोधी
कामदेव	दक्षिणी भारत	55-60	7-9	खरीफ ऋतु, पीत चितेरी रोग सहिष्णु
ओ बी जी जी 52	उड़ीसा	65-70	8-10	पौधा सीधा, दाने चमकीले हरे, सभी ऋतुओं के लिए, पीत चितेरी रोग सहिष्णु
मालवीय जनचेतना	उत्तर-पश्चिमी मैदानी	60-65	10-12	ग्रीष्मकालीन, पीत चितेरी रोगरोधी
एस एम एल 668	पंजाब	60-62	10-12	पौधा सीधा, फलियाँ एक साथ पकने, दाने बड़े तथा हरे, बसन्तकालीन, पीत चितेरी रोग सहिष्णु
जी एम 4	गुजरात	65-70	10-12	पौधा सीधा, फलियाँ एक साथ पकने, पीत चितेरी रोग सहिष्णु
एल 218	पंजाब	75-80	10-12	पौधा सीधा, पीत चितेरी रोग सहिष्णु
मुस्कान	हरियाणा	70-75	10-11	पीत चितेरी रोगरोधी
मेहा	उत्तर-पश्चिमी मैदानी	65-70	12-14	पौधा सीधा, पछेती बुआई, दाने छोटे तथा चमकीले हरे, बसन्तकालीन, पीत चितेरी रोगरोधी
जमनोत्री	राजस्थान	72-75	10-12	पीत चितेरी रोग के प्रति मध्यम अवरोधी
टी एम वी 37	उत्तर-पूर्वी मैदानी	65-70	12-14	पौधा सीधा, फलियाँ एक साथ पकने, दाने हरे तथा बड़े, ग्रीष्मकालीन, पीत चितेरी रोग सहिष्णु
शालीमार मूँग 1	जम्मू-कश्मीर	70-75	9-10	दाने मध्यम बड़े तथा चमकीले हरे
सुकुमार	पश्चिम बंगाल	60-65	9-10	दाना छोटा तथा रबी ऋतु के लिए उपयुक्त
बोरेश्वर	पश्चिम बंगाल	55-60	9-10	दाना बड़ा, पीत चितेरी रोगरोधी
मालवीय जनकल्याणी	उत्तर-पश्चिमी मैदानी	60-65	10-12	पौधा सीधा, दाने बड़े तथा चमकीले हरे, ग्रीष्म कालीन ऋतु, पीत चितेरी रोग सहिष्णु
ए के एम 9911	महाराष्ट्र	65-70	10-12	चूर्णीकवक सहिष्णु
पन्त मूँग 5	उत्तर प्रदेश तथा उत्तराखण्ड	60-65	12-14	पौधा सीधा, दाने बड़े तथा चमकीले हरे, सभी ऋतुओं के उगाई जाने वाली, चित चितेरी सहिष्णु
पन्त मूँग 6	उत्तर-पूर्वी पहाड़ी क्षेत्र	60-65	10-12	खरीफ ऋतु, पीत चितेरी रोगरोधी
सत्या	उत्तर-पश्चिमी मैदानी	65-70	12-14	पीधा सीधा, खरीफ ऋतु, पीत चितेरी रोग रोधी
पी एयू 911	पंजाब	70-75	12-14	खरीफ ऋतु, पीत चितेरी रोगरोधी
स्वेता	उत्तर की पहाड़ियों	65-70	10-11	पीत चितेरी रोगरोधी
आई पी एम 02-3	उत्तर-पश्चिमी मैदानी	70-72	10-11	खरीफ ऋतु, पीत चितेरी रोगरोधी
के के एम 3	कर्नाटक	60-65	8-10	रबी ऋतु, चूर्णी कवक अवरोधी
ए के एम 9904	मध्य तथा दक्षिणी क्षेत्र	70-75	10-12	जल्दी तथा एक साथ पकने वाली, दाने मध्यम तथा चमकीले हरे, चूर्णी कवक सहिष्णु
मदिरा पेसारा 347	आन्ध्र प्रदेश	65-70	11-12	खरीफ तथा रबी ऋतु, पीत चितेरी सहिष्णु
बसन्ती	हरियाणा	65-70	10-12	खरीफ एवं बसन्तकालीन, पीत चितेरी रोगरोधी
पूसा 672	उत्तर पहाड़ियों	70-75	9-10	दाने मध्यम तथा चमकीले हरे, पीत चितेरी सहिष्णु
आई पी एम 02-14	दक्षिणी क्षेत्र	60-65	10-11	बसन्त/ग्रीष्मकालीन, पीत चितेरी रोगरोधी

भूमि की तैयारी (Field Preparation)

मूँग की खरीफ ऋतु की फसल उगाने के लिए खेत की तैयारी की विशेष आवश्यकता नहीं पड़ती है। वर्षा ऋतु आरम्भ होने के बाद 2-3 जुताईयाँ देशी हल अथवा कल्टीवेटर से करते हैं। प्रत्येक जुताई के बाद पाटा लगा देने से खेत समतल हो जाता है तथा ढेले आदि नहीं बनते हैं। खेत में खरपतवार नहीं होने चाहिऐ यदि खरपतवार अधिक हैं तो 1-2 जुताइयाँ करके खेत को खरपतवार रहित कर देना चाहिए। ग्रीष्मकालीन मूँग उगाने के लिए रबी की फसलों की कटाई के बाद खेत में पलेवा दे देना चाहिए। जब खेत जुताई की दशा में आ जाये तो देशी हल अथवा कल्टीवेटर से 2-3 जुताइयाँ करते हैं। प्रत्येक जुताई के बाद खेत में पाटा लगा देते हैं जिससे खेत में ढेले नहीं बनते हैं जिससे बीजों का जमाव अच्छा होता है तथा वाष्पोत्सर्जन द्वारा खेत की नमी का ह्रास नहीं होने पाता।

बीज एवं बुआई (Seed and Sowing) : बीज सदैव स्वस्थ तथा प्रमाणित ही बोना चाहिए। बीज बोने के पूर्व बीजों को किसी फफूँदीनाशक रसायन जैसे थीरम अथवा वीटावैक्स अथवा कैप्टान अथवा एग्रोसन जी एन से 2.5 ग्राम प्रति किलोग्राम बीज दर से उपचारित कर लेना चाहिए जिससे फसल में फफूँदी जनित रोगों का प्रकोप नहीं होता है।

बीजों को फफूँदी नाशक रसायनों से उपचारित करने के बाद राइजोबियम कल्चर अथवा पी एस बी से उपचारित कर देना चाहिए। बीजों को राइजोबियम कल्चर से उपचारित करने पर पौधों की नत्रजन स्थिरीकरण प्रक्रिया बढ़ जाती है जिससे मूँग की उपज में काफी वृद्धि हो जाती है। राइजोबियम कल्चर से बीजों को उपचारित करने के लिए एक पैकेट राइजोबियम कल्चर, 500 मिली पानी में तथा 50 ग्राम गुड़ में घोलकर मिश्रण बना लेना चाहिए इसके पश्चात् 10 किलोग्राम बीजों में मिलाकर छाया में सुखा लेते हैं। बीजों के सूखने के बाद बुआई कर देते हैं।

बीज दर (Seed Rate) : खरीफ ऋतु में मूँग शुद्ध फसल के रूप में उगाने पर 12-15 किलोग्राम प्रति हैक्टेयर की दर से बीज बोना चाहिए। मिश्रित/अन्त फसल पद्धति में मूँग की बीज दर पंक्तियों के अनुपात पर निर्भर करती है। सामान्यत: मिश्रित फसल पद्धति में 6-8 किलोग्राम प्रति हैक्टेयर बीज की आवश्यकता होती है।

रबी तथा ग्रीष्म ऋतु में मूँग की फसल उगाने पर 20-22 किलोग्राम प्रति हैक्टेयर की दर से बीज की बुआई की जाती है।

अन्तरण (Spacing) :

खरीफ ऋतु में : पंक्ति से पंक्ति की दूरी 40 सेमी तथा पौधे से पौधे की दूरी 10 सेमी

रबी तथा ग्रीष्म ऋतु में : पंक्ति से पंक्ति की दूरी 30 सेमी तथा पौधे से पौधे की दूरी 10 सेमी

बोने का समय एवं विधि (Time and Method of Sowing)

देश के विभिन्न राज्यों में वर्षा तथा सिंचाई की सुविधाओं के आधार पर मूँग की बुआई का समय भिन्न-भिन्न है।

खरीफ ऋतु : इस समय मूँग की बुआई मानसून शुरू हो जाने के बाद जून के द्वितीय पखवाड़े से जुलाई के प्रथम पखवाड़े तक की जाती है।

रबी ऋतु : इस समय मूँग की बुआई मध्य तथा दक्षिणी भारत जैसे मध्य प्रदेश, आन्ध्र प्रदेश, तमिलनाडु तथा उड़ीसा में बोई जाती है। रबी में मूँग की बुआई अक्टूबर-नवम्बर माह में करते हैं।

ग्रीष्म ऋतु : सिंचित क्षेत्रों में मूँग की खेती उत्तर प्रदेश, हरियाणा, दिल्ली, बिहार तथा पश्चिम बंगाल राज्यों में की जाती है। इस मौसम में मूँग की खेती रबी फसलों की कटाई के बाद की जाती है। ग्रीष्म ऋतु में मूँग की बुआई मध्य मार्च से मध्य अप्रैल तक की जाती है।

मूँग की फसल की बुआई छिड़कवाँ तथा पंक्तियों में की जाती है। मूँग की बुआई पंक्तियों में करने से अधिक उपज प्राप्त होती है। मक्का, गन्ना, कपास, अरहर में अन्तः फसल पद्धति में मूँग की बुआई पंक्तियों में की जाती है। मूँग के बीजों की बुआई सदैव 4-6 सेमी की गहराई पर की जाती है। निचली तथा जलभराव वाली मृदाओं में मूँग की खेती मेड़ों पर की जाती है। ऐसी भूमियों में मेड़ पर बुआई करने से मूँग की उपज में 10-12 प्रतिशत की वृद्धि हो जाती है।

खाद एवं उर्वरक प्रबन्ध (Manures and Fertilizers)

सामान्यतः मूँग की फसल में खाद एवं उर्वरकों की आवश्यकता बहुत कम होती है क्योंकि यह दलहनी फसल होने के कारण वायुमण्डल की स्वतंत्र नत्रजन को जड़ों में स्थिरीकृत करती है। पौधों की प्रारम्भिक अवस्था में जड़ों की वृद्धि एवं विकास के समय पोषक तत्वों की आवश्यकता होती है। मूँग की अच्छी उपज प्राप्त करने के लिए 8-10 टन प्रति हैक्टेयर गोबर की खाद अथवा कम्पोस्ट को बोने के 20-25 दिन पूर्व खेत में फैलाकर अच्छी तरह से भूमि में मिला देनी चाहिए। यदि गोबर की खाद उपलब्ध न हो तो 20-25 किलोग्राम नत्रजन तथा 40-50 किलोग्राम फासफोरस प्रति हैक्टेयर की दर से बुआई के समय कूँडों में प्रयोग करनी चाहिए। 100 किलोग्राम डी ए पी प्रति हैक्टेयर की दर से प्रयोग करने से नत्रजन तथा फासफोरस दोनों की पूर्ति हो जाती है। उर्वरकों का प्रयोग बुआई के समय कूँडों में बीजों से 5-7 सेमी की गहराई पर देनी चाहिए। मिश्रित फसल पद्धति में मूँग की फसल को अतिरिक्त उर्वरक की आवश्यकता नहीं होती है। मूँग की ग्रीष्मकालीन फसल यदि आलू अथवा गेहूँ के पश्चात् उगाने पर भी उर्वरकों की आवश्यकता नहीं होती है।

सिंचाई एवं जल निकास (Irrigation and Drainage) : खरीफ की फसल में सिंचाई की कोई आवश्यकता नहीं होती है परन्तु इस मौसम में जल निकास अत्यन्त आवश्यक है क्योंकि मूँग की फसल जल भराव की दशा में बहुत ही सहिष्णु है। रबी एवं ग्रीष्म ऋतु में मूँग की फसल उगाने पर लगभग 6 सिंचाइयों की आवश्यकता होती है। ग्रीष्म ऋतु में मूँग की फसल को पहली सिंचाई 15-20 दिन बाद तथा इसके बाद 10-12 दिनों के अन्तराल पर सिंचाइयाँ करते रहते हैं। जब मूँग की फसल में फूल अधिक मात्रा में आ जाये तो सिंचाई नहीं करनी चाहिए।

खरपतवार प्रबन्ध (Weed Management) : यदि मूँग की फसल चारे अथवा हरी खाद के रूप में प्रयोग की जानी हो तो निराई-गुड़ाई की आवश्यकता नहीं होती है। दाने के लिए उगाई जाने वाली मूँग की फसल की दो निराई करके खेत खरपतवार रहित कर देना चाहिए। खरीफ ऋतु में मूँग की फसल में खरपतवार नियन्त्रण के लिए खरपतवारनाशी रसायनों का प्रयोग किया जा सकता है। बासालिन 1 किलोग्राम सक्रिय तत्व प्रति हैक्टेयर की दर से 800-1000 लीटर पानी मों घोलकर बुआई के पूर्व छिड़काव करना चाहिए। पेन्डीमिथालिन (स्टाम्प) 1.25 लीटर सक्रिय तत्व प्रति हैक्टेयर की दर से बोने के तुरन्त बाद परन्तु बीजों के जमने के पूर्व 800-1000 लीटर पानी में घोलकर छिड़काव कर देने से चौड़ी पत्ती वाले खरपतवार नष्ट हो जाते हैं। मिश्रित/अन्तः फसल पद्धति में इन खरपतवारनाशी रसायनों का प्रयोग फसल की किस्म के अनुसार ही करना चाहिए।

प्रमुख बीमारियाँ/कीट एवं उनकी रोकथाम (Important diseases/insects and their control measures) : मूँग की फसल में लगने वाली बीमारियाँ/कीट एवं उनकी रोकथाम को निम्न तालिकाओं में दर्शाया गया है।

तालिका 15.3 : मूँग की फसल में लगने वाली प्रमुख बीमारियाँ तथा उनकी रोकथाम

कीट	लक्षण	रोकथाम
पीत चितेरी वायरस (Yellow Mosaic)	पीत चितेरी रोग सफेद मक्खी द्वारा संचारित होता है। इस रोग के प्रारम्भिक लक्षण पत्तियों पर पीले चितकबरे धब्बे के रूप में दिखाई पड़ते हैं। ये धब्बे अनुकूल परिस्थितियों में तेजी से फैलकर पत्तियों पर बड़े-बड़े धब्बे बन जाते हैं जिससे पूरी पत्ती पीली पड़ जाती है। इससे ग्रसित पौधों की पत्तियों के साथ-साथ फलियों पर भी पीले धब्बे पड़ जाते हैं। रोगग्रसित पौधा देर से पकता है तथा इस पर फूल एवं फलियाँ भी कम बनती हैं।	कुछ खरपतवार इस रोग को फैलने में मदद करते हैं अत: उचित खरपतवार प्रबन्धन अपनाना चाहिए। सफेद मक्खी का प्रकोप शुरू होते ही मेटासिस्टाक्स 0.01% या डाइमेथोएट 0.3% प्रति हैक्टेयर की दर से 500-600 लीटर पानी में घोल बनाकर छिड़काव करें। रोगग्रसित पौधों को समूल उखाड़ कर नष्ट कर दें।
पर्ण झुर्रीदार (Leaf Crinkle)	इस रोग से पत्तियों की सामान्य से अधिक वृद्धि तथा बाद में उनमें सिलवटें (झुर्रियाँ) या मरोड़पन होता है। ये पत्तियाँ छूने पर सामान्य पत्ती से अधिक मोटी तथा खुरदरी होती हैं। संक्रमित पौधे में फलियाँ कम लगती हैं तथा फसल के पकने के समय तक पौधे हरे रहते हैं।	रोगरोधी प्रजातियों की बुआई करनी चाहिए। रोगरोधी पौधों को उखाड़कर जला देना चाहिए। किसी कीटनाशी रसायन का छिड़काव करें।
मोजेक मोटल (Mosaic mottle)	इस रोग के प्रारम्भिक लक्षण में पत्तियों पर हल्के हरे भाग के रूप में प्रकट होते हैं। पत्तियाँ विरूपित हो जाती हैं तथा बाद में सिकुड़ जाती हैं। संक्रमित पत्तियों पर फफोले पड़ जाते हैं जिससे पौधों की वृद्धि सामान्य से कम होती है। संक्रमित पौधों पर पुष्प कलिकायें कम लगती हैं अथवा जो लगती भी हैं वे बाद में गिर जाती हैं। संक्रमित पौधों की फलियों में बनने वाले बीज सिकुड़े हुए होते हैं।	सदैव स्वस्थ तथा बीमारी रहित बीज को ही बोना चाहिए। रोगरोधी पौधों को उखाड़कर नष्ट कर देना चाहिए। खरपतवार नियंत्रण करना अनिवार्य है। किसी कीटनाशी रसायन के प्रयोग से इस रोग में कमी की जा सकती है।
पर्ण कुंचन (Leaf curl)	यह रोग पौधों पर प्रारम्भिक अवस्था से लेकर अन्तिम अवस्था तक किसी भी समय प्रकट हो सकता है। सामान्यत: तरूण पत्तियों के किनारों पर पार्श्व शाखाओं तथा उनकी शाखाओं के चारों ओर हरिमाहीनता प्रकट होती है। संक्रमित पत्तियों के सिरे नीचे की ओर कुंचित हो जाते हैं तथा वह भंगुर हो जाती है। संक्रमित पौधों की वृद्धि रूक जाती है जिससे रोगग्रसित पौधे बोने दिखते हैं।	इमिडा क्लोरोपिरिड 5 ग्राम प्रति किग्रा की दर से बीजों को उपचारित कर बोना चाहिए। किसी कीटनाशी रसायन का 0.25 मिली प्रति लीटर पानी में घोल बनाकर छिड़काव करना चाहिए।
सरकोस्पोरा पर्ण बुन्दकी (Leercospora Leaf spot)-	इस रोग का संक्रमण होने पर पत्तियों पर भूरे रंग के धब्बे पड़ जाते हैं जिनकी वाह्य सतह भूरे लाल रंग की होती है। ये धब्बे पौधे की	कैप्टान अथवा थीरम 2.5 ग्राम प्रति किलो की दर से बीजों को उपचारित कर बोना चाहिए।

सरकोस्पोरा क्रुएन्टा सरकोस्पोरा कैनेसेन्स	शाखाओं एवं फलियों पर भी पड़ जाते हैं। अनुकूल वातावरण में ये धब्बे बड़े आकार के हो जाते हैं तथा पुष्पीकरण एवं फलियाँ बनते समय रोगग्रसित पत्तियाँ गिर जाती हैं। रोगग्रसित पौधों के बीज भी संक्रमित हो जाते हैं और सिकुड़ जाते हैं।	रोग के लक्षण प्रकट होते ही कार्बेन्डाजिम (0.05%) या मेन्कोजेब (0.02%) के घोल का छिड़काव करना चाहिए।
रूक्ष रोग (Anthra-enose)- कोलेटोट्राइकम लिन्डेमुथिऐनम कोलेटोट्राइकम केपसिकी	पत्तियों एवं फलियों पर भूरे गोल घसे हुए धब्बे पड़ जाते हैं। इन धब्बों का केन्द्र गहरे रंग का और बाहरी सतह चमकीली लाल रंग की होती है। अधिक प्रकोप होने पर पौधे का रोगग्रसित भाग सूख जाता है।	कैप्टान या थीरम 2–3 ग्राम प्रति किलो बीज दर से बीजों को उपचारित कर बोना चाहिए। जिनेब या जिनेम 2 ग्राम प्रति लीटर पानी में घोल कर छिड़काव कर देना चाहिए।
चूर्णी कवक (Pow-dery mildew)- इरीसिफी पोलीगोनाई	पौधे की पत्तियों एवं दूसरे भागों पर सफेद चूर्णी धब्बे पड़ जाते हैं। ये धब्बे बाद में मटमैले रंग में परिवर्तित हो जाते हैं। रोग का अत्यधिक प्रकोप होने पर पत्तियाँ अपरिपक्व अवस्था में सिकुड़कर गिर जाती हैं।	मूँग की रोगरोधी प्रजातियों को ही बोना चाहिए। घुलनशील गन्धक 3 किग्रा प्रति हैक्टेयर की दर से छिड़काव करना चाहिए।
चारकोल विगलन (Charcoal rot)- मेक्रोफोमिना फैजियोलिना	इस रोग का प्रकोप पौधे की प्रारम्भिक अथवा बाद की अवस्था में होता है। जड़, टहनी तथा पत्तियों पर काले धब्बे पड़ जाते हैं। पौधों की जड़ें सड़ जाती हैं तथा पौधे मर जाते हैं। विगलन जड़ से शुरू होकर तना तथा शाखाओं में फैल जाता है तथा भूमि के निकट भूरे काले रंग के धब्बे आसानी से देखे जा सकते हैं। रोगग्रसित पौधों को उखाड़कर देखने पर तने तथा जड़ में गलन देखी जा सकती है।	रोगग्रसित पौधों तथा पौधों के अवशेषों को जलाकर नष्ट कर देना चाहिए। कैप्टान अथवा थीरम 3 ग्राम प्रति किलो बीज दर से उपचारित कर बोना चाहिए। कार्बेन्डाजिम या बेनलेट 0.05% के घोल का छिड़काव रोग के प्रकोप शुरू होते ही कर देना चाहिए।
राइजोक्टोनिया अंगमारी (Rhizotonia blight)- राइजोक्टोनिया सोलेनाई	इस रोग का संक्रमण जमीन छूती हुई पत्तियों से प्रारम्भ होकर सम्पूर्ण पौधे पर फैल जाता है। पौधों की पत्तियों पर ऊतकक्षयी जलासिक्त धब्बे के रूप में शुरू होता है जो फैलकर डन्ठल तथा तना तक पहुँच जाता है। इन धब्बों का रंग हरा, भूरा हल्का या गहरा कत्थई होता है। इस रोग से संक्रमित पत्तियाँ पहले पीली तथा भूरे रंग की होकर गिर जाती हैं। इस रोग का संक्रमण पौधे के हर भाग तथा फलियों पर भी होता है।	रोगग्रसित पौधों तथा पौधों के अवशेषों को जलाकर नष्ट कर देना चाहिए। 2–3 वर्षीय उपयुक्त फसल चक्र अपनाना चाहिए। थीरम से 0.45 प्रतिशत तथा बाइटावैक्स से 0.25 प्रतिशत की दर से बीजोपचार करना चाहिए। फसल में इसका संक्रमण शुरू होते ही बेनोमाइल का 0.5 प्रतिशत घोल का छिड़काव कर देना चाहिए।
जीवाणु पर्ण बुन्दकी (Bacterial leaf spot)- जेन्थोमोनास कम्पेस्ट्रिस	इस रोग के लक्षण पत्तियों एवं तने पर भूरे रंग के तथा उठे हुए धब्बे हो जाते हैं। रोग की अधिक तीव्रता होने की दशा में पत्तियाँ पीली पड़कर गिर जाती हैं तथा तना एवं फलियाँ भी संक्रमित हो जाती हैं। इस रोग का संक्रमण बीज से अंकुरित पौधे के बीजपत्रों या मृदा में फसल अवशेषों से प्रारम्भ होता है।	स्ट्रेप्टोमाइसिन 500 पी पी एम, कैप्टान (0.3 प्रतिशत), ब्लीचिंग पाउडर (0.025%) से बीजों को उपचारित कर बोना चाहिए। स्ट्रेप्टोसाइक्लीन 100 पीपीएम, जिनेब या बेनोमाइल (0.2%) का छिड़काव कर देने से इसका प्रभावी नियन्त्रण हो जाता है।

तालिका 15.4 : मूँग में लगने वाले प्रमुख कीट तथा उनकी रोकथाम

कीट	लक्षण	रोकथाम
गेलरूसिड बीटल (Galerucid beetle)	इस कीट के ग्रब जड़ के बालों तथा जड़ ग्रन्थियों में घुसकर खाते हैं। यह कीट दिन में जमीन के अन्दर रहता है तथा रात्रि में ही पौधों को नुकसान पहुँचाता है। व्यस्क कीट पत्तियों में छोटे-छोटे गोल छेद बनाकर खाता है।	उपयुक्त समय पर फसल की बुआई करनी चाहिए। ज्वार, बाजरा तथा अरहर के साथ अन्तः फसल पद्धति अपनानी चाहिए। भूमि में एल्डीकार्ब, कार्बोफ्यूरान अथवा डाई सुलफोटान की बुआई के समय खेत में मिला देना चाहिए।
बिहार रोयेंदार सूंडी (Bihar hairy caterpiller)	सामान्यतः यह कीट पत्तियों को खाता है परन्तु फूलों तथा पत्तियों पर भी इस कीट का प्रकोप होता है। इस कीट की सूँडी पत्तियों के हरे भाग को खाकर नष्ट कर देती है जिससे पौधों में प्रकाश संश्लेषण की क्रिया समाप्त हो जाती है।	इस कीट से प्रभावित पौधों तथा इनके समूहों को इकट्ठा कर नष्ट कर देना चाहिए। फोरेट 10 जी, डाइसुलफोटान 5 जी या एल्डीकार्ब 10 जी 2 किग्रा सक्रिय तत्व प्रति हैक्टेयर की दर से बुआई के पूर्व खेत में फैला देना चाहिए।
थ्रिप्स (Thrips)	यह कीट मूँग की कोमल फलियों और फूलों को बहुत हानि पहुँचाते हैं। ग्रीष्म ऋतु में उगाई जाने वाली फसल में इस कीट का अधिक प्रकोप होता है। यदि 25 फूलों में 19 थ्रिप्स हों तो 82.5% फूल गिर जाते हैं।	फसल की समय से बुआई करनी चाहिए। थ्रिप्स अवरोधी प्रजातियों का ही चयन कर बोना चाहिए। मोनोक्रोटोफास, फासफेमिडान, मेलाथियान या इन्डोसल्फान का छिड़काव करना चाहिए। एल्डीकार्ब 1 किग्रा सक्रिय तत्व प्रति हैक्टेयर तथा मोनोक्रोटोफास 0.05% की दर से छिड़काव करना प्रभावी है।
लीफ हॉपर (Leaf Hopper)	इस कीट के व्यस्क तथा निम्फ पत्तियों का रस चूसते हैं लेकिन कभी-कभी पत्तियों की ऊपरी सतह से भी रस चूसते हैं इस कारण पत्तियाँ कत्थई रंग की तथा किनारे मुड़ जाते हैं।	फोरेट 10 जी, कार्बोफ्यूरान 3जी अथवा एल्डीकार्ब 10जी 2 किग्रा सक्रिय तत्व प्रति हैक्टेयर की दर से बुआई के समय प्रयोग करना चाहिए। फसल पर इन्डोसल्फान का छिड़काव भी प्रभावी है।
सफेद मक्खी (White fly)	यह कीट मूँग की फसल को प्रत्यक्ष अथवा परोक्ष रूप से हानि पहुँचाते हैं। सफेद मक्खी पत्तियों का रस चूसकर पीत चितेरी रोग का संवाहन करती है।	ज्वाहर, अरहर, तिल के साथ अन्तः फसल पद्धति अपनाना चाहिए। कीट रोधी प्रजातियों को ही बोना चाहिए। कीटनाशी रसायन का प्रयोग करना चाहिए।
माहूँ (Aphid)	यह कीट पौधों की कोमल पत्तियों, तना, फूलों तथा फलियों का रस चूसते हैं। इसके प्रकोप से फूल गिर जाते हैं तथा दानों की गुणवत्ता खराब हो जाती है।	मोनोक्रोटोफास (0.07%), इन्डोसल्फान (0.07%), मेलाथियान (0.04$), डाइमिथोएट (0.03%) आदि में से किसी एक कीटनाशी का छिड़काव करना चाहिए।
बिलिस्टर बीटल (Blister beetle)	यह कीट मुख्यतः मूँग के फूलों तथा परागकोष को खाती है।	बुआई के 6-8 सप्ताह उपरान्त इन्डोसल्फान का छिड़काव करना चाहिए।

कटाई तथा मंडाई (Harvesting and threshing)

मूँग की फलियाँ गुच्छों में लगती हैं तथा अधिकांश प्रजातियों में फलियाँ एक साथ नहीं पकती। ऐसी दशा में फलियों की तुड़ाई की जाती है। 2-3 बार में पूरी फसल से फलियाँ तोड़ ली जाती हैं। मूँग की फलियाँ पकने पर हरे रंग से पीला काला हो जाता है। फलियाँ पकने के बाद ज्यादा दिन खेत में छोड़ने पर चटख जाती हैं। अतः इनकी शीघ्र तुड़ाई कर लेनी चाहिए।

मूँग की ऐसी प्रजातियाँ जिनकी फलियाँ एक साथ पकती हैं। फसल को पौधे सहित काटकर मड़ाई करके दाने अलग कर लेते हैं। मूँग के दानों को बैल चलाकर अथवा डन्डों से पीटकर अलग किया जाता है। जिन प्रजातियों की खड़ी फसल में फलियाँ तोड़ी जाती हैं, फलियों को तोड़कर शेष फसल के पौधों को चारे के लिए काट लेते हैं। अथवा हरी खाद के रूप में पलट देते हैं। भूसे से मूँग के दानों को हवा द्वारा अलग करके अच्छी तरह से साफ कर लेते हैं। भण्डारण में मूँग के दानों को रखने के पूर्व अच्छी तरह से सुखा लेते हैं।

उपज (Yield)

अच्छी शस्य क्रियायें अपना कर खरीफ मूँग की फसल से 12-15 क्विंटल प्रति हैक्टेयर उपज प्राप्त हो जाती है। ग्रीष्मकालीन मूँग की उपज 15-18 क्विंटल प्रति हैक्टेयर प्राप्त की जा सकती है। मिश्रित फसल पद्धति में मूँग की ऊपज 6-7 क्विंटल प्रति हैक्टेयर प्राप्त होती है।

अध्याय 16

लोबिया
(Cowpea)

वानस्पतिक नाम	:	विगना साइनेन्सिस/एन्यूकुलेटा
(Botanical name)	:	(*Vigna sinensis/V. unguiculata*)
कुल (Family)	:	लेग्यूमिनेसी (Leguminaceae)

आर्थिक महत्व (Economic Importance)

खरीफ ऋतु में उगाई जाने वाली लोबिया एक प्रमुख दलहनी फसल है। लोबिया की फसल में सूखा सहन करने की शक्ति अधिक होने के साथ-साथ यह मृदा को पूर्णरूप से ढ़क लेती है जिससे मृदा से नमी का ह्रास तथा मृदा क्षरण भी बहुत कम होता है। लोबिया में बहुत अधिक प्रोटीन पाई जाती है तथा शुष्क पदार्थ के आधार पर इसमें बहुत अधिक जैविक मात्रा होने के कारण इसको सब्जी माँस (Vegetable meat) भी कहा जाता है। लोबिया के दानों में 22-28 प्रतिशत प्रोटीन, 60 प्रतिशत कार्बोहाइड्रेट, 1.8 प्रतिशत बसा, 3-4 प्रतिशत रेशा, 3-3.8 प्रतिशत राख तथा 9-11 प्रतिशत नमी पाई जाती है। इसके अतिरिक्त इसके दानों में कैल्सियम तथा लौह तत्व की मात्रा भी बहुत अधिक होती है। लोबिया के दानों में रासायनिक गुणवत्ता मृदा की किस्म, वातावरण तथा प्रजातियों के अनुसार भिन्न-भिन्न होती है।

पशुओं को खिलाने के लिए लोबिया का हरा चारा उत्तम गुणवत्ता वाला होता है। पोषक गुणवत्ता के अनुसार इसका चारा लूसर्न के. चारे के समान होता है। इसके चारे को और अधिक पाचनशील बनाने

के लिए एक दलीय चारे जैसे मक्का, ज्वार, बाजरा के हरे चारे, भूसे एवं कड़वी के साथ मिलाकर प्रयोग किया जाता है।

लोबिया के दानों का प्रयोग भूनकर, उबालकर तथा दाल के रूप में किया जाता है। इसकी हरी फलियों का प्रयोग सब्जी के रूप में भी किया जाता है। इसके दानों से अच्छी किस्म की नमकीन भी बनाई जाती है। जिन क्षेत्रों में मृदा कटाव की अधिक समस्या होती है वहाँ पर लोबिया की फसल उगाने से मृदा क्षरण बहुत कम हो जाता है। लोबिया की सूखी पत्तियाँ भूमि पर गिरने से जल बहाव में बाधा पड़ती है तथा इसका पौधा मृदा सतह को ढक देने से वर्षा की बूँदें सीधे नहीं पड़ती जिसके फलस्वरूप मृदा कटाव बहुत कम होता है।

तालिका 16.1. लोबिया के दानों में पोषक गुणवत्ता (100 ग्राम दानों के अनुसार)

तत्व	मात्रा	तत्व	मात्रा
पानी (पतिशत)	11.0	कैल्शियम	76.00
कैलोरी ऊर्जा प्रति 100 ग्राम	342	लौह	5.70
प्रोटीन (प्रतिशत)	23.4	थायमिन	0.92
बसा (प्रतिशत)	1.8	राइबोफ्लेविन	0.18
कार्बोहाइड्रेट (प्रतिशत)	60.3	नियासिन	1.90

लोबिया एक दलहनी फसल है अतः इसके पौधों की जड़ों की जड़ ग्रन्थियों में उपस्थित राइजोबियम जीवाणु वायुमण्डल की स्वतन्त्र नत्रजन का मृदा में स्थिरीकरण करने से मृदा की उर्वरा शक्ति में वृद्धि हो जाती है। लोबिया लगभग 70-240 किग्रा नत्रजन प्रति हैक्टेयर प्रतिवर्ष की दर से स्थिरीकृत कर देती है। लोबिया का पौधा एक ऋतु में औसतन 80-90 किग्रा. नत्रजन प्रति हैक्टेयर स्थिरीकृत करती है। इसकी फसल का प्रयोग हरी खाद के रूप में भी किया जाता है। लोबिया की सूखी पत्तियाँ, शाखायें तथा अपरिपक्व फूल एवं फलियाँ मृदा में गिरने से मृदा में कार्बनिक पदार्थ की मात्रा बढ़ जाती है। शीघ्र पकने तथा कम पानी की आवश्यकता के कारण असिंचित/बारानी क्षेत्रों में उगाये जाने के कारण लोबिया एक सर्वोत्तम फसल है।

उत्पत्ति एवं इतिहास (Origin and History)

लोबिया की उत्पत्ति के सम्बन्ध में वैज्ञानिकों के भिन्न-भिन्न मत है। सम्भवतः लोबिया की उत्पत्ति स्थान अफ्रीका है क्योंकि यहाँ पर लोबिया की अधिकांस वन्य प्रजातियाँ पाई जाती हैं। यह भी माना जाता है कि अफ्रीका से ही विश्व के अन्य देशों में इसका प्रचार तथा प्रसार हुआ है। ग्रीक, रोमन तथा स्पेनियार्डस के अनुसार मेडीटेरियन क्षेत्र में लोबिया की खेती अति प्राचीन काल से होती आ रही है। वेविलोव (1939) के अनुसार लोबिया का जन्म स्थान भारतीय उपमहाद्वीप ही है।

क्षेत्रफल तथा वितरण (Area and Distribution)

लोबिया मुख्यतः अफ्रीका में ही उगाई जाती है। लोबिया कुल विश्व के 90 प्रतिशत क्षेत्रफल का अकेले अफ्रीका में ही उगाया जाता है। इसके अतिरिक्त लोबिया एशिया, उत्तरी तथा दक्षिणी अमेरिका, आस्ट्रेलिया, मध्य एवं दक्षिणी यूरोप में भी उगाई जाती है।

भारत में लोबिया की फसल मुख्यतः मध्य तथा पेनिसुलर भारत में उगाई जाती है। उत्तर भारत में उत्तर प्रदेश, राजस्थान, पंजाब, हरियाणा में लोबिया की फसल उगाई जाती है। पश्चिम बंगाल, केरल, उड़ीसा, गुजरात, आन्ध्र प्रदेश आदि राज्यों में भी इसकी खेती की जाती है।

वानस्पतिक वर्गीकरण (Botanical classification)

लोबिया लेग्यूमिनेसी (Leguminaceae) कुल के अन्तर्गत विगना (Vigna) वंश की दलहनी फसल है। कई वैज्ञानिकों ने लोबिया को उपकुल तथा उपवंशों के आधार पर इसका वर्गीकृत किया है परन्तु पर्सग्लोव (1968) के अनुसार लोबिया का वर्गीकरण अत्यधिक उपयुक्त है। इनके अनुसार लोबिया का वर्गीकरण तीन समूहों में किया गया है, जो निम्न है।

1. विगना एन्यूकुलेटा उपप्रजाति एन्यूकुलेटा (Vigna unguiculata subsp. unguiculata) : इसका पौधा एक वर्षीय, सीधा, रेंग कर चलने वाला तथा पत्तियाँ 10–30 सेमी लम्बी होती हैं। फलियों की लम्बाई 20–30 सेमी तथा दानों की लम्बाई 6–9 मिमी होती है। इसकी फलियाँ सूखने पर ढ़ीली और समतल नहीं होती हैं।

2. विगना एन्यूकुलेटा उपप्रजाति सिलिन्ड्रीका/केटजन्ग (Vigna unguiculata subsp. cylindrica/catjang) : इस प्रजाति को भारतीय लोबिया (Indian cowpea) भी कहते हैं। इसके फलियों का आकार 7.5 से 12.5 सेमी होता है। पौधा सीधा, एक वर्षीय तथा हरी अवस्था में बढ़ते हुए क्रम में होता है। इस प्रजाति के दानों का आकार 5–6 मिमी जबकि सूखने की अवस्था में जमीन पर फैल जाते हैं तथा मोटे एवं चौड़े होते हैं।

3. विगना एन्यूकुलेटा उपप्रजाति सेस्क्यूपेडेलिस (Vigna unguiculata subsp. sesquipedalis) : इस प्रजाति के पौधे एक वर्षीय, रेंगकर चलने वाले तथा 2–4 मीटर की ऊँचाई के होते हैं। इसकी फलियाँ 30 सेमी लम्बी तथा दानों की लम्बाई 8–12 मिमी होती है। इस प्रजाति की फलियाँ समतल तथा कड़ी होती हैं तथा दाने सिकुड़े हुए होते हैं।

उपप्रजाति एन्यूकुलेटा शीघ्र पकने वाली तथा अप्रदीप्तकालीन होती है। इस प्रजाति का जन्म स्थान सवाना तथा पश्चिमी अफ्रीका में हुआ है। लोबिया की इस प्रजाति का प्रयोग मुख्यतः चारे के लिए किया जाता है। भारत में आने के पूर्व लोबिया की उप प्रजातियाँ सिलिन्ड्रीका तथा सेस्क्यूपेडेलिस को एन्गूकुलेटा उपप्रजाति से विकसित किया गया है। सिलिन्ड्रीका उपप्रजाति का पौधा सीधा तथा फलियाँ एक समय में पकने वाली होती है। जो मुख्यतः चारे के लिए ही उगाई जाती हैं। सेस्क्यूपेडेलिस उपप्रजाति की फैलने वाली तथा इसकी फलियाँ 30–100 सेमी लम्बी होती हैं, का प्रयोग सब्जी के रूप में किया जाता है।

लोबिया का पौधा एक वर्षीय शाकीय होता है। इसके पौधे में गहरी तथा विकसित मूसला जड़े तथा पार्श्व जड़े भी काफी अधिक पाई जाती हैं जो मुख्यत: 40 सेमी मृदा की गहराई तक पाई जाती है। इसका तना हल्का या नालीदार (Trifoliate), एकान्तर क्रम में तथा बिखरे हुए छोटे रोम पाये जाते हैं। लोबिया के फूल बैंगनी अथवा सफेद अथवा पीले होते हैं जिनमें स्वपरागण होता है। इसकी फलियाँ लम्बी तथा बेलनाकार होती है। इसके बीज सेम के आकार के तथा विभिन्न रंगों जैसे भूरे, हरे-पीले तथा सफेद होते हैं।

जलवायु (Climate)

लोबिया को उपोष्ण तथा उष्ण कटिबन्धीय सभी प्रकार की जलवायु में उगाया जाता है। गर्म मौसम में उगाये जाने के कारण इसमें सूखा सहने की क्षमता बहुत अधिक होती है परन्तु अधिक सूखे की स्थिति में पौधे की बढ़वार सही ढंग से होती है। लोबिया के बीजों का जमाव के समय 12-15 डिग्री सेन्टीग्रेड तापमान उपयुक्त होता है। पौधों की बढ़वार के समय 21 से 35 डिग्री सेन्टीग्रेड तापमान उपयुक्त होता है। प्राथमिक जड़ ग्रन्थियों के विकास के लिए 24 डिग्री सेन्टीग्रेड जबकि द्वितीयक जड़ ग्रन्थियों के लिए 33 डिग्री सेन्टीग्रेड तापमान आवश्यक होता है। लोबिया एक छोटे दिन वाली फसल है के लिए कम से कम 12.5 घन्टे प्रकाश की आवश्यकता होती है। लोबया की फसल की अधिक उपज प्राप्त करने के लिए दिन का तापमान 27 डिग्री सेन्टीग्रेड तथा रात का तापमान 22 डिग्री सेन्टीग्रेड उपयुक्त होता है। 600 मिमी तक वर्षा वाले क्षेत्रों में कम समय में तैयार होने वाली प्रजातियाँ जबकि 600-1000 मिमी वर्षा वाले क्षेत्रों में मध्यम तथा देर से पकने वाली प्रजातियाँ उगाई जा सकती हैं। चूँकि लोबिया एक कम पानी चाहने वाली फसल है अत: अधिक वर्षा अथवा जल भराव वाले क्षेत्र इसके लिए अनुपयुक्त हैं। लोबिया के पौधों की बढ़वार तथा विकास के लिए समान वर्षा का वितरण अधिक उपयुक्त होता है।

मृदा (Soil) : लोबिया की फसल लगभग सभी प्रकार की मृदाओं में आसानी से उगाई जा सकती है। अच्छी जल निकास वाली बलुई-दोमट भूमियाँ लोबिया की फसल के लिए सबसे अधिक उपयुक्त होती है। अम्लीय तथा छारीय मृदायें लोबिया की फसल उगाने के लिए उपयुक्त नहीं है।

फसल पद्धतियाँ (Cropping Systems) : लोबिया को विभिन्न फसल पद्धतियों में उगाया जाता है।

फसल चक्र (Crop rotation) : लोबिया की फसल को फसल चक्र के रूप में विभिन्न प्रकार की फसलों के साथ उगाया जाता है। बसन्त/ग्रीष्मकालीन लोबिया को एक फसल पद्धति के रूप में रबी की फसलों की कटाई के पश्चात् उगाते हैं। खरीफ ऋतु की एक फसल पद्धति अथवा मिश्रित/अन्त: फसल पद्धति के रूप में भी उगाते हैं। लोबिया आधारित फसल पद्धतियाँ निम्न हैं।

दाने के लिए :

1. मक्का - गेहूँ - ग्रीष्मकालीन लोबिया
2. लोबिया - गेहूँ

3. लोबिया - जई
4. लोबिया - गन्ना
5. मक्का - आलू - लोबिया
6. ज्वार + लोबिया - जई
7. लोबिया - बरसीम - मक्का + लोबिया

चारे के लिए :

ज्वार + लोबिया - बरसीम - मक्का + लोबिया

मक्का - जई - मक्का + लोबिया

ज्वार - बरसीम - मक्का + लोबिया

मक्का - बरसीम - मक्का + लोबिया

उन्नतशील प्रजातियाँ (Improved varieties)

विभिन्न कृषि जलवायु क्षेत्रों के लिए लोबिया की विभिन्न प्रजातियाँ विकसित की गई है। लोबिया की कुछ प्रजातियाँ दाने, चारे तथा सब्जी अथवा द्विकाजी भी हैं। दाने के लिए लोबिया की उन्नतशील प्रजातियाँ जैसे सी-152, एफ एस 68, लोबिया 74, सी ओ 3, आदि प्रमुख हैं। चारे के लिए उपयुक्त प्रजातियाँ जैसे टाइप-2, पूसा रितुराज, पूसा बरसाती आदि जबकि पूसा फाल्गुनी, पूसा दो फसली, पूसा बरसाती आदि सब्जी के लिए प्रमुख हैं।

लोबिया की प्रमुख प्रजातियों के विशिष्ट गुण निम्न तालिका में दर्शाये गये हैं।

तालिका 16.1 लोबिया की प्रमुख प्रजातियाँ एवं उनके विशिष्ट लक्षण

प्रजाति	पकने का समय (दिनों में)	उपज (कु/है.)	विशिष्ट गुण
सी 152	105-110	15-20 (दाना)	दाने मध्यम आकार के तथा भूरे रंग कं, चारे तथा अन्तः फसल पद्धति के लिए उपयुक्त
पूसा दो फसली	60-65	10-12 (दाना) 30-40 (हरी फलियाँ)	फलियाँ 18 सेमी लम्बी, अप्रदीप्तिकाल, खरीफ तथा ग्रीष्म ऋतु के लिए उपयुक्त
पूसा बरसाती	60-65	60-70 (हरी फलियाँ)	बौनी, खरीफ ऋतु, फलियाँ हल्के रंग की, फलियाँ 20-25 सेमी लम्बी
पूसा रितुराज	60-65	80-80 (हरी फलियाँ)	पौधे झाड़ीनुमा, अप्रदीप्तिकाल, खरीफ तथा ग्रीष्म ऋतु के लिए उपयुक्त

गोमती	80-85	15-18 (दाना) 30-40 (हरी फलियाँ)	वर्ष में किसी भी ऋतु में उगाई जा सकती है।
एफ एस 68	70-75	10-12 (दाना)	खरीफ तथा ग्रीष्म ऋतु के लिए उपयुक्त फलियाँ छोटी, हरी तथा दाना छोटे
सीओ 1		10-12 (दाना)	अर्द्ध फैलने वाली, दाने तथा चारे के लिए उपयुक्त, फलियाँ हरी तथा नोंक बैंगनी, बड़े दाने
सीओ 3	80-85	10-15 (दाना)	
आर सी 19	60-65	10-12 (दाना)	
लोबिया 74		12-15 (दाना) 300 (पारा)	दाने तथा चारे के लिए उपयुक्त, विषाणु रोग रोधी
टाइप 2	125-135	15-20 (दाना)	दाने, चारे तथा हरी खाद के लिए उपयुक्त, फैलने वाली

मिश्रित/अन्तः फसल पद्धति (Mixed/Inter cropping system) : लोबिया की फसल को ज्वार, बाजरा, मक्का, अरहर आदि फसलों के साथ मिश्रित/अन्तः फसल पद्धति के रूप में उगाया जाता है। अन्तः फसल पद्धति में लोबिया की पंक्तियों का अनुपात मुख्य फसल पर निर्भर करता है। सामान्यतः लोबिया की फसल को ज्वार, बाजरा तथा मक्का के साथ अन्तः फसल पद्धति में 1:2 अनुपात में उगाया जाता है।

खेत की तैयारी (Field Preparation)

रबी फसलों की कटाई के पश्चात् खेत की ग्रीष्म कालीन (अप्रैल-मई) गहरी जुताई कर देने से भूमि में पनपने वाले कीटों के अन्डे तथा लारवा, बीमारियों के परजीवी तथा खरपतवारों के पौधे अधिक गर्मी एवं तेज धूप से सूख जाते हैं। जिससे आगामी फसल में इनका प्रकोप नहीं होता है साथ ही साथ वर्षा का पानी मृदा में अधिक मात्रा में शोषित हो जाने से मृदा की जल धारणा क्षमता में वृद्धि हो जाती है। मानसून की वर्षा शुरू हो जाने के पश्चात् 3-4 जुताइयाँ देशी हल अथवा कल्टीवेटर से करके अच्छी प्रकार से पाटा लगा देना चाहिए। जुताई के पश्चात् खेत में पाटा लगा देने से खेत समतल हो जाता है तथा मिट्टी भुरभुरी हो जाने से बीजों का जमाव शीघ्र तथा एक समान होता है। खेत में खरपतवार अथवा पूर्ण फसल के अवशेष हो तो उन्हें निकाल देना चाहिए अथवा एक-दो अतिरिक्त जुताइयाँ कर देने से खरपतवार नष्ट हो जाते हैं। खेत की गहरी जुताई करने से पौधों की जड़ें अधिक गहराई तक चली जाती हैं जिससे मृदा से अधिक मात्रा में नमी तथा पोषक तत्वों का अवशोषण कर लेती हैं। ग्रीष्मकालीन फसल के लिए पलेवा करने के उपरान्त 3-4 जुताइयाँ देशी हल अथवा कल्टीवेटर से करके अच्छी प्रकार से पाटा लगाकर मृदा नमी को संरक्षित कर लेना चाहिए।

बीज एवं बुआई (Seed and Sowing)

बीजोपचार (Seed treatment) : लोबिया एक प्रमुख दलहनी फसल है। इसके पौधे की जड़ों में जड़ ग्रन्थियाँ पाई जाती हैं। इन जड़ ग्रन्थियों में राइजोबियम जीवाणु उपस्थिति रहते हैं जो वायुमन्डल की स्वतन्त्र नत्रजन का मृदा में स्थिरीकरण करते हैं। राइजोबियम जीवाणुओं की क्रियाशीलता बढ़ाने के लिए बीजों को बोने के पूर्व उपयुक्त राइजोबियम कल्चर से उपचारित कर लेना चाहिए। राइजोबियम कल्चर का एक पैकेट 10 किग्रा बीजों के लिए उपयुक्त होता है।

लोबिया की फसल में मृदा तथा बीज जनित रोगों की रोकथाम के लिए किसी एक कवकनाशी रसायन जैसे थीरम अथवा कैप्टान अथवा वीटावैक्स 2 ग्राम प्रति किलोग्राम बीज दर से उपचारित करने के पश्चात् बोना चाहिए। लोबिया के बीजों को कवकनाशी रसायनों से उपचारित करने पर फसल में कवक जनित रोगों का प्रकोप नहीं होता है।

बीज दर (Seed Rate) : लोबिया के 4-6 लाख पौधे प्रति हैक्टेयर उपयुक्त होते हैं। लोबिया की बीज दर फसल के प्रयोग के आधार पर निर्भर करती है।

दाना तथा सब्जी के लिए	20 - 25 किग्रा प्रति हैक्टेयर
चारे के लिए	35 - 45 किग्रा प्रति हैक्टेयर
हरी खाद के लिए	35 - 40 किग्रा प्रति हैक्टेयर
ग्रीष्मकालीन के लिए	40 - 45 किग्रा प्रति हैक्टेयर

बोने का समय (Time of Sowing) : देश के भिन्न-भिन्न भागों में लोबिया की बुआई का समय भी भिन्न-भिन्न होता है। उत्तर भारत में लोबिया की फसल को खरीफ तथा बसन्त/ग्रीष्मकालीन समय में उगाते हैं। दक्षिण भारत में लोबियारबी ऋतु में उगाई जाती है। खरीफ ऋतु में मानसून शुरू होने के पश्चात् ही लोबिया की बुआई की जाती है। खरीफ ऋतु में लोबिया की बुआई का उपयुक्त समय जुलाई का प्रथम पखवाड़ा है। लोबिया की बुआई में विलम्ब होने पर पौधों की वृद्धि एवं विकास पर प्रतिकूल प्रभाव पड़ने से उपज में कमी हो जाती है। रबी ऋतु में लोबिया की बुआई का उपयुक्त समय सितम्बर के अन्तिम सप्ताह से अक्टूबर का प्रथम सप्ताह है। बसन्तकालीन लोबिया की फसल की बुआई फरवरी के अन्तिम पखवाड़ा से मार्च के प्रथम पखवाड़ा में की जाती है। बसन्तकालीन लोबिया की फसल की अगेती बुआई करने पर बीजों का जमाव कम होने से प्रति इकाई क्षेत्रफल में पौध संख्या कम हो जाने से उपज कम प्राप्त होती है। इसके विपरीत देर से बुआई करने पर अधिक तापमान के कारण फलियाँ शीघ्र पक जाने से उपज कम प्राप्त होती है।

अन्तरण (Spacing) : खरीफ ऋतु में लोबिया की पंक्ति से पंक्ति की दूरी 30-45 सेमी तथा पौधे से पौधे की दूरी 8-10 सेमी रखना उपयुक्त है। ग्रीष्म/बसन्तकालीन लोबिया में पंक्ति से पंक्ति की दूरी 25-30 तथा पौधे से पौधे की दूरी 8-10 सेमी रखी जाती है। लोबिया के बीजों की सदैव 4-5 सेमी की गहराई पर बुआई करनी चाहिए।

बोने की विधि (Method of Sowing) : भारत वर्ष में लोबिया की बुआई मुख्यतः दो विधियों द्वारा की जाती है।

1. छिड़कव विधि द्वारा (Broadcast method)
2. पंक्तियों में (Line sowing method)

1. छिड़कव विधि द्वारा (Broadcast method) : इस विधि से लोबिया की बुआई में अच्छी तरह से तैयार खेत में बीजों को एक समान मात्रा में बिखेर दिया जाता है। इसके पश्चात् देशी हल अथवा कल्टीवेटर की सहायता से एक उथली जुताई कर देने के बाद अच्छी तरह से पाटा लगाकर बीजों को ढक दिया जाता है।

2. पंक्तियों में (Line sowing) : इस विधि में सर्वप्रथम देशी हल से कूँड बना लिये जाते हैं इसके पश्चात् इन कूँडों में बीजों को डाल दिया जाता है। लोबिया की पंक्तियों में बुआई नाई अथवा चोंगा विधि द्वारा भी की जाती है। आजकल लोबिया की बुआई के लिए सीडड्रिल का भी प्रयोग किया जाता है। सीडड्रिल द्वारा बुआई करने पर कम समय में अधिक क्षेत्रफल पर बुआई हो जाती है जिससे उत्पादन लागत में कमी होने से शुद्ध लाभ में वृद्धि हो जाती है।

खाद एवं उर्वरक (Manures and fertilizers)

सामान्यतः लोबिया की फसल में उर्वरकों का प्रयोग नहीं किया जाता है। जिसके कारण इसकी उपज बहुत कम प्राप्त होती है। लोबिया की फसल में उर्वरकों का संतुलित मात्रा में प्रयोग करने पर उपज में बहुत अधिक वृद्धि हो जाती है। लोबिया एक दलहनी फसल है अतः इसको नत्रजन की कोई आवश्यकता नहीं होती है परन्तु फसल की प्रारम्भिक अवस्था में पौधों तथा जड़ों के विकास के लिए 15-20 किलोग्राम नत्रजन प्रति हैक्टेयर की दर से प्रयोग करना चाहिए। कुछ समय के पश्चात् इसका पौधा स्वतः ही नत्रजन का स्थिरीकरण करके नत्रजन की अपनी आवश्यकता की आपूर्ति करता रहता है। लोबिया की फसल में फासफोरस तत्व का प्रयोग करना आवश्यक है क्योंकि यह जड़ों तथा जड़ ग्रन्थियों के विकास में मदद करता है जिससे फसल द्वारा नत्रजन का स्थिरीकरण अधिक मात्रा में होता है। लोबिया की फसल में 45-50 किग्रा फासफोरस प्रति हैक्टेयर की दर से प्रयोग करना चाहिए। जिन मृदाओं में पोटास की कमी होती है वहाँ पर 30-35 किग्रा पोटेसियम प्रति हैक्टेयर की दर से प्रयोग करना आवश्यक है। इसके अतिरिक्त 30 किग्रा सल्फर प्रति हैक्टेयर की दर से प्रयोग करने से उपज में वृद्धि हो जाती है। लोबिया की फसल में यदि किसी तत्व की कमी के लक्षण दिखाई दें तो उस तत्व का पर्णीय छिड़काव कर देना चाहिए। नत्रजन तथा फासफोरस तत्व की पूर्ति के लिए 100 किग्रा डी ए पी उर्वरक का प्रयोग भी किया जा सकता है। लोबिया की फसल में सम्पूर्ण उर्वरकों का प्रयोग बुआई के समय कूँड़ों में बीजों से 3-4 सेमी नीचे करना चाहिए। मृदा परीक्षण के आधार पर लोबिया की फसल में जिंक, मॉलीब्डेनम, आयरन, बोरोन आदि सूक्ष्म तत्वों का प्रयोग करना नितान्त आवश्यक है।

सिंचाई प्रबन्ध (Irrigation management) : खरीफ में उगाई जाने वाली लोबिया की फसल में सिंचाइयों की कोई आवश्यकता नहीं होती है परन्तु वर्षा ऋतु में लम्बे समय तक पानी न बरसने अथवा सूखा पड़ने की दशा में सिंचाई करना आवश्यक है। लोबिया की फसल में फूल बनते समय तथा फलियों के विकास की अवस्था पानी के प्रति बहुत ही संवेदनशील है यदि इस अवस्था पर मृदा में पानी की कमी हो जाती है तो फसल की ऊपज में काफी कमी हो जाती है। ग्रीष्म बसन्त कालीन समय में उगाई जाने वाली लोबिया की फसल में सिंचाईयों की आवश्यकता होती है। रबी की फसल की कटाई के पश्चात् खेत में पलेवा करने के अतिरिक्त 10-12 दिन के अन्तराल पर सिंचाई करते रहना चाहिए। अधिक वर्षा होने अथवा सिंचाई देने से खेत में आवश्यकता से अधिक पानी भरने की दशा में अतिरिक्त पानी को जल निकास के माध्यम से तुरन्त निकाल देना चाहिए।

खरपतवार प्रबन्ध (Weed Management) : लोबिया की फसल खरीफ तथा ग्रीष्म ऋतु में उगाये जाने के कारण खरपतवारों का बहुत अधिक प्रकोप होता है। लोबिया की फसल मृदा को पूर्णरूप से ढक लेने के कारण खरपतवार स्वत: ही नष्ट हो जाते हैं परन्तु फसल की प्रारम्भिक अवस्था में खरपतवारों का प्रकोप होने पर फसल की उपज में 30-70 प्रतिशत तक की हानि हो जाती है। खरीफ ऋतु में लोबिया की फसल में मुख्यत: पथरचटा (*Trianthema portulacastrum*), सफेद मुर्ग (*Celosia argentia*), वन मकोय (*Amaranthus viridis*), कांस (*Sacharum spontaneous*), दूब घास (*Cyanodon dactylon*), मोंथा (*Cyperus rotundus*), बरू घास (*Sorghum helepense*), सांवा घास (*Echinoclova colonum*), महकुआ (*Ageratum tenuifolius*) आदि खरपतवार पाये जाते हैं। लोबिया में फसल-खरपतवार की क्रान्तिक अवस्था 20-25 दिन है। अत: इस समय खेत खरपतवार रहित होना चाहिए। लोबिया की बुआई के 15-20 दिन पश्चात् हाथ से खुरपी की सहायता से एक निराई-गुड़ाई कर देने से खरपतवार नष्ट हो जाते हैं।

रासायनिक विधि द्वारा खरपतवार नियन्त्रण में ट्राइफ्लूरेलिन 1 किग्रा सक्रिय तत्व प्रति हैक्टेयर, एलाक्लोर 1.0 किग्रा सक्रिय तत्व प्रति हैक्टेयर, पेन्डीमिथालिन (स्टाम्प) 1.25 किग्रा सक्रिय तत्व प्रति हैक्टेयर तथा प्रोमीट्रीन 0.75 किग्रा सक्रिय तत्व प्रति हैक्टेयर की दर से 600-800 लीटर पानी में घोल कर फसल की बुआई के पश्चात् परन्तु बीजों के जमाव के पूर्व छिड़काव कर देने से खरपतवारों का प्रभावी नियन्त्रण हो जाता है। ज्वार + लोबिया अन्त: फसल पद्धति में फ्लूक्लोरेलिन (बासालिन) 1.0 किग्रा सक्रिय तत्व प्रति हैक्टेयर की दर से फसल बोने के पूर्व प्रयोग करने से चौड़ी पत्ती वाले समस्त खरपतवारों का नियन्त्रण हो जाता है। पेन्डीमिथालिन 0.75 किग्रा सक्रिय तत्व प्रति हैक्टेयर + एक निराई गुड़ाई (15-20 दिन पश्चात्) करने से लोबिया की फसल से समस्त प्रकार के खरपतवारों का प्रभावी नियन्त्रण हो जाता है।

प्रमुख बीमारियाँ/कीट एवं उनका नियन्त्रण (Important diseases/insects and their control measures) : लोबिया की फसल में हानि पहुँचाने वाले प्रमुख कीट एवं बीमारियाँ तथा उनकी रोकथाम निम्न है।

लोबिया 16.3. लोबिया के प्रमुख कीट एवं उनकी रोकथाम

कीट	विशिष्ट लक्षण	रोकथाम
फली भेदक (Pod borer)	इस कीट की सूँडी सर्वप्रथम फलियों की सतह को खुरच-खुरच कर खाती है इसके पश्चात् फलियों में छेद करके अन्दर घुस जाती है वहाँ पर पहुँच कर यह दानों को खाना शुरू कर देती है।	1. इस कीट से प्रभावित फलियों को तोड़कर नष्ट कर देना चाहिए। 2. सेविन का 0.2 प्रतिशत अथवा इन्डोसल्फान का 0.04 प्रतिशत घोल का छिड़काव करने से इस कीट का प्रभावी नियन्त्रण हो जाता है।
रोयेंदार सूँडी (Hairy caterpiller)	फसल की प्रारम्भिक अवस्था में ही पौधे की सम्पूर्ण पत्तियाँ खा जाता है।	1. इन्डोसल्फान 35 ई सी 1.0 लीटर को 1000 लीटर पानी में घोलकर छिड़काव करना चाहिए। 2. इस कीट के अन्डों को एकत्रित करके नष्ट कर देना चाहिए।
माहूँ (Aphids)	नई पत्तियों तथा पौधे के अन्य भागों का रस चूस लेता है। पत्तियाँ भूरे रंग की परिवर्तित हो जाती है और पौधा बीमारी से ग्रसित जैसा दिखलाई पड़ता है।	मेटासिस्टाक्स का 0.1 प्रतिशत अथवा मोनोक्रोटोफास का 0.4 प्रतिशत के घोल का छिड़काव करना चाहिए।
जेसिडस (Amrasca kerri)	इस कीट का निम्फ तथा प्रौढ़ दोनों ही पौधों के रस को चूसते हैं जिससे पत्तियों के किनारे पीले तथा मुड़ जाते हैं।	मेटासिस्टाक्स का 0.1 प्रतिशत अथवा मोनोक्रोटोफास का 0.4 प्रतिशत के घोल का छिड़काव करने से इस कीट का नियन्त्रण हो जाता है।

तालिका 16.4 लोबिया की प्रमुख बीमारियाँ एवं उनकी रोकथाम

कीट	विशिष्ट लक्षण	रोकथाम
बैक्टीरियल ब्लाइट-जेन्थोमोनास विगनी-कोला	इस बीमारी का सर्वप्रथम प्रकोप जमाव युक्त बीजों के भ्रूण चोल एवं नई पत्तियों पर होता है इससे प्रभावित भ्रूण चोल लाल रंग का तथा सिकुड़ जाता है। इससे प्रभावित नई पत्तियों के किनारों पर हरिमाहीनता विकसित हो जाती है। इसके बाद तनों पर होने के बाद सम्पूर्ण पौधे पर होकर पौधा सूख जाता है।	बीज सदैव स्वस्थ, बीमारी रहित तथा प्रमाणित ही प्रयोग करें। रोग रोधी प्रजातियाँ ही बोयें। बीजों को कैप्टान अथवा थीरम या कार्बेन्डाजिम 2 ग्राम प्रति किलो बीज दर से उपचारित करें। काबक्सिन का 0.2 प्रतिशत घोल का छिड़काव करें।
गेरूई - यूरोनटाइसिस एपेन्डिकुलेटस	सर्वप्रथम पौधे की पत्तियों की निचली सतह पर सफेद रंग के छाले पड़ जाते हैं। इन छालों में भूरे रंग के यूरीडिया से यूरिडियोस्पोर निकलते हैं जो कुछ समय पश्चात काले रंग में परिवर्तित हो जाते हैं।	उपयुक्त फसल चक्र अपनायें। बीजों को कैप्टान, थीरम या एग्रोसन जी एन 2 ग्राम प्रति किलो की दर से बीजोपचार करें। डाइथेन एम 45 दो किग्रा प्रति हैक्टेयर की दर से 1000 लीटर पानी में घोल कर छिड़काव करें।

चूर्णिल आसिता – इरीसिफी पालीगोनाई	पौधे के समस्त वायुवीय भागों पर सफेद रंग का चूर्ण जैसा दिखाई देता है। इस रोग का प्रकोप पत्तियों के बाद तना, शाखाओं तथा फलियों पर हो जाता है। इस रोग से प्रभावित पत्तियाँ मुड़कर छोटे आकार की ही जाती है।	रोगरोधी प्रजातियों को ही बोयें। धीरम या कैप्टान या कार्बेन्डाजिम 2 ग्राम प्रति किलो बीज दर से बीजोपचार करें। सल्फर आधारित सल्फेक्स, एलोसल अथवा हैक्सासुअल 2–3 किग्रा प्रति हैक्टेयर की दर से 1000 लीटर पानी में घोल कर छिड़काव करें।
लोबिया का मोजेक	इस रोग से पत्तियाँ पीली पड़ जाती हैं, पौधा बौना रह जाता है तथा फलियाँ भी छोटी रहकर सिकुड़ जाती हैं।	सदैव स्वस्थ, बीमारी रहित तथा प्रमाणित बीज ही बोयें। रोग प्रभावित पौधे उखाड़कर नष्ट कर दें। मेटासिस्टाक्स का 0.1% तथा मोनोक्रोटोफास का 0.04% घोल के छिड़काव से माहूँ का नियन्त्रण हो जाता है।

कटाई एवं मड़ाई (Harvesting and threshing)

जब पौधे की पत्तियाँ पीली पड़कर सूखने लगे तो फसल की कटाई कर लेनी चाहिए। लोबिया की कुछ प्रजातियों की फलियाँ एक साथ नहीं पकती हैं तो उनकी फलियों की तुड़ाई फलियों के पकने की अवस्था के अनुसार करते रहना चाहिए। सामान्यत: लोबिया की फसल 90 से 120 दिन में पककर तैयार हो जाती है। लोबिया की टूटी हुई फलियाँ अथवा सम्पूर्ण पौधे को काटकर खलिहान में अच्छी तरह से सुखाते हैं। इसके पश्चात् डंडों अथवा बैलों की सहायता से मड़ाई करके भूसे से दानों को अलग कर लेते हैं। हवा की सहायता से लोबिया के बीजों को अच्छी तरह से साफ कर लेते हैं। लोबिया के बीजों को भण्डारण में रखने के पूर्व अच्छी प्रकार से सुखाते हैं।

जब लोबिया की फसल सब्जी के रूप में उगाई जाती है तब इसकी फसल 45 से 95 दिन तक फलियाँ देती हैं। सब्जी के लिये फलियाँ सदैव नरम ही तोड़ते हैं अधिक पकी हुई फलियों में रेशे की मात्रा अधिक हो जाने से फलियों की गुणवत्ता खराब हो जाती है।

उपज (Yield)

उत्तम सस्य क्रियायें द्वारा लोबिया के दानों की उपज 12–15 कु. प्रति हैक्टेयर तथा भूसा 50–60 कु. प्रति हैक्टेयर तक प्राप्त किया जा सकता है। सब्जी के लिए उगाई गई लोबिया की फलियों की उपज 50–60 कु. प्रति हैक्टेयर तक प्राप्त हो जाती है।

❒❒❒❒❒

रेशे वाली फसलें

- कपास
- जूट
- सनई या पटुआ

अध्याय 17

कपास (Cotton)

वानस्पतिक नाम	:	गौसीपियम जातियाँ
(Botanical name)	:	(*Gossipium Sp.*)
कुल (Family)	:	मालवेसी (Malvaceae)

आर्थिक महत्व (Economic Importance)

कपास हमारे देश की एक प्रमुख रेशेवाली व्यवसायिक फसल है। कपास पर आधारित व्यवसाय से तथा कपास की खेती से देश में करोड़ों लोगों को रोजगार मिलता है। इससे बने कपड़ों से देश की जनता का तन ढकने के लिए प्रयोग किया जाता है और साथ में विदेशों में कपड़े का निर्यात कर विदेशी मुद्रा अर्जित करने का मुख्य स्रोत भी है। अत: कपास देश की आर्थिक व्यवस्था में महत्वपूर्ण योगदान रखती है। कपास की खेती मुख्यत: रूई के लिए की जाती है। वैसे कपास के पौधे का प्रत्येक भाग उपयोगी होता है और इसको लगभग 400 प्रकार से विभिन्न उपयोग में लाते हैं।

कपास की जड़ों तथा तने की छिलके में गौसीपौल की मात्रा अधिक होती है। कपास की लकड़ी को मुख्यत: जलाने के काम में लेते हैं। रूस में कपास के तने एवं शाखाओं से कागज तथा कार्ड बोर्ड बनाया जाता है। कपास की पत्तियों से सिट्रिक एसिड निकाली जाती है, जबकि भारत में सिट्रिक एसिड

बाहर से आयात की जाती है। भारत में कपास का बीज एक सह उत्पादक है। जिसका लगभग 70 प्रतिशत बीज पशुओं को खिला दिया जाता है। जबकि कपास के बीज से तेल निकालने के बाद खली को पशुओं को खिलाया जाए तो अधिक लाभप्रद होगा। कपास की खली में प्रोटीन की मात्रा 34-38 प्रतिशत होती है। कपास के बीजों से 90 प्रतिशत तेल निकाला जाये तो वानस्पतिक तेल की कमी की पूर्ति की जा सकती है और साथ में उससे निकाली गई खली पशुओं के लिए विनौले के रूप में काम आयेगी।

कपास की ओटाई के बाद बीज पर छोटे-छोटे रोयें जिन्हें लिन्ट या फज कहते हैं, लगे रहते हैं। इन रोयें से सेलूलोज का गूदा तैयार कर सेलूलोज एसीटेट, विस्कोस रियोन, कार्बोक्सी मिथाइल, सेलूलोज ईथर तथा एस्टर नाइट्रो से सेलूलोज गूदों की मड़ाई का पदार्थ, पेड, प्लास्टिक, रील, रिकार्ड आदि बनाये जाते हैं। कपास के छिलकों में 35-47% एल्फा सेलूलोज, 19-27% पेन्टोसन, 15-20% लिगनिन, 5% राख, प्रोटीन आदि होते हैं। आजकल इसका छिलका पशुओं को खिलाने के काम में लाया जाता है जबकि छिलका प्लास्टिक, खाद, इन्सूलेटिंग पदार्थ बनाने के लिए भी प्रयोग किया जा सकता है।

कपास के बीज से तेल निकालना बहुत ही उपयोगी है। साफ किया हुआ कपास का बीज विदेशों में सबसे अच्छा खाने वाला तेल माना जाता है। अमेरिका, ब्राजील, अर्जेंटाइना, मिश्र, सूडान, तुर्की, सीरिया, ईरान, रूस और चीन में इस तेल का उपयोग करते हैं। कपास का तेल ओलिक लिनोलिक एसिड ग्रुप में आता है। मुख्य बसीय अम्ल में से पालमिटिक होता है जोकि अन्य तेलों से अच्छा है। कपास के तेल में केवल फिनोलिक रंगदार गौसीपौल की उपस्थिति से होता है जो हानिकारक है। लेकिन तेल की सफाई करते समय क्षारीय धुलाई का रासायनिक विधि से गौसीपोल निकाला जा सकता है। आजकल वनस्पति घी में कपास के तेल का प्रयोग किया जाता है। यह लगभग 11.7-18.17 प्रतिशत दूसरे तेलों के साथ मिलाकर वनस्पति घी बनाने में प्रयोग किया जा रहा है।

विनौले से निकली खली आजकल पशुओं को खिलाने व खाद में काम आती है। खली में प्रोटीन तथा आवश्यक अमीनो अम्ल प्रचुर मात्रा में उपलब्ध होते हैं। कपास के बीज में लाइसीन, मिथियोनीन, ट्रिप्टोफेन व अन्य अमीनों अम्ल की मात्रा अधिक होती है। हिस्टीडिन और आरजिनीन बढ़वार के लिए आवश्यक तत्व है। कपास के बीज में कैल्सियम, मैग्नीशियम, पोटेसियम तथा लौह जैसे खनिज तत्व भी होते हैं। कपास के बिनौले के आटे को तीन प्रकार से प्रयोग में लाया जाता है जैसे बिस्कुट बनाकर, माँस के साथ मिलाकर तथा गेहूँ, जौ आदि के आटे के साथ मिलाकर।

उत्पत्ति और इतिहास (Origin and History)

भारत का कपास के साथ ऐतिहासिक सम्बन्ध है। दुनिया में सबसे पहले आज से लगभग 5000 वर्ष पूर्व भारत में कपास से कपड़ा बनाया जाता है। सिन्धु घाटी में स्थित मोहनजोदड़ों की खुदाई के समय आरवेनियम जाति (देशी कपास) का कपड़ा मिला था। यद्यपि उत्तरी पीरू में भी हुआका-प्रीएटा नामक बस्ती की खुदाई में आज से लगभग 4500 वर्ष पहले प्राचीन कपड़े के नमूने मिले हैं। ऋग्वेद में भी कपास का उल्लेख मिला है। मार्कोपोलो ने लगभग सन् 1290 में एशिया का भ्रमण करते समय गुजरात क्षेत्र में बहुवर्षीय कपास का उल्लेख किया है। सर टामस रो (1615) ने सूरत के आसपास तीन-चार वर्ष तक उगने वाले कपास के पौधे पाये थे। इस क्षेत्र में बहुवर्षीय कपास को 'रोजी' कहते

थे। दूसरी बहुवर्षीय कपास 'नदम' तमिलनाडु, 'तीसरी पोदूपत्ती' या 'कोन्डापंथी' आन्ध्र प्रदेश में पाई जाती थी। इस प्रकार गंगा व सिन्धु घाटी में बहुवर्षीय आरबेरियम की उपजाति 'बरमानीकम' के पौधे मिलते थे। इन बहुवर्षीय कपास की किस्मों से भारत के विभिन्न क्षेत्रों में एक वर्षीय कपास का विकास मानव चुनाव द्वारा कृषि व जलवायु की अनुकूल परिस्थितियों द्वारा हुआ। आसाम तथा त्रिपुरा क्षेत्र में आबेरियम की सरनम, उत्तरी भारत से मध्य भारत तक निग्लेक्टम (बंगालेन्सी) तथा दक्षिणी भारत में इंडिकम की बहुत सी एक वर्षीय किस्में विकसित की गई हैं। हचिंसन, साइलो तथा स्टीफेन्स (1947) के अनुसार आरबोरियम कभी भी जंगली नहीं थी बल्कि इसकी उत्पत्ति सिंधु घाटी से हरबेरिशयम की जंगली जाति अफ्रीकेनम से हुई है। अतः भारत ही सबसे प्राचीन देश रहा होगा, जिसमें कपास के खेती के जाती रही होगी और उत्पादन कर रूई से कपड़ा बनाया जाता रहा होगा जोकि मोहनजोदड़ों की खुदाई के समय मिला था।

तालिका : 17.1 : कपास के बीजों की गुणवत्ता

अवयव	मात्रा	अवयव	मात्रा
तेल की मात्रा (%)	19.1–25.6	आयोडीन	111.2–115.3
प्रोटीन की मात्रा (%)	33.8–42.8	**बिनौले तथा खली**	
वसीय अम्ल की मात्रा (%)		**में अमीनो अम्ल**	
आरकेडिक	1.30	आरजिनिन	1.02
स्टीयरिक	1.10	हिस्टीडीन	2.50
पाल्मेटिक	23.40	आइसोलूसिन	4.32
माइरिस्टिक	1.40	लूसिन	6.06
ओलिक	22.90	लाइसीन	4.65
लिनोलिक	47.80	मिथियोनीन	0.96
		फिनाइलोनोनीन	5.15
		थ्रीमोनिन	2.86
		बेलीन	4.58

आरबेरियम जिसका जन्म स्थान भारत ही है, के अतिरिक्त गौसीपियम हरबेशियम की एक वर्षीय किस्में अफ्रीका से सन् 1651 से 1780 के मध्य भारत में लाई गई जोकि आज भी गुजरात (बागड़ कपास) तथा कर्नाटक (कुम्पटा) में उगाई जाती है। मध्य भारत में सन् 1903–1904 में नागपुर में अमेरिकी कपास उगाई गई। बाद में यह कपास 'बूरी' के रूप में जाने जानी लगी। उत्तर भारत में उत्तर प्रदेश में सन् 1826 में सबसे पहले अमेरिकी कपास शुरू की जिससे बाद में कानपुर अमरीकी कपास की उत्पत्ति हुई। इसी तरह पंजाब में यह कार्य 1853 से शुरू हुआ और 1902 के बाद किये भरसक प्रयत्नों के कारण 'पंजाब नरमा' शाहपुर, जालन्धर तथा लाहौर जिलों में उगाई जा सकी।

प्राचीन युग में जब भारत में केवल देशी कपास गौसीपियम आरबोरियम जिसका भारत ही जन्म स्थान माना जाता है, उगाई जाती थी। तब भारतीय दस्तकार इससे बहुत बारीक कपड़ा बनाते थे। भारतीय कताई व बुनाई की कला ऊँचे दर्जे की माना जाती थी, क्योंकि उस समय एक पौंड रूई से 253 मीटर लम्बा धागा काता जा सकता था और उस समय की बनी मलमल का एक थान एक अंगूठी से निकाला जा सकता था। यह भारत के कारीगरों की हस्तकला का कमाल था जो देशी कपास से भी इतना बारीक

कपड़ा बना सकते थे कि मनुष्य शरीर पर कपड़ा पहनने के बाद भी नग्न प्रतीत होता था। देश में इस तरह के कपड़े का निर्यात अरब देशों में किया जाता था।

सबसे पहले कपास की चर्चा यूनानी इतिहासकार हेरोडोट्स ने 484 ईसा पूर्व की थी। भारत से लौटने के बाद उन्होंने लिखा था कि "वहाँ पर एक प्रकार के वृक्ष पाया जाता है, जिसके रोयें भेड़ की बाल से भी उत्तम होते हैं, जिनसे वहाँ के निवासी कपड़े बनाते हैं।" जान वाट्सन ने लिखा है, "हजारों वर्षों पहले मिश्र के निवासी बुनाई की कला से परिचित थे।" अमेरिका के एक लेखक पोसेल्ट नेलिफर ने लिखा कि "दुनिया के अन्य देशों को कपास की जानकारी बाद में हुई जबकि हजारों वर्ष पहले यह भारतीय वस्त्र का प्रमुख साधन था।"

भारतीय इतिहास में मुगलकाल से ही देशी कपास से उत्तम कोटि के सूत एवं बारीक वस्त्रों का उत्पादन किया जाता रहा है। उस समय बंगाल का ढाका का महीन कपड़ा पूरे विश्व में प्रसिद्ध था जिसे आज भी दुनिया ढ़ाका की मलमल के नाम से याद करती है। उस जमाने का सबसे मशहूर सूती कपड़ा "मलमल-ए-खास" केवल राजाओं एवं महाराजाओं के लिए ही बनाया जाता था, जिसके दस गज लम्बे एक गज चौड़े थान का भार केवल 90 ग्राम होता था। "आबेखाँ" तथा "शबनम" नाम की ढाका मलमलों की उत्तमता के अनुसार क्रमशः दूसरा तथा तीसरा स्थान था। इनके अलावा झूना, शरबती, सखन्द सौगानी, तनजेब, अकाबुली, बदनखास, तुरानदम आदि अन्य प्रकार की मलमल थी। इन मलमलों को बनाने के लिए बंगाल की कपास का इस्तेमाल किया जाता था। मोटाई के लिए एक लोहे के बेलन का उपयोग होता था तथा जिसकी सफाई के लिए मछली के जबड़े का प्रयोग किया जाता था।

क्षेत्रफल तथा वितरण (Area and Distribution)

संसार में यद्धपि 60 कपास उगाने वाले देश हैं जिनमें केवल 18 देश ही कपास उगाते हैं। लेकिन भारत में सबसे अधिक लगभग 116 लाख हैक्टेयर क्षेत्रफल में कपास की खेती की जाती है। कपास की कुल पैदावार में भारत चौथे स्थान पर आता है। कपास के कुल उत्पादन में प्रथम तथा द्वितीय स्थान पर क्रमशः चीन तथा भारत देश है। भारत में कुल उत्पादन में कमी का मुख्य कारण कुल उत्पादकता में कमी होना। भारत में प्रति इकाई रूई की पैदावार 167 किलोग्राम प्रति हैक्टेयर है जबकि इजराइल, संयुक्त राज्य अमेरिका, रूस तथा मिश्र में क्रमशः 1276, 583, 472, 893 है जोकि भारत से कई गुना अधिक है। विश्व में 2.61 करोड़ टन कपास का उत्पादन होता है, जिसमें भारत का योगदान 85.0 लाख टन आंका गया है। संसार में दो तिहाई कपास का उत्पादन चीन, अमेरिका, भारत, पाकिस्तान, मिश्र, तर्की तथा उज्बेकिस्तान में होता है।

सबसे पहले सन् 1790 में अमेरिकी कपास के उगाने का प्रयत्न गुजरात में सूरत तथा भड़ौच, कर्नाटक के धारवाड़ तथा तमिलनाडु में कोयम्बटूर में किए गये। सबसे पहले धारवाड़ में हुबली क्षेत्र में सन् 1842 से 1861 तक अमरीकन कपास 1,78, 682 एकड़ (71,522 हैक्टेयर) क्षेत्र में बोई जाने लगी। भारत में यह सबसे पहला अमरीकी कपास उगाने का सफल प्रयास था। इसी प्रकार मद्रास राज्य में सन् 1907 में कम्बोडिया से लाई गई थी। उत्तर भारत में उत्तर प्रदेश में सन् 1826 में सबसे पहले अमरीकी कपास शुरू की जिसको बाद में कानपुर अमरीकी कपास की उत्पत्ति हुई। इसी तरह पंजाब में यह कार्य 1853 से शुरू हुआ और 1908 के बाद किये भरसक प्रयत्नों के कारण 'पंजाब नरमा' शाहपुर, जालन्धर तथा लाहौर जिलों में उगाई जा सकी। 1913 तक पंजाब में लगभग 12 हजार हैक्टेयर अमरीकी कपास उगाई जाने लगी जो सन् 1917 तक 10,64,000 हैक्टेयर में फैल गई।

सन् 2013-14 में भारत में कपास के अन्तर्गत कुल क्षेत्रफल (11.61 मिलियन है.) तथा उत्पादन (35.60 लाख बेल्स) का रहा। सन् 2012-13 में कपास के अन्तर्गत सर्वाधिक क्षेत्रफल (4.15 मिलियन हैं.) महाराष्ट्र में इसके पश्चात् गुजरात (2.50 मिलियन है.) तथा आन्ध्र प्रदेश (2.40 मिलियन है.) में था। उत्पादन की दृष्टि में गुजरात (8.85 मिलियन बेल्स), महाराष्ट्र (7.66 मिलियन बेल्स) तथा आन्ध्र प्रदेश (7.35 मिलियन बेल्स) का क्रमशः प्रथम, द्वितीय तथा तृतीय स्थान रहा। उत्तर प्रदेश में कपास बहुत कम क्षेत्रफल पर उगाई जाती है।

कपास का वर्गीकरण (Classification of cotton)

गौसीपियम प्रजाति के पौधों में गुण सूत्रों की संख्या 13 या 28 होती है। इसके पौधे वार्षिक, बहुवर्षीय या छोटे-छोटे वृक्षों के रूप में पाये जाते हैं। इन पर दो प्रकार की शाखायें पाई जाती हैं :

1. वानस्पतिक शाखायें (मोनोपोडिया)
2. फल वाली शाखायें (सिम्पोडिया)

पूरे पौध पर छोटी-छोटी काली तेल ग्रन्थियाँ (Oil glands) होती हैं। इन ग्रन्थियों में गौसीपोल नामक पदार्थ उपस्थित रहने के कारण इस प्रजाति का नाम गौसीपियम पड़ा। गौसीपियम प्रजाति की कुल 36 जातियाँ हैं जोकि संसार के उष्णकटिबन्ध के शुष्क क्षेत्रों वाले देश जैसे अमेरिका, आस्ट्रेलिया, एशिया, हवाई, अन्य प्रशान्त सागरीय द्वीप समूहों में उगाई जाती है। इन 36 जातियों में से 32 जंगली जातियाँ हैं। इनमें से केवल 4 जातियाँ खेती योग्य हैं। दो डिपलौयड-गौसीपियम हरबेशियम तथा गौसीपियम आरबोरियम तथा दो टैट्राप्लोयड-गौ. बारबेडेन्सी तथा गौ. हिरसुटम जातियाँ हैं।

गौसीपियम हरबेशियम तथा गौं. आरबोरियम जातियाँ द्विगुणी (डिप्लोयड) होती हैं। जिनमें गुणसूत्रों की संख्या 26 (एन-13) होती है। आमतौर पर इनको एशियाई अथवा देसी कपास कहते हैं। गौसीपियम बारबेडेन्सी तथा गौ. हिरसुटम जातियाँ चतुर्गुणी (टेट्राप्लाइड) होती हैं जिनमें गुणसूत्रों की संख्या 52 (एन-26) होती है। गौ. बारबेडेन्सी को मिश्री कपास तथा गौ. हिरसुटम को अमरीकी कपास कहते हैं।

बीज पर लगे रेशे की लम्बाई भी कपास की भिन्न-भिन्न जातियों व प्रजातियों या किस्मों पर निर्भर होती है और इनकी लम्बाई के आधार पर कपास की किस्मों को निम्नलिखित वर्गों में विभाजित किया गया है:

1.	छोटा रेशा	19.0 मिमी से छोटा
2.	मध्यम छोटा रेशा	10.0-21.5 मिमी
3.	मध्यम लम्बा रेशा	22.0-24.0 मिमी
4.	लम्बा रेशा	24.5-26.0 मिमी
5.	अधिक लम्बा रेशा	27.0 मिमी से अधिक

तालिका 17.2 : गौसीपियम की जंगली तथा खेती की जाने वाली किस्मों में अन्तर

जंगली किस्में	कृषि योग्य किस्में
1. बहुवर्षीय पौधे होते हैं।	1. अधिकतर एक वर्षीय तथा कुछ बहुवर्षीय पौधे होते हैं।
2. डोडे बन्द व फैलकर न खुलने वाले होते हैं।	2. डोडे फैलकर खुलने वाले होते हैं।
3. डोडे के अन्दर कमरों का विभाजन करने वाले पत्तों पर बाल होते हैं।	3. कमरे की दीवालों पर बाल नहीं होते हैं।
4. बीजों पर अगर रेशे होते हैं जो केवल एक ही तरह के होते हैं तथा बीज ऊपर की सतह पर चिपके रहते हैं।	4. बीजों पर दो तरह के बाल होते हैं। (a) चिपके हुए व छोटे (b) आसानी से अलग होने वाले व लम्बे
5. रेशे गोल, लचकहीन व छल्लेदार नहीं होते। इनकी सतह चिकनी व फिसलने वाली होती है। रेशों की दीवार असमान मोटाई की होती है। रेशों के बीच गुहा समान नहीं होती है।	5. रेशे, चपटे, लचकहीन व छल्लेदार होते हैं। कई रेशे में साथ-साथ लिपट जाते हैं। रेशों की दीवार एक समान मोटाई की होती है तथा बीच में गुहा होती है।
6. बीजावरण बहुत कड़ा होता है जिससे बीज के अन्दर पानी आसानी से नहीं जा सकता। अतः बीज के अंकुरण में अधिक समय लगता है।	6. बीजावरण कम कठोर होता है और पानी आसानी से सोख लेता है इसलिए बीज के अंकुरण में कम समय लगता है।
7. रेशों को धागों में नहीं काता जा सकता है।	7. रेशों को धागे में काता जा सकता है।

फसलचक्र (Crop rotation)

उत्तरी क्षेत्र (पंजाब, हरियाणा, राजस्थान, दिल्ली तथा उत्तर प्रदेश)

फसल चक्र		समय
1. कपास-गेहूँ-कपास-सैजी		2 वर्ष
2. ग्वार (हरी खाद)-गेहूँ-कपास-गेहूँ		2 वर्ष
3. ग्वार-कपास-गेहूँ		2 वर्ष
4. मक्का-बरसीम-कपास-गेहूँ		2 वर्ष
5. कपास-मटर/मैंथी/सैंजी		एक वर्ष
मध्य क्षेत्र (मध्य प्रदेश, महाराष्ट्र और गुजरात)		
मध्य प्रदेश	निभाड क्षेत्र	कपास-मूँगफली
		कपास-ज्वार-मूँगफली
	मालवा क्षेत्र	ज्वार-मूँगफली-कपास
		कपास-गेहूँ
गुजरात	उत्तरी क्षेत्र	कपास-ज्वार-मूँगफली
		कपास-ज्वार/बाजरा-गेहूँ
	मध्य क्षेत्र	कपास-ज्वार
दक्षिणी क्षेत्र	कपास-ज्वार+अरहर	
महाराष्ट्र	कपास-ज्वार + मूँगफली	

दक्षिणी क्षेत्र (आन्ध्र प्रदेश, कर्नाटक, तमिलनाडु तथा केरल)	
आन्ध्र प्रदेश	ज्वार-मूँगफली-कपास
	धान-कपास-धान
कर्नाटक	कपास-ज्वार-मूँगफली
तमिलनाडु	कपास-ज्वार-मूँगफली
	रागी-कपास-ज्वार
	धान-कपास-धान
मिलवाँ/अन्तः फसल पद्धति	
पंजाब	कपास+मूँग (2:1)
	कपास+मूँग-गेहूँ
राजस्थान	कपास+मूँग (2:1)
उत्तर प्रदेश	कपास+अरहर
मध्य प्रदेश	कपास+मक्का
कर्नाटक	कपास+ज्वार/तिल/दलहनी फसलें
	कपास+मूँगफली, कपास+अण्डी
आन्ध्र प्रदेश	कपास+मिर्च/अरहर/मूँगफली
	कंगनी+कपास (4:1)
कर्नाटक	कंगनी+कपास (4:1)
	कपास+मूँगफली
तमिलनाडु	(असिंचित क्षेत्रों)-कपास+मूँग

तालिका 17.3 : कपास की द्विगुणी (Diplied) तथा चतुर्गुणी (Tetraploid) जातियों में अन्तर

द्विगुणी जातियाँ	चतुर्गुणी जातियाँ
1. गुणसूत्र संख्या 26 (n-13)	1. गुणसूत्र संख्या 52 (n-26)
2. पत्तियों का तने पर लगाव फाइलोटेक्सी 1/3	2. फाइलोटेक्सी 3/8
3. पत्तियाँ छोटी तथा तीन कटाव वाली	3. पत्तियाँ 4-5 कटाव वाली
4. पर्ण रन्ध्र की संख्या प्रति वर्ग मि.मी. ऊपरी सतह पर 181-186 निचली सतह पर 383-395	4. पर्णरन्ध्र प्रति वर्ग मिमी. ऊपरी सतह पर-170, निचली सतह पर 325
5. पत्तियों की आन्तरिक संरचना-पोलीसेड कोशिकायें ऊपर और नीचे दोनों तरफ होती हैं।	5. पेलीसेड कोशिकायें एक तरफ और दूसरी तरफ स्पोन्जी कोशिकाएं होती हैं।
6. पत्तियों पर रोयें होते हैं।	6. कुछ किस्मों में रोयें नहीं होते हैं।
7. पुष्पपत्र जुड़े रहते हैं।	7. पुष्पपत्र अलग-अलग रहते हैं।
8. पीले रंग की पंखुड़ियों और उनके ऊपर लाल निशान रहते हैं।	8. सफेद से पीला रंग, लाल निशान हो सकता है और नहीं भी हो सकता है।

9. डोडे नीचे की ओर लटके रहते हैं।	9. डोडे ऊपर की ओर सीधे लगे रहते हैं।
10. रेशे व बीज छोटे होते हैं।	10. रेशे लम्बा और बीज बड़े आकार के होते हैं।
11. बीज की ऊपरी सतह पर रेशा तीन बार में निकलता है।	11. बीज की सतह पर कुछ रेशे दो बार में ही निकल आते है।

जलवायु (Climate) : भारत में कपास भिन्न-भिन जलवायु में 9 डिग्री उत्तर से 31 डिग्री दक्षिण तक उगाई जाती है और इस तरह कपास की फसल में बोने का समय, फूल व फल का समय भिन्न होने से उसकी बढ़वार में भी भिन्नता होती है। कपास की बढ़वार व फूल आने की अवस्था पर तापक्रम, सूर्य का प्रकाश, पानी की उपलब्धता आदि का अधिक प्रभाव पड़ता है। कपास की खेती के लिए अधिकतम तापमान 29 डिग्री सेन्टीग्रेड से 34 डिग्री सेन्टीग्रेड और न्यूनतम 19-24 डिग्री सेन्टीग्रेड आवश्यक है। कपास की पैदावार पर तापक्रम का प्रभाव बहुत अधिक पड़ता है। फल के विकास के समय अधिक तापमान से सेल्यूलोज का बनना कम हो जाता है। जिससे रेशों के विकास पर बुरा प्रभाव पड़ता है और डोडों का भार भी कम हो जाता है। फूल के समय अधिक तापक्रम के कारण परागकण सूखकर मर जाते हैं जिससे फूल झड़ जाते हैं।

संकर कपास : केवल भारत में संकर कपास उगाने में सफलता प्राप्त हुई। सबसे पहला हाइब्रिड-4 सूरत में विकसित किया गया। इन संकर किस्म की प्रजातियों से कपास की पैदावार में काफी वृद्धि हुई। कपास की पैदावार में मिश्री कपास के रेशे की गुणवत्ता को भी अमेरिकन व मिश्री कपास की किस्मों के संकरण से मिलाकर पैदवार एवं रेशे की गुणवत्ता में सुधार किया जा सका।

कपास की उन्नतशील प्रजातियाँ (Improved varieties)

विभिन्न राज्य में अलग-अलग किस्मों के अन्तर्गत उगाने वाली प्रजातियों का विवरण तालिका 17.4 में दिया गया है।

तालिका 17.4 : कपास की नवविकसित प्रजातियाँ

प्रजाति	विकसित करने का स्थान	किस्म	क्षेत्रों के लिए उपयुक्त
एन एच 545	नांदेड (महाराष्ट्र)	अमेरिकन कपास	मराठवाड़ा (महाराष्ट्र)
एल डी 694	लुधियाना (पंजाब)	देशी कपास (गौसीपियम आरबोरियम)	पंजाब
आर बी डी वी 7 (प्रताप केपी-1)	बासवाड़ा (राजस्थान)	(गौसीपियम हरबेसियम)	दक्षिणी राजस्थान
पी ए 255 (तुर्रब)	परवानी (महाराष्ट्र)	देशी कपास	मराठवाड़ा (महाराष्ट्र)
पी के वी हाइब्रिड 5	अकोला (महाराष्ट्र)	सी एम एम आधारित संकर	विदर्भ (महाराष्ट्र)
पी के वी डी एच-1	अकोला (महाराष्ट्र)	संकर	विदर्भ (महाराष्ट्र)

यह संकर दो प्रकार के होते हैं।

1. अन्तः जातीय संकर जिनमें अमेरिकन × अमेरिकन किस्में

2. अन्तः जातीय संकर जिनमें अमेरिकन × मिश्री कपास की किस्मों का संकरण किया जाता है।

संकर कपास का बीज प्रतिवर्ष हाथ से तैयार किया जाता है। संकर कपास से सिंचित क्षेत्र में अधिकतम पैदावार ली जा सकती है। हाइब्रिड-4 संकर कपास की किस्म से अधिकतम 35 क्विंटल प्रति हैक्टेयर कपास की पैदावार की जा सकती है जबकि वरलक्ष्मी हाइब्रिड की पैदावार 40 क्विंटल प्रति हैक्टेयर प्राप्त होती है। कपास की किस्मों का विवरण तालिका 17.5 में दर्शाया गया है।

तालिका 17.5 : विभिन्न क्षेत्रों में कपास की प्रजातियाँ

राज्य क्षेत्र	प्रजातियाँ
देशी कपास (गौसीपियम आरबोरियम)	
उत्तर प्रदेश	के 22, अलीगढ़ 19, सी 402, सी 520, रानीबेन, किरन, श्यामली, लोहित
पंजाब तथा हरियाणा	मौली सोनी 60-ए-2, 15 मौली सोनी, 39 मोली सोनी, 231 आर जी 27, एल डी 133, एच डी 11
राजस्थान	सी 502, मौली सोनी, गंगा नगर-1
मध्य प्रदेश	मालवी 9, भोज, जरीला, विरनार, मालजरी
महाराष्ट्र खानदेश क्षेत्र	एन आर 6, बनीला, जरीला, 197-3, वाई 1, ज्योति
विदर्भ क्षेत्र	वेरम 262, वेरम 434, एच 420, मालिनी, वेरम 797, ए.के. 235, ए.के. 277, ए.के. एच 7
मराठवाड़ा क्षेत्र	गौरानी 6, गौरानी 12, गौरानी 22, गौरानी 46, सी जे 73
आन्ध्र प्रदेश	कोकनाडा, नादर्न, मृंगरी, चिन्नापसी, गौरानी, नन्दयाल 14, 5975, नन्कीकम, कोकानाडा-2, आई एच 25, 3930 ए, 3943, रायलसीमा-1, गौरानी 4, गौरानी 6, गौरानी 12, दौलत
गुजरात	प्रताप, संजय, एस सी 97, ए एल बी, 1027, सुयोग, विजल्या, सुजय, भरोच देशी-8, गौधारी ए 26, विजय, दिग्विजय, बागड़ 8, कल्यान
तमिलनाडु	सी 2, सी 3, सी 7, के 2, के 5, के 6, के 7, के 8, के 9
असम तथा त्रिपुरा	सरनम, किल, बोरकापा, सोरकापा, नागाहिल, डी 46-2-1
कुम्बटा कपास	धारवाड़ 1, धारवाड़ 2, जयवन्त, एफ टी 12-2-5, जयधर, सुयोधर
वेस्टर्न कपास	एच 251, एच 62, वेस्टर्न
अमरीकन कपास (गौसीपियम हिरसुटम)	
उत्तरी क्षेत्र	
पंजाब	4 एफ, 289 एफ, 216 एफ, 320 एफ एच 14, बीकानेरी नरमा, एफ 414
हरियाणा	320 एफ, बीकानेरी नरमा, एच 777, 216 एफ, एच 14
राजस्थान	अमरीकन 9, एम 49, 216 एफ, 320 एफ, आर एस 89, बीकानेरी नरमा
उत्तर प्रदेश	कानपुर अमरीकन 1, 216 एफ, एस एच 131

मध्य क्षेत्र	
मध्य प्रदेश	बुरी 0394, नर्मदा, खंडवा 1, खंडवा 2, इन्दौर 2, बदनावर
महाराष्ट्र विदर्भ क्षेत्र	बुरी 107, बुरी 0394, एल 147, डी एच वाई 286
मराठवाड़ा क्षेत्र	परभनी अमरीकन 1, एल 147, संकर 4, एम सी यू 5, एस आर टी 1, गोदावरी
खानदेश खेत्र	बुरी 147, एस आर टी 1, लक्ष्मी, एम सी यू 5, हाइब्रिड 4, बरलक्ष्मी, सावित्री
गुजरात	170 सी ओ 2 (देवीराज), 134 सी ओ 2 (देवीतेज), गुजरात 67, विष्णु, एस आर टी 1 (गुजरात कोट 10)
आन्ध्र प्रदेश	लक्ष्मी, महालक्ष्मी, एम ए 247, एम सी यू 5, ए वी 1661, पंजाब 216 एफ, कृष्णा, संगम, हाइब्रिड 4, वरलक्ष्मी
कर्नाटक	गडक 1, लक्ष्मी, मैसूर अमेरिकन 2, बी सी 68, मैसूर अमेरिकन 5, एम सी यू 5, वरलक्ष्मी, भाग्य, जे के 97
तमिलनाडु	कम्बोडिया 2, कम्बोडिया 4, मद्रास कम्बोडिया युगान्डा-1 (एम सी यू-1), एच सी यू-2, एम सी यू 4, एम सी यू 5, एम सी यू 7, एम सी यू 8, एम सी यू 9, पी 216 एफ, पी आर एस 72
मिश्री कपास (गौसीपियम बारबान्डेसी)	
कर्नाटक	सी आईलेन्ड एन्ड्रूज
तमिलनाडु	सुजाता, सुविन
गुजराज	गिजा 45

बी.टी. कपास : बी.टी. से तात्पर्य बैसीलस थूरिजियेंसिस है। यह एक ऐसे जीवाणु का नाम है जो कपास में लगने वाली सभी प्रकार की सूँडियों में प्राकृतिक बीमारी पैदा करके उन्हें मार देता है। वास्तव में यह कीटाणु सूँडी के शरीर में प्रवेश करके एक विषैला प्रोटीन बनाता है जिसमें कीट मर जाते हैं। विषैला प्रोटीन बनाने के लिए जीवाणु में काई 1 ए (सी), काई ए ए (बी) जैसे जीन होते हैं। वैज्ञानिकों ने आनुवांशिक अभियांत्रिकी तकनीकी द्वारा इन जीनों को बी टी जीवाणु से अलग करके कपास के जीव प्रारूप में डाला और अन्ततः बीटी कपास का जन्म हुआ। चूँकि इस कपास में सूँडी के लिए विषैले बनाने वाले जीन उपलब्ध थे, अतः सूँडी के लिए प्रतिरोधिता होने के कारण इन पर आसानी से नियन्त्रण पाया जा सकता है।

अमेरिका में भारत के मुकाबले बी टी कपास की खेती बहुत अधिक क्षेत्र में होती है। सर्वप्रथम आस्ट्रेलिया ने 1996 में बी.टी. कपास की व्यावसायिक खेती शुरू की थी। बी.टी. कपास कीट प्रतिरोधक होने के कारण भारतीय किसानों के लिए आशा की एक किरण है। भारतवर्ष में लगभग 9 मिलियन हैक्टेयर क्षेत्रफल पर कपास की फसल उगाई जाती है तथा लगभग 2800 करोड़ रुपया प्रतिवर्ष कीटनाशकों पर खर्च होता है। उसमें से 1600 करोड़ रुपया सिर्फ कपास के कीट मुख्यतः हैलीकोवर्पा (सूँडियों पर) तथा चूसक कीटों (जैसिड) के नियन्त्रण पर खर्च होता है। अगर सामान्य कपास की जगह बी.टी. कपास की खेती की जाये तो कपास में कीट नियन्त्रण पर होने वाले खर्च को 20-30 प्रतिशत तक कम किया जा सकता है। जिससे देश में बी.टी. कपास उगाकर बड़े पैमाने पर आर्थिक बचत की जा सकती है।

अमेरिका में बी.टी. कपास की खेती सर्वाधिक क्षेत्र पर की जाती है। इसके बाद चीन, आस्ट्रेलिया, अर्जेन्टीना, कम्बोडिया आदि देशों में भी की जाती है। भारत के लिए आनुवांशिकी अभियांत्रिकी अनुमोदन समिति ने बी.टी. कपास की तीन ट्रान्सजैनिक प्रजातियाँ अनुमोदित की हैं।

1. एम. ई. सी. एच 12 (बी.टी.)
2. एम. ई. सी. एच 162 (बी.टी.)
3. एम. ई. सी. एच. 184 (बी.टी.)

भारत में कपास उत्पादक कुछ राज्यों में इसके व्यावसायिक स्तर पर उत्पादन की अनुमति राज्य सरकारों ने दे दी है। बी.टी. कपास उगाने से निम्न लाभ हैं।

1. बी.टी. कपास कीट अवरोधी हैं अतः इसे उगाने से कीटों के नियन्त्रण के लिए कीटनाशी रसायनों का प्रयोग कम होगा तथा फसल उत्पादन में लागत कम आने से कृषकों पर कम बोझ पड़ेगा।
2. बी.टी. कपास साधारण कपास की तुलना में जल्दी पककर तैयार हो जाती है अतः असिंचित क्षेत्रों के लिए बी.टी. कपास उगाकर अधिक से अधिक उत्पादन प्राप्त किया जा सकता है।
3. जिन क्षेत्रों में सिंचाई की सुविधा उपलब्ध है उन क्षेत्रों में बी.टी. कपास उगाकर रबी की फसल की बुआई समय से की जा सकती है।

तालिका 17.6. अन्त जातीय हिरसुटम संकर (हाइब्रिड)

संकर किस्म	पैतृकता	पैदावार (कु./है.)	कताई क्षमता	उपयुक्त क्षेत्र
संकर 4	गु.67×अ. नैक्ट्रीलेस	30–40	50	मध्य प्रदेश, महाराष्ट्र, गुजरात, आन्ध्र प्रदेश
जे के हाइब्रिड	खन्डवा 210×रेवा वी 50	25–30	46	मध्य प्रदेश
गोदावरी	बूरी (एन एल) ×एस सी यू 5	10	50	मराठवाड़ा क्षेत्र एवं महाराष्ट्र
असिंचित क्षेत्र				
सुगुवा	ग्रेग (एम एस) ×के 34007	25	30	तमिलनाडु के मध्य एवं दक्षिणी जिले और आन्ध्र प्रदेश

तालिका 17.7. अन्तः जातीय हिरसुरम × बारबेन्डेसी संकर (हाइब्रिड)

संकर किस्म	पैतृकता	पैदावार (कु./है.)	कताई क्षमता	उपयुक्त क्षेत्र
वरलक्ष्मी	ई लक्ष्मी×एस वी 289	23–24	80	कर्नाटक, तमिलनाडु
सी बी एस 156	अकाला× एस वी जी एल	24	100	तमिलनाडु के सिंचित क्षेत्र
जे के हा–11	खन्डवा 2× ई आर वी 4492	17–18	70	मध्य प्रदेश
सावित्री	कोष 203 × 1085–6	28–32	70	महाराष्ट्र का दक्षिणी क्षेत्र

4. बी.टी. कपास की उपज सामान्य कपास की तुलना में 4 से 6 क्विंटल ज्यादा होती है।
5. कीटनाशकों के प्रयोग से हवा तथा पानी प्रदूषित होने से बच जाता है अतः बी.टी. कपास के प्रयोग से इस समस्या से बचा जा सकता है।
6. बी.टी. पशु तथा पक्षियों के लिए भी हानिकारक नहीं है।

भूमि की तैयारी (Field preparation)

उत्तर भारत में जहाँ पर दोमट मिट्टी होती है और सामान्यतः गेहूँ या रबी की दलहनी फसलों के बाद खरीफ में कपास की फसल उगाई जाती है। वहाँ पर अप्रैल माह में खेत की सिंचाई करके देशी हल अथवा ट्रैक्टर से ग्रीष्मकालीन गहरी जुताई कर देते हैं। इसके पश्चात गोबर की खाद डालकर हल्का पलेवा करने के बाद दो बार खेत की जुताई करके कपास की बुआई अप्रैल के आखिरी सप्ताह या मई में कर देते हैं।

मध्य प्रदेश व दक्षिण भारत की काली मिट्टी में भी ग्रीष्मकालीन गहरी जुताई करने से पैदावार में वृद्धि हो जाती है। असिंचित क्षेत्रों में कपास के लिए बक्खर चलाकर ही खेत को तैयार करते हैं। चूँकि काली मिट्टी में सूखने पर दरारें पड़ जाती हैं। इन दरारों से मिट्टी फट जाती है। असिंचित क्षेत्रों में गहरी जुताई करने से मृदा नमी को अधिक देर तक संचित रखा जा सकता है और जिससे कपास की उपज बढ़ जाती है।

मध्य या दक्षिण भारत में जहाँ कपास की खेती लाल-भूमियों में की जाती है। वहाँ मानसून की वर्षा शुरू होने पर खेत की 2-3 हल्की जुताई कर हैरो चला देते हैं। सिंचित क्षेत्र में पलेवा देने के बाद खेत अच्छी तरह से तैयार कर देना चाहिए। कपास की फसल बोने से पहले खेत की मिट्टी भुरभुरी रहनी चाहिए और उसमें पहली फसल के डंठल तथा फसल अवशेष अथवा खरपतवार नहीं होने चाहिए।

बीज की दर (Seed rate) : प्रति इकाई क्षेत्रफल पर उपयुक्त पौध संख्या रखने के लिए उचित मात्रा में बीज बोना चाहिए। अधिकांश कृषक कपास का बीज कम मात्रा में बोने से खेत में पौधों की संख्या कम रहती है जिससे फसल की पूरी उपज भी नहीं मिल पाती है जबकि अन्य देशों में कपास का बीज अधिक मात्रा में डालकर पौधों की उचित संख्या रखकर पूरी पैदावार लेते हैं। छोटे बीजों वाली किस्म में बीज की कम संख्या में आवश्यकता होती है जबकि बड़े आकार के बीजों की अधिक मात्रा में आवश्यकता होती है। इसके अतिरिक्त बीज की मात्रा पंक्ति से पंक्ति तथा पौधे से पौधे की दूरी पर भी निर्भर होती है।

उत्तरी भारत में देशी कपास का 12-13 किलोग्राम प्रति हैक्टेयर बीज बोया जाता है जबकि अमरीकी कपास की छोटे बीजों वाली किस्म 320 एफ व बीकानेरी नरमा में 20 किलोग्राम प्रति हैक्टेयर बीज दर संस्तुत है। लेकिन बड़े बीज वाली एच 14, जे-34 व प्रमुख में बीज की दर 25 किलोग्राम प्रति हैक्टेयर है। मध्य भारत में देशी कपास के लिए 12-15 किलोग्राम तथा अमरीकन कपास के लिए 15-20 किलोग्राम प्रति हैक्टेयर बीज प्रयोग किया जाता है। दक्षिण भारत में देशी कपास के लिए 10-15 किलोग्राम प्रति हैक्टेयर तथा अमरीकन कपास के लिए 18-20 किलोग्राम प्रति हैक्टेयर बीज का प्रयोग किया जाता है। तमिलनाडु में धान के बाद वाली कपास की फसल के लिए अमरीकन किस्मों में बीज की दर 25 किलोग्राम प्रति हैक्टेयर तक है।

संकर कपास की किस्मों में पंक्ति से पंक्ति और पौधे से पौधे की दूरी अधिक होने के कारण केवल 2–5 किलोग्राम प्रति हैक्टेयर बीज दर की आवश्यकता होती है।

बोने का समय (Time of sowing) : कपास के बोने का समय प्रत्येक क्षेत्र एवं राज्य में अलग-अलग होता है जैसा कि तालिका 17.8 में दर्शाया गया है।

पंजाब में कपास की बुआई अप्रैल के आखिरी सप्ताह में मध्य मई के बाद की जाये तो 22.0 प्रतिशत कम उपज प्राप्त होती है। इसी तरह जालन्धर में मध्य अप्रैल के बजाय मध्य मई में कपास की बुआई करने पर कपास की 47 प्रतिशत कम उपज प्राप्त होती है। उत्तर भारत में बीकानेरी नरमा किस्म की बुआई जून के प्रथम सप्ताह में की जाती है जबकि अन्य किस्मों की बुआई अप्रैल के अन्तिम सप्ताह से मई के मध्य तक की जाती है।

मध्य प्रदेश के असिंचित क्षेत्रों में वर्षा आने के 7–8 दिन पूर्व सूखे खेत में या वर्षा शुरू होने के पश्चात् बुआई की जाती हैं। सिंचित क्षेत्रों में 15–20 मई तथा संकर किस्म की बुआई सिंचित क्षेत्र में मध्य मई में की जाती है। जबकि असिंचित क्षेत्रों में मध्य जून से मध्य जुलाई तक बुआई की जा सकती है। महाराष्ट्र के आजाद नगर जिले में अमरीकन तथा संकर किस्मों को सिंचित क्षेत्र में अप्रैल के पहले पखवाड़े में बोने से अधिक पैदावार मिलती है। जबकि असिंचित क्षेत्रों में कपास की बुआई वर्षा के 10 दिन पूर्व सूखे खेत में की जाती है। संकर किस्म की कपास की बुआई असिंचित क्षेत्र में मध्य जून से जुलाई के प्रथम सप्ताह तक कर देनी चाहिए। महाराष्ट्र के अकोला क्षेत्र में सिंचित कपास को बोने का उपयुक्त समय मई का तीसरा सप्ताह है।

तालिका 17.8. विभिन्न क्षेत्रों/राज्यों में कपास के बोने का समय

क्षेत्र/राज्य	देशी कपास	अमरीकन कपास	संकर कपास
उत्तर प्रदेश			
पंजाब	मध्य अप्रैल से मध्य मई	अप्रैल का अन्तिम सप्ताह	
हरियाणा	मध्य अप्रैल से मध्य मई	मध्य मई से मध्य जून	
राजस्थान	मध्य अप्रैल से मध्य मई	मध्य मई से मध्य जून	
उत्तर प्रदेश	अप्रैल का अन्तिम सप्ताह	मध्य अप्रैल से मध्य मई	
दिल्ली	मध्य अप्रैल से मध्य मई	मध्य अप्रैल से जून का प्रथम सप्ताह	
मध्य क्षेत्र			
मध्य प्रदेश	सिंचित-मई का द्वितीय सप्ताह असिंचित-मानसून शुरू होते ही	मध्य मई-मध्य जून मध्य जून से मध्य जुलाई	
महाराष्ट्र	मानसून शुरू होते ही	मध्य जून से मध्य जुलाई	
गुजरात	जून का प्रथम पखवाड़ा	मई के अन्तिम सप्ताह से जून के प्रथम सप्ताह तक	मध्य जून
दक्षिणी क्षेत्र			
आन्ध्र प्रदेश	अगस्त-सितम्बर	जून (लाल मिट्टी में) अगस्त का प्रथम पखवाड़ा (काली मिट्टी में)	अगस्त का प्रथम सप्ताह
कर्नाटक	जुलाई-अगस्त	–	–
तमिलनाडु	शीतकालीन-अक्तूबर ग्रीष्मकालीन-नवम्बर	फरवरी-मार्च	अगस्त का प्रथम सप्ताह

गुजरात के असिंचित क्षेत्र में सूखे खेत में जून के पहले पखवाड़े में कपास बोनी चाहिए जबकि सिंचित क्षेत्र में मई के अन्तिम सप्ताह से जून के प्रथम सप्ताह तक बोनी चाहिए। कर्नाटक के असिंचित क्षेत्रों में कपास बोने का उपयुक्त समय जून का तीसरा सप्ताह है। दक्षिण क्षेत्र में कपास की बुआई जुलाई माह में की जाती है। कोयम्बटूर (तमिलनाडु) क्षेत्र में अगस्त के प्रथम सप्ताह में और कवरीपाटीनम में 15 अगस्त तक कपास बोने से अधिकतम पैदावार मिल जाती है। कोयम्बटूर में गर्मी की फसल की बुआई 10 फरवरी तक होनी चाहिए अन्यथा इसके 10 दिन बाद बुआई करने से पैदावार में कमी आ जाती है।

अन्तरण (Spacing) : महाराष्ट्र के सिंचित क्षेत्रों में अमरीकन कपास की किस्मों में 90×60 सेमी दूरी रखने पर अधिकतम पैदावार मिलती है। असिंचित क्षेत्रों में देशी कपास में 45×22.5 सेमी का अन्तरण और अमरीकन कपास में 60×30 सेमी का अन्तरण उपयुक्त है।

कर्नाटक के धारवाड़ क्षेत्र में असिंचित दशाओं में 45×35 का अंतरण उपयुक्त है। सिंचित क्षेत्रों में संकर किस्मों में 60×30 सेमी अन्तरण रखना चाहिए। आन्ध्र प्रदेश के नागार्जुन सागर क्षेत्र में अमरीकन किस्मों में 75–90×45 सेमी जबकि संकर किस्मों के लिए 120–150×60 सेमी अन्तरण उपयुक्त है। धान के क्षेत्रों में कपास के बोने के अन्तरण 75×60 या 60×45 सेमी तथा एक स्थान पर दो पौधे रखने से अधिक पैदावार प्राप्त हुई।

गुजरात की संकर किस्म को 90×30 सेमी अथवा 90×60 का अन्तरण उपयुक्त है। दक्षिणी गुजरात में हबेशियम किस्म को 120×60 सेमी की दूरी पर बोया जाता है। राजस्थान के श्रीगंगानगर क्षेत्र में कपास में पंक्ति तथा पौधों की दूरी 60×30 सेमी उपयुक्त है।

तमिलनाडु में संकर किस्म की कपास की 90×60 सेमी, अमरीकन कपास की 75×30 सेमी अथवा 75×45 सेमी जबकि देशी कपास में अन्तरण 45×25 सेमी उपयुक्त है। विभिन्न राज्यों में कपास की विभिन्न किस्मों में अन्तरण तालिका 17.9 में दर्शाया गया है।

तालिका 17.9. कपास के बोने में पंक्ति से पंक्ति तथा पौधे से पौधे का अन्तरण

राज्य	देशी कपास	अमरीकन कपास	संकर कपास
उत्तर प्रदेश	60×25, 60×30	60×30–45	–
पंजाब	60×25, 60×30	60×30–45	–
हरियाणा	60×25, 60×30	60×30–45	–
राजस्थान	60×25, 60×30	60×30–45	–
दिल्ली	60×25, 60×30	60×30–45	–
गुजरात	60×20, 60×30	120–150×60	120×60
मध्य प्रदेश	30×15	60×30	60×60, 60×90
महाराष्ट्र	45×20	90×60, 60×30	90×90, 90×60
कर्नाटक	60×30	60×30, 90×45	90×60
आन्ध्र प्रदेश	60×15	45×30, 75×45	120×60
तमिलनाडु	45×25	60×30, 60×15	75–90×25–30

बीज उपचार (Seed Treatment) : बोने से पूर्व बीज की सतह पर लगे रोयें को गंधक के व्यवसायिक तेजाब से धोकर सुखा लेते हैं। ऐसे बीजों में से अच्छे तथा खराब बीजों में श्रेणीकरण द्वारा अलग कर दिया जाता है। अच्छे भौतिक शुद्धता वाले बीजों को फफूँदीनाशक रसायनों से उपचारित करते हैं। फफूँदीनाशक रसायन जैसे एग्रोसन जी एन या सेरेसन या थीरम या कैप्टान से करते हैं। गंधक के व्यवसायिक सान्द्र तेजाब को प्लास्टिक के बर्तन में रखे हुए बीज पर थोड़ी मात्रा में डालकर लकड़ी की छड़ से बीजों को घुमाते रहते हैं ताकि बीज शीघ्र ही तेजाब के सम्पर्क में आ जाये। तेजाब की मात्रा केवल उतनी ही डालनी चाहिए जोकि रोयें जला दें। एक किलो तेजाब 10 किलोग्राम बीज के लिए पर्याप्त रहता है। जैसे ही बीज तेजाब के सम्पर्क में आ जाये बीज को चलते पानी में दो-तीन बार अच्छी तरह से धोकर बीज को चूने के पानी में धोकर फिर साफ पानी में धोकर धूप में सुखा दिया जाता है। तेजाब से बीजों को उपचारित करते समय यह सावधानी रखनी चाहिए कि बीज अधिक समय तक तेजाब के सम्पर्क ने न रहने पाये अन्यथा बीज जल जाने का भय रहता है। कपास के बीजों को गन्धक के तेजाब से उपचारित करने से निम्न लाभ हैं।

1. अच्छे एवं खराब बीजों को आसानी से अलग किया जा सकता है अर्थात् ऐसे बीजों का श्रेणीकरण मशीन द्वारा भी किया जा सकता है जोकि रोयेंदार बीजों से नहीं किया जा सकता।
2. तेजाब द्वारा बीज की सतह पर लगे रोयों के साथ यदि कोई फफूँदी या बैक्टीरिया लगे होते हैं तो वह भी नष्ट हो जाते हैं और यह उपचार बीजों को बीमारी रहित बना देता है।
3. बीजों के अन्दर छिपी हुई गुलाबी सूँडी भी गंधक के तेजाब से मर जाती है।
4. तेजाब से उपचारित बीजों को बोने में भी आसानी रहती है। ऐसे बीजों को मशीन द्वारा बोने में सुविधा रहती है।
5. बीजों को तेजाब से उपचारित करने से बीजों की नमी शोषण क्षमता बढ़ जाती है जिससे बीज शीघ्र जम जाते हैं। इसके साथ-साथ बीजों की अंकुरण क्षमता में भी समानता आ जाती है। जिसके परिणामस्वरूप खेत में पौधों की समानता रहती है।

खाद एवं उर्वरक प्रबन्ध (Manures and Fertilizers)

कपास की खेती के लिए नत्रजन, फासफोरस तथा पोटास उर्वरकों को उचित मात्रा में देने से उपज तथा कपास की गुणवत्ता में काफी वृद्धि हो जाती है। उर्वरकों की मात्रा भूमि और कपास की किस्म, प्रयोग करने की विधि एवं समय पर निर्भर करती है। क्योंकि उर्वरकों एवं खाद की उचित मात्रा एवं सही विधि से प्रयोग करने पर कपास की उपज में वृद्धि हो जाती है। राजस्थान में 75 किलोग्राम नत्रजन, 50 किलोग्राम फासफोरस तथा 40 किलोग्राम पोटास प्रति हैक्टेयर देना चाहिए। दलहन की फसल उगाने के बाद कपास की पैदावार में 20-45 प्रतिशत तक वृद्धि हो जाती है साथ ही साथ लगभग 40 किलोग्राम नत्रजन प्रति हैक्टेयर की दर से बचत भी हो जाती है। पंजाब तथा हरियाणा में कपास की फसल को 80 किलोग्राम नत्रजन तथा 50 किलोग्राम फासफोरस प्रति हैक्टेयर की दर संस्तुत की गई है।

सिंचाई (Irrigation) : कपास शुष्क जलवायु तथा सिंचाई वाले क्षेत्रों में अधिक पैदावार देती है। उदाहरण के लिए अमरीका में कपास की फसल के समय वर्षा बिल्कुल नहीं होती है इसलिए

कपास पर बीमारियों तथा कीटों का प्रकोप नहीं होता है जिससे कपास में फूल एवं फल नहीं गिरते और सिंचाई करने से कपास की अधिक पैदावार प्राप्त होती है।

कपास की फसल की पैदावार पर सिंचाई का बहुत महत्वपूर्ण प्रभाव पड़ता है। देश में कपास की कम पैदावार होने का प्रमुख कारण सिंचाई के पर्याप्त साधन उपलब्ध न होना है। देश में कुल कपास के क्षेत्र में केवल 25 प्रतिशत क्षेत्र सिंचित हैं और शेष असिंचित हैं। उत्तर भारत में एक पलेवा देने के बाद कपास की बुआई की जाती है। कभी-कभी दो बार पलेवा देकर कपास की बुआई करते हैं। इसके पश्चात कपास में पहली सिंचाईयाँ 15-20 दिन के अन्तराल पर की जानी चाहिए। कपास की कुल 3-4 सिंचाईयों की आवश्यकता होती है। फूल तथा फल बनते समय फसल में पानी की कमी नहीं होनी चाहिए।

खरपतवार नियन्त्रण (Weed control) : कपास की फसल खरीफ ऋतु में उगाये जाने के कारण खरपतवारों का प्रकोप बहुत अधिक होता है। यदि कपास की फसल में खरपतवारों का नियन्त्रण सही ढंग से नहीं किया जाये तो 60 प्रतिशत नुकसान हो जाता है। उत्तर भारत में कपास के जमाव और वर्षा के बाद दो-तीन बार त्रिफाली से कपास की पंक्तियों पर जुताई कर देने से खरपतवार नियंत्रित किये जा सकते हैं। खरपतवारों का प्रभावी नियन्त्रण खुरपी द्वारा तथा गुड़ाई करके किया जा सकता है। खरपतवारनाशी रसायनों द्वारा कपास के खेत में खरपतवार नष्ट किये जा सकते हैं। खरपतवारनाशी रसायनों में डाइयूरोन सबसे अच्छा रसायन है। कोटोरोन भी एक सफल दवा है। डाइयूरोन 1 किलोग्राम सक्रिय तत्व प्रति हैक्टेयर की दर से छिड़काव करने के बाद अन्सार 529 लीटर प्रति हैक्टेयर की दर से छिड़काव करने से खरपतवारों को नियन्त्रित किया जा सकता है। उत्तर भारत में कपास उगाने के बाद डाइयूरोन अथवा पाराक्वाट का छिड़काव वर्षा शुरू होने के बाद करना चाहिए। बरसात के पहले खेत की सूखी गुड़ाई करके खरपतवारों को नियन्त्रित किया जा सकता है।

तालिका 17.10. कपास की फसल में खरपतवार नियन्त्रण के लिए खरपतवारनाशी

खरपतवारनाशी	मात्रा	प्रयोग का समय	प्रयोग की विधि
पेन्डीमिथालिन (स्टाम्प)	1.0-1.5	कपास की बुआई के बाद परन्तु अंकुरण के पूर्व	खरपतवारनाशी रसायनों की संस्तुत मात्रा को 600 लीटर पानी में घोल बनाकर एक हैक्टेयर की दर से समान रूप से छिड़काव करना चाहिए।
फ्लूक्लोलिन	1.0-1.25	कपास की बुआई के पूर्व मिट्टी में मिलना	उपरोक्त विधि
आक्सीडायाजोन	0.5-0.75	कपास की बुआई के बाद परन्तु अंकुरण के पूर्व	उपरोक्त विधि
ट्राइफ्लूरेलिन	0.75-1.0	कपास की बुआई के पूर्व मिट्टी में मिलाना	उपरोक्त विधि
फ्लूजीफोप	0.025-0.050	कपास की बुआई के 25-30 दिन बाद	यह खरपतवारनाशी घासकुल के खरपतवारों के लिए उपयुक्त है। इसकी संस्तुत मात्रा को 200 लीटर पानी के घोल बनाकर छिड़कें।
पायरीथायोबैक	0.100-0.125	बुआई के बाद तथा अंकुरण के पूर्व	इस रसायन की संस्तुत मात्रा को 200 लीटर पानी में घोलकर छिड़काव करने से साँठी खरपतवार का नियन्त्रण हो जाता है।

प्रमुख बीमारी/कीट एवं उनकी रोकथाम (Important diseases/Insects and their control measures) : कपास में हानि पहुँचाने वाली प्रमुख बीमारियों एवं कीटों तथा उनकी रोकथाम का वर्णन तालिकाओं में दर्शाया गया है।

तालिका 17.11 : कपास की प्रमुख बीमारियाँ एवं उनकी रोकथाम

बीमारी एवं कारक	लक्षण	रोकथाम
पत्ती धब्बे – आल्टरनेरिया मैक्रोस्पोरा सरकोस्पोरा गौसिपी माइरोथीसियम एरिडम	इस बीमारी के प्रकोप से पत्तियाँ गिर जाती हैं। अमरीकन एवं मिश्री कपास पर गेरूआ की बीमारी फाइकोस्पोरा गौसीपियाई नामक फफूँदी का प्रकोप होता है। यह बीमारी के प्रकोप से फसल पकने में देरी हो जाती है। पौधों की पत्तियाँ गिर जाने के फलस्वरूप कपास की चुनाई सफाई से नहीं की जा सकती है।	सल्फर पाउडर का छिड़काव करके किया जा सकता है। ताँबे के रसायन का छिड़काव करके इस बीमारी को समाप्त किया जा सकता है।
बैक्टीरियल ब्लाइट जेन्थोमोनास मालविसिपेरम	इस बीमारी के प्रकोप से पत्तियों की नसों पर गोल धब्बे बनते हैं जो बाद में जुड़कर चकन्तों का आकार ले लेते हैं और धीरे-धीरे पूरी पत्ती भूरी अथवा जली हुई लगने लगती है। इस बीमारी से तने तथा डंठल पर ये धब्बे काले रंग के हो जाते हैं। इन धब्बों का डोडों पर भी असर हो जाता है।	रोगरोधी प्रजातियों को ही बोना चाहिए बीजों को गन्धक के तेजाब से धोकर अच्छी प्रकार सुखाकर एग्रोमाइसिन से बीजोपचार कर बुआई करनी चाहिए। फफूँदीनाशक दवाई का छिड़काव करना चाहिए।
उकठा (Wilt) - फ्यूजेरियम आक्सीस्पोरम	इस रोग का प्रकोप होने से पौधों की जड़ों एवं तनो के अन्दर पानी तथा अन्य पोषक तत्वों को ले जाने वाली फ्लोयम तथा जाइलम कोशिकायें प्रभावित हो जाती हैं जिसके कारण पौधा सूख जाता है।	रोगरोधी किस्मों को बोना चाहिए। फफूँदीनाशक रसायन का छिड़काव करना चाहिए।
जड़गलन (Rootrot) - माइक्रोफोमिना फेजियोलाई राइजोक्टोनिया सोलेनाई	इस रोग की फफूँदी भूमि में पाई जाती है जो पौधों की जड़ें समाप्त कर देती है। इस बीमारी के प्रकोप से पौधा सूख जाता है।	उत्तर भारत में मई माह में कपास की बुआई नहीं करनी चाहिए। कपास के साथ दलहनी फसलों की अन्तः फसल पद्धति अपनानी चाहिए। बीजों को सेरेसान 2.5 ग्राम प्रति किलो बीज दर से उपचारित कर बोना चाहिए। ब्रेसीकोल 25 किलोग्राम प्रति हैक्टेयर की दर से भुरकाव करना चाहिए।
एन्थ्रेक्नोज (Anthracnose) - ग्लोमेरेला सिगूलेटा ग्लोमेरेला गौसीपियाई कोलेट्रोट्रिकम इन्डिकम	यह बीमारी पौधों की पत्तियों तथा डोडों पर हानि पहुँचाती है।	कवकनाशी रसायन से बीज उपचारित कर बोना चाहिए। ताँबेयुक्त फफूंदीनाशी रसायन का छिड़काव करना चाहिए।
कॉलर गलन (Collar rot) - स्कलेरोशियम शेल्फेसी	यह बीमारी नवजात पौधे के तने वाले भाग में लगती है। इसके प्रकोप से पौधे के तने वाला भाग सड़ जाता है जिससे पौधे मुरझाकर सूख जाते हैं।	कार्बनिक तथा हरी खादों के प्रयोग से इस बीमारी का प्रकोप कम होता है।

तालिका 17.12 : कपास की प्रमुख कीट एवं उनकी रोकथाम

बीमारी एवं कारक	लक्षण	रोकथाम
गुलाबी सूँडी	यह कीट कपास के पौधों पर बढ़ते हुए डोड़ों के अन्दर घुसकर खाता है जिसके कारण कुछ डोडे गिर जाते हैं अथवा कुछ पूरे तथा अधूरे तौर पर नष्ट हो जाते हैं। इस कीट के प्रकोप से कपास की उपज में काफी कमी हो जाती है।	खेत की ग्रीष्मकालीन गहरी जुताई कर देनी चाहिए। कपास की पेड़ी फसल नहीं लेनी चाहिए। 0.1 प्रतिशत कारबारिला या सेविन का छिड़काव कर देना चाहिए। 15–20 लीटर इन्डोसल्फान 35 ई सी या क्विनालकास 20 ए सन का छिड़काव कर देना चाहिए।
कपास का लाल कीट	यह कीट डोडों को हर अवस्था पर हानि पहुँचाते हैं क्योंकि ये बढ़ते गूल या डोडों के अन्दर चुभोकर कच्चे बीजों का रस चूसते हैं। इसके कारण छोटे डोडे गिर जाते हैं। इस कीट के प्रकोप से डोडों पर लाल रंग के धब्बे पड़ जाते हैं। परिपक्व डोडों पर प्रकोप होने से रेशे की गुणवत्ता एवं इनके विकास पर बुरा प्रभाव पड़ता है।	5 प्रतिशत बी एच सी घूल का मुस्कान अथवा 0.05 प्रतिशत डाई मिथोइल पैरथियान के घोल का छिड़काव कर देना चाहिए।
सफेद मक्खी	इस कीट के अर्भक पत्तियों की निचली सतह पर रहकर रस चूसते हैं। यह कीट एक प्रकार का रस निकालते हैं जिसके ऊपर काले रंग की फफूँदी लग जाने के कारण पौधों का रंग काला पड़ जाता है। जिसके कारण पौधों में प्रकाश संश्लेषण की क्रिया बन्द हो जाती है। जिससे पौधों की बढ़वार, फूल, फल आदि पर हानिकारक प्रभाव पड़ता है।	कपास के पश्चात आलू, गोभी, चुकन्दर आदि फसले नहीं उगानी चाहिए। कपास की देशी किस्मों पर इस कीट का प्रकोप कम होता है। 0.1 प्रतिशत डाइमिथोएट के घोल का छिड़काव 15 दिन के अन्तराल पर दो तीन बार करना चाहिए।
माहूँ	इस कीट के व्यस्क तथा अर्भक पत्तियों की निचली सतह का रस चूसते रहते हैं जिसके कारण पत्तियाँ सिकुड़कर काली पड़ जाती हैं। पत्तियों पर कालापन कीटों द्वारा निकाले गये रस पर फफूँदी आ जाने के कारण होता है। पत्तियों में प्रकाश संश्लेषण की क्रिया कम हो जाती है जिससे पौधों की बढ़वार समाप्त हो जाने से उपज पर सीधा प्रभाव पड़ता है।	0.02 प्रतिशत मैलाथियान अथवा मोनोक्रोटोफास अथवा इन्डोसल्फान के घोल का छिड़काव कर देना चाहिए।
पत्ती मोड़क कीट	यह कीट पत्तियों को मोड़ देता है। नवजात सूंडी पत्तियों के ऊपरी भाग को खाती है और प्रौढ़ सूंडी पत्तियों को मोड़कर उनके अन्दर घुस जाती है। कभी-कभी एक पत्ती में कई मोड़ हो जात हैं।	कीट प्रभावित पत्तियों को तोड़ कर जला देना चाहिए। 0.02 प्रतिशत एल्ड्रीन या 5 प्रतिशत डीडीटी अथवा बीएचसी का छिड़काव कर देना चाहिए।

कपास की चित्तीदार सूँडी	इस कीट की चित्तीदार सूंडी पुष्प कलियों के आने से पूर्व ही पौधों के बढ़ते हुए तनों में छिद्र कर देती है जिससे पौधे मुरझाकर सूख जाते हैं। जिन पौधों के तनों में छिद्र हो जाते हैं उन पौधों के नीचे के भाग में वानस्पतिक शाखायें फूट निकलती हैं और पौधा एवं झाड़ी का रूप ले लेता है। इस कीट से प्रभावित पौधे अपेक्षाकृत देर से फूलते एवं फलते हैं। जब पौधों में पुष्प कलियाँ विकसित होती हैं तब इस कीट की सूंडी का प्रकोप फूल तथा उनकी कलियों पर केन्द्रित हो जाता है। कलियाँ, फूल और नवजात डोडे इसके प्रकोप से गिर जाते हैं।	इस कीट से प्रभावित पौधों के भागों को तोड़कर नष्ट कर देना चाहिए। 0.1 प्रतिशत डीडीटी अथवा बीएचसी का छिड़काव कर देना चाहिए।
तेला	यह कीट पत्तियों को निचली सतह पर बैठकर नसों में अपनी सूंड चुभोकर रस चूसता रहता है जिससे पत्तियों के किनारे पीले पड़ जाते हैं। इस कीट का प्रथम श्रेणी में जिनमें केवल पत्तियों के किनारे पर पीलापन हो, द्वितीय श्रेणी में यह पीलापन पत्ती के सारे भागों में होता है तथा पत्ती सिकुड़ने लगती हैं, तीसरी श्रेणी में पत्ती पर लाल-पीले धब्बे और सिकुड़ने बनी रहती है तथा चौथी श्रेणी में पत्ती बहुत अधिक सिकुड़ी हुई होकर और सूखने की अवस्था के साथ-साथ लाल ताँबे रंग के धब्बे हो जाते हैं।	कीट अवरोधी कपास की प्रजातियों का ही चयन करना चाहिए। फसल बोते समय इस कीट का प्रकोप होने पर संश्लेषित कीटनाशी रसायन जैसे कार्बोफ्यूरान या डाइसल्फेटोन का छिड़काव करना चाहिए। डीडीटी, डाइमिथियोट, रोगर, मोनोक्रोटोफास मैलाथियान आदि किसी एक का छिड़काव कर देना चाहिए।
लाल रोयेंदार सूँडी	इस कीट की सूँडियाँ पत्तियों को खाती हैं।	5 प्रतिशत डीडीटी या बीएचसी का छिड़काव करना चाहिए।
सेमीलूपर	यह कीट पत्तियों को खाता है। इसकी सूंडियाँ कोमल कलियों और छोटे-छोटे गूलर भी खा जाती हैं।	5 प्रतिशत बीएचसी 25 किग्रा प्रति हैक्टेयर की दर से भुरकाव करना चाहिए।
भूरे सूँड वाली कीट	इस कीट का प्रौढ़ पत्तियों को किनारे की ओर से काटता है और कुछ समय पश्चात पूरे पत्तों को काटकर समाप्त कर देता है।	5 प्रतिशत बीएचसी का 20-25 किग्रा प्रति हैक्टेयर की दर से भुरकाव कर देना चाहिए।

कपास की चुनाई : भारत में कपास की चुनाई डोडे को हाथ से चुनकर की जाती है। संयुक्त राज्य अमेरिका तथा रूस में डोडे की चुनाई मशीनों द्वारा की जाती है। हाथ से कपास चुनने से अच्छी तथा स्वच्छ कपास चुनी जा सकती है जबकि मशीन द्वारा कपास की चुनाई करते समय यह ध्यान रखना चाहिए कि अच्छी साफ खिली कपास को अलग चुनकर रखा जाये तो ऐसी कपास का मूल्य भी अधिक प्राप्त होता है और कपास से अच्छी रूई भी प्राप्त की जा सकती है।

भारत में कपास की चुनाई तीन-चार बार में करनी पड़ती है क्योंकि कपास की किस्मों में फूल एक साथ न आकर बहुत दिनों तक आते रहते हैं और उनसे बने डोडे का विकास व खुलने की अवधि

भी भिन्न-भिन्न होती है। इसलिए कपास की चुनाई भी कई बार करनी पड़ती है। दूसरे देशों में जहाँ पर कपास की चुनाई मशीनों से की जाती है। वहाँ पर मशीनों की चुनाई के अनुरूप कपास की किस्मों का विकास हुआ है। हमारे देश में भी एक साथ पकने वाली कपास की किस्में विकसित की गई हैं। उत्तर भारत में अमरीकन कपास की किस्म एल.एस.एस 320 की अपेक्षा बीकानेरी नरमा में कम चुनाई करनी पड़ती है।

विभिन्न राज्यों में कपास की बुआई के समय में भिन्नता है उसी प्रकार कपास की चुनाई के समय में भी भिन्नता है। उत्तर भारत में कपास की चुनाई अक्टूबर तथा दक्षिण भारत में जनवरी से मार्च तक की जाती है। विभिन्न राज्यों में कपास की चुनाई का समय तालिका 17.13 में दर्शाया गया है।

तालिका 17.13. विभिन्न राज्यों में कपास की चुनाई का समय

राज्य	चुनाई का समय
पंजाब, हरियाणा, राजस्थान, उत्तर प्रदेश	अक्टूबर-दिसम्बर
मध्य प्रदेश निमाड़ क्षेत्र	अक्टूबर-दिसम्बर
मालवा क्षेत्र	दिसम्बर-जनवरी
महाराष्ट्र	अक्टूबर-जनवरी
गुजरात	नवम्बर-मार्च
आन्ध्र प्रदेश-धान के बाद के क्षेत्रों में	जनवरी-मार्च, मई-जून
कर्नाटक	दिसम्बर-मार्च
कर्नाटक के असिंचित धारवाड़ क्षेत्र	फरवरी-अप्रैल
तमिलनाडु	फरवरी-अप्रैल
ग्रीष्मकालीन फसलें	अगस्त-सितम्बर

प्रत्येक राज्य में कपास की चुनाई का समय कपास की किस्म तथा बुआई के समय पर निर्भर करता है जैसे राजस्थान के डूँगरपुर क्षेत्र में 'दिग्विजय' किस्म की चुनाई फरवरी-मार्च में की जाती है क्योंकि इसकी बुआई मानसून आने के बाद की जाती है। इसी प्रकार गुजरात के मैथिओ क्षेत्र में देशी कपास की अक्टूबर-दिसम्बर में चुनाई की जाती है। महाराष्ट्र के मराठवाड़ा क्षेत्र में कपास की चुनाई अक्टूबर से ही शुरू हो जाती है। आन्ध्र प्रदेश के आदिलाबाद में अक्टूबर-दिसम्बर में कपास की चुनाई होती है। जबकि नन्दीकम कपास की चुनाई फरवरी से अप्रैल तक चलती रहती है। तुंगभद्रा क्षेत्र में मिश्री कपास की चुनाई अक्टूबर-दिसम्बर में और धान के खाली खेतों में अमरीकन कपास की चुनाई मई-जून में की जाती है। कर्नाटक के विभिन्न क्षेत्र में कपास की विभिन्न किस्मों की चुनाई नवम्बर से अप्रैल तक की जाती है। तमिलनाडु में कपास की तीन फसलें-गर्मी, सर्दी तथा धान के खाली खेतों में ली जाती हैं, जिनकी चुनाई का समय भी भिन्न होता है।

कपास की औटाई : कपास को ओटने से पूर्व भली भाँति साफ कर लेना चाहिए। कपास की ओटाई ठीक ढंग से करना अत्यन्त आवश्यक है। ओटाई से पहले मशीन को नियन्त्रित रखना चाहिए ताकि विनौले न टूटे अन्यथा टूटे हुए विनौले रूई में चले जाते हैं और रूई की गुणवत्ता खराब हो जाती है। कही-कहीं पर किसान अपने उपयोग के लिए रूई निकालने का काम हाथ से चलाने

वाली चरखी से भी करते हैं। बड़े पैमाने पर रूई निकालने का काम दो प्रकार की मशीनों से किया जाता है।

1. बेलन वाली मशीन (रोलर जिन)
2. दाँत वाली मशीन (सॉ जिन)

बेलन वाली मशीन एक या दो बेलन वाली होती है। इन मशीनों में खुरदरा बेलन बिनौले पर लगे रेशों को पकड़ लेता है। यह बेलना घूमता रहता है, इसके एक तरफ एक नुकीली पट्टी और दूसरी तरफ एक पीटने वाली लोहे की पट्टी लगी रहती है। ओटाई के समय बेलन अपने घुमाव के कारण रेशों को अन्दर की ओर खींचकर बीज से अलग करने की कोशिश करता है और दूसरी ओर चाकू तथा पीटने वाली पट्टियाँ बीज की रूई से अलग कर उसे बार-बार धक्का लगाकर गिरा देती है। इस तरह रोलर में धक्के व खिंचाव द्वारा रूई और बिनौला अलग हो जाते हैं, रोलर से निकालकर एक तरफ रूई इकट्ठी हो जाती है और दूसरी तरफ बिनौला।

दांत वाली मशीन में एक शाफ्ट पर लगी दाँतवार गोल रिंग लगी रहती है जो घूमने पर बिनौले पर लगी रूई को पकड़ लेती है और इनके बार-बार घूमने से रूई व बीज अलग-अलग हो जाते हैं। कपास की वह जातियाँ जिनमें विनौले नग्न होते हैं और जिन पर केवल लम्बे रेशे ही होते हैं, उनकी ओटाई रोऐंदार विनौले वाली प्रजातियों से अधिक सुगमता से होती है।

रोलर जिन का चलाना सॉ जिन की अपेक्षा आसान है। रोलर जिन द्वारा की गई ओटाई का प्रतिशत सॉ जिन की अपेक्षा अधिक होता है अर्थात् रोलर जिन से अपेक्षाकृत 1-2 प्रतिशत अधिक रूई निकलती है।

रूई की गांठ बनाना : जिनिंग फैक्टरी में कपास की ओटाई के बाद निकाली गई रूई की गांठें बनाकर मिलों में कताई के लिए भेजा जाता है। रूई की एक गांठ 170-180 किलोग्राम रूई को तोल कर हाइड्रोलिक प्रैसर द्वारा दबा कर बनाई जाती है। गांठ को टाट-पट्टी अथवा लोहे की पत्तियों से कसकर बाँधा जाता है। प्रत्येक गांठ पर रूई की किस्म का विवरण लिखा रहता है। उसी प्रकार जिनिंग के बाद कारखाने में निकाला हुआ विनौला उसी कारखाने में छिलका निकालकर तेल निकालने के लिए प्रयोग में लाया जाता है। जहाँ बीज के मीग से तेल निकालकर जो खली मिलती है उसे पीसकर निर्यात किया जाता है। ऐसी फैक्टरी में शुद्ध तेल अलग कर अशुद्ध बचे हुए तेल से साबुन आदि भी बनता है।

रूई का धागा बनाकर कपड़े आदि के उपयोग में किया जाता है। यद्यपि कुल अन्य तरह से जैसे रजाई, गद्दे, तकिया, सोफा आदि में रूई का उपयोग हो जाता है। रूई का धागा बनाने के लिए कताई करनी पड़ती है। अच्छे बारीक व मजबूत धागे के लिए रूई के मुख्य लक्षण इच्छित हैं। जिसके आधार पर कताई और धागे कपड़े की क्वालिटी पर निर्भर है। रेशे के मुख्य लक्षणों में रेशे की लम्बाई, रूई में रेशों की लम्बाई की समानता, रेशे की परिपक्वता, रेशे की मजबूती, रेशे की बारीकी आदि हैं।

❐❐❐❐❐

अध्याय 18

जूट (Jute)

वानस्पतिक नाम	:	कोरकोरस स्पसीज
(Botanical name)	:	(*Corchorus spp.*)
कुल (Family)	:	टिलियेसी (Tiliaceae)

आर्थिक महत्व (Economic Importance)

कपास के पश्चात जूट रेशे वाली एक महत्वपूर्ण फसल है। देश के आर्थिक विकास में जूट का काफी योगदान है। जूट को विश्व के कई देशों में निर्यात किये जाने के कारण विदेशी मुद्रा अर्जित करने वाली एक प्रमुख फसल है। एक अनुमान के अनुसार जूट के रेशे के कच्चे माल को निर्यात करने से लगभग 650–700 करोड़ रुपया प्रतिवर्ष विदेशी मुद्रा अर्जित की जाती है। जूट के रेशे का प्रयोग मुख्यत: बोरे–बनाने, मोटा कपड़ा, लिनोलियम बनाने, जमीन के नीचे बिछाए जाने वाले तारों (Cable wire) आदि में प्रयोग किया जाता है। जूट के रेशे से रस्सी, कालीन, छत बनाने के सामान तथा रेशे को कपास, ऊन तथा रेशम के साथ मिलाकर कपड़े आदि बनाने में प्रयोग किया जाता है। जूट के रेशे की बोरियाँ बनाने के बाद दालें, अनाज, शक्कर, चीनी, सीमेन्ट, मसाले, कपास, उर्वरक आदि को भरकर एक स्थान से दूसरे स्थान पर ले जाने अथवा भन्डारण के लिए भी प्रयोग किया जाता है। जूट के पौधों

से रेशा अलग करने के पश्चात् लकड़ियों को जलाने के काम में लिया जाता है। जूट की कोरकोरस ओलिटोरियस प्रजाति की पत्तियों का प्रयोग खाने के रूप में किया जाता है। रेशा निकालने के बाद इसके तने से तारकोल तथा गन पाउडर एवं कागज बनाने के काम में भी लिया जाता है।

जूट अपनी विविधता तथा पूर्ण उपयोग होने के कारण अन्तर्राष्ट्रीय स्तर पर माँग बढ़ रही है। इससे बनाये गये परिधान लोकप्रिय हो रहे हैं जैसे रंग-बिरंगी साड़ियाँ, कई तरह के डिजाइनर कपड़े, चादरें, बैग, कलात्मक ग्रीटिंग कार्डस, डायरियाँ तथा विविध प्रकार के खिलौने आदि। जूट से सजावटी वस्तुएं जैसे पर्दे, कालीन, चटाइयाँ, दरी, बाल हैंगिग आदि भी बनाये जाते हैं।

आधुनिक बहरेशा तकनीक के मद्देनजर जूट को सूत, ईंधन, ऊन, एक्रिलिक पॉली पापलीन आदि के साथ विस्तृत रूप से सम्मिलित किया जा रहा है। जूट से बने वस्त्र आग और गर्मी को रोकने वाले, कम फैलाव वाले तथा कई दिनों तक एक सी चमक रखने वाले होते हैं।

उत्पत्ति एवं इतिहास (Origin and History)

भारत में जूट की खेती अति प्राचीन काल से होती आ रही है। सन् 1928 में भारत में पहली बार जूट को यूरोप को निर्यात किया था। इसके पश्चात् देश में 19वीं शताब्दी के मध्य में जूट के रेशा की दो प्रजातियों जैसे कोरकोरस ओलिटोरियस (*Corchorus olitorius*) तथा कोरकोरस कैपसुलेरिस (*Corchorus capsularis*) द्वारा प्राप्त किया जाता है। कोरकोरस की लगभग 40 जातियाँ विश्व के गर्म जलवायु वाले देशों में पाई जाती हैं। सबसे अधिक जूट का जातियों में भिन्नता अफ्रीका में है। ओलिटोरियस जाति की कई जंगली जातियाँ पाई जाती हैं। इसलिए कोरकोरस ओलीटोरियस जाति का उत्पत्ति स्थान अफ्रीका मानते हैं। जूट की कैप्सुलेरिस जाति के सबसे अधिक जंगली प्रजातियाँ इन्डोबर्मा क्षेत्र में पाई जाती हैं। इसलिए इसका उत्पत्ति स्थान इंडोबर्मा मानते हैं।

क्षेत्रफल तथा वितरण (Area and distribution)

जूट की खेती मुख्यत: भारत एवं बांगलादेश में की जाती है। विश्व में जूट उत्पादक क्षेत्रफल का लगभग 70 प्रतिशत इन्हीं दोनों देशों में उगाया जाता है। इन दोनों देशों के अतिरिक्त जूट पाकिस्तान, चीन, थाईलैण्ड, ब्राजील, पेरू, बर्मा, नेपाल तथा वियतनाम में भी उगाया जाता है। विभाजन होने के पूर्व जूट उत्पादन में भारत प्रमुख था लेकिन अधिकांश जूट उत्पादन क्षेत्र बंगलादेश में चला गया। इस समय भारत, पाकिस्तान तथा बांगलादेश तीन देश प्रमुख रूप से जूट उत्पादन का प्रतिस्पर्धी देश हैं।

भारत में जूट के अन्तर्गत सन् 2013-14 में लगभग 8.4 लाख हैक्टेयर क्षेत्र तथा 113.0 लाख गाँठों 180/कि.ग्राम प्रति गाँठे) का उत्पादन होता है। भारत में जूट की खेती मुख्यरूप से पश्चिम बंगाल, आसाम, उत्तरी बिहार, त्रिपुरा, दक्षिण-पूर्वी उड़ीसा, मेघालय तथा उत्तर प्रदेश में की जाती है। भारत में जूट का सबसे अधिक क्षेत्रफल पश्चिम बंगाल में 5.8 लाख हैक्टेयर तथा 82.3 लाख गांठों का उत्पादन है। जो देश के कुल क्षेत्रफल तथा उत्पादन का क्रमश: 75.4 तथा 61.5 प्रतिशत है। बिहार जूट के क्षेत्रफल (1.2 लाख है.) की दृष्टि से द्वितीय स्थान पर है जबकि आसाम (0.70 लाख है.) तीसरे स्थान पर है।

उत्तर प्रदेश में जूट की खेती बहुत कम क्षेत्रफल पर की जाती है। उत्तर प्रदेश में जूट उगाने वाले जिले जैसे बहराइच, खीरी, लखीमपुर, सीतापुर, देवरिया, बाराबंकी तथा गोंड़ा हैं।

वानस्पतिक वर्गीकरण (Botanical Classification)

संसार में जूट की लगभग 40 जातियाँ पाई जाती हैं परन्तु भारत में जूट की मुख्यतः चार जातियाँ पाई जाती हैं। जिनका वर्णन निम्न है।

1. कोरकोरस केप्सूलेरिस (*Corchorus capsularis*) : इस वर्ग के जूट का नाम काकया बम्बई, देशी जूट, सफेद जूट, सादा पाट, विराजगन्ज तथा ढाका जूट भी हैं। इस जूट की जाति को निचली तथा उपरवार दोनों तरह की भूमियों में उगाया जाता है। इस जूट की जाति कुछ हद तक जल भराव की दशा में भी सहिष्णु है। देश में यह जाति काफी लोकप्रिय है तथा लगभग 70 प्रतिशत क्षेत्र पर उगाई जाती है।

2. कोरकोरस औलीटोरियस (*Corchorus olitorius*) : इस वर्ग के जूट का नाम तोषा पाटा, सोना पाट तथा मीटा पाट भी है। यह जाति उपरवार भूमियों में जहाँ पर पानी न भरता हो उगाई जाती है। इस जाति का रेशा मजबूत, चमकीला, मुलायम तथा एक समान मोटाई का होता है।

3. कोरकोरस एन्टीकोरस (*Corchorus antichorous*) : इस वर्ग की जूट जंगली रूप में ही पाई जाती है इसलिए इसका व्यापारिक महत्व नहीं है।

4. कोरकोरस एक्यूटेंगुलस (*Corchorus acutangulus*) : यह वर्ग भी जंगली रूप में ही पाई जाती है इसलिए इस जाति का कृषि में कोई व्यापारिक महत्व नहीं है।

जलवायु (Climate) : जूट की फसल को गर्म तथा आर्द्र जलवायु की आवश्यकता होती है। अतः इसकी खेती के लिए 100–200 सेमी तथा 24–25 डिग्री तापमान वाले क्षेत्र उपयुक्त होते हैं। जूट की फसल के लिए वर्षा ऋतु में 80–85 डिग्री फारेनहीट तथा शीतकाल में 65–70 डिग्री फारेनहीट तापमान पौधे की वृद्धि के लिए सबसे उत्तम रहता है। फसल वृद्धि के लिए सापेक्ष आर्द्रता (Relative humidity) 70–90 प्रतिशत तक उपयुक्त होती है। जूट के पौधों की अच्छी वृद्धि के लिए चमकीली धूप तथा वर्षा का समान वितरण उपयुक्त होता है। वर्षा का समान वितरण जूट के पौधों की वृद्धि एवं विकास के लिए उपयुक्त है।

भूमि (Soil) : जूट की खेती विभिन्न प्रकार की भूमियों पर की जा सकती हैं। परन्तु इसकी खेती के लिए दोमट से मटियार दोमट भूमियाँ उपयुक्त होती हैं। पर्याप्त जलनिकास तथा अधिक जल रोकने की क्षमता वाली भूमियाँ सबसे अधिक उपयुक्त होती हैं। जूट की खेती कछारी, चिकनी से रेतीली दोमट तक की सभी प्रकार की भूमियों में की जा सकती है। बिहार की पुरानी कछार वाली भूमियाँ, उड़ीसा, आसाम तथा उत्तर प्रदेश के तराई क्षेत्र की कुछ अम्लीय भूमियों में जूट की खेती बड़े पैमाने पर की जाती है। बिहार में जूट की खेती करने वाले क्षेत्रों की कुछ अम्लीय तथा उत्तर प्रदेश के क्षारीय मृदाओं में जूट की खेती भी की जा सकती है।

जूट आधारित फसल चक्र (Jute based crop rotation) : जूट आधारित कुछ उपयोगी फसल चक्र निम्न हैं।

1. **निश्चित तथा पर्याप्त सिंचाई वाले क्षेत्र**

   जूट–धान–गेहूँ, धान–आलू

   जूट–धान–गोभी, जूट–धान–सरसों

   जूट–धान–मूँगफली

2. सीमित एवं अपर्याप्त सिंचाई वाले क्षेत्र

जूट-धान-सरसों, जूट-धान-टमाटर

जूट-धान-मटर, जूट-धान-मसूर

3. केवल वर्षा आधारित क्षेत्र

जूट-धान-जूट-मसूर

जूट-सरसों-जूट-चना

जूट-मटर-जूट-सोयाबीन

जूट की उगाई जाने वाली जातियों में अन्तर : जूट की खेती की जाने वाली दोनों जातियों के पौधों में काफी समानता होती है लेकिन कुछ विशिष्ट लक्षणों के कारण आपस में काफी भिन्नता है जो तालिका 18.1 में दर्शाया गया है।

तालिका 18.1 : जूट की दोनों जातियों का तुलनात्मक अध्ययन

पौधे का नाम	कोरकोरस कैप्सुलेरिस	कोरकोरस औलीटोरियस
1. उपनाम	सफेद जूट, देशी जूट, ढाका जूट, सादा पाटा	तोषा पाट, सोना पाट तथा मीठा पाट
2. उगाने का क्षेत्र	जलभराव तथा उपरवार भूमियों में उपयुक्त	केवल उपरवार क्षेत्रों में उपयुक्त
3. पौधों की ऊँचाई	इसके पौधे छोटे तथा 1.5 से 4 मीटर तक लम्बे होते हैं।	इसके पौधे लम्बे तथा ऊँचाई 1.5 से 5 मीटर तक होती है।
4. तना	तना बेलनाकार, हल्के तथा गहरे हरे रंग का या गहरे लाल रंग का होता है।	तना बेलनाकार, हल्के तथा गहरे लाल या भूरे लाल रंग का होता है।
5. पत्तियाँ	रोम रहित चिकनी (Glabrous), अन्डाकार, आयत रूप लम्बाई, मोटी, दांतेदार, पत्तियाँ, कड़वी, 5-13 सेमी लम्बी तथा 2.5 से 8.0 सेमी चौड़ी होती है।	पत्तियाँ चिकनी, दांतेदार, ऊपरी भाग हरा तथा चौड़ी आयत रूप लम्बाई, मोटी, आधार रंगीन, 6-8 सेमी लम्बी, 4-8 सेमी चौड़ी, पत्तियाँ खाने योग्य, स्वाद रहित होती है।
6. शाखायें	सामान्यतः शाखा विहीन	छोटी-छोटी शाखायें पाई जाती हैं।
7. फूल	छोटे, पीले रंग के तथा 0.3-0.5 सेमी लम्बे होते हैं।	बड़े 1 सेमी लम्बे तथा पीले रंग के होते हैं।
8. फूलों का खिलना	सूर्योदय से 1-2 घंटे बाद	सूर्योदय से 1 घंटा पूर्व
9. फल	फल नाशपाती के आकार के, 1 से 1.5 सेमी व्यास, झुर्रीदार कभी-कभी चिकने, 5 कोष्ठक प्रत्येक फल में 35-50 बीज फलियाँ, गोल तथा अन्डाकार	लम्बे तथा 6-8 सेमी लम्बे 0.3 से 0.8 सेमी व्यास धारीदार, 5-6 कोष्ठक प्रत्येक कोष्ठक में 25-40 बीज, प्रत्येक फल में 120-200 बीज, फलियाँ वर्तुलाकार होती हैं।
10. बीज	छोटे, चाकलेट, कत्थई या भूरे रंग के अन्डाकार, 300 दानों का वजन 1 ग्राम होता है।	कैप्सुलेरिस के बीजों से छोटे, बीज का रंग नीला, हरा तथा काला, 500 बीजों का वजन 1 ग्राम होता है।
11. रेशा	सफेद, औसतन मोटा तथा कमजोर वाणिज्यक रूप से सफेद जूट कहते हैं।	चमकीला सफेद, महीन, मुलायम तथा मजबूत वाणिज्यक रूप से तोसा जूट कहते हैं।

जूट की प्रमुख उन्नतशील प्रजातियाँ (Improved varieties) : जूट की विभिन्न क्षेत्रों के लिए उन्नतशील प्रजातियों के विशिष्ट गुण निम्न तालिका में दर्शाये गये हैं।

तालिका 18.2 : जूट की प्रमुख प्रजातियों के विशिष्ट लक्षण

प्रजाति	संस्तुत क्षेत्र	उपज (कु./है.)	विशिष्ट गुण
सफेद जूट			
सोनाली	पश्चिम बंगाल	25–33	तना लाल, जल्दी पककर तैयार होने वाली, निचली एवं जलभराव वाली भूमियों के लिए उपयुक्त, महीन रेशा, जूट की कटाई के बाद धान की रोपाई सम्भव
साबुजसोना	पश्चिम बंगाल, उड़ीसा	30–38	पूरा पौधा हरा, मध्यम एवं उपरवार भूमियों के लिए उपयुक्त, उत्तम किस्म का रेशा
श्यामली	पश्चिम बंगाल, उड़ीसा	35–40	पौधा हरा, कम शाखायें, उपरवार, भूमियों के लिए उपयुक्त, रेशा अच्छी गुणवत्ता वाला
रेशमा	आसाम, त्रिपुरा, उत्तर प्रदेश	25–30	पौधा लाल, जल्दी पकने वाली, बाढ़ ग्रस्त एवं निचली भूमियों के लिए उपयुक्त
पदमा	पश्चिम बंगाल के उत्तरी क्षेत्र आसाम के बाढ़ ग्रस्त	25–30	पौधे लाल, शाखायें बहुत कम, 120–140 दिन में तैयार बाढ़ ग्रस्त एवं निचली भूमियों के लिए उपयुक्त
बलदेव	उड़ीसा	26–33	पौधा हरा, गहरे हरे रंग की चौड़ी एवं लम्बी पत्तियाँ, 135 दिनों में पक्कर तैयार होने वाली
जयदेव	उड़ीसा	26–30	
राजेन्द्र सादा पट1	बिहार	30–34	पौधा हरा
श्रबन्दी सफेद	उत्तरी बंगाल, बिहार	30–40	कटाई के बाद धान की रोपाई, बहुत पतला रेशा
तोसा जूट			
चैताली तोसा	पश्चिम बंगाल	30–32	पौधा लाल, अमन धान की रोपाई के लिए उपयुक्त अपरिपक्व फूल गिरते नहीं, फसल गिरने से अवरोधी, फलियाँ पटती नहीं, पीली माइट सहिष्णु
नवीन	पश्चिम बंगाल, आसाम,	30–40	पौधा हरा, अपरिपक्व फूल झड़ते रहीं, मध्यम तथा उपरवार भूमियों के लिए उपयुक्त, रेशा उत्तम किस्म का तथा आसानी से निकलने वाला, पीली माइट सहिष्णु अच्छी गुणवत्ता के कारण लोकप्रिय
बासुदेव	पश्चिम बंगाल, आसाम, त्रिपुरा	35–40	125–135 दिनों में तैयार, पौधा हरा, अपरिपक्व फूल तथा फसल गिरती नहीं, फलियाँ फटती नहीं, मध्यम तथा उपरवार भूमियों के लिए उपयुक्त, पछेती बुआई

बैशाखी तोसा	पश्चिम बंगाल, आसाम, त्रिपुरा	35–40	देर से पकने वाली, पौधा हरा, मध्यम तथा उपरवार भूमियों के लिए उपयुक्त, उत्तम किस्म का रेशा
महादेव	उड़ीसा	30–32	पौधा हरा, लम्बी तथा चौड़ी पत्तियाँ
सावित्री	पश्चिम बंगाल	28–32	मध्यम से उपरवार भूमियों तथा मध्य अप्रैल में बुआई के लिए उपयुक्त
रेवती	उड़ीसा	24–26	मध्य मार्च में बुआई के लिए उपयुक्त
गोल्डन जुबली तोसा	पश्चिम बंगाल	35–40	असिंचित एवं मध्य अप्रैल में बुआई के लिए उपयुक्त 120 दिनों में तैयार होने के कारण अमन धान की बुआई सम्भव, फलियाँ फटती नहीं।

बीज की बुआई (Seed and sowing)

बीजदर (Seed rate) : सफेद जूट–5 किलोग्राम प्रति हैक्टेयर

तोसा जूट : 4 किलोग्राम प्रति हैक्टेयर

बुआई का समय (Time of Sowing) : सफेद जूट की बुआई का उपयुक्त समय फरवरी के मध्य से मार्च का अन्तिम सप्ताह है। टोसा जूट की बुआई का उपयुक्त समय अप्रैल के प्रथम सप्ताह से अप्रैल का अन्तिम सप्ताह है।

बुआई की विधि (Method of Sowing) : जूट की बुआई पंक्तियों में 30 सेमी की दूरी पर तथा पौधों से पौधों की दूरी 7–10 सेमी रखनी चाहिए। जूट की बुआई सामान्यत: छिड़कवाँ विधि द्वारा की जाती है। अत: वह विधि वैज्ञानिक दृष्टिकोण से उपयुक्त नहीं है। जूट के बीजों की बुआई के समय राख अथवा मिट्टी मिलाकर बोने से बीज की मात्रा समान रहती है।

खाद एवं उर्वरक (Manures of Fertilizers)

जूट बोने से पूर्व खेत में 10–15 दिन पूर्व 5–7 टन प्रति हैक्टेयर की दर से गोबर की खाद अथवा कम्पोस्ट फैलाकर अच्छी तरह से जुताई करके खेत में मिला देना चाहिए। जूट के लिए उर्वरक की मात्रा सफेद एवं सादा जूट के लिए 60 किलोग्राम नत्रजन, 30 किलोग्राम फासफोरस तथा 30 किलोग्राम पोटास प्रति हैक्टेयर तथा टोसा (मीठा) जूट के लिए 50 किलोग्राम नत्रजन, 20 किलोग्राम फासफोरस तथा 20 किलोग्राम पोटास प्रति हैक्टेयर की दर से प्रयोग करना चाहिए। नत्रजन की आधी मात्रा, फासफोरस एवं पोटास की सम्पूर्ण मात्रा बुआई के समय प्रयोग करनी चाहिए। शेष नत्रजन की आधी मात्रा को पहली सिंचाई के बाद ओट आने पर प्रयोग करनी चाहिए।

निराई-गुड़ाई तथा विरलीकरण (Interculture and thinning) : जूट में बुआई के 20–25 दिन पर पहली निराई तथा पहली बार बिरलीकरण कर देनी चाहिए। दूसरी थिनिंग बुआई के 40–45 दिन उपरान्त करके पौधों की दूरी 7–10 सेमी कर देनी चाहिए।

सिंचाई (Irrigation) : जूट के लिए सिंचाई भूमि में नमी की उपलब्धता के आधार पर की जानी चाहिए। पहली सिंचाई 25 दिन उपरान्त करनी चाहिए। इसके बाद फसल की आवश्यकतानुसार 3 से 4 सिंचाई करनी चाहिए।

कटाई (Harvesting) : चूँकि जूट का रेशा तने से निकाला जाता है अतः बुआई के 100 दिन बाद कभी भी इसकी कटाई की जा सकती है। सामान्यतः जूट की फसल रेशे के लिए 120 दिन में तैयार हो जाती है। अतः इसकी कटाई 120-150 दिन के अन्दर अवश्य कर लेनी चाहिए। यदि फसल की कटाई देर से की जाती है तो उपज में वृद्धि तो होती है, किन्तु रेशे के गुणवत्ता में कमी होने लगती है। कटाई का सबसे उत्तम समय वह है जब पौधों में छोटी फलियाँ आ जायें। जिन क्षेत्रों में सघन फसल पद्धति में जब दो या तीन फसलों का प्रचलन है वहाँ पर जूट की कटाई प्रायः 115-125 दिन में कर ली जाती है।

कटाई के बाद पौधों को 2-4 दिनों तक खेत में छोड़ देते हैं ताकि पत्तियाँ सूख कर गिर जाऐ। इसके बाद पतले तथा मोटे पौधों को छाँटकर अलग-अलग 15 से 20 सेंटीमीटर व्यास के बन्डलों में बाँध देते हैं।

जैक लगाना : फसल कटाई के बाद जूट के बंडलों को एक स्थान पर एकत्र करने की प्रक्रिया को जैकिंग कहते हैं। 4-5 दिन बाद जब पौधे पत्ती रहित हो जाऐ तो पानी में सड़ाने के लिए ले जाये जाते हैं।

जूट को सड़ाना : जूट की कटाई के बाद सबसे महत्वपूर्ण कार्य सड़ाने का है। खेत में पड़े हुए गट्ठरों को तालाब, बहते हुए नाले या नहर के पानी में सड़ाते हैं। सर्वप्रथम बन्डलों को पानी में खड़ा कर देते हैं जिससे जड़ वाला भाग पानी में 4-5 दिनों तक डूबा रहता है। इसके पश्चात् गट्ठरों को एक-दूसरे के बगल में लिटाकर बाँध देते हैं। गट्ठरों की एक तह पर दूसरी तह तथा कभी-कभी दूसरी पर तीसरी तह जमाकर एक निश्चित प्लेटफार्म बनाते हैं। इसे सामान्यतः 'जाक' कहा जाता है। किन्तु ध्यान रहे कि गट्ठरों का निचला हिस्सा मिट्टी की सतह से न लगे। 'जाक' की सतह के ऊपर पुआल, केतली, कांस तथा जलकुंभी आदि घासों से ढक देते हैं। 'जाक' को पत्थर, ईंटों तथा लकड़ी की बल्लियों आदि से दबाकर पानी में 10 से 15 सेमी की गहराई में डुबो देते हैं। केले का तना, ताजी कटी आम की डाली या मिट्टी से 'जाक' को दबाने के लिए कभी भी प्रयोग नहीं करना चाहिए अन्यथा रेशा काला पड़ जाता है और रेशे के गुणों में कमी आने से उचित मूल्य नहीं मिलता है। वायुमण्डल का तापक्रम तथा जल के गुणों के अनुसार जूट का तना 12-15 दिन में सड़ जाता है।

रेशे निकालना : 12-15 दिन बाद जब बन्डल पूर्णतया सड़कर तैयार हो जायें तो रेशा निकालना चाहिए। सड़ाये गये तनों से रेशा हाथों से धीरे-धीरे निकालते हैं। डंठल या रेशों को लकड़ी से पीटने अथवा पत्थर पर पटकने से रेशा कमजोर पड़ जाता है और उलझ भी जाता है। सबसे अच्छा रेशा तब प्राप्त होता है जब रेशा प्रत्येक सड़े हुए तने से अलग-अलग करके निकाला जाये। जबकि इस विधि से रेशा निकालने में समय तथा श्रमिकों की अधिक आवश्यकता होती है। इसके पश्चात् रेशे को पानी में धोकर हल्के से निचोड़कर पानी से निकाल देते हैं। इस तरह निकाले गये रेशे को मंद धूप में बाँस के फ्रेम या किसी साफ सुथरे स्थान पर दो या तीन दिनों तक सुखाते हैं। सुखाने के बाद रेशा बंडलों में बांधकर बिक्री के लिए तैयार हो जाता है।

केन्द्रीय जूट तथा सम्बन्ध रेशा अनुसंधान संस्थान, बैरकपुर द्वारा एक मशीन विकसित की गई है जिससे जूट, पटसन के हरे पौधे से भी रेशा निकाला जा सकता है। इस मशीन द्वारा सनई तथा मेस्ता का भी रेशा निकाला जाता है। मशीन दो तरह की होती है जिसकी कार्यक्षमता करीब 500 किलो प्रति घंटा तथा दूसरी मशीन की कार्यक्षमता 1000 किलो प्रति घंटा है। मशीन द्वारा रेशा निकालने में पाँच

मजदूरों की आवश्यकता होती है। मशीन द्वारा निकाले गये जूट के छिलकों को पुनः जल में 4-5 दिन तक सड़ाते हैं। इसके बाद रेशे को साफ पानी में धोकर निचोड़ कर सुखा लेते हैं। मशीन द्वारा रेशा निकालने से बढ़िया किस्म का रेशा प्राप्त होता है। उन क्षेत्रों में जहाँ पर्याप्त मात्रा में पानी नहीं होता, मशीन द्वारा रेशा निकालने की सबसे अच्छी विधि है। इस विधि से रेशा निकालने में कम समय तथ कम पानी की आवश्यकता होती है।

जूट के रेशे के गुण (Quality of Jute Fibre) : जूट के रेशे के गुण उसके धागा बनाने की क्षमता पर निर्भर होता है। बारीक धागा वाला रेशा अच्छे गुणों का समझा जाता है। कारखाने में रेशे की गुणवत्ता निम्न गुणों के आधार पर आँकी जाती है।

1. रेशे की लम्बाई (Fibre length)
2. रेशे का रंग (Fibre colour)
3. रेशे की चमक (Fibre brightness)
4. रेशे में कटे या टूटे रेशे की मात्रा (Broken fibre)
5. रेशों में अन्य पदार्थों की उपस्थिति (Presence of foreign materials)
6. रेशे की मजबूती (Fibre strength)
7. रेशे में बारीकी पन (Thinness of the fibre)

लम्बा, पतला, चमकदार, मजबूत तथा बिना टूटा हुआ रेशा सदैव उत्तम माना जाता है। रेशे के गुणों को जड़ों के रेशा, बाहरी पदार्थ जैसे तने के टुकड़े आदि प्रभावित करते हैं। पतले तने से प्राप्त रेशा सदैव अच्छे गुणों का होता है।

जूट को सड़ाने की प्रक्रिया अच्छी करने का उपाय : गड्ढों में जूट के पौधों को सड़ाने के लिए निम्न सावधानियाँ रखनी चाहिए।

1. जूट की फसल को काटने के बाद 4-5 दिनों तक खेत में ही सुखाते हैं जिससे पौधों की पत्तियाँ गिर जायें तथा पौधों के तने में दरारें पड़ जायें जिससे सड़ाते समय जीवाणु के तनों में जल्दी प्रवेश कर जाते हैं और सड़ाने की प्रक्रिया जल्दी शुरू हो जाती है।
2. जूट के बन्डलों को मन्द गति से बहते पानी में सड़ाने से उत्तम किस्म का रेशा निकलता है तथा सड़ाने की प्रक्रिया स्थिर अथवा तेज बहाव वाली पानी की अपेक्षा जल्दी सम्पन्न होती है।
3. पौधों में सड़ाने की प्रक्रिया एक समान करने के लिए 3-4 दिनों तक बन्डलों को सीधा पानी में खड़ा करते हैं इसके पश्चात् पूरे पौधे को दबाते हैं।
4. जूट के पौधों को सड़ाने वाले गड्ढों में 50-150 सेमी तक पानी में रहना चाहिए। बन्डलों के ऊपर पानी सदैव 15-20 सेमी ऊपर होना चाहिए।
5. बन्डलों को सड़ाव करते समय गड्ढे की जमीन की सतह नहीं छूनी चाहिए।
6. पानी में दबाये गये बन्डलों को 3-4 दिनों के अन्तराल पर पलटते रहते हैं जिससे सड़ाव की क्रिया एक समान तथा जल्दी होती है।
7. स्थिर पानी में आयरन अधिक होता है इसलिए पौधों को सड़ाने के लिए पानी सदैव स्वच्छ होना चाहिए।

8. पानी में बन्डलों को दबाने के लिए नई आम की लकड़ी, केले के तने तथा मिट्टी का प्रयोग कभी भी नहीं करना चाहिए बल्कि ईंटों अथवा पत्थर से ही दबाना चाहिए।
9. सड़ाव की प्रक्रिया एक समान तथा जल्दी करने के लिए बन्डलों का आकार बड़ा नहीं होना चाहिए। सामान्यतः बन्डलों की मोटाई 20-25 सेमी तक होनी चाहिए।
10. जूट के पौधों को पत्तियाँ रहित ही दबाना चाहिए। पौधों पर पत्तियाँ होने से पत्तियों में पाया जाने वाला टेनिन पदार्थ रेशे के गुण को प्रभावित कर देता है।
11. सड़ाव की प्रक्रिया जल्दी शुरू करने के लिए अमोनियम सल्फेट तथा हड्डी के चूरे का प्रयोग करना चाहिए।
12. समय-समय पर तनों से छिलका उतार कर देखते रहना चाहिए। जब तने से रेशा आसानी से निकल जाये तब इन बन्डलों को निकाल कर अच्छी तरह से धोकर पानी से निकाल लेना चाहिए।

रेशे के गुणों को प्रभावित करने वाले कारक (Factors affecting quality of fibre)

जूट के रेशे के गुणों को प्रभावित करने वाले कारक निम्न हैं :

1. जलवायु (Climate) : खेत में लगातार पानी रहना चाहिए तथा अधिक वर्षा के कारण तनों का निचला भाग काफी कठोर हो जाता है जिससे रेशे की गुणवत्ता खराब हो जाती है। इसी तरह अधिक दिनों तक वर्षा का न होना अथवा सूखा पड़ने की अवस्था में पौधों की बढ़वार रूक जाती है जिसके कारण रेशे की गुणवत्ता खराब हो जाती है। पौधों के सड़ाव के समय तापमान अधिक होने से उत्तम किस्म का रेशा प्राप्त होता है।

2. जूट की प्रजातियाँ (Verieties of Jute) : जूट की अगेती प्रजातियों का रेशा पिछेती प्रजातियों की अपेक्षा उत्तम किस्म का होता है। जिन प्रजातियों के तनों के ऊपर की त्वचा (Periderm) कम बनती है उनका रेशा अच्छी किस्म का होता है। जूट की तोषा जातियों में तने की बाहरी त्वचा कम होती है। जिन जातियों में पतला, लम्बा तथा चमकदार रेशा होता है, अच्छी मानी जाती हैं।

3. भूमि (Soil) : दोमट भूमियों में जूट उगाने से उत्तम किस्म का चमकदार रेशा प्राप्त होता है जबकि बलुई तथा हल्की भूमियों में रेशा खुरदरा प्राप्त होता है।

4. बोने की विधि : जूट की छिड़कवाँ बुआई करने से पौधों की मोटाई तथा लम्बाई में काफी असमानता होती है जिससे रेशे की गुणवत्ता प्रभावित हो जाती है। इसके विपरीत पंक्तियों में बुआई करने पर पौधों के तनों की मोटाई तथा लम्बाई में एक समानता होती है अतः उत्तम किस्म का रेशा प्राप्त होता है।

5. पौध घनत्व (Plant population) : प्रति इकाई क्षेत्रफल पर अधिक अथवा कम पौध संख्या रखने पर पौधों के तनों की मोटाई प्रभावित होती है। अधिक मोटे तथा अधिक पतले तनों से अच्छी किस्म की रेशा नहीं प्राप्त होता है। इसलिए पौधों से पौधों की दूरी उचित रखने पर मध्यम मोटाई का तना होने से रेशे की गुणवत्ता अच्छी होती है।

6. कृष्य क्रियायें एवं खरपतवार नियन्त्रण (Interculture and Weed Control) : खेत की निराई-गुड़ाई कर देने से खरपतवार नियन्त्रित हो जाते हैं जिसके कारण पौधों की वृद्धि एवं विकास अच्छा होने से उत्तम किस्म का रेशा पराप्त होता है।

7. खाद एवं उर्वरक (Manures and fertilizers) : कार्बनिक खादों के प्रयोग से जूट की फसल में रेशे की चमक तथा मजबूती बढ़ जाने से उत्तम किस्म का रेशा प्राप्त होता है। नत्रजन उर्वरक का अधिक प्रयोग करने से रेशे की गुणवत्ता खराब हो जाती है जबकि फासफोरस तथा पोटास उर्वरकों का प्रयोग करने से रेशे की गुणवत्ता अच्छी प्राप्त होती है।

8. कीटों एवं बीमारियों का प्रकोप : जूट की फसल में कीटों तथा बीमारियों के प्रकोप होने से पौधों की वृद्धि प्रभावित होती है जिसके फलस्वरूप जूट की उपज तथा रेशे की गुणवत्ता प्रभावित होती है।

9. कटाई का समय (Time of Harvesting) : फसल की उचित समय पर कटाई करने से उत्तम किस्म का रेशा प्राप्त होता है। पौधे में फलियाँ बनते समय कटाई करने से अधिक से अधिक उपज तथा अच्छे गुणों वाला रेशा प्राप्त होता है। देर से कटाई करने पर पौधों के तने काफी कठोर हो जाने से रेशे की गुणवत्ता खराब हो जाती है। फसल पकने के पूर्व कटाई करने से उपज में कमी के साथ-साथ रेशे की गुणवत्ता भी खराब हो जाती है।

10. सड़ाव के लिए पानी (Water for retting) : जूट के पौधों का सड़ाव करने के लिए मन्द गति से बहते पानी में करने से उत्तम किस्म का रेशा प्राप्त होता है जबकि स्थिर तथा तेज बहाव की दशा में रेशे की गुणवत्ता खराब हो जाती है। स्थिर पानी में आयरन की अधिकता होने के कारण रेशे का रंग भी प्रभावित होता है। कीचड़युक्त तथा गन्दा पानी होने से सड़ाव करने पर उत्तम किस्म का रेशा नहीं प्राप्त होता है। सड़ाव के लिए गड्ढों में 50–150 सेमी पानी की गहराई होनी चाहिए। कठोर जल की अपेक्षा मृदु जल में सड़ाव की क्रिया करने पर रेशे की गुणवत्ता बढ़ ज़ाती है। इन बन्डलों को मिट्टी की सतह छूने से रेशे का रंग तथा गुणवत्ता खराब हो जाती है।

11. स्टीपिंग का प्रभाव (Effect of Steeping) : सर्वप्रथम बन्डलों को 3–4 दिनों तक पानी में खड़ा करके तनों के कठोर भाग को सड़ाते हैं। इसके उपरान्त बन्डलों को लिटाकर सड़ाने से समान सड़ाव की क्रिया होने से उत्तम किस्म का रेशा प्राप्त होता है।

12. सड़ाव के समय दबाने वाला पदार्थ : बन्डलों को पानी में सड़ाव की क्रिया करने के लिए केले के तनों, नई आम की लकड़ी, मिट्टी आदि का प्रयोग कभी भी नहीं करना चाहिए। इन पदार्थों से वन्डलों को दबाने से रेशों का रंग खराब हो जाता है। इन बन्डलों को सदैव पत्थर, ईंटों, काँस, सोटी की पत्तियाँ, स्क्रपाइन की पत्तियाँ, जलकुम्भी की पत्तियाँ, नारियल का भूसा आदि से दबाना उत्तम माना जाता है।

13. रेशा निकालने का समय तथा तकनीक (Stage and technique of extraction of fibre) : पूर्णरूप से सही सड़ाव की क्रिया हो जाने से रेशा उत्तम किस्म का प्राप्त होता है। सड़ाव की क्रिया के पूर्व रेशा निकालने से रेशे की मजबूती बढ़ जाती है परन्तु रेशा कातने के समय रेशे के गुणों में कमी हो जाती है। एक-एक पौधे से रेशा निकालने से रेशे की गुणवत्ता बढ़ जाती है। मशीन द्वारा रेशा निकालने से भी उत्तम किस्म का रेशा प्राप्त होता है। अन्य विधियों द्वारा रेशा निकालने से रेशे की गुणवत्ता खराब हो जाती है।

प्रमुख बीमारियाँ/कीट एवं उनकी रोकथाम (Important diseases/insects and their control measures) : जूट की फसल में हानि पहुँचाने वाली बीमारियों/कीटों तथा उनकी रोकथाम को निम्न तालिकाओं में दर्शाया गया है।

तालिका 18.3 : जूट की प्रमुख बीमारियाँ एवं उनकी रोकथाम

बीमारी एवं कारक	लक्षण	रोकथाम
जड़ तथा तना विगलन-मेक्रोफोमिना फेजियोलाई	पौधों की जड़ें सूखने जैसी, शीर्ष भाग मुरझा जाता तथा तने का रंग भूरे/कत्थई रंग में परिवर्तित होकर पौधा सूख जाता है। रोग पत्तियों से प्रारम्भ होकर तने पर हो जाता है, रोग के प्रकोप से पत्तियों एवं तने पर काले रंग के छोटे-छोटे बिन्दु के समान विकसित हो जाते हैं, अधिक प्रकोप से महामारी का रूप ले लेता है, जूट की ऊपज एवं गुणवत्ता प्रभावित हो जाती है।	एग्रोसन जी एन अथवा कैप्टान 5 ग्राम प्रति किलो बीज दर से बीजोपचार करना चाहिए। अम्लीय तथा लाल भूमियों में चूना तथा पोटास का प्रयोग करना चाहिए। फाइटोलान अथवा ब्लाइटाक्स का 0.2% घोल का छिड़काव करना चाहिए।
सीडलिंग ब्लाइट - मेक्रोफोमिना ब्लाइट	बीज के जमाव के समय अंकुरण सड़ जाता है तथा नया विकसित तना भूरे रंग में परिवर्तित होकर सूख जाता है जिससे खेत में पौध संख्या कम हो जाती है।	जड़ तथा तना विगलन के समान उपचार करें।
कॉलर विगलन - मेक्रोफोलिना फेजियोलाई	इस रोग के प्रकोप से जमीन से 4-6 इंच ऊपर तने पर भूरे-काले रंग के धब्बे पड़ जाते हैं और बाद में तने के चारों ओर फैल जाते हैं।	तना तथा जड़ विगलन रोग के समान उपचार करें।
मृदु गलन - स्कलेरोसियम रोलफिसाई	इसके प्रकोप से पौधे में गलन प्रारम्भ, यह रोग भूमि के पास तने में लगता है तथा कवकजाल से ढक जाता है बाद में छोटे-छोटे घेरे बन जाते हैं, अधिक प्रकोप की दशा में पौधे मर जाते हैं।	रोगग्रसित पौधों को उखाड़कर नष्ट कर देना चाहिए। किसी कवकनाशी रसायन से बीजों को उपचारित कर बोना चाहिए।
एन्थ्रेकनोज - फोलीटोट्रिकम कोरकोरम	तने पर भूरे-काले रंग के छोटे-छोटे चकत्ते दिखाई देते हैं और बाद में बड़े हो जाते हैं जिसके कारण तना टूट जाता है, फलियों में प्रकोप होने पर फलियाँ भूरे रंग की होकर सिकुड़ जाती हैं।	उपयुक्त फसल चक्र अपनाना चाहिए। एग्रोसन जी एन या कैप्टान 5 ग्राम प्रति किलो बीज दर से बीजोपचार करना चाहिए। फाइटोलान या ब्लाइटोक्स का 0.75 प्रतिशत घोल का खड़ी फसल में छिड़काव करें।
जूट का कालीधारी	पौधों की सम्पूर्ण पत्तियाँ सूखकर गिर जाती हैं जिससे प्रकाश संश्लेषण की क्रिया न हो पाने से उपज पर प्रतिकूल प्रभाव पड़ता है।	बीजों को डाइथेन एम 45 2.5 ग्राम प्रति किलो बीज दर से उपचारित करना चाहिए।
आसिता रोग	इस रोग के प्रकोप से पौधों की पत्तियों पर गोल-गोल धब्बे बन जाते हैं जिससे पौधों की बढ़वार रूक जाती है। पत्तियों में क्लोरोसिस हो जाती है।	आयोसाइड का 0.05 ग्राम या बिसडाबथेन 75 का 2 ग्राम प्रति किलो की दर से बीजोपचार करना चाहिए। डाइथेन एम 45 रसायन का छिड़काव करना चाहिए।

तालिका 18.4 : जूट की प्रमुख कीट एवं उनकी रोकथाम

कीट	विशिष्ट लक्षण	रोकथाम
तने का घुन	इस कीट का प्रकोप फसल बोने के 10–15 दिन उपरान्त ही शुरू हो जाता है। इस कीट की सूंडियाँ तनों में घुस जाती हैं जो तने का रस चूसती हैं। पौधे से रस निकलकर तने के बाहर आकर काले रंग में परिवर्तित हो जाता है। यह काला रंग पौधे के सड़ाने तक बना रहता है। इससे प्रभावित रेशा को नोटी फाइबर कहते हैं।	इन्डोसल्फान 1 लीटर को 500 लीटर पानी में घोलकर छिड़काव करना चाहिए।
पीला घुन	यह कीट पौधों की ऊपरी पत्तियों की निचली सतह पर रहकर पत्तियों का रस चूसता है जिसके कारण पत्तियों के ऊपर बड़े-बड़े धब्बे बन जाते हैं, इसके पश्चात पत्तियाँ पीली पड़कर नीचे की तरफ मुरझा जाती हैं।	इन्डोसल्फान 500 मिली अथवा चूना सल्फर 5 लीटर को 500 लीटर पानी में घोल कर छिड़काव करना चाहिए। तोषा जूट की प्रजाति जे आर ओ 524 इस कीट के प्रति सहिष्णु है।
लाल घुन	इस कीट का प्रकोप सर्वप्रथम पुरानी पत्तियों से प्रारम्भ होकर नई पत्तियों की तरफ बढ़ता है जिसके कारण पत्तियों पर छोटे-छोटे सफेद धब्बे बन जाते हैं जो बाद में एक-दूसरे से मिलकर बड़े धब्बे हो जाते हैं। इससे प्रभावित पत्तियाँ पीली पड़कर झड़ जाती हैं।	डिंफोघोल 1.1 लीटर अथवा बेनापाक्रिल 800 मिली को 500 लीटर पानी में घोल कर छिड़काव कर देना चाहिए।
भूरा घुन	इस कीट का प्रकोप उत्तर की पत्तियों में छेद कर देता है अधिक प्रकोप होने पर पत्तियों का सम्पूर्ण हरा भाग खाकर नष्ट कर देता है।	इन्डोसल्फान 1.0 लीटर को 500 लीटर पानी में घोलकर छिड़काव कर देना चाहिए।
जूट का सेमीलूपर	इस कीट की सूंडी पत्तियों के हरे भाग को खुरच-खुरच कर खाती है। इस कीट के अधिक प्रकोप होने की दशा में पौधे की ऊपर की पत्तियों के अतिरिक्त सभी भागों को खाकर नष्ट कर देती हैं।	इन्डोसल्फान 1.0 लीटर को 500 लीटर पानी में घोलकर छिड़काव कर देना चाहिए।
बालदार सूँडी	व्यस्क सूँडी जूट के पौधे की समस्त पत्तियों को खाकर पौधे को पत्ती रहित कर देती है जिससे जूट के रेशे की उपज बहुत कम हो जाती है।	मिथाइल पैराथियान 1 लीटर को 500 लीटर पानी में घोलकर छिड़काव करना चाहिए। इन्डोसल्फान 1 लीटर को 500 लीटर पानी में घोल कर छिड़काव करना चाहिए।
जूट का गिडार	इस कीट की मादा पौधों के चारों तरफ 2 छल्ले बनाती है जहाँ पर यह अन्डे देती है। 3–4 दिनों पश्चात इन अन्डों से ग्रब निकलकर पौधे के तनों को खाना प्रारम्भ कर देती है।	एल्ड्रिन का 0.03% + इन्डोसल्फान का 0.02 प्रतिशत घोल का 10–15 दिन के अन्तराल पर दो छिड़काव करने चाहिऐ।
जड़गाँठ सूत्रकृमि	जड़गांठ सूत्रकृमि में क्रोफोमिना फेजियोलिना फफूँदी के साथ मिलकर पौधों में बहुत अधिक हानि पहुँचाता है।	इन्डोसल्फान 0.075 प्रतिशत का घोल+3–4 मिली प्रति लीटर पानी में नीम के तेल को घोल कर दो बार छिड़काव करना चाहिए। उपयुक्त फसलचक्र अपनाना चाहिए।

उपज (Yield)

उत्तम सस्य क्रियायें अपनाने से जूट के रेशे की उपज 30 से 40 कविन्टल प्रति हैक्टेयर तक प्राप्त की जा सकती है।

□□□□□

अध्याय 19

सनई या पटुआ (Sunnhemp/Bombay Hemp/Banaras Hemp)

वानस्पतिक नाम	:	क्रोटोलेरिया जंशिया
(Botanical name)	:	(*Crotolaria juncea L.*)
कुल (Family)	:	लेग्यूमिनेसी (Leguminaceae)

आर्थिक महत्व (Economic Importance)

भारत में सनई की खेती मुख्यतः रेशे, हरी खाद तथा दाने के लिए की जाती है। देश में सनई की फसल का कच्चे माल तथा घरेलू उद्योग के रूप में राष्ट्रीय अर्थव्यवस्था में एक महत्वपूर्ण भूमिका है। रेशे के लिए उगाई जाने वाली सनई की फसल का जूट के बाद दूसरा स्थान है। इसका रेशा जूट के रेशे की अपेक्षाकृत अधिक मजबूत, सफेद तथा चमकीला होता है। इसके रेशे का प्रयोग रस्सियाँ, त्रिपाल, मछली पकड़ने के जाल, सुतली, डोरी, झोले, लोई, बोरा आदि के रूप में बहुतायत में किया जाता है। इसका रेशा अन्य रेशों की अपेक्षा अधिक मजबूत तथा टिकाऊ होता है। आजकल सनई के रेशे की माँग दिन-प्रतिदिन बढ़ती जा रही है क्योंकि इसका रेशा सफेद होने के कारण टिश्यू पेपर (Tissue paper) तथा नोटों का कागज बनाया जाने लगा है क्योंकि इसके रेशे में सेल्यूलोज अधिक जबकि लिगनिन कम पाया जाता है। रेशे निकालने के पश्चात् इसकी लकड़ी का प्रयोग कागज, जलाने के लिए,

छप्पर आदि बनाने के रूप में भी किया जाता है। सनई से उत्तम किस्म का पौष्टिक चारा लगभग 200–300 क्विंटल प्रति हैक्टेयर प्राप्त होने के कारण चारे के रूप में प्रयोग किया जाता है। इसके चारे में क्रूड प्रोटीन की मात्रा अन्य दलहनी हरे चारे की तुलना में ज्यादा होती है। सनई की फसल का प्रयोग हरी खाद के रूप में सदियों से किया जा रहा है, परन्तु सघन फसल पद्धति में फसलों की उत्पादकता में टिकाऊपन लाने के उद्देश्य से इसकी फसल का महत्व हरी खाद के रूप में और अधिक हो गया है। सनई की फसल को हरी खाद के रूप में उगाने पर 60–90 किलोग्राम प्राति हैक्टेयर की दर से नत्रजन प्राप्त हो जाती है। सनई की हरी खाद का प्रयोग करने पर मृदा की जल धारण क्षमता में वृद्धि हो जाती है तथा पोषक तत्वों की उपलब्धता भी बढ़ जाती है। हरी खाद की फसल से बीज उत्पन्न करने के लिए सनई की फसल को दाने के रूप में भी उगाया जाता है।

उत्पत्ति एवं इतिहास (Origin and History)

सनई की उत्पत्ति के विषय में वैज्ञानिकों के कई मत हैं बर्मा सनई की जन्मस्थान माना जाता है क्योंकि यहाँ पर इसकी जंगली प्रजातियाँ पाई जाती हैं। भारत में अति प्राचीन काल से ही सनई की खेती की जा रही है। इसलिए सनई की उत्पत्ति स्थान भारत ही होना चाहिए। कुछ वैज्ञानिकों का मत है कि सनई की उत्पत्ति का स्थान ब्राजील है, परन्तु कुछ वैज्ञानिकों का मत है कि सनई की फसल का भारत से ही प्रचार–प्रसार हुआ है।

क्षेत्रफल एवं वितरण (Area and Distribution)

विश्व में सनई की खेती लगभग सभी देशों में की जाती है। सनई की खेती करने वाले प्रमुख देश अमेरिका, बांगलादेश, चीन, चिली, पाकिस्तान, सीरिया, टर्की, जापान, कोरिया, फ्रांस, हंगरी, बुलगानिया, स्पेन, पुर्तगाल, रूस, यूगोस्लोविया, भारत आदि हैं। विश्व में सनई के अन्तर्गत क्षेत्रफल में रूमानिया, उत्पादन में रूस तथा औसत उपज में चीन प्रथम हैं।

भारत में सनई की खेती लगभग सभी प्रान्तों में की जाती है। सबसे अधिक क्षेत्रफल उत्तर प्रदेश में है। इसके पश्चात् मध्य प्रदेश, महाराष्ट्र, राजस्थान, आन्ध्र प्रदेश, बिहार, उड़ीसा राज्यों में भी बृहद स्तर पर उगाई जाती है। देश में सनई के अन्तर्गत कुल क्षेत्रफल 1.32 लाख तथा उत्पादन 30 हजार टन रेशा है।

उत्तर प्रदेश के विभिन्न जिलों में सबसे अधिक क्षेत्रफल वाराणसी जिले के अन्तर्गत है। इसके पश्चात् क्रमशः जौनपुर, प्रतापगढ़ आदि जिलों का है।

जलवायु (Climate) : सनई एक उष्ण कटिबन्धीय पौधा होने के कारण इसकी खेती उष्ण कटिबन्धीय प्रदेशों में की जाती है। सनई के लिए गर्म तर जलवायु की आवश्यकता होती है। सनई की फसल समुद्र तल से 1000 मीटर की ऊँचाई वाले क्षेत्रों में भी आसानी से उगाई जा सकती है। सनई की फसल के लिए अधिक वर्षा होना तथा आर्द्र क्षेत्र हानिकारक हैं। इसकी खेती उन स्थानों पर सफलतापूर्वक की जा सकती है जहाँ पर वार्षिक वर्षा 60–100 सेमी तक होती है। इससे कम वर्षा वाले क्षेत्रों में सनई की फसल को सिंचाई करके उगाया जा सकता है। देश में सनई की फसल सामान्यतः वर्षा ऋतु में ही उगाई जाती है, परन्तु दक्षिण भारत में शीत ऋतु न होने के कारण सनई को रबी ऋतु में उगाया जाता है। सनई के पौधे की उचित वृद्धि एवं विकास के लिए 25 से 35 डिग्री सेन्टीग्रेड तापमान

उपयुक्त होता है। सनई के पौधे पर तापक्रम तथा आर्द्रता का बहुत अधिक प्रभाव नहीं पड़ता है। सामान्यतः इसके पौधों की वृद्धि के समय उच्च तापमान तथा अधिक आर्द्रता लाभप्रद होती है।

भूमि (Soil) : सनई की खेती लगभग सभी प्रकार की भूमियों में आसानी से उगाई जा सकती है। इसकी फसल हल्की मिट्टी (बलुई दोमट) से भारी मिट्टी (मटियार दोमट), कपास की काली भूमियों, जलोढ़ मृदाओं आदि में उगाई जा सकती है। हल्की भूमियों में इसकी फसल उगाने से उत्तम किस्म का रेशा प्राप्त होता है। जबकि भारी भूमियों में उगाने पर रेशा खराब किस्म का होता है। सनई की फसल के लिए कम उपजाऊ वाली भूमियों की आवश्यकता होती है। क्षारीय भूमियों में सनई की फसल अन्य फसलों की अपेक्षा अच्छी होती है। सनई की फसल के लिए जल भराव वाली भूमियाँ अनुपयोगी होती हैं। जलभराव की दशा में इसका पौधा तुरन्त मर जाता है अथवा रेशे की गुणवत्ता पर प्रतिकूल प्रभाव पड़ता है। जिन क्षेत्रों में वर्षा अधिक होती है अथवा जलभराव की दशा होने पर इसकी फसल को हरी खाद के रूप में उगाया जाता है। क्षारीय भूमियों में इसे हरी खाद के रूप में उगाया जाता है जो एक मृदा सुधारक का कार्य करती है। अम्लीय भूमियों में इसकी फसल नहीं उगाई जा सकती है।

फसल चक्र (Crop rotation) : सनई की फसल अप्रैल-मई में खरीफ तथा सितम्बर-अक्टूबर में रबी की फसल के रूप में उगाई जाती है। सामान्यतः कम उपजाऊ वाली मृदाओं में सनई की फसल खरीफ ऋतु में उगाकर रबी की फसलें उगाई जाती हैं। सनई आधारित एक वर्षीय फसल चक्र निम्न हैं।

1. सनई-गेहूँ/जौ
2. सनई-मक्का-गेहूँ/बरसीम
3. सनई-ज्वार-गेहूँ
4. सनई-धान-बरसीम
5. सनई-धान-गेहूँ

विशेष परिस्थितियों में जब सनई की फसल से बीजोत्पादन करना होता है तब इसे रागी, कपास, तिल, ज्वार, बाजरा आदि के साथ अन्तः/मिश्रित फसल पद्धति के रूप में उगाया जाता है। इसके अतिरिक्त सनई की कुछ पंक्तियों को ज्वार, बाजरा, उर्द, मूँग आदि फसलों में खेत के चारों तरफ बाड़ के रूप में भी उगाया जाता है।

उन्नतशील प्रजातियाँ (Improved Varieties) : सनई की प्रजातियाँ का वर्गीकरण फसल की अवधि के अनुसार किया जाता है जैसे अगेती (लगभग 80 दिन), मध्यम (80 से 120 दिन) तथा पिछेती (120 दिन से अधिक)।

विभिन्न राज्यों के लिए अनुमोदित सनई की प्रजातियाँ मुख्यतः रेशा, बीज तथा हरी खाद के लिए प्रयोग की जाती हैं।

उत्तर प्रदेश	:	के 12, के-12 पीली एम 18, एम 19
मध्य प्रदेश	:	एम 18, एम 19, एम 35
राजस्थान	:	के-12
बिहार	:	1 (नालन्दा सनई)
पश्चिम बंगाल	:	एस टी 42, एस टी 52, एस टी-55, एस टी 119
महाराष्ट्र	:	डी-19

तालिका 19.1 : सनई की प्रमुख प्रजातियों के विशिष्ट गुण

प्रजाति	संस्तुत क्षेत्र	उपज (कु./है.)	विशिष्ट लक्षण
के 12	उत्तर प्रदेश, मध्य प्रदेश, बिहार, उड़ीसा	8–10	रेशा पीले रंग का, उत्तम गुणवत्ता युक्त, दानों का रंग काला, उकठा अवरोधी
के 12 पीली	उत्तर प्रदेश, बिहार, मध्य प्रदेश	12–15	दानों का रंग पीला, के 12 से उत्तम गुणवत्ता युक्त रेशा, उकठा सहिष्णु
डी 9	महाराष्ट्र	8–10	रेशा उत्तम गुणवत्तायुक्त, उकठा अवरोधी
नालन्दा सनई	बिहार	8–10	लम्बा, चमकदार, सफेद रेशा
एम 19	मध्य प्रदेश	10–12	तना छेदक सहिष्णु
एम 35	मध्य प्रदेश	10–12	रेशा उत्तम गुणवत्ता युक्त, तना छेदक सहिष्णु
एस टी 55	पश्चिम बंगाल	10–12	रेशा उत्तम गुणवत्ता युक्त

भूमि की तैयारी (Field Preparation)

सनई की फसल उगाने के लिए खेत की विशेष तैयारी की आवश्यकता नहीं होती है। खेत की एक जुताई मिट्टी पलटने वाले हल से तथा 2–3 जुताइयाँ देशी हल से करते हैं। अन्तिम जुताई के समय अच्छी तरह से पाटा लगाकर खेत को समतल तथा ढेले मुक्त कर देते हैं। जिन क्षेत्रों में सिंचाई की पर्याप्त सुविधायें उपलब्ध होती हैं वहाँ पर रबी की फसल की कटाई के उपरान्त खेत में पलेवा कर देते हैं। इसके पश्चात 2–3 जुताइयाँ हैरों से करके खेत तैयार कर लेते हैं। ग्रीष्मकालीन सनई की बुआई अप्रैल के अन्तिम सप्ताह से मई के प्रथम सप्ताह में करते हैं।

बीज एवं बुआई (Seed and Sowing)

बीज दर (Seed rate) : बीज की मात्रा फसल में प्रयोग के आधार पर निधारित होती है।

हरी खाद : हरी खाद के लिए सनई उगाने पर प्रति इकाई क्षेत्रफल पर पौध संख्या अधिक रखी जाती है। इससे मृदा को अधिक से अधिक मात्रा में जीवांश पदार्थ उपलब्ध हो सके। हरी खाद के लिए सनई का बीज 55-60 किलोग्राम प्रति हैक्टेयर की दर से प्रयोग किया जाता है।

रेशों के लिए : रेशा के लिए सनई की पौध संख्या प्रति इकाई क्षेत्रफल पर कम रखी जाती है। इसके लिए सनई की बीज दर 20–25 किलोग्राम प्रति हैक्टेयर उपयुक्त है।

दानों के लिए : दाने के लिए सनई की प्रति इकाई पौध संख्या रेशे के लिए उगाई जाने वाली सनई की पौध संख्या से कम रखी जाती है। इसके लिए बीज दर 15–20 किलोग्राम प्रति हैक्टेयर उपयुक्त है।

बुआई का समय (Time of Sowing) : जिन क्षेत्रों में सिंचाई की सुविधायें होती हैं वहाँ पर ग्रीष्मकालीन सनई की बुआई अप्रैल–मई में करते हैं। खरीफ ऋतु में हरी खाद की बुआई जून–जुलाई में की जाती है। दाने तथा रेशे के लिए सनई की फसल की बुआई जून के अन्तिम सप्ताह से जुलाई के प्रथम सप्ताह में करते हैं। दक्षिण भारत में सनई की फसल रबी ऋतु में उगाई जाती है अतः इन क्षेत्रों में सनई की बुआई का उपयुक्त समय सितम्बर–अक्टूबर माह है।

बुआई की विधि (Methods of Sowing) : हरी खाद के लिए सनई की बुआई सामान्यतः छिड़कवाँ विधि द्वारा की जाती है। रेशा तथा बीज के लिए उगाई जाने वाली सनई की बुआई पंक्तियों में की जाती है।

अन्तरण (Spacing) :

पंक्ति से पंक्ति	:	12–15 सेमी
पौधे से पौधे	:	15–20 सेमी (दाने)
		10–15 सेमी (रेशे)

खाद एवं उर्वरक (Manures and Fertilizers)

सनई की फसल को नत्रजन की अधिक आवश्यकता नहीं होती है। प्रारम्भिक अवस्था में पौधों तथा जड़ों के विकास के लिए 10–15 किलोग्राम प्रति हैक्टेयर की दर से नत्रजन को बुआई के समय देना चाहिए। सनई की फसल को 40–50 किलोग्राम प्रति हैक्टेयर की दर से फासफोरस बुआई के समय देते हैं। फासफोरस का प्रयोग करने पर पौधों की जड़ों तथा जड़ ग्रन्थियों का विकास अधिक तथा शीघ्रता से होता है। जिससे वायुमण्डल की नत्रजन को अधिक मात्रा में ग्रहण करके मृदा में स्थिरीकरण करते हैं। उर्वरकों की सम्पूर्ण मात्रा बुआई के समय खेत में एक समान बिखेरकर मृदा में अच्छी प्रकार से मिला देते हैं। जिन क्षेत्रों में सूक्ष्म पोषक तत्वों की कमी होती है वहाँ पर उस पोषक तत्व का प्रयोग करके पूर्ति की जा सकती है। सनई की फसल में सूक्ष्म तत्वों का प्रयोग करने से उपज तथा रेशे की गुणवत्ता में सुधार हो जाता है।

सिंचाई (Irrigation) : ग्रीष्मकालीन समय में बोई गई फसल को मई–जून के महीने में दो–तीन सिंचाईयों की आवश्यकता होती है। दाने तथा रेशे के लिए बोई गई फसल में वर्षा न होने की अवस्था में अथवा वर्षा शीघ्र समाप्त होने पर आवश्यकतानुसार सिंचाई करने से रेशे की गुणवत्ता तथा उपज में वृद्धि हो जाती है। रेशे के लिए उगाई गई फसल की वृद्धि काल में पानी की कमी होने पर रेशे की गुणवत्ता पर प्रतिकूल प्रभाव पड़ता है। वर्षा ऋतु की अधिक वर्षा होने पर जलनिकास के माध्यम से खेत से तुरन्त पानी निकाल देना चाहिए क्योंकि सनई के पौधों में जल भराव की दशा को सहन करने की शक्ति बहुत कम होती है।

खरपतवार नियन्त्रण (Weed Management) : हरी खाद के लिए उगाई फसल में खरपतवार नियन्त्रण की कोई आवश्यकता नहीं होती है। परन्तु रेशे तथा दाने के लिए उगाई गई फसल की प्रारम्भिक अवस्था में निराई करके खरपतवार निकाल देने से उपज में 15–20 प्रतिशत तक वृद्धि हो जाती है। रासायनिक विधि द्वारा खरपतवार नियन्त्रण में पेन्डीमिथालीन 1.25 किग्रा सक्रिय तत्व प्रति हैक्टेयर की दर से बुआई के पश्चात् परन्तु जमाव के पूर्व अथवा फ्लूक्लोरोलिन 1.0 किग्रा सक्रिय तत्व प्रति हैक्टेयर की दर से फसल बोने के पूर्व छिड़काव करने से चौड़ी पत्ती वाले खरपतवारों का नियन्त्रण हो जाता है।

प्रमुख बीमारियों तथा कीटों एवं उनका नियन्त्रण (Important diseases and insect and their control meausres) :

सनई की प्रमुख बीमारियाँ कीटों एवं उनका नियन्त्रण निम्न तालिकाओं में दर्शाया गया है।

तालिका 19.2 : सनई की प्रमुख बीमारियों एवं उनकी रोकथाम

बीमारी एवं कवक	विशिष्ट लक्षण	रोकथाम
उकठा–फ्यूजेरियम वेसिन्फेक्टम्स	इस रोग के प्रकोप से पत्तियाँ पीली पड़ जाती हैं जिससे पूरा पौधा मुरझा जाता है तथा बाद में मर जाता है।	उपयुक्त फसल चक्र अपनाना चाहिए। रोगरोधी प्रजातियों की बुआई करनी चाहिए। बीजों को कवकनाशी रसायनों से उपचारित कर बोना चाहिए।
गेरूई–यूरोमाइसिस डिकोरटस	इस बीमारी के प्रकोप से पौधे के सभी वायवीय भागों पर फफोले जैसे दिखाई देते हैं। इन फफोलों का रंग नीला–भूरा दिखाई देता है। ये धब्बे बिखरे होते हैं और बाद में काले–भूरे रंग के हो जाते हैं।	उपयुक्त फसलचक्र अपनाना चाहिए। रोगरोधी प्रजातियाँ बोनी चाहिए। किसी कवकनाशी रसायन से बीजोपचार करना चाहिए। डाइथेन एम 45 का 0.2 घोल का छिड़काव करना चाहिए।
चूर्णिल आसिता	इस रोग से सनई की फसल को सबसे अधिक हानि होती है।	उपयुक्त फसल चक्र अपनाना चाहिए। किसी कवकनाशी रसायन से बीजोपचार करना चाहिए।
जीवाणु पर्ण दाग	यह बीमारी बैक्टीरिया द्वारा होती है। इसके प्रकोप से पत्तियों पर चकत्ते बन जाते हैं।	जल निकास का समुचित साधन से होना चाहिए। उपयुक्त फसलचक्र अपनाना चाहिए।
मोजेक	इस रोग से प्रभावित पौधे की पत्तियाँ मुड़ जाती हैं तथा उनका आकार कुरूपित हो जाता है। इसके प्रकोप से पौधे की समस्त शारीरिक क्रियायें बन्द हो जाती हैं जिससे उपज में कमी हो जाती है।	रोगग्रसित पौधों को उखाड़कर नष्ट कर देना चाहिए। उपयुक्त फसल चक्र अपनाना चाहिए।

तालिका 19.3 : सनई की प्रमुख कीट एवं उनकी रोकथाम

बीमारी एवं कवक	विशिष्ट लक्षण	रोकथाम
तना छेदक	यह कीट पौधे के ऊपरी भाग में छेदकर हानि पहुँचाता है।	5% बी एच सी धूल 20–25 किग्रा प्रति हैक्टेयर की दर से भुरकाव करना चाहिए। डायजिनान का 0.04% अथवा इन्डोसल्फान का 0.07% घोल का छिड़काव करें।
लाल रोयेदार सूँडी	यह लाल रोयेदार सूँडी पत्तियों को खाती है। यह सूँडी अंकुरित बीजों के बीजाकुंरों को भी खाती है।	इस कीट की सूँडियों को पकड़कर नष्ट कर देना चाहिए। आखिरी जुताई के समय 10% बी.एच.सी. धूल 25–30 किग्रा. प्रति हैक्टेयर की दर से भुरकाव कर भूमि में अच्छी प्रकार से मिला देना चाहिए। खड़ी फसल पर इन्डोसल्फान का 0.15% घोल का छिड़काव करना चाहिए।

कटाई (Harvesting)

फसल के उद्देश्य, बुआई के समय तथा जलवायु के अनुसार कटाई निर्धारित की जाती है।

1. हरी खाद के लिए : हरी खाद के लिए सनई की फसल को 50-60 दिन पश्चात् खेत में पलट दिया जाता है। इस प्रकार अप्रैल-मई में बोई गई फसल जून-जुलाई में जबकि जून-जुलाई में बोई गई फसल अगस्त-सितम्बर में खेत में पलट देते हैं। सनई में फूल आने पर फसल की पलटाई करने से अधिक मात्रा में जीवांश पदार्थ तथा नत्रजन मृदा प्राप्त हो जाती है। फसल की पलटाई मिट्टी पलटने वाले हल से करते हैं। सर्वप्रथम फसल को पाटा लगाकर गिरा देते हैं। इसके पश्चात् मिट्टी पलटने वाले हल से अथवा डिस्क हैरो से फसल को भूमि में दबा देते हैं।

2. रेशे वाली फसल : बोने के 10-12 सप्ताह पश्चात् फसल की कटाई करते हैं। फसल पकने के पूर्व कटाई करने पर कच्चा रेशा प्राप्त होता है तथा उपज में भी भारी कमी हो जाती है और अधिक पकने पर रेशे की गुणवत्ता खराब हो जाती है। सामान्य दशाओं में रेशे वाली फसल की कटाई सितम्बर माह में कर ली जाती है। फसल की कटाई के पश्चात् पौधों को खेत में 2-3 दिनों तक छोड़ देते हैं जिससे पौधे की पत्तियाँ झड़ जाती हैं। इसके पश्चात् उचित आकार के बन्डल (जिसमें 50 से 100 पौधे) बनाकर सड़ाव की क्रिया के लिए रख देते हैं।

3. दाने वाली फसल : सनई की फलियाँ में बीज कठोर होकर काला हो जाये तभी फसल की कटाई कर ली जाती है। इस अवस्था पर फलियाँ सूख जाती हैं तथा बीज अपने वृन्त से अलग हो जाते हैं। हँसिया से कटाई करके, फसल से डन्डों की सहायता से बीज अलग कर लेते हैं। सूखे तनों से निम्न गुणों वाला रेशा भी प्राप्त हो जाता है।

सड़ाना तथा रेशा अलग करना (Retting and extraction of fibres) : सनई के गद्ढरों को सड़ाने तथा तनों से रेशा अलग करने की क्रिया जूट के समान ही होती है। अन्तर केवल इतना होता है कि सनई के पौधे जूट की अपेक्षा कम समय में सड़ जाते हैं। सामान्य दशाओं में 6-8 दिन का समय सड़ाने की क्रिया में लगता है। गद्ढरों को सड़ाने की क्रिया के पश्चात् साफ पानी से अच्छी प्रकार धोया जाता है। इसके पश्चात् रेशा अलग किया जाता है।

उपज (Yield)

हरी खाद की फसल से लगभग 200-300 क्विंटल प्रति हैक्टेयर जीवांश पदार्थ प्राप्त हो जाता है। रेशे वाली फसल से 10-12 क्विंटल प्रति हैक्टेयर रेशा तथा बीजों वाली फसल से 8-10 प्रति हैक्टेयर दाना प्राप्त हो जाता है।

❏❏❏❏❏

चारा फसलें

- ज्वार
- बाजरा
- मक्का
- लोबिया
- ग्वार
- रोडस घास
- सूडान घास
- पैरा घास
- नैपियर घास
- दीना नाथ घास
- मक्चरी

अध्याय 20

ज्वार
(Sorghum)

वानस्पतिक नाम	:	सोरधम वलगेयर
(Botanical name)	:	(*Sorghum vulgare*)
कुल (Family)	:	ग्रेमिनी (Gramineae)

(आर्थिक महत्व, उत्पत्ति एवं इतिहास, क्षेत्र एवं वितरण, जलवायु, भूमि, भूमि की तैयारी तथा कीटों एवं बीमारियों का नियन्त्रण खरीफ फसलों के अध्याय 3 में देखिये)।

बीज एवं बुआई (Seed and Sowing)

बीज दर (Seed Rate) : ज्वार की बीज दर बीज के आकार पर निर्भर करती हैं। छोटे दाने वाली प्रजातियाँ जैसे मीठी सूडान, रियो, एम पी चरी तथा जे 69 की 20-25 किलोग्राम प्रति हैक्टेयर की दर से बुआई करनी चाहिए। बड़े दाने वाली प्रजातियाँ जैसे पूसा चरी 1, पूसा चरी 6, विदिशा 60-1, एस 136 तथा जे 6 की 50-60 किलोग्राम प्रति हैक्टेयर की दर से बुआई करनी चाहिए। ज्वार के बीज के लिए छोटे दाने वाली प्रजातियों की 14-15 किलोग्राम तथा बड़े दाने वाली प्रजातियों की 18-20 किलोग्राम प्रति हैक्टेयर की दर से बीज प्रयोग करना चाहिए।

बुआई का समय (Time of Sowing) : ज्वार की फसल प्राय: वर्षा ऋतु में उगाई जाती है। जिन स्थानों में सिंचाई के साधन उपलब्ध होते हैं वहाँ पर ज्वार की बुआई जून की द्वितीय सप्ताह तक कर देनी चाहिए। दक्षिण भारत में ज्वार की फसल को वर्ष में तीन बार उगाया जाता है, जिसमें से

खरीफ तथा रबी की फसलें प्रमुख हैं। रबी ऋतु में ज्वार ऊगाने के लिए सितम्बर-अक्तूबर में बुआई की जाती है। ग्रीष्मकालीन ज्वार की फसल की बुआई रबी की फसल काटने के उपरान्त मार्च-अप्रैल में की जाती है। उत्तर प्रदेश के तराई क्षेत्रों में जून का प्रथम सप्ताह जबकि पंजाब, हरियाणा, दिल्ली, राजस्थान में जून के अन्तिम सप्ताह से जुलाई का प्रथम सप्ताह उपयुक्त है।

बुआई की विधि (Method of Sowing) : ज्वार की बुआई सीडड्रिल अथवा देशी हल से 25-30 सेमी की दूरी पर पंक्तियों में करनी चाहिए। ज्वार की बुआई छिड़कवाँ विधि से भी की जाती है। इस विधि में खेत की तैयारी के पश्चात् भूमि पर बीजों को एक समान मात्रा में छिड़क दिया जाता है। इसके बाद कल्टीवेटर अथवा देशी हल से जुताई करके पाटा लगा दिया जाता है। छिड़कवाँ विधि द्वारा बुआई करने पर बीज की 15 प्रतिशत अधिक मात्रा प्रयोग की जाती है। बीजों को 3-5 सेमी से अधिक गहराई पर नहीं बोना चाहिए। बीज उत्पादन के लिए फसल की पंक्ति से पंक्ति की दूरी 45-50 सेमी रखनी चाहिए।

तालिका 20.1 : ज्वार की प्रमुख प्रजातियाँ उनके विशिष्ट लक्षण, उपज तथा संस्तुत क्षेत्र

प्रजाति	संस्तुत क्षेत्र	उपज (कु./हैं.)	विशिष्ट गुण
एक कटाई			
रियो		500-550	इसकी पत्तियाँ बीज बनने तक हरी रहती है, तने मुलायम, पतले, रसीले तथा मीठे, तना गन्ने के समान मीठा तथा अपेक्षाकृत अधिक मुलायम
जे एस 20	पंजाब, हरियाणा, दिल्ली एवं उत्तर प्रदेश	350-400	जल भराव तथा जलमग्न परिस्थितियों के लिए उपयुक्त
विपिशा 60-1	मध्य प्रदेश	500-550	इसके चारे में 30% शुष्क पदार्थ, इसकी निचली पत्तियों सूखी रहती है और पुष्पावस्था तक पहुँचते-पहुँचते एक तिहाई पत्तियाँ ही रह जाती है।
पूसा चरी 2	उत्तर प्रदेश, दिल्ली हरियाणा, बिहार	500-550	पौधों के तने पतले तथा शीघ्र बढ़वार, अन्य लक्षण रियो प्रजाति के समान
पूसा चरी 6	उत्तर प्रदेश, राजस्थान, बिहार	500-550	शुष्क क्षेत्रों के लिए उपयुक्त
हरियाणा चरी	हरियाणा	450-500	पौधे गहरे हरे रंग, पौधे सीधे तथा पत्तियाँ 45 डिग्री के कोण पर लगी रहती है।
कम्पोजिट 1		500-550	पौधे पतले तथा वृद्धि बहुत तेजी से होती है। इसकी पत्तियाँ रोग रहित तथा पौधों में मिठास बहुत कम
बहुकटाई			
एम पी चरी	उत्तर प्रदेश, दिल्ली राजस्थान, बिहार, हरियाणा	650-700	धुरिन त्रामक ग्लूकोसाइड की मात्रा अपेक्षाकृत कम होती है
पूसा चरी 1	उत्तर प्रदेश, राजस्थान, बिहार, मध्य प्रदेश	600-650	पौधे गहरे हरे रंग तथा पत्तियाँ अपेक्षाकृत अधिक संख्या, हरा चारा पौष्टिक
जे 69	मध्य प्रदेश, गुजरात	700-800	पत्तियाँ हरी, शीघ्र वृद्धि, हरा चारा पौष्टिक

उपरोक्त के अतिरिक्त एक कटाई वाली ज्वार की अन्य प्रजातियाँ जैसे निलवा, एचसी 136, एस एल 44, पूसा चरी 29, यूपी चरी 2, यूपी चरी 3, सिलेक्सन 276, सिलेक्सन 472 है। बहुकटाई वाली उपरोक्त के अतिरिक्त अन्य प्रजातियाँ जैसे पीसी 23, मीठी सूडान, एस एल 44 है उत्तर प्रदेश के लिए एम जी एस एच 3, एस पी वी 932, एस एस जी 59-3 तथा एक्स 980 प्रजातियाँ उपयुक्त हैं।

फसल चक्र (Crop Rotation) : चारे के लिए ज्वार की फसल को बरसीम, रिजका, गेहूँ, चना, मटर, जौ, सरसों, आलू आदि फसलों की कटाई के बाद ग्रीष्म ऋतु अथवा वर्षाकालीन फसल की बुआई की जाती है। ज्वार आधारित फसल चक्र निम्न हैं :

1. ज्वार-बरसीम + चारे की सरसों-मक्का + लोबिया (एक वर्षीय)
2. ज्वार + लोबिया - ज्वार + लोबिया - ज्वार +लोबिया (एक वर्षीय)
3. ज्वार + ग्वार - बरसीम/रिजका (एक वर्षीय)
4. ज्वार + मटर/चना - मूँग/उर्द (एक वर्षीय)
5. ज्वार - गेहूँ/जौ - मक्का
6. ज्वार (दाना) - गेहूँ - मूँग (दाना) - ज्वारा + लोबिया - आलू - मक्का + लोबिया (द्विवर्षीय)

चारे वाली ज्वार की फसल मिश्रित अथवा शुद्ध फसल दोनों ही प्रकार से उगाई जाती है। मिश्रित फसल की बुआई लोबिया, मूँग, ग्वार, मोंठ आदि फसलों के साथ की जाती है। दाने की ज्वार को अरहर के साथ मिश्रित फसल पद्धति में बोया जाता है। इस फसल प्रद्धति में ज्वार की चारे की उपज में बृद्धि के साथ-साथ चारे की पौष्टिकता में काफी वृद्धि हो जाती है।

बीज उत्पादन के लिए ज्वार की फसल सदैव शुद्ध फसल के रूप में उगानी चाहिए।

खाद एवं उर्वरक (Manures and Fertilizers)

ज्वार को नत्रजन, फासफोरस तथा पोटाश उर्वरकों की अधिक आवश्यकता होती है। सिंचित क्षेत्रों में ज्वार की फसल को 80-100 किलोग्राम नत्रजन, 50-60 किलोग्राम फासफोरस तथा 40-50 किलोग्राम पोटास प्रति हैक्टेयर की दर से प्रयोग करना चाहिए। नत्रजन की आधी मात्रा, फासफोरस तथा पोटास की सम्पूर्ण मात्रा बुआई के समय खेत में फैला देनी चाहिए। दो या तीन कटाई वाली ज्वार की फसल को शेष नत्रजन की मात्रा को बराबर-बराबर भाग में बाँट कर कटाई के तुरन्त पश्चात् छिड़काव कर देना चाहिए। जिन मृदाओं में जिंक की कमी हो वहाँ पर 15-20 किलोग्राम जिंक सल्फेट प्रति हैक्टेयर की दर से बुआई करते समय प्रयोग करना चाहिए।

बीज उत्पादन के लिए ज्वार की फसल को नत्रजन की कम मात्रा प्रयोग की जाती है क्योंकि पौधों की वानस्पतिक वृद्धि अधिक हो जाने से बीज उत्पादन कम हो जाता है। बीज के लिए ज्वार की फसल को 40-50 किलोग्राम नत्रजन, 40-50 किलोग्राम फासफोरस तथा 30-40 किलोग्राम पोटास प्रति हैक्टेयर की दर से प्रयोग करना चाहिए। नत्रजन की दो तिहाई, फासफोरस तथा पोटास की सम्पूर्ण मात्रा बुआई के समय खेत में छिड़क देनी चाहिए। शेष नत्रजन की मात्रा को बुआई के 30-35 दिन उपरान्त खड़ी फसल में छिड़क देनी चाहिए।

सिंचाई एवं जलनिकास (Irrigation and Drainage)

वर्षा ऋतु में बोई गई ज्वार की फसल को सिंचाइयों की आवश्यकता नहीं होती है परन्तु वर्षा ऋतु में अधिक समय तक सूखा पड़ने की स्थिति में एक सिंचाई करनी चाहिए। जून में पलेवा देकर बोई गई फसल में मानसून देर से आने पर एक या दो सिंचाईयाँ 10-20 दिन के अन्तराल पर देनी

चाहिए। ग्रीष्मकालीन फसल जो फरवरी-मार्च में बोई जाती है, को 10-15 दिन के अन्तराल पर सिंचाई करते रहना चाहिए। बिलम्ब से बोई गई फसल को सितम्बर-अक्टूबर माह में दो-तीन सिंचाइयों की आवश्यकता होती है।

बीज उत्पादन के लिए ज्वार की फसल में अक्टूबर माह में पुष्पावस्था आने पर एक या दो सिंचाइयों की आवश्यकता होती है। ज्वार की फसल में फूल आने से लेकर दुग्धावस्था तक मृदा में पर्याप्त मात्रा में नमी रहना आवश्यक है। ज्वार की फसल को प्रत्येक सिंचाई हल्की मात्रा में देनी चाहिए। खेत में जल भराव की दशा में जलनिकास का पर्याप्त प्रबन्ध होना चाहिए।

खरपतवार नियन्त्रण (Weed Management) : ज्वार की फसल की प्रारम्भिक अवस्था में खरपतवारों का प्रकोप होने से उपज में काफी हानि हो जाती है अतः बुआई के 30-35 दिन उपरान्त खुरपी की सहायता से एक निराई कर देने से खरपतवार नियंत्रित हो जाते हैं। इसके पश्चात् फसल की वृद्धि हो जाने से खरपतवार स्वतः ही नियंत्रित हो जाते हैं। खरपतवार नाशी रसायनों जैसे एट्राजिन 1.5 किलोग्राम सक्रिय तत्व प्रति हैक्टेयर की दर से 1000 लीटर पानी में घोलकर बुआई के तुरन्त बाद खेत में छिड़क देने से खरपतवारों का नियन्त्रण हो जाता है।

कटाई प्रबन्ध (Cutting Management)

पौधों की प्रारम्भिक अवस्था में धूरिन नामक ग्लूकोसाइड की मात्रा अधिक होती है। यह रसायन काफी विषैला होता है तथा ज्वार की फसल का प्रयोग पशुओं द्वारा करने पर पशुओं के स्वास्थ्य पर बुरा प्रभाव पड़ता है कभी-कभी तो पशु मर ही जाते हैं। इस रसायन की सान्द्रता पौधे की वृद्धि के साथ-साथ कम होती रहती है। इसके साथ-साथ इस रसायन की सान्द्रता सिंचाई करने से भी कम हो जाती है। अतः इस रसायन के प्रभाव से बचने के लिए सिंचाई करने के बाद तथा पुष्पावस्था में पहुँचने पर पशुओं को खिलाना चाहिए। पौधों की पुष्पावस्था के समय पोषक तत्वों की मात्रा तथा पौष्टिकता अधिक होती है। बहु कटाई वाली प्रजातियों की प्रथम कटाई 50-55 दिन बाद इसके बाद अन्य कटाईयाँ 30-35 दिन के अन्तराल पर करनी चाहिए। सूखा चारा अथवा हे बनाने के लिए ज्वार की फसल की कटाई पौधों के बूट आने की अवस्था में करनी चाहिए।

चारे वाली ज्वार की प्रजातियों को बीज उत्पादन के लिए फसल की केवल एक ही कटाई उस अवस्था में की जाती है जब पौधों की बालियाँ परिपक्वावस्था में पहुँच गई हो तथा बीज कठोर हो गये हों बालियों को प्रायः नीचे से काटकर पौधों से अलग कर देते हैं तथा इन्हें किसी पक्के फर्श पर फैला देते हैं। अच्छी प्रकार से सूख जाने के उपरान्त ट्रैक्टर अथवा बैलों की सहायता से इन बालियों से बीज अलग कर लेते हैं। बीजों को भूसे से अलग करने से पश्चात् हवा की सहायता से अच्छी तरह साफ करने के पश्चात् सुखा कर भण्डारण कर देते हैं।

उपज (Yield)

ज्वार के हरे चारे की उपज प्रजातियों कटाई की अवस्था तथा संख्या पर निर्भर करती है। संकर जातियों से हरा चारा 600-700 क्विंटल प्रति हैक्टेयर तथा देशी प्रजातियों से 400-500 क्विंटल प्रति हैक्टेयर प्राप्त होता है। उन्नत शस्य क्रियायें अपना कर बीज उत्पादन के लिए ज्वार की फसल से 8-10 क्विंटल बीज प्रति हैक्टेयर तथा 90-100 क्विंटल प्रति हैक्टेयर कड़वी प्राप्त हो जाती है।

❑❑❑❑❑

अध्याय 21

बाजरा
(Pearl Millet)

वानस्पतिक नाम	:	पेनीसिटम टाइफ्वाइडस
(Botanical name)	:	(*Pannesetum typhoides*)
कुल (Family)	:	ग्रेमिनी (Gramineae)

(आर्थिक महत्व, उत्पत्ति एवं इतिहास, क्षेत्र एवं वितरण, जलवायु, भूमि, भूमि की तैयारी तथा कीटों एवं बीमारियों का नियन्त्रण खरीफ फसलों के अध्याय 4 में देखिये)।

उन्नतशील प्रजातियाँ (Improved Varieties)

बाजरा के चारे की प्रजातियाँ दाने की प्रजातियों से भिन्न होती हैं। चारे की प्रजातियों में वानस्पतिक वृद्धि अधिक तथा दाने की पैदावार अपेक्षाकृत कम होती है, परन्तु दाने वाली कई संकर प्रजातियों को भी चारे के रूप में उगाया जाता है। संकर बाजरा की प्रजातियों में प्रोटीन की मात्रा अधिक तथा आक्जेलिक अम्ल की कम मात्रा होती हैं। चारे के लिए उगाई जाने वाली बाजरा की प्रमुख प्रजातियाँ निम्न हैं:

संकर बाजरा : एच वी 1, एच वी 3, पी एच वी 10, पी एच वी 12, पी एच वी 14, एन वी 3, एन वी 17, एन वी 18, एन वी 21, एन वी 25, पूसा 322, एम एच 30, बी जे 105 आदि प्रमुख हैं। पूसा 322, प्रजाति कम समय में (75–80 दिन) चारे के लिए तैयार हो जाती है तथा इसके हरे चारे की उपज 300 क्विंटल प्रति हैक्टेयर है।

संकुल प्रजातियाँ : कम्पोजिट 6, के 674, के 677, एल 72, एल 74, आनन्द, एस 11 आदि प्रमुख प्रजातियाँ हैं। बाजरा की कम्पोजिट-6 प्रजाति के हरे चारे की उपज 450 क्विंटल प्रति हैक्टेयर, 80 क्विंटल प्रति हैक्टेयर कड़वी तथा 1.8 प्रतिशत आक्जैलिक अम्ल पाया जाता है।

उपरोक्त उन्नतशील प्रजातियों के अतिरिक्त डी 941, एल 72, एल 74, आनन्द एस 11 आदि प्रमुख प्रजातियाँ हैं।

उपरोक्त उन्नतशील प्रजातियों के अतिरिक्त डी 941, डी 291, एल 72, चारे के लिए उपयुक्त हैं। पंजाब में ए 1/30 प्रजाति चारे तथा दाने दोनों के लिए उगाई जाती है। कर्नाटक के लिए बी 247 अच्छी प्रजाति है। तमिलनाडु के लिए सी ओ 2 तथा सी ओ 3 सर्वोत्तम प्रजातियाँ हैं। इन प्रजातियों के अतिरिक्त राजको तथा जायंट बाजरा चारे की सर्वाधिक उपज देने वाली प्रजातियाँ हैं जिनका बीज उत्पादन की अच्छा होता है। यू पी ई वी 1, पूसा मोती, जी 2, जी 5 सूखा सहिष्णु प्रजातियाँ हैं। क्षारीय भूमियों के लिए डी एल 454, डी एल 532, डी एल 36 बाजरा की प्रजातियाँ उपयुक्त हैं। इसके अतिरिक्त बाजरा की अन्य उन्नतशील प्रजातियाँ जैसे सी 55, एस 530, ए 1/30, एच बी 2, एच बी 4, 5530, राज बाजरा चरी 2, चुम्बु (टी एन एस सी 1) प्रमुख हैं। पंजाब राज्य के लिए अनुमोदित बाजरा की एफ बी सी 16 प्रजाति की हरे चारे की औसत उपज 70-80 टन प्रति हैक्टेयर है यह प्रजाति कई कटाई तथा प्रमुख बीमारियों से अवरोधी है।

बीज एवं बुआई (Seed and Sowing)

बीज दर (Seed rate)

छिड़कवाँ विधि	:	15-20 किलोग्राम प्रति हैक्टेयर
पंक्तियों में बुआई	:	10-12 किलोग्राम प्रति हैक्टेयर
बीज उत्पादन के लिए	:	4-5 किलोग्राम प्रति हैक्टेयर

बुआई का समय (Time of Sowing) : असिंचित क्षेत्रों में बाजरा की बुआई मानसून आरम्भ होने के पश्चात की जाती है। खरीफ ऋतु में बाजरा की बुआई का उपयुक्त समय जून के अन्तिम सप्ताह से जुलाई का अन्तिम सप्ताह है। सिंचाई के साधन उपलब्ध होने पर चारे के लिए ग्रीष्मकालीन बाजरा की बुआई के लिए मार्च माह उपयुक्त है। दक्षिण भारत में बाजरा की बुआई अप्रैल-मई में की जाती है जबकि सिंचित क्षेत्रों में इसे फरवरी-मार्च में बोते हैं। बीज उत्पादन के लिए बाजरा की बुआई जुलाई के प्रथम पखवाड़े में की जाती है।

बोने की विधि (Method of Sowing)

छिड़कवाँ विधि : सामान्यत: बाजरा की बुआई छिड़कवाँ विधि द्वारा ही की जाती है। इस विधि में बीजों को तैयार खेत में एक समान रूप से छिड़क देते हैं इसके पश्चात् हैरो अथवा देशी हल की सहायता से उथली जुताई करके बीजों को भूमि 1-2 सेमी की गहराई में मिट्टी में मिला देते हैं बाजरा की बुआई इस विधि से करने पर बीज की मात्रा अधिक लगती है तथा अंकुरण भी एक समान नहीं होता है।

पंक्तियों में बुआई : इस विधि में तैयार खेत में देशी हल की सहायता से 30-40 सेमी की दूरी पर कूँड बनाकर बाजरा की बुआई की जाती है। इस विधि द्वारा बुआई करने पर बीजों का अंकुरण

एक समान तथा बीज की मात्रा भी कम लगती है। इसके अतिरिक्त बाजरा की बुआई सीडड्रिल, डिबलिंग तथा रोपाई विधि से भी की जाती है।

अन्तरण (Spacing) :

सिंचित क्षेत्रों में पंक्ति से पंक्ति की दूरी	30-40 सेमी
असिंचित क्षेत्रों में पंक्ति से पंक्ति की दूरी	50-60 सेमी
बीज उत्पादन के लिए पंक्ति से पंक्ति की दूरी	50-55 सेमी
पौधे से पौधे की दूरी	6-8 सेमी
बीजों की गहराई	1-2 सेमी

फसल चक्र (Crop Rotation) : बाजरा सिंचित तथा अर्द्धशुष्क दोनों प्रकार की परिस्थितियों में उगाया जाता है। दोनों परिस्थितियों में बाजरा आधारित प्रमुख फसल चक्र निम्न हैं :

सिंचित क्षेत्र :

1. ज्वार - बरसीम + राई - बाजरा + लोबिया (एक वर्षीय)
2. अरहर - बाजरा (दाना) - बाजरा + लोबिया (एक वर्षीय)
3. मक्का (दाना) - आलू - बाजरा + लोबिया (एक वर्षीय)
4. ज्वार (दाना) - गेहूँ - लोबिया - मक्का (दाना) - बरसीम + सरसों - बाजरा + लोबिया (द्विवर्षीय)
5. मक्का (दाना) - गन्ना + बरसीम - गन्ना (पेडी)-बाजरा + लोबिया (द्विवर्षीय)

असिंचित क्षेत्र :

1. बाजरा + ग्वार - जौ (एक वर्षीय)
2. बाजरा + लोबिया - चना (एक वर्षीय)
3. बाजरा + ग्वार - गेहूँ - ज्वार - मटर/चना (द्वि वर्षीय)
4. अरहर + बाजरा (चारा) (एक वर्षीय)

खाद एवं उर्वरक (Manures and Fertilizers)

बाजरा के चारे की अधिक पैदावार प्राप्त करने के लिए खेत की उर्वरा शक्ति अधिक होनी चाहिए। देशी बाजरा की प्रजातियों को 80-100 किलोग्राम नत्रजन प्रति हैक्टेयर की दर से आवश्यकता होती है। संकरा बाजरा को 100-120 किलोग्राम नत्रजन प्रति हैक्टेयर देते हैं। असिंचित तथा बारानी क्षेत्रों में बाजरा की फसल को 60-80 किलोग्राम नत्रजन प्रति हैक्टेयर की दर से प्रयोग किया जाता है। नत्रजन की आधी मात्रा बुआई के समय तथा शेष नत्रजन की मात्रा को 3-4 बार में प्रयोग करते हैं। अच्छी उपज प्राप्त करने के लिए 40-50 किलोग्राम फासफोरस तथा 30-40 किलोग्राम पोटास प्रति हैक्टेयर की दर से बुआई के समय खेत में छिड़क देना चाहिए। सिंचित क्षेत्रों में बाजरा की फसल को 160 किलोग्राम प्रति हैक्टेयर की दर से नत्रजन का प्रयोग किया जा सकता है।

सिंचाई तथा जल प्रबन्ध (Irrigation and Drainage) : बाजरा की फसल सूखा रोधी है। अतः जल की आवश्यकता ज्वार या मक्का की तुलना में बहुत कम होती है। वर्षा ऋतु में बोई गई बाजरा की फसल को सिंचाई की आवश्यकता नहीं होती है परन्तु लम्बे समय तक सूखा पड़ने की अवस्था में एक-दो सिंचाइयाँ की जा सकती हैं। ग्रीष्म कालीन बाजरा की फसल को आवश्यकतानुसार 15-20 दिनों के अन्तराल पर सिंचाई करते रहना चाहिए। सिंचाई करते समय यह विशेष ध्यान रखना चाहिए कि सिंचाई सदैव हल्की मात्रा में की जाए। बीज उत्पादन के लिए बाजरा की फसल की प्रारम्भिक अवस्था में सिंचाई करने से उपज पर हानिकारक प्रभाव पड़ता है। बाजरा की फसल में कल्ले फूटने की अवस्था, फूल आने तथा दानों में दूध पड़ने की अवस्था में सूखा पड़ने से हल्की सिंचाई करने से बीज का उत्पादन अच्छा होता है। अधिक वर्षा हो जाने से खेत में जलभराव होने की दशा में जलनिकास का उत्तम प्रबन्ध आवश्यक है।

निराई-गुड़ाई तथा खरपतवार नियंत्रण (Interculture and Weed Control) : फसल की प्रारम्भिक अवस्था में खरपतवारों द्वारा उपज में काफी हानि होती है। खरीफ ऋतु में बाजरा की फसल उगाने से खरपतवारों की संख्या तथा घनत्व बहुत अधिक होता है। फसल की बुआई के 20-25 दिन बाद खुरपी की सहायता से एक निराई-गुड़ाई कर देने से खरपतवार नष्ट हो जाते हैं। इसके पश्चात पौधों की वृद्धि हो जाने से खरपतवारों का फसल पर कोई विशेष प्रभाव नहीं पड़ता है। निराई-गुड़ाई करने से पौधों में कल्ले अधिक संख्या में निकलते हैं तथा पौधों की वृद्धि भी अधिक हो जाती है। खरपतवारों के नियन्त्रण के लिए खरपतवारनाशी रसायन जैसे एट्राजिन 1.0 किलोग्राम सक्रिय तत्व प्रति हैक्टेयर की दर से 800 लीटर पानी में घोलकर बुआई के तुरन्त बाद छिड़काव करने से खरपतवार नियंत्रित हो जाते हैं।

कटाई प्रबन्ध (Cutting Management)

बाजरा की चारे वाली फसल की सामान्यतः दो कटाइयाँ ली जाती हैं। पहली कटाई बुआई के 60-65 दिन पश्चात तथा दूसरी कटाई प्रथम कटाई के 45-50 दिनों बाद की जाती है। प्रथम कटाई के समय यह ध्यान रखना चाहिए कि पौधों की कटाई जमीन सतह से 10-12 सेमी की ऊँचाई पर करने से पौधों की पुनःवृद्धि शीघ्र होती है जिससे फसल की दूसरी कटाई की उपज भी अधिक प्राप्त होती है।

बीज उत्पादन के लिए संकरा बाजरा की फसल की चारे के लिए कटाई नहीं की जाती है। संकर बाजरा की फसल लगभग 100-110 दिनों में पककर तैयार हो जाती है। पक्की फसल के दाने कड़े तथा गहरे रंग के हो जाते हैं तथा जब पत्तियाँ मुरझाने लगे फसल की कटाई कर की जाती है। इस अवस्था में मादा बालियों को काट कर पौधों को पशुओं को चारे के रूप में प्रयोग कर लेते हैं। इस प्रकार बालियों को बैलों तथा ट्रैक्टर की सहायता से पक्के फर्श पर बिछा कर बालियों से बीज अलग कर लेते हैं इसके उपरान्त बीजों को दो-तीन दिन तक धूप में सुखाकर भन्डारण कर देते हैं।

उपज (Yield)

संकर प्रजातियों की हरे चारे की उपज 600-700 क्विंटल प्रति हैक्टेयर होती है। ग्रीष्मकालीन फसल में सिंचाई के समुचित प्रबन्ध होने पर 700-800 क्विंटल हरा चारा प्रति हैक्टेयर प्राप्त किया जा सकता है। बीज उत्पादन के लिए संकरा बाजरा की फसल से 12-15 क्विंटल प्रति हैक्टेयर बीज तथा 70-80 क्विंटल प्रति हैक्टेयर कड़वी प्राप्त हो जाती है।

अध्याय 22

मक्का (Maize)

वानस्पतिक नाम	:	जिया मेज
(Botanical name)	:	(*Zea mays*)
कुल (Family)	:	ग्रेमिनी (Gramineae)

(आर्थिक महत्व, क्षेत्र एवं वितरण, उत्पत्ति एवं इतिहास, भूमि, भूमि की तैयारी तथा कीटों एवं बीमारियों का नियन्त्रण खरीफ फसलों के अध्याय 2 में देखिये)।

उन्नतशील प्रजातियाँ (Improved Varieties)

दाने के लिए उगाई जाने वाली मक्का की समस्त किस्में चारे के लिए भी प्रयोग की जाती हैं। मक्का की ऐसी प्रजातियाँ जो दाना पकते समय भी हरी रहती हैं वे चारे के लिए विशेष रूप से उपयुक्त होती हैं। इसके अतिरिक्त वह प्रजातियाँ जिनके पौधों की ऊँचाई तथा पत्तियाँ अधिक होती हैं, चारे के लिए उपयुक्त होती हैं।

मक्का की संकुल प्रजातियाँ जैसे तरूण, विजय, जवाहर, किसान, नवीन, नवज्योति, धवल, अर्ली कम्पोजिट, वी एल 88, अगेती 76, विक्रम, कम्पोजिट I, कम्पोजिट II आदि चारे के लिए सबसे अच्छी प्रजातियाँ हैं।

संकर मक्का की प्रजातियाँ जैसे सरताज, गंगा सफेद 2, गंगा 5, गंगा 7, गंगा 11, संकर मक्का 3047, वी एल 42, जी वी एम 48-2, वी एल 54 आदि प्रजातियाँ चारे के लिए उपयुक्त हैं।

देशी मक्का की प्रजातियाँ जैसे अफ्रीकन टाल, एन पी एलो 2, एन पी एलो 20, ओक्लादामा, मेरठ यलो, बस्सी आदि चारे के लिए उपयुक्त प्रजातियाँ हैं।

बीज एवं बुआई (Seed and Sowing)

बीज दर (Seed Rate) : चारे के लिए उगाई जाने वाली मक्का की फसल की बीज दर 40-60 किलोग्राम प्रति हैक्टेयर उपयुक्त होती है। मक्का की कटाई दूध अवस्था पर करनी होती है तो 30-40 किलोग्राम प्रति हैक्टेयर की दर से बुआई करते हैं और जब नर मंजरियों पर कटाई करनी होती है तो बीज दर 50-60 किलोग्राम प्रति हैक्टेयर रखी जाती है। ग्रीष्मकालीन मक्का के लिए बीज दर 40-50 किलोग्राम प्रति हैक्टेयर जबकि खरीफ मक्का के लिए 50-60 किलोग्राम प्रति हैक्टेयर की दर से बुआई की जाती है। बीज उत्पादन के लिए 12-15 किलोग्राम प्रति हैक्टेयर की दर से बीज की बुआई करनी चाहिए।

बुआई का समय (Time of Sowing) : उत्तर भारत में चारे के लिए मक्का की बुआई सामान्यतः दो ऋतुओं में की जाती है। वर्षा ऋतु में असिंचित क्षेत्रों में मक्का की बुआई मानसून के प्रारम्भ होने के समय (जुलाई के द्वितीय सप्ताह) की जाती है जबकि ग्रीष्मकालीन मक्का की बुआई रबी फसलों की कटाई के बाद मार्च में की जाती है।

बुआई की विधि (Methods of Sowing) : मक्का की बुआई मुख्यतः दो विधियों द्वारा की जाती है।

छिटकवाँ विधि : इस विधि में मक्का की बुआई के लिए तैयार किये गये खेत में एक समान मात्रा में बीजों को छिड़क दिया जाता है। इसके पश्चात देशी हल अथवा कल्टीवेटर से उथली जुताई करके अच्छी तरह से पाटा लगा दिया जाता है। इस विधि से मक्का की बुआई करने पर 15-20 प्रतिशत अधिक बीज दर की आवश्यकता होती है।

पंक्तियों में बुआई : इस विधि द्वारा मक्का की बुआई करने पर देशी हल की सहायता से इच्छित दूरी पर कूँड बना लिये जाते हैं। इसके बाद इन कूँडों में बीज समान मात्रा में बोकर अच्छी तरह पाटा लगा दिया जाता है। पंक्तियों में बुआई करने के लिए सीडड्रिल का भी प्रयोग किया जाता है। मक्का की बुआई पंक्तियों में करने से यांत्रिक विधि द्वारा खरपतवार नियन्त्रण भी किया जा सकता है। पंक्तियों में बुआई करने पर बीजों का अंकुरण एक समान तथा शीघ्र होता है। मक्का की बुआई 2-3 सेमी से अधिक गहराई पर नहीं करनी चाहिए। बसन्त कालीन मक्का की बुआई कम गहराई पर करने से बीजों का अंकुरण शीघ्र तथा एक समान होता है क्योंकि इस समय भूमि की ऊपरी सतह का तापमान शीघ्रता से घटता तथा बढ़ता है।

संकर मक्का के बीज उत्पादन के लिए बुआई की विधि सामान्य रूप से दाने तथा चारे के लिए बोई गई फसल से भिन्न होती है। संकर मक्का की बुआई के लिए बीज दो प्रकार का होता है। पहला बीज नर जिसका उपयोग परागण के लिए किया जाता है। दूसरा मादा बीज जिसका उपयोग नर बीजों द्वारा अन्य पौधों में परागण से संकरण की क्रिया प्रतिपादित करके संकर बीजों का उत्पादन करना होता है। नर तथा मादा बीज पंक्तियों में लगभग 30-45 सेमी की दूरी पर बोते हैं तथा पौधे से पौधे की दूरी 10-12 सेमी रखते हैं। नर तथा मादा बीजों को क्रमशः 2 तथा 4 पंक्तियों के अनुपात में बोते हैं। मक्का की बुआई सदैव नर बीजों द्वारा प्रारम्भ करनी चाहिए। नर बीजों की दो पंक्तियों की बुआई के बाद मादा बीजों की 4 पंक्तियाँ बोनी चाहिए। बोते समय इस बात का ध्यान रखना चाहिए कि नर बीजों

की पंक्तियों में मादा तथा मादा बीजों की पंक्तियों में नर बीज किसी भी दशा में नहीं पड़ना चाहिए। कहीं-कहीं पर नर तथा मादा बीजों की पंक्तियों का अनुपात 2:6 भी रखते हैं। बीज उत्पादन के लिए नर बीज की मात्रा 5-6 किलोग्राम प्रति हैक्टेयर जबकि मादा बीजों की मात्रा 10-12 किलोग्राम प्रति हैक्टेयर की दर से प्रयोग की जाती है।

खाद एवं उर्वरक (Manures and Fertilizers)

मक्का की अधिक फसल उपज तथा पौष्टिक चारा प्राप्त करने के लिए 100-120 किलोग्राम नत्रजन, 50-60 किलोग्राम फासफोरस तथा 40-50 किलोग्राम पोटास प्रति हैक्टेयर प्रयोग करनी चाहिए। नत्रजन की आधी मात्रा, फासफोरस तथा पोटास की सम्पूर्ण मात्रा बुआई के समय खेत में छिड़क कर फैला देनी चाहिए। नत्रजन की शेष आधी मात्रा बुआई के 30-35 दिन उपरान्त छिड़काव कर देना चाहिए।

बीज उत्पादन हेतु मक्का की फसल को चारे की फसल की अपेक्षा अधिक मात्रा में उर्वरकों की आवश्यकता होती है। नत्रजन, फासफोरस तथा पोटास की संतुलित मात्रा अधिक उपज के लिए आवश्यक है। बीज उत्पादन के लिए खाद एवं उर्वरकों की मात्रा निम्न प्रकार से दी जानी चाहिए।

गोबर की खाद	10-15 टन प्रति हैक्टेयर
नत्रजन	120-140 किलोग्राम प्रति हैक्टेयर
फासफोरस	50-60 किलोग्राम प्रति हैक्टेयर
पोटास	40-50 किलोग्राम प्रति हैक्टेयर
जिंक सल्फेट	15-20 किलोग्राम प्रति हैक्टेयर

मक्का की बुआई के पूर्व खेत में सड़ी हुई गोबर की खाद को बोने के 15-20 दिन पूर्व खेत में फैलाकर अच्छी तरह से भूमि में मिला देनी चाहिए। नत्रजन की आधी मात्रा, फासफोरस तथा पोटास की सम्पूर्ण मात्रा आखिरी जुताई के समय खेत में एक समान मात्रा में मिला देनी चाहिए। शेष नत्रजन की मात्रा को मक्का की बुआई के 30-40 दिन उपरान्त पौधों के पास देनी चाहिए। यूरिया का 2 प्रतिशत का पर्णीय छिड़काव फसल में दूध बनने की अवस्था में करने से उपज में काफी वृद्धि हो जाती है।

सिंचाई एवं जलनिकास (Irrigation and Drainage) : मक्का के पौधों को ज्वार की अपेक्षा अधिक पानी की आवश्यकता होती है। मक्का का पौधा एक किलोग्राम शुष्क पदार्थ बनाने के लिए लगभग 350-450 लीटर पानी का उपयोग करता है। पौधों के वानस्पतिक वृद्धि एवं विकास की अवस्था में लगभग 6-8 मिलीलीटर पानी प्रतिदिन प्रति पौधा आवश्यक है। पौधों की लम्बाई 25-30 सेमी पहुँचने पर 2-5 मिलीलीटर पानी प्रतिदिन प्रति पौधा आवश्यक है। सामान्यत: वर्षा ऋतु की फसल को सिंचाइयों की आवश्यकता नहीं होती परन्तु सूखे की स्थिति होने की दशा में फसल की आवश्यक वृद्धि के लिए सिंचाई देनी चाहिए।

इस तरह मक्का की अच्छी फसल प्राप्त करने के लिए ग्रीष्मकालीन मक्का को 5-6 सिंचाईयों तथा वर्षाकालीन मक्का को 2-3 सिंचाईयों की आवश्यकता होती है।

आवश्यकता से अधिक सिंचाई तथा अधिक मात्रा में वर्षा हो जाने से खेत में जलभराव की दशा में खेत से जल का समुचित निकास न होने की दशा में पौधे सड़ जाते हैं अत: ऐसी अवस्था में अच्छी फसल प्राप्त करने के लिए जलनिकास अत्यन्त आवश्यक है।

खरपतवार नियन्त्रण (Weed Management) : फसल की प्रारम्भिक अवस्था में खरपतवार नियन्त्रण आवश्यक है। मक्का के पौधों को खरपतवारों से बचाने के लिए एक-दो बार निराई-गुड़ाई करना आवश्यक होता है। बुआई के 30 दिन पश्चात् खुरपी की सहायता से एक बार निराई कर देने से खरपतवार नियंत्रित हो जाते हैं। मक्का की फसल में खरपतवार नियन्त्रण से चारे की उपज तथा पौष्टिकता बढ़ जाती है। खरपतवारनाशी रसायनों जैसे एट्राजिन 1.0 किलोग्राम सक्रिय तत्व प्रति हैक्टेयर की दर से 1000 लीटर पानी में घोलकर छिड़काव करने से खरपतवार नियंत्रित हो जाते हैं।

कटाई प्रबन्ध (Cutting Management)

चारे के लिए मक्का की केवल एक ही कटाई की जाती है क्योंकि मक्का में एक बार कटाई करने के उपरान्त पुनःवृद्धि की क्षमता होती है। हरे चारे के लिए मक्का की कटाई फसल बोने के 80-85 दिन उपरान्त मादा मंजरियाँ निकलने के बाद करते हैं। साइलेज के लिए मक्का को कटाई दाना बनाने की अवस्था में की जाती है क्योंकि इस समय मक्का के चारे में शुष्क पदार्थ तथा शर्करा की मात्रा अधिक होती है।

बीज फसल की कटाई उस समय की जाती हैं जब भुट्टों का ऊपरी आवरण सूखकर पीला पड़ जाए तथा भूट्टे सूखकर नीचे की ओर लटकने लगे। कटाई के समय दानों में लगभग 20-24 प्रतिशत नमी होनी चाहिए।

उपज (Yield)

सामान्यतः मक्का के चारे की ऊपज 350-400 क्विंटल प्रति हैक्टेयर प्राप्त होती है परन्तु उत्तम शस्य क्रियायें अपना कर मक्का के हरे चारे की उपज 450-500 क्विंटल प्रति हैक्टेयर तक प्राप्त की जा सकती है। अच्छे प्रबन्धन एवं देख-रेख में बीज की फसल से लगभग 45-50 क्विंटल प्रति हैक्टेयर तक बीज प्राप्त हो जाता है।

❒❒❒❒❒

अध्याय 23

लोबिया
(Cowpea)

वानस्पतिक नाम	:	विगना अन्गीक्यूलेटा/साइनेन्सिस
(Botanical name)	:	(*Vigna sinensis/unguiculata*)
कुल (Family)	:	लेग्यूमिनेसी (Leguminaceae)

(आर्थिक महत्व, उत्पत्ति एवं इतिहास, क्षेत्र एवं वितरण, जलवायु, भूमि तथा भूमि की तैयारी, कीट एवं बीमारियाँ आदि लोबिया के अध्याय 16 में पढ़ें).

उन्नतशील प्रजातियाँ (Improved Varieties)

चारे वाली लोबिया की किस्में दाने वाली लोबिया की किस्मों से भिन्न होती हैं। क्योंकि चारे वाली लोबिया के पौधों की वानस्पतिक वृद्धि अधिक तथा बीज उत्पादन क्षमता बहुत कम होती है। चारे वाली लोबिया की कई प्रजातियाँ प्रकाश के प्रति संवेदनशील होती है। उत्तर भारत में लोबिया की प्रमुख प्रजातियों में रशियन जाइन्ट, ईसी 4216, सिरसा 10, के 397, के 585, एफ ओ एस 1 आदि प्रमुख हैं। के 585 प्रजाति मिश्रित फसल पद्धति के लिए उपयुक्त है। इसी प्रकार हिसार से विकसित एच सी 42-1 भी ज्वार, बाजरा तथा मक्का के साथ मिलवाँ/मिश्रित फसल पद्धति के लिए सर्वोत्तम है। झाँसी से विकसित लोबिया की दो प्रजातियाँ एस 450 वर्षाकालीन फसल के लिए जबकि एस 457 ग्रीष्म कालीन फसल के लिए उपयुक्त हैं। तमिलनाडु के लिए कोयम्बटूर 1 तथा कोयम्बूटर 2 तथा बिहार के लिए संकर

2 प्रजाति उपयुक्त है। इसके अतिरिक्त जवाहर लोबिया 1, जवाहर लोबिया 2, सिरसा 10, सी 88, यू पी सी 42, यू पी सी 2201, यू पी सी 8801, आई एफ सी 8401, आई एफ सी 8501, सी एस 38 आदि लोबिया के हरे चारे के लिए विकसित उन्नतशील प्रजातियाँ हैं।

चारे के लिए उगाई जाने वाली लोबिया की उन्नतशील प्रजातियों के विशिष्ट गुण निम्न हैं।

रशियन जाइन्ट : देर से पककर तैयार होने वाली लोबिया की यह प्रजाति फैलने वाली है इसके पौधे काफी बड़े तथा पत्तियाँ काफी चौड़ी होती हैं। लोबिया की यह प्रजाति मिश्रित फसल पद्धति के लिए उपयुक्त नहीं है क्योंकि इसका तना सह फसल के साथ लिपट जाता है जिससे फसल की कटाई में काफी परेशानी होती है। इस प्रजाति के हरे चारे की औसत उपज 350-400 क्विन्टल प्रति हैक्टेयर होती है।

सी 30 : मध्यम समय में तैयार होने वाली इस प्रजाति की पत्तियाँ गहरे हरे रंग की होती हैं। यह प्रजाति पीला मोजेक रोग अवरोधी है। इस प्रजाति की औसत उपज 350-400 क्विन्टल प्रति हैक्टेयर होती है।

एच एफ सी 42-1 : लोबिया की यह प्रजाति ज्वार, बाजरा तथा मक्का के साथ मिश्रित फसल पद्धति के लिए बहुत ही उपयुक्त है। इस प्रजाति के दाने बहुत छोटे होते हैं तथा इसके हरे चारे की औसत उपज 350-400 क्विन्टल प्रति हैक्टेयर होती है।

यू पी सी 287 : लोबिया की इस प्रजाति में फूल तथा फलियाँ बुआई के 60-65 दिन बाद बनने लगती हैं। इस प्रजाति के हरे चारे की औसत उपज 300-400 क्विन्टल प्रति हैक्टेयर है।

यू पी सी 5286 : लोबिया की यह प्रजाति लोबिया उगाने वाले समस्त क्षेत्रों के लिए उपयुक्त है। इस प्रजाति की ग्रीष्मकालीन समय में भी बुआई की जा सकती है। लोबिया की इस प्रजाति में लगभग समस्त बीमारियों के प्रति अवरोधी, रोयेदार सूँडी, तना छेदक, फली एवं बीज छेदक कीटों का प्रकोप भी कम तथा पकने पर फलियाँ चटकती नहीं है। इस प्रजाति के हरे चारे की औसत उपज 400-450 क्विन्टल प्रति हैक्टेयर हैं।

सी एस 88 : लोबिया की यह हरे चारे की प्रजाति संकरण विधि द्वारा (सी 28 × एच एफ सी 42-1) विकसित की गई है। यह प्रजाति प्रमुख बीमारियों से अवरोधी, अर्द्ध सीधी, चौड़ी पत्तियाँ तथा देर से पकने वाली है। यह प्रजाति सिंचित तथा असिंचित दोनों दशाओं के लिए अनुकूल है। इसकी हरे चारे की औसत उपज 350-450 क्विन्टल प्रति हैक्टेयर तथा शुष्क पदार्थ की उपज 50 से 75 कविन्टल प्रति हैक्टेयर है।

यू पी सी 607 : 140-150 दिन में पककर तैयार होने वाली यह प्रजाति उत्तर प्रदेश, पंजाब, हरियाणा तथा राजस्थान के लिए उपयुक्त है। इसके शुष्क पदार्थ की पाचन क्षमता अच्छी होती है तथा औसत उपज 35-40 टन प्रति हैक्टेयर है। यह प्रजाति लोबिया में लगने वाली सभी प्रमुख बीमारियों के प्रति अवरोधी है।

फसल चक्र (Crop rotation) : लोबिया की फसल विभिन्न क्षेत्रों में भिन्न-भिन्न फसल के साथ बोई जाती है। उड़ीसा में इसे रागी या मंडुआ और धान के साथ बोया जाता है। गुजरात में बाजरा के

साथ, केरल तथा अन्य तटवर्ती भागों में इसे नारियल के बगीचों में, उत्तर भारत में मक्का, ज्वार, बाजरा, मकचरी, कपास, गन्ना आदि फसलों के साथ मिश्रित फसल पद्धति के रूप में उगाते हैं। ग्रीष्मकालीन लोबिया को बरसीम, गेहूँ, चना, जौ, सरसों, अलसी, रिजका आदि फसलों की कटाई के बाद बोया जाता है। लोबिया आधारित कुछ प्रमुख फसल चक्र निम्न हैं।

1. ज्वार + लोबिया - बरसीम + सरसों - मक्का + लोबिया (एक वर्षीय)
2. ज्वार (दाना) - जई - मक्का + लोबिया (एक वर्षीय)
3. सोयाबीन - गेहूँ - मक्का + लोबिया (एक वर्षीय)
4. बाजार + लोबिया - गेहूँ + लोबिया (एक वर्षीय)
5. मक्का + लोबिया - गन्ना + लोबिया (द्विवर्षीय)
5. धान - गेहूँ - मक्का + लोबिया (द्विवर्षीय)
6. अरहर + लोबिया - गेहूँ - मक्का + लोबिया (एक वर्षीय)

बीज उपचार (Seed Treatment) : सदैव स्वस्थ तथा प्रमाणित बीज ही प्रयोग करना चाहिए। बीज बोने के पूर्व किसी कवकनाशी रसायन जैसे थीरम अथवा कैप्टान 2 ग्राम प्रति किलोग्राम बीज दर से उपचारित करने पर बीज जनित बीमारियों का प्रकोप कम हो जाता है। इसके उपरान्त बीजों को राइजोबियम कल्चर से भी उपचारित करने से लोबिया के हरे चारे की उपज बढ़ जाती है साथ ही साथ मृदा की उर्वरा शक्ति में भी सुधार हो जाता है।

बीज दर (Seed rate) : चारे के लिए लोबिया का बीज 40-50 किलोग्राम प्रति हैक्टेयर की दर से बोना चाहिए। लोबिया को मिश्रित फसल पद्धति के रूप मे बोने से बीज दर 20-25 किलोग्राम प्रति हैक्टेयर रखनी चाहिए। छिड़कवाँ विधि से बोने से सामान्य बीज दर से 20 प्रतिशत अधिक बीज प्रयोग करना चाहिए। बीज उत्पादन के लिए लोबिया का बीज 20 किलोग्राम प्रति हैक्टेयर की दर से बोया जाता है।

बुआई का समय (Time of Sowing) : लोबिया की बुआई दो ॠतुओं में की जाती है। खरीफ ॠतु में लोबिया की बुआई जून-जुलाई माह में की जाती है। सिंचित क्षेत्रों में लोबिया की बुआई ग्रीष्मॠतु में मार्च-अप्रैल में की जाती है। देर से लोबिया का चारा प्राप्त करने के लिए इसकी बुआई अगस्त माह तक की जा सकती है।

बुआई की विधि (Method of Sowing) : चारे के लिए लोबिया फसल की बुआई छिड़कवाँ विधि द्वारा ही की जाती है। इस विधि में तैयार किये गये खेत में बीज को समान मात्रा में छिड़क कर देशी हल अथवा कल्टीवेटर से उथली जुताई करके अच्छी तरह से पाटा लगा दिया जाता है। पंक्तियों में लोबिया की बुआई बीज उत्पादन करने के उद्देश्य से की जाती है इस विधि में देशी हल अथवा सीडड्रिल की सहायता से 40-50 सेमी की दूरी पर बोया जाता है। इस विधि से बुआई करने पर खरपतवार नियन्त्रण तथा अन्य कृष्य क्रियायें आसानी से की जा सकती हैं।

खाद एवं उर्वरक (Manures and Fertilizers)

लोबिया की फसल दलहनी फसल है इसलिए पौधो की प्रारम्भिक अवस्था में नत्रजन का प्रयोग करने से पौधों की जड़ों तथा जड़ ग्रन्थिकाओं का विकास अच्छा होने से वायुमंडल की नत्रजन का स्थिरीकरण अधिक मात्रा में होने से हरे चारे की उपज तथा पौष्टिकता बढ़ जाती है। लोबिया की फसल को 20-25 किलोग्राम नत्रजन तथा 40-45 किलोग्राम फासफोरस प्रति हैक्टेयर की दर से प्रयोग किया जाता है। डी ए पी खाद उपलब्ध होने की दशा में 100 किलोग्राम प्रति हैक्टेयर की दर से प्रयोग करने उपरोक्त दोनों पोषक तत्वों की पूर्ति हो जाती है। नत्रजन तथा फासफोरस उर्वरकों का प्रयोग बुआई करने के पूर्व खेत में छिड़क कर अच्छी तरह से मिला देना चाहिए।

बीज उत्पादन के लिए लोबिया की फसल को अधिक मात्रा से नत्रजन का प्रयोग नहीं करना चाहिए। बुआई के समय 10-15 किलोग्राम नत्रजन तथा 25 किलोग्राम फासफोरस प्रति हैक्टेयर की दर से प्रयोग करना चाहिए। 50 किलोग्राम फासफोरस प्रति हैक्टेयर की दर से लोबिया की फसल बोने के 40-45 दिन पश्चात् अथवा फूल आने के समय घोल बनाकर छिड़काव करने से बीजों का आकार बढ़ जाने से उपज में काफी वृद्धि हो जाती है। लोबिया की वानस्पतिक वृद्धि को कम करने के लिए वृद्धि अवरोधक रसायन जैसे बी-नाइन (500 पी पी एम), फास्फेट (1000 पी पी एम) तथा सी सी सी (5000 पी पी एम) का छिड़काव बुआई के 30-35 दिन बाद तथा फूल आने की अवस्था में किया जाता है।

सिंचाई एवं जलनिकास (Irrigation and drainage)

लोबिया की फसल को वर्षा ऋतु में उगाने पर सिंचाई की आवश्यकता नहीं होती है परन्तु अगस्त में पछेती बोई गई फसल को अक्टूबर तथा नवम्बर माह में एक अथवा दो सिंचाईयों की आवश्यकता होती है। ग्रीष्मकालीन फसल को 10-15 दिन के अन्तराल पर सिंचाई करते रहना चाहिए। खरीफ ऋतु में फसल उगाने पर वर्षा ऋतु में अधिक पानी भर जाने की दशा में जल निकास अत्यन्त आवश्यक है। लोबिया के खेत में अधिक पानी भर जाने की दशा में जड़ गलन रोग का प्रकोप हो जाता है जिससे पौधे मर जाते हैं।

बीज उत्पादन के लिए बोई गई लोबिया की फसल को फूल आने की अवस्था से लेकर बीज बनने तक दो-तीन सिंचाईयों की आवश्यकता होती है। इस अवस्था में पानी की कमी होने से बीज उत्पाद काफी प्रभावित हो जाता है। फसल की प्रारम्भिक अवस्था में पानी देने से स्वस्थ पौधों की संख्या में काफी कमी हो जाती है जिससे फसल की उपज कम हो जाती है।

खरपतवार प्रबन्ध (Weed Management) : लोबिया की फसल की प्रारम्भिक अवस्था में खरपतवारों को प्रकोप होने से उपज कम हो जाती है। इसलिए लोबिया की फसल बोने के 20-25 दिन बाद निराई करके खरपतवार निकाल देने चाहिए। खरपतवार नाशी रसायन जैसे फ्लूक्लोरेलिन (बासालिन) 1.0 किग्रा. सक्रिय तत्व प्रति हैक्टेयर की दर से 800 लीटर पानी में घोल कर बुआई के पूर्व छिड़क देना चाहिए। इसके अतिरिक्त पेन्डीमिथालीन (स्टाम्प) 1.50 किलोग्राम प्रति हैक्टेयर की दर से 800 लीटर पानी में घोल कर बुआई के बाद परन्तु अंकुरण के पूर्व खेत में छिड़काव कर देने से

चौड़ी पत्ती वाले समस्त खरपतवार नष्ट हो जाते हैं। लोबिया की फसल में खरपतवारों के प्रकोप से हानिकारक कीटों तथा बीमारियों का आक्रमण हो जाता है।

कटाई प्रबन्ध (Cutting management)

सामान्यत: लोबिया की फसल की केवल एक कटाई ही ली जाती है परन्तु रशियन जाइन्ट तथा एच एफ सी 42-1 प्रजाति दो कटाइयों के लिए उपयुक्त है। लोबिया की दो कटाई वाली प्रजातियों की पहली कटाई बोने के 55-60 दिन पश्चात् तथा दूसरी कटाई पहली कटाई के 40-50 दिन बाद की जानी चाहिए। प्रथम कटाई के समय यह ध्यान रखना चाहिए कि कटाई जमीन सतह से 5-10 सेमी की ऊँचाई पर अथवा कम से कम दो गाँठों से ऊपरी भाग काटा जाए। इससे पौधों में पुनर्वृद्धि शीघ्र होती है जिससे हरे चारे की उपज में काफी वृद्धि हो जाती है।

बीज उत्पादन के लिए लोबिया की कटाई नहीं की जाती है। फसल की कटाई 75 प्रतिशत फलियाँ सूख जाने पर ही करनी चाहिए। फसल अधिक पकने पर लोबिया की फलियाँ चटकने लगती है ऐसी दशा में पकी हुई फलियों की तुड़ाई कर लेनी चाहिए। फलियों को ट्रैक्टर, बैलों अथवा लकड़ी की सहायता से पीट कर बीज निकाल लिया जाता है। इसके पश्चात बीजों को भूसे से हवा की सहायता से अलग करके अच्छी तरह साफ कर लिया जाता है। इस प्रकार प्राप्त बीजों को धूप में अच्छी तरह से सुखाकर भण्डारण कर देते हैं।

उपज (Yield)

लोबिया की एक कटाई वाली प्रजातियों की हरे चारे की उपज 250-300 क्विन्टल प्रति हैक्टेयर जबकि दो कटाई वाली प्रजातियों की उपज 400-450 क्विन्टल प्रति हैक्टेयर तक प्राप्त होती है।

अध्याय 24

ग्वार
(Cluster Bean)

वानस्पतिक नाम	:	साइम्पोसिस टेट्रागोनोलोबा
(Botanical name)	:	(*Cymposis tetragonoloba* L.)
कुल (Family)	:	लेग्यूमिनेसी (Leguminaceae)

आर्थिक महत्व (Economic Importance)

शुष्क तथा अर्द्धशुष्क क्षेत्रों में उगाई जाने वाली चारे की यह एक प्रमुख दलहनी फसल है। इसका चारा बहुत ही पौष्टिक होता है। इसके हरे चारे में प्रोटीन 18 प्रतिशत, रेशा 32 प्रतिशत तथा नत्रजन रहित निष्कर्षण 37.27 प्रतिशत पाया जाता है। ग्वार के हरे चारा की पौष्टिकता कटाई की अवस्था के अनुसार घटती तथा बढ़ती रहती है। जल्दी कटाई करने की दशा में इसका चारा बहुत ही पौष्टिक तथा पाचनशील होता है। इसका दाना भी पशुओं को खिलाया जाता है। ग्वार की फसल हरी खाद के रूप में, भूमि संरक्षण के लिए तथा आलू की छायादार फसल के रूप में भी उगाई जाती है। ग्वार की नई तथा कोमल फलियाँ सब्जी के रूप में प्रयोग की जाती है। ग्वार की फसल दलहनी फसल होने के कारण वायुमण्डल की स्वतन्त्र नत्रजन को एकत्रित करके मृदा की उर्वरा शक्ति बढ़ाती है। अमेरिका में ग्वार की फसल को गोंद के लिए भी उगाते हैं। भारत में भी ग्वार की फसल का उपयोग गोंद बनाने के लिए किया जाने लगा है।

उत्पत्ति तथा इतिहास (Origin and History)

ग्वार की उत्पत्ति स्थान भारत है। ग्वार की खेती भारत वर्ष में अति प्राचीन काल से चारे के लिए होती आ रही है। सन् 1405 में ग्वार को भारत से संयुक्त राज्य अमेरिका ले जाया गया जहाँ पर इसकी खेती गोंद बनाने के लिए की जाती है।

क्षेत्रफल तथा विवरण (Area and Distribution)

ग्वार उष्ण कटिबन्धीय क्षेत्रों की शुष्क तथा अर्द्धशुष्क दशाओं में उगाई जाने वाली एक चारे की प्रमुख फसल है। भारत में दलहनी चारे की फसल के रूप में राजस्थान, हरियाणा, पंजाब, उत्तर प्रदेश, गुजरात, मध्य प्रदेश, महाराष्ट्र आदि राज्यों में उगाई जाती है। भारत में दाने तथा सब्जियों के लिए ग्वार की खेती मुख्यतः राजस्थान तथा हरियाणा तथा चारे के लिए राजस्थान, गुजरात, हरियाणा, पंजाब, उत्तर प्रदेश तथा मध्य प्रदेश में की जाती है। विश्व में ग्वार की खेती मुख्य रूप से संयुक्त राज्य अमेरिका तथा कई अन्य देशों में गोंद के लिए की जाती है।

ग्वार की फसल बीज उत्पादन के लिए हरियाणा के हिसार, भिवानी तथा महेन्द्रगढ़, राजस्थान के जयपुर, जोधपुर तथा गंगानगर, पश्चिमी उत्तर प्रदेश के मेरठ और गुजरात के आनन्द क्षेत्र में उगाई जाती है।

जलवायु (Climate) : ग्वार की फसल की अच्छी वानस्पतिक वृद्धि के लिए 30–35 डिग्री सेन्टीग्रेड तापमान उपयुक्त होता है। पानी की अधिकता के कारण तथा जलभराव की दशा में ग्वार के पौधों पर बहुत ही प्रतिकूल प्रभाव पड़ता है। जिन स्थानों में पाला पड़ने की सम्भावना रहती है वहाँ पर ग्वार की फसल नहीं उगानी चाहिए। जिन स्थानों का भूमिगत जल स्तर ऊँचा होने पर मृदा में नमी की मात्रा अधिक होने के कारण ग्वार के बीजों का अंकुरण नहीं होता है। ग्वार की फसल को उन स्थानों पर ही उगाया जाता है जहाँ पर वार्षिक वर्षा 500 मिमी से कम होती है। अधिक वर्षा वाले क्षेत्रों में ग्वार की फसल नहीं उगाई जा सकती है।

भूमि (Soil) : ग्वार की खेती के लिए बलुई से बलुई दोमट भूमियाँ उपयुक्त होती हैं। इसकी फसल भारी भूमियों में करना असम्भव है क्योंकि इन भूमियों में ग्वार की फसल में तना सड़न रोग का प्रकोप होने की सम्भावना रहती है। ग्वार की अच्छी फसल उगाने के लिए भूमि का पी एच मान 7.5 से 8.0 के मध्य होना चाहिए। ग्वार के बीज उत्पादन के लिए उपरोक्त भूमि के प्रकार तथा तापमान के अतिरिक्त अधिक सूखा पड़ने की स्थिति में फूल आने तथा फलियों में दाना पड़ने की अवस्था में सिंचाई की व्यवस्था होने से बीज की पैदावार में वृद्धि हो जाती है। अधिक तथा उत्तम किस्म के बीज उत्पादन के लिए भूमि का समतल होना, पानी के निकास का उत्तम प्रबन्ध तथा अधिक सूखा की स्थिति में सिंचाई की सुविधा आदि आवश्यक है।

फसल चक्र (Crop rotation) : ग्वार की फसल को एकल अथवा मिलवाँ/मिश्रित फसल पद्धति के रूप में भी उगाया जाता है। दाने वाली, सब्जियों के लिए या बीज उत्पादन की फसल को सामान्यतः

एकल फसल पद्धधि में उगाया जाता है। चारे वाली तथा दाने वाली फसल को खरीफ में उगाई जाने वाली अन्य फसलों के साथ मिश्रित फसल पद्धति के रूप में बोया जाता है। ग्वार आधारित कुछ प्रमुख फसल चक्र निम्न हैं।

सिंचित क्षेत्रों के लिए

1. बाजरा + ग्वार - गेहूँ - मक्का + लोबिया
2. बाजरा + ग्वार - मटर/मसूर - मूँग
3. संकरा बाजरा/ग्वार - बरसीम + सरसों
4. ग्वार (दाना) - गेहूँ - मक्का + लोबिया
5. मक्का (चारा) + ग्वार (चारा) - बरसीम + सरसों (चारा)

असिंचित क्षेत्रों के लिए

1. बाजरा + ग्वार - जौ
2. बाजरा + ग्वार - चना + सरसों
3. बाजरा + ग्वार - जौ + चना
4. बाजरा + ग्वार - अलसी + चना

उन्नतशील प्रजातियाँ (Improved varieties)

भारत में ग्वार की दो किस्में मुख्यरूप से प्रचालित है।

1. सोरिया किस्में : इन किस्मों के पौधों की ऊँचाई 2.0 मीटर से अधिक होती है। इन किस्मों की खेती गुजरात में अदरक के साथ मिश्रित फसल पद्धति में मुख्य रूप से की जाती है। ग्वार के पौधों को छाया में उगाने पर ग्वार तथा अदरक की उपज में काफी वृद्धि हो जाती है। ग्वार की इस किस्म की फलियाँ सब्जी तथा हरे चारे के रूप में प्रयोग की जाती है। इस किस्म को हरी खाद के रूप में भी उगाया जाता है। ग्वार की इस किस्म को ज्वार तथा बाजरा के साथ मिश्रित फसल पद्धति के रूप में भी उगाया जाता है।

2. देशी किस्में : ग्वार की कई स्थानीय प्रजातियाँ मुख्य रूप से शुष्क तथा अर्द्धशुष्क स्थानों पर उगाई जाती हैं। वर्तमान में ग्वार की कई अधिक उपज देने वाली किस्मों का विकास किया गया है। इनमें से मुख्य रूप से हरियाणा कृषि विश्व विद्यालय, हिसार से ग्वार नं. 2 तथा एफ ओ एस 277 अधिक प्रचलित प्रजातियाँ हैं। ग्वार की यह प्रजाति दाना तथा चारे के लिए अधिक उपयुक्त है। झाँसी द्वारा विकसित इस किस्म की दो प्रमुख प्रजातियाँ एस 212 तथा हिसार प्रमुख हैं। महाराष्ट्र के लिए डी 11 तथा डी 125 ग्वार की प्रमुख किस्में हैं। असिंचित क्षेत्रों के लिए हिसार से विकसित अधिक उपज देने वाली ग्वार की किस्में जैसे जी एच एफ 187, जी एच एफ 119 चारे के लिए तथा एच एफ जी 75, एच एफ जी 182 दाने के लिए उपयुक्त हैं।

ग्वार के चारे वाली किस्मों में बीज उत्पादन की दृष्टि से एफ ओ एस 217 सबसे अच्छी है इसके अतिरिक्त ग्वार की प्रजाति पूसा सोना तथा दुर्गापुरा सफेद भी चारे तथा दाने की दृष्टि से सर्वोत्तम है।

खेत की तैयारी (Field preparation)

ग्वार की खेती शुष्क क्षेत्रों की हल्की भूमियों में की जाती है। अतः हल्की भूमियों में खेत आसानी तथा सुगमता से तैयार किया जा सकता है। बुआई के समय पर्याप्त मात्रा में नमी होना आवश्यक है। 2-3 जुताईयाँ देशी हल अथवा कल्टीवेटर से करके खेत तैयार किया जा सकता है। ग्रीष्मकालीन समय में मिट्‌टी पलटने वाले हल से एक बार जुताई करने के पश्चात वर्षा ऋतु आरम्भ होते ही 2-3 बार देशी हल से जुताइयाँ करने पर खेत तैयार हो जाता है। अन्तिम जुताई के समय खेत में पाटा लगा देने से भूमि भुरभुरी तथा समतल हो जाती है। बीज उत्पादन के लिए उगाई जाने वाली फसल के लिए उपरोक्त प्रकार से ही खेत तैयार करना चाहिए।

बीज एवं बुआई (Seed and Sowing) : सामान्यतः ग्वार की फसल की बुआई वर्षा ऋतु में ही की जाती है। परन्तु जहाँ पर सिंचाई के साधन उपलब्ध होते हैं वहाँ पर इसकी बुआई ग्रीष्मकालीन (जायद) में करते हैं। चारे वाली ग्वार की फसल का बीज 40 किलोग्राम प्रति हैक्टेयर की दर से बोया जाता है। जबकि बीज के लिए ग्वार की फसल में बीज 20 किलोग्राम प्रति हैक्टेयर की दर से बुआई करते हैं। चारे के लिए उगाई जाने वाली ग्वार की फसल को छिड़कवाँ विधि से बुआई की जाती है। बीज उत्पादन के लिए खेत तैयार होने के पश्चात् देशी हल से 40-60 सेमी की दूरी पर कूँडों में बुआई की जाती है।

खाद एवं उर्वरक (Manures and Fertilizers)

ग्वार की फसल दलहनी फसल होने के कारण इसकी जड़ों की ग्रन्थिकाओं में उपस्थिति राइजोबियम जीवाणु वायुमण्डल की स्वतंत्र नत्रजन को भूमि में एकत्रीकरण करके उसका उपयोग करते हैं परन्तु पौधे की प्रारम्भिक अवस्था में जड़ों की वृद्धि एवं विकास के लिए उर्वरकों का प्रयोग आवश्यक है। बुआई के पूर्व 20-25 किलोग्राम नत्रजन, 40-50 किलोग्राम फासफोरस तथा 40 किलोग्राम पोटास प्रति हैक्टेयर की दर से छिड़क कर भूमि में अच्छी तरह से मिला देना चाहिए। यदि इसके पश्चात् भी पौधों की वृद्धि संतोषजनक न हो तो बुआई के 15-20 दिन बाद 10-15 किलो ग्राम नत्रजन प्रति हैक्टेयर की दर से खड़ी फसल पर छिड़काव कर देना चाहिए।

बीज उत्पादन के लिए उगाई गई ग्वार की फसल को भी उर्वरकों की उपरोक्त मात्रा ही दी जाती है। 60-70 किलोग्राम फासफोरस प्रति हैक्टेयर की दर से प्रयोग करने पर पौधों की वृद्धि एवं विकास अच्छा होता है। जिससे उपज में काफी वृद्धि हो जाती है।

सिंचाई एवं जल निकास (Irrigation and drainage) : ग्वार की फसल मानसून (खरीफ) ऋतु में उगाये जाने के कारण सिंचाई की कोई आवश्यकता नहीं पड़ती है। देर से ग्वार की फसल बोने पर कभी-कभी सितम्बर माह में एक या दो सिंचाइयों की आवश्यकता होती है। ग्रीष्मकालीन (जायद

ऋतु) समय में बोई जाने वाली ग्वार की फसल को 15-20 दिनों के अन्तराल पर सिंचाईयों की आवश्यकता होती है। बीज उत्पादन के लिए उगाई गई फसल को सूखा पड़ने की स्थिति में फूल आने के पश्चात तथा बीज पड़ने की स्थिति में 2-3 हल्की सिंचाईयों की आवश्यकता होती है। सिंचाईयों की संख्या भूमि में उपलब्ध नमी तथा मृदा की किस्म पर निर्भर करती है। ग्वार की फसल अधिक सिंचाई का पानी भरने या जलभराव की स्थिति में जल निकास बहुत ही महत्वपूर्ण है क्योंकि जलभराव की स्थिति में पौधे मर जाते हैं।

निराई-गुड़ाई तथा खरपतवार नियन्त्रण (Interculture and weed control) : ग्वार की फसल वर्षा ऋतु में उगाई जाती है इसलिए खरपतवारों का बहुत अधिक प्रकोप हो जाता है। फसल बोने के 15-20 दिनों बाद खुरपी अथवा हल से एक बार खेत की निराई-गुड़ाई कर देनी चाहिए। खरपतवारों के अधिक प्रकोप वाले क्षेत्रों में खरपतवारनाशी रसायन जैसे फ्लूक्लोरेलिन (बासालिन) 1 किलोग्राम सक्रिय तत्व प्रति हैक्टेयर की दर से 800 लीटर पानी में घोलकर बुआई के पूर्व खेत में छिड़क देना चाहिए। पेन्डीमिथालिन 1.50 किलोग्राम सक्रिय तत्व प्रति हैक्टेयर की दर से 800 लीटर पानी में घोल कर बुआई के बाद परन्तु बीजों के जमाव के पूर्व खेत में छिड़क देने से चौड़ी पत्ती वाली खरपतवार नष्ट हो जाते हैं। बीज उत्पादन हेतु बोई गई फसल की प्रारम्भिक अवस्था (30-35 दिनों) को खरपतवारों से बचाना चाहिए। इसके पश्चात पौधों की वृद्धि हो जाने से स्वतः ही फसल खरपतवारों को समाप्त कर देती है।

कीट एवं बीमारी नियन्त्रण (Insects/pest and disease management) : ग्वार की चारे की फसल में कीटों एवं बीमारियों का प्रकोप हो जाता है। कीटों को नियन्त्रण करने के लिए थायोडान अथवा मैटासिस्टाक्स 1 किलोग्राम प्रति हैक्टेयर की दर से 800 लीटर पानी में घोलकर खड़ी फसल पर छिड़काव कर देना चाहिए। चारे की फसल में छिड़काव करने के बाद 20-25 दिनों तक पशुओं को चारा नहीं खिलाना चाहिए।

ग्वार के बीज उत्पादन के लिए फसल पर सामान्यतः बीज जनित बीमारियाँ जैसे झुलसा तथा एन्थ्रेकनोज नामक बीमारियों का प्रकोप होता है। इन बीमारियों के नियन्त्रण के लिए बीजों को किसी एक कवकनाशी रसायन जैसे थीरम या केपटान 2 ग्राम प्रति किलोग्राम बीज की दर से बीजों को उपचारित करके बोना चाहिए। इन बीमारी ग्रस्त पौधों को उखाड़कर जला देना चाहिए। ग्वार की फसल पर झुलसा (Bacterial blight) का भी प्रकोप देखा गया है अतः इस रोग के नियन्त्रण के लिए एग्रोमाइसिन 100 नामक दवा का 0.025 प्रतिशत घोल का छिड़काव करते हैं। इस कीटनाशी रसायन का पहला छिड़काव बीजों के जमाव के समय तथा शेष दो छिड़काव 15 दिनों के अन्तराल पर करने चाहिए। आल्टरनेरिया या पत्तियाँ पीली पड़ने वाली अन्य पत्तीदार बीमारियों के नियन्त्रण के लिए डाइथेन एम 45 का 0.025 प्रतिशत घोल का प्रथम छिड़काव बीजों के अकुंरण के समय तथा अन्य दो छिड़काव 10-15 दिनों के अन्तराल पर करना चाहिए।

कटाई प्रबन्ध (Cutting management)

ग्वार की फसल की चारे के लिए केवल एक ही कटाई की जाती है। ग्वार की अधिक चारे की उपज एवं पौष्टिकता के लिए ग्वार के फसल को पुष्पावस्था या उसके बाद काटना चाहिए। कभी-कभी

फली अवस्था में भी काटना अच्छा होता है। ग्वार की फसल को जल्दी काटने पर उपज कम प्राप्त होती है जबकि पौष्टिकता बढ़ जाती है। जबकि देर से काटने पर उपज अधिक तथा पौष्टिकता कम हो जाती है। देर से काटी गई ग्वार की फसल में रेशे की मात्रा बढ़ जाती है तथा प्रोटीन की मात्रा कम हो जाती है।

बीज उत्पादन के लिए ग्वार की फसल की कटाई उस समय करनी चाहिए जब 75 प्रतिशत के लगभग फलियाँ सूख जाये तथा उनका दाना कड़ा हो जाये। कटाई के समय बीजों में 15–20 प्रतिशत नमी होनी चाहिए। फसल की कटाई के बाद खलिहान में उसको अच्छी तरह सुखाने के बाद पशुओं द्वारा मड़ाई की जाती है। इसके पश्चात हवा की सहायता से भूसा से दानों को अच्छी तरह से साफ कर लेते हैं। इसके पश्चात बीजों को अच्छी प्रकार से धूप में सुखाकर भन्डारण कर देते हैं।

उपज (Yield)

ग्वार की फसल से हरे चारे की उपज 300–400 क्विन्टल प्रति हैक्टेयर प्राप्त होती है बीज उत्पादन के लिए उगाई गई ग्वार की फसल से उत्तम शस्य विधियाँ अपनाकर 10–15 क्विन्टल प्रति हैक्टेयर बीज प्राप्त हो जाता है।

अध्याय 25

रोड्स घास
(Rhodes Grass)

वानस्पतिक नाम	:	क्लोरिस गयाना
(Botanical name)	:	(*Chloris gayana* Kunth)
कुल (Family)	:	ग्रेमिनी (Gramineae)

आर्थिक महत्व (Economic Importance)

रोड्स घास एक वर्षीय तथा बहुवर्षीय दोनों तरह की उगाई जाने वाली चारे की फसल है। वंश क्लोरिस में लगभग 85 जातियाँ पाई जाती हैं जिसमें से कई जातियाँ केवल चारे के लिए उगाई जाती हैं। रोड्स घास चरागाहों में क्रमबद्ध रूप से चराई (Rotational grazing) के लिए बहुत ही उपयुक्त है। इसके हरे चारे की पाचनशीलता अच्छी होती है तथा उत्तम किस्म का सूखा चारा (Hay) बनाने के लिए उपयुक्त है। रोड्स घास अधिक पी एच मान वाली भूमियों में (झारीय भूमियों) उगाने के लिए बहुत उपयुक्त है। यह घास मृदा संरचना को सुधारती है। रोड्स घास के हरे चारे में निम्न मात्रा में पोषक तत्व जैसे प्रोटीन 3.8 प्रतिशत, नमी 65.7 प्रतिशत, ईथर रहित निष्कर्षण 0.8 प्रतिशत, राख 2.5 प्रतिशत, रेशा 10.9 प्रतिशत, नत्रजन रहित निष्कर्षण 16.5 प्रतिशत, कैल्सियम 0.42 प्रतिशत, फासफोरस 0.22 प्रतिशत तथा कुल पाचनशील तत्व 13.8 प्रतिशत पाये जाते हैं।

उत्पत्ति एवं इतिहास (Origin and History)

रोड्स घास का उत्पत्ति स्थान दक्षिण-पूर्व अफ्रीका है। भारत वर्ष में सबसे पहले इस घास की खेती 1915 में प्रारम्भ की गई। यह कई डेरी फार्मों पर वृहद रूप में लगाई जाती है। विश्व में रोड्स घास की खेती अमेरिका, उत्तरी अफ्रीका, फिलीपाइन्स, आस्ट्रेलिया आदि देशों में की जाती है।

जलवायु (Climate) : रोड्स घास उष्ण तथा समशीतोष्ण जलवायु की फसल है। इस फसल में सूखा तथा पाले को भी सहन करने की क्षमता अधिक होती है शीतकालीन समय में इसके पौधों की वृद्धि रूक जाती है। इसकी खेती के लिए 75-120 सेमी वर्षा वाले क्षेत्र अधिक उपयुक्त है। पौधों की अच्छी वृद्धि के लिए 30-35 डिग्री सेन्टीग्रेट तापमान उपयुक्त होता है।

भूमि (Soil) : रोड्स घास सभी प्रकार की भूमियों में सफलतापूर्वक उगाई जा सकती है। इसके लिए दोमट से मटियार दोमट भूमियाँ अत्यन्त उपयुक्त हैं। रोड्स घास क्षारीय भूमियों में जहाँ पर अन्य कोई फसल उगाना सम्भव नहीं होता, उगाई जा सकती है।

उन्नतशील किस्में (Improved Varieties)

रोड्स घास की किस्में जैसे बमरा घास (*Chloris incompleta*), गंडी या चोटी जारगी (*Chloris inflata*), क्लोरिस टेनेला (*Chloris tenella*) तथा क्लोरिस वेरीगेटा (*Chloris varigata*) प्रभुख हैं।

खेत की तैयारी (Field preparation) : ग्रीष्मकालीन समय में एक जुताई मिट्टी पलटने वाले हल से करने के पश्चात 3-4 जुताइयाँ देशी हल अथवा कल्टीवेटर द्वारा करते हैं। अन्तिम जुताई के समय खेत में पाटा चलाकर मिट्टी को भुरभुरी तथा समतल कर देना चाहिए। खेत खरपतवार रहित होना आवश्यक है।

बीज दर (Seed rate) : रोड्स घास का बीज 8-10 किलोग्राम प्रति हैक्टेयर अथवा 25000 जड़ों के टुकड़े प्रति हैक्टेयर की दर से बोने चाहिए। छिटकवाँ विधि द्वारा बीज की बुआई करने पर 12-15 किलोग्राम प्रति हैक्टेयर की दर से बीज बोना चाहिए।

बुआई का समय (Time of planting) : रोड्स घास की बुआई वर्षा ऋतु में जून-जुलाई माह में की जाती है जिन स्थानों में सिंचाई के पर्याप्त साधन उपलब्ध हो वहाँ पर इसकी बुआई अप्रैल-मई माह में भी का जा सकती है।

बोने की विधि (Methods of sowing) : रोड्स घास की बुआई दो विधियों द्वारा की जाती है। प्रथम विधि में तैयार किये गये खेत में बीज छिड़क दिया जाता है। बीज छिड़कने के पश्चात् कल्टीवेटर अथवा देशी हल से बहुत उथली जुताई करके भूमि में मिला देते हैं इसके पश्चात अच्छी तरह से पाटा लगा दिया जाता है। रोड्स घास की इस विधि से बुआई करने पर खेत में पर्याप्त मात्रा में नमी रहने से बीजों का अंकुरण अच्छा होता है।

दूसरी विधि में रोड्स घास की बुआई पंक्तियों में की जाती है। देशी हल की सहायता से 30 सेमी की दूरी पर कूँड बना लिये जाते हैं इसके पश्चात् इन कूँडों में बीजों को बोकर अच्छी तरह से पाटा

लगा दिया जाता है। इस विधि में जड़ों के टुकड़ों की भी बुआई की जाती है। रोड्स घास के तनों के टुकड़ों की बुआई करने पर पंक्ति से पंक्ति की दूरी 60 सेमी रखी जाती है।

खाद एवं उर्वरक (Manures and Fertilizers) : रोड्स घास बोने के पूर्व 10 टन सड़ी हुई गोबर की खाद प्रति हैक्टेयर की दर से खेत में फैलाकर अच्छी तरह से मिट्टी में मिला देते हैं। रोड्स घास को प्रतिवर्ष 60 किलोग्राम नत्रजन तथा 40 किलोग्राम फासफोरस प्रति हैक्टेयर की दर से प्रयोग किया जाता है। नत्रजन का प्रयोग करने से चारे में प्रोटीन तथा पाचनशीलता में वृद्धि हो जाने से पौष्टिक हरा चारा प्राप्त होता है।

सिंचाई (Irrigation) : रोड्स घास को ग्रीष्म ऋतु में 10–15 दिन के अन्तराल पर जबकि शीतकालीन समय में 20–25 दिन में अन्तराल पर सिंचाई करते रहते हैं। सीवरेज के पानी से रोड्स घास की फसल की सिंचाई करने से हरे चारे की उपज तथा पौष्टिकता में काफी वृद्धि हो जाती है।

निराई-गुड़ाई (Interculture) : रोड्स घास की निराई-गुड़ाई हेन्ड हो, देशी हल अथवा कल्टीवेटर से करना लाभदायक होता है। यह क्रिया प्रतिवर्ष करने से पौधों की जड़ों को पर्याप्त मात्रा में वायु संचार होने से पौधों की वृद्धि अच्छी होती है।

मिश्रित फसल पद्धति (Mixed cropping system) : शीतकालीन समय से जब रोड्स घास के पौधों की वृद्धि रूक जाती है। उस समय फलीदार फसलें जैसे लूसर्न, बरसीम आदि को उगाने से उत्तम किस्म का पौष्टिक चारा प्राप्त हो जाता है तथा रोड्स घास को नत्रजन की आपूर्ति भी हो जाती है।

कटाई (Cutting)

रोड्स घास की बीज द्वारा बोई गई फसल 80–90 दिन में काटने के योग्य हो जाती है। जड़ों के टुकड़ों द्वारा बोई गई फसल 60–65 दिन उपरान्त पहली काटाई के योग्य हो जाती है। उत्तर भारत में रोड्स घास की 7–8 जबकि दक्षिण भारत में 10–12 कटाईयाँ प्रति वर्ष की जाती है। रोड्स घास की हे (Hay) बनाने के लिए कटाई फूल आते समय करनी चाहिए क्योंकि इस समय चारे में पोषक तत्व की मात्रा सबसे अधिक होती है।

उपज (Yield)

उत्तम शस्य क्रियायें अपना कर उत्तर भारत में रोड्स घास के हरे चारे की उपज 500–600 क्विन्टल प्रति हैक्टेयर प्राप्त हो जाती है। दक्षिण भारत में रोड्स घास के अनुकूल जलवायु होने के कारण 800–1000 क्विन्टल प्रति हैक्टेयर तक हरा चारा प्राप्त हो जाता है।

❑❑❑❑❑

अध्याय 26

गिनी घास
(Guinea Grass)

वानस्पतिक नाम	:	पेनीकम मेक्सीकम
(Botanical name)	:	(*Panicum maxicum*)
कुल (Family)	:	ग्रेमिनी (Gramineae)

आर्थिक महत्व (Economic Importance)

चारे के लिए उगाई जाने वाली यह एक बहुवर्षीय घास है। इसके चारे को पशु बड़े ही चाव से खाते हैं। पौधे की अवस्था के अनुसार इसके चारे की पौष्टिकता घटती बढ़ती रहती है। इसके चारे की पौष्टिकता बढ़ाने के लिए जल्दी-जल्दी कटाई करना आवश्यक होता है। इसके हरे चारे में 6-13 प्रतिशत तक प्रोटीन पाई जाती है। इसके हरे चारे में प्रोटीन का पाचनशीलता 0.6 से 7.0 प्रतिशत तक होती है। ऐसे स्थानों में जहाँ पर इसमें 4 प्रतिशत तक प्रोटीन होती है इसकी पाचनशीलता 0.6 प्रतिशत होती है। इस घास के हरे चारे में निर्जल पदार्थ की पाचनशीलता 40-60 प्रतिशत तथा कुल पाचनशील तत्व 38-60 प्रतिशत तक होते हैं। इसके चारे में नत्रजन रहित निष्कर्षण 40-50 प्रतिशत, ईथर सार 0.6-0.8 प्रतिशत, कड़े रेशे 40-65 प्रतिशत तथा नत्रजन रहित निष्कर्षण की पाचन शीलता 25-65 प्रतिशत तक पाई जाती है। गिनी घास के चारे में आक्जेलेट जैसे अवांछित तत्व पाये जाते हैं।

उत्पत्ति तथा इतिहास (Origin and History)

गिनी घास का उत्पत्ति स्थान दक्षिण अफ्रीका माना जाता है परन्तु यह उत्तरी अफ्रीका के उपोष्ण भागों में भी पाई जाती है। गिनी घास के पौधे हल्के छायादार स्थानों पर अच्छी प्रकार से उगते हैं। यह घास भारत वर्ष में 1793 से उगाई जा रही है।

क्षेत्रफल तथा वितरण (Area and distribution) : गिनी घास सभी उष्णीय तथा उपोष्णीय भागों में उगाई जाती है। गिनी घास की खेती भारतवर्ष, आस्ट्रेलिया, श्रीलंका, मलाया, नई गिनी, फिलीपाइन्स, हवाई आदि देशों में की जाती है। दक्षिण तथा मध्य अमेरिका, वेस्टइन्ड़ीज तथा दक्षिण-पूर्वी संयुक्त राज्य अमेरिका में इसकी खेती वृहद रूप में की जाती है।

भारतवर्ष में गिनी घास सिंचित तथा असिंचित दोनों ही दशाओं में अधिक उपज देती है। गिनी घास की खेती उत्तर प्रदेश, पंजाब, मध्य प्रदेश, केरल, आन्ध्र प्रदेश, तमिलनाडु, महाराष्ट्र तथा गुजरात में की जाती है। केरल में गिनी घास की फसल को नारियल, सुपाड़ी आदि बागों में उगाया जाता है।

जलवायु (Climate) : गिनी घास की फसल उष्णीय भागों में सफलतापूर्वक उगाई जाती है। जिन स्थानों पर पाला अथवा अधिक सर्दी होती है इसकी फसल लेना आर्थिक दृष्टिकोण से उपयुक्त नहीं है। गिनी घास किसी भी प्रकार की छाया में आसानी से उगाई जा सकती है अतः इसे पेड़ों तथा बागानों की छाया में उगाते हैं। गिनी घास को अर्द्धशुष्क स्थानों पर 600-750 मिमी वार्षिक वर्षा वाले क्षेत्रों में भी उगाया जाता है परन्तु पौधों की सर्वोत्तम वृद्धि तथा उपज के लिए अधिक आर्द्र तथा 1000 मिमी से अधिक वर्षा वाले क्षेत्र उपयुक्त हैं। पौधों की वानस्पतिक वृद्धि के लिए 30-35 डिग्री सेन्टीग्रेड तापमान उपयुक्त होता है।

भूमि (Soil) : गिनी घास की फसल को भारी तथा जलभराव वाली भूमियों में नहीं उगाया जा सकता है। इसकी अच्छी उपज प्राप्त करने के लिए हल्की या बलुई दोमट भूमियाँ सबसे उत्तम होती हैं। भूमि में जल निकास के समुचित साधन होने चाहिए। कटाई के बाद खेत में पानी भरने से पौधे मर जाते हैं।

फसल चक्र (Crop rotation) : गिनी एक बहुवर्षीय घास है। एक बार फसल की बुआई करने के पश्चात् 3-5 वर्षों तक लगातार हरा चारा प्राप्त किया जा सकता है। उत्तर भारत में शीतकालीन मौसम में पौधों की वृद्धि बिल्कुल नहीं होती है। गिनीघास आधारित फसल चक्र निम्न हैं।

1. नारियल/सुपाड़ी + गिनी घास
2. गिनी घास + बरसीम/रिजका
3. गिनी घास + लोबिया/ज्वार
4. गिनी घास + स्टाइलो/सिराट्रो
5. आम/अमरूद + गिनी घास

उन्नतशील प्रजातियाँ (Improved varieties)

गिनी घास के पौधों की ऊँचाई, तनों की मोटाई तथा शाखाओं की संख्या में भिन्नता पाई जाती है। इस आधार पर गिनी घास को दो भागों में विभाजित किया गया है।

1. बड़ी या औसत दर्जे वाली जातियाँ – जो काटकर खिलाने तथा चराई के लिए उपयुक्त होती हैं।
2. छोटी एवं कम ऊँचाई वाली जातियाँ – जिनको केवल चराई के लिए उगाया जाता है। इन जातियों को केवल बीज द्वारा ही उगाया जाता है। अतः यह प्रजातियाँ अच्छे बीज उत्पादन के लिए उपयुक्त हैं।

गिनी घास की शीघ्र बढ़ने वाली प्रजातियाँ इस प्रकार हैं।

कोलोनियल (Colonial) - ब्राजील में उगाई जाती है।

बोरिनग्वेन (Boringuen) तथा ब्राडलीफ (Broad leaf) – पोर्टेरिको में उगाई जाती है।

गिनी (Guinea) – बेनेजुएला में उगाई जाती है।

हामिल (Hamil) तथा गैटन (Gatton) – आस्ट्रेलिया में उगाई जाती है।

सिगोर (Sigor) तथा निशि (Nchise) – केन्या में उगाई जाती है।

किंग रंच (King ranch) – संयुक्त राज्य अमेरिका में उगाई जाती है।

छोटी तथा चराई जाने वाली प्रजातियाँ निम्न हैं।

साबी (Sabi) : रोडेशिया की यह मुख्य प्रजाति है इसके पौधों की पत्तियाँ नीले रंग की होती हैं। पौधो की ऊँचाई 15 सेमी, शुष्क अवरोधी तथा अधिक बीज उत्पादन की क्षमता होती है।

पेट्री (Patrie) : आस्ट्रेलिया से विकसित की गई यह मुख्य प्रजाति है। इसके तने पतले तथा संख्या में अधिक होते हैं। इसकी प्रजाति में बीज उत्पादन क्षमता अधिक होती है।

मक्वेनी (Makueni) : दक्षिणी-पूर्वी केन्या की प्रजाति है। इसके पौधों की ऊँचाई 1 मीटर तक होती है। शुष्क अवरोधी प्रजाति की बीज उत्पादन क्षमता अधिक होती है।

इम्बू (Embu) : यह केन्या की प्रजाति है। फैलकर बढ़ने वाली यह प्रजाति चराई के लिए उपयुक्त है। इसकी उपज क्षमता बहुत कम होती है।

खेत की तैयारी (Field Preparation)

गिनी घास की बुआई बीज द्वारा करने पर खेत की तैयारी बहुत आवश्यक है। खेत की एक बार मिट्टी पलटने वाले हल से जुताई करने के पश्चात् 3-4 जुताइयाँ देशी हल अथवा कल्टीवेटर से करके खेत अच्छी तरह से तैयार कर लेते हैं। अन्तिम जुताई के बाद खेत में पाटा चलाकर मिट्टी को भुरभुरा बना देते हैं। खेत पूर्णरूप से खरपतवार रहित होना चाहिए। गिनी घास के बीजों का आकार बहुत छोटा

होता है इसलिए अच्छी तरह से तैयार खेत में बुआई करने पर बीज मृदा नमी के सम्पर्क में आ जाने पर उनका जमाव शीघ्र तथा एक समान होता है।

बीज एवं बुआई (Seed and Sowing)

बीज दर (Seed rate) : बड़ी तथा औसत किस्म की गिनी घास के 5000–10000 जड़दार टुकड़ों की आवश्यकता होती है। छोटी बढ़ने वाली गिनी घास के लिए 4–10 किलोग्राम बीज प्रति हैक्टेयर की दर से प्रयोग करना चाहिए। बीजों की अंकुरण क्षमता 90 प्रतिशत होने पर बीज दर घटाकर 2–3 किलोग्राम प्रति हैक्टेयर कर देना चाहिए।

बुआई का समय (Time of sowing) : गिनी घास की बुआई का उपयुक्त समय जून तथा जुलाई माह है परन्तु सिंचाई के पर्याप्त साधन होने पर इसकी बुआई मार्च-अप्रैल में भी की जा सकती है।

बुआई की विधि (Method of sowing) : गिनी घास की बड़ी तथा औसत किस्मों की बुआई जड़दार टुकड़ों की सहायता से की जाती है। इन टुकड़ों की रोपाई करने के लिए देशी हल से 2 मीटर की दूरी पर कूँड बना लिये जाते हैं इन्ही कूँडों में घास के जड़दार टुकड़े 0.5 से 1.0 मीटर की दूरी पर लगाते हैं। इन टुकड़ों की रोपाई करते समय यह ध्यान रखना चाहिए कि इनके चारों तरफ से मिट्टी को सख्त बना दिया जाना चाहिए। जड़ों की रोपाई के तुरन्त बाद सिंचाई कर देनी चाहिए।

छोटी तथा कम ऊँचाई वाली किस्मों की बुआई बीजों द्वारा की जाती है। बीजों द्वारा गिनी घास की बुआई छिड़कवाँ अथवा पंक्तियों में की जाती है। छिटकवाँ विधि में तैयार किये हुए खेत में बीज को एक समान मात्रा में बिखेर दिया जाता है। इसके पश्चात देशी हल अथवा कल्टीवेटर की सहायता से उथली जुताई करके पाटा लगा देते हैं। पंक्तियों में बुआई करने के लिए देशी हल अथवा कल्टीवेटर की सहायता से कूँड बना लेते हैं। इसके पश्चात् बीज को इन कूँडों में डालते हैं तथा पाटा लगाकर इन कूँडों को ढ़क देते हैं। बीज की बुआई 1–2 सेमी की गहराई पर करनी चाहिए। इससे अधिक गहराई पर बुआई करने पर बीजों का अंकुरण ठीक ढंग से नहीं होता है।

खाद एवं उर्वरक (Manures and Fertilizers)

गिनी घास की अधिक उपज तथा पौष्टिक चारा प्राप्त करने के लिए उर्वरकों का प्रयोग अत्यन्त आवश्यक है। इसके लिए 150–300 किलोग्राम नत्रजन, 40–50 किलोग्राम फासफोरस तथा 30–40 किलोग्राम पोटास प्रति हैक्टेयर की दर से प्रतिवर्ष प्रयोग करना चाहिए। 15–20 टन प्रति हैक्टेयर गोबर की खाद गिनी घास की बुआई के पूर्व खेत में फैलाकर अच्छी तरह से मिला देना चाहिए। नत्रजन की एक तिहाई मात्रा, फासफोरस तथा पोटास की सम्पूर्ण मात्रा बुआई के समय खेत में फैलाकर अच्छी तरह मिला देना चाहिए। शेष नत्रजन की मात्रा को 50 किलोग्राम प्रति हैक्टेयर की दर से प्रत्येक कटाई के बाद प्रयोग करनी चाहिए। गिनी घास में नत्रजन का प्रयोग करने से हरे चारे में प्रोटीन की मात्रा तथा पौष्टिकता बढ़ जाती है। डेरी के समीपवर्ती क्षेत्रों में दुग्धशाला से निकला हुआ प्रक्षालन का पानी गिनी घास में प्रयोग करना अत्यन्त लाभदायक होता है।

सिंचाई तथा जल निकास (Irrigation and Drainage) : गिनी घास की अधिक उपज प्राप्त करने के लिए सिंचाई करना अत्यन्त आवश्यक है। शीतकालीन ऋतु में गिनी घास को 15–20 दिनों के अन्तराल पर जबकि ग्रीष्म कालीन समय में 10–12 दिनों के अन्तराल पर सिंचाई करते हैं। गिनी घास को छाया दार पेड़ों के साथ उगाने पर सिंचाई की आवश्यकता कम होती है। घास की प्रत्येक कटाई के पश्चात् सिंचाई कर देने से पौधों की पुनर्वृद्धि अच्छी होती है जिससे उपज में काफी वृद्धि हो जाती है। सिंचाई के साथ-साथ खेत में अधिक मात्रा में पानी भर जाने से जलनिकास का उचित साधन होना चाहिए। पानी भरने की दशा में घास के पौधे मर जाते हैं।

खरपतवार नियन्त्रण (Weed control) : बीज बोने के बाद खेत में खरपतवारों का प्रकोप होने पर गिनी धास के पौधों की वृद्धि पर प्रतिकूल प्रभाव पड़ता है। गिनी घास की बुआई करने के 20–25 दिन उपरान्त हाथ से अथवा हैन्ड हो अथवा देशी हल से एक बार गुडाई कर देने से खरपतवारों का नियन्त्रण हो जाता है। जिन स्थानों पर खरपतवारों की अधिक समस्या है वहाँ पर 2, 4 डी खरपतवार नाशी 2.0 लीटर सक्रिय तत्व प्रति हैक्टेयर की दर से बुआई के पहले छिड़काव करके खरपतवार नष्ट किये जा सकते हैं।

कीट तथा बीमारी नियन्त्रण (Insects/pest and disease management) : गिनी घास की फसल में सामान्यत: कीटों का प्रकोप नहीं होता है। गिनी घास की पत्तियों पर प्राय: बीमारी का भी कम प्रकोप होता है इसके स्पाइकिकाओं पर कंडुआ रोग लगता है यह बीमारी फ्यूजेरियम प्रजाति (*Fusarium* sp.) द्वारा फैलती है। इस प्रकार बंट नामक बीमारी भी लगती है जिससे गिनी घास के बीज उत्पादन पर बुरा प्रभाव पड़ता है उपरोक्त बीमारियों के निदान के लिए रोग रोधी प्रजातियों की बुआई करनी चाहिए।

कटाई प्रबन्ध (Cutting management)

गिनी घास की पहली कटाई भूमि की उर्वरा शक्ति, मृदा की किस्म तथा जलवायु के अनुसार 100–110 दिनों पश्चात की जाती है इसके पश्चात् घास की कटाई 40–45 दिनों के अन्तराल पर करते रहना चाहिए। घास की कटाई भूमि की सतह से 10–12 सेमी की ऊँचाई पर करते हैं। गिनी घास की यह विशेषता है कि अधिक संख्या में कटाई करने से हरे चारे की उपज बढ़ जाती है और कम कटाई करने पर उपज घट जाती है। घास की प्रत्येक कटाई के पश्चात् सिंचाई तथा नत्रजन उर्वरक का प्रयोग करने से पौधों की पुनर्वृद्धि अधिक होती है तथा चारे में प्रोटीन की मात्रा बढ़ जाती है।

उपज (Yield)

गिनी घास की हरे चारे की उपज 1200–1500 क्विन्टल प्रति हैक्टेयर तक प्राप्त हो जाती है। परन्तु सीवेज के पानी द्वारा सिंचाई करने पर 2000 से 2300 क्विन्टल प्रति हैक्टेयर तक हरा चारा प्राप्त हो जाता है। गिनी घास के चारे की उपज भूमि की उर्वरा शक्ति, मृदा की किस्म, उर्वरकों की मात्रा, जलवायु उन्नतशील शस्य पद्धतियाँ अपनाने आदि पर निर्भर करती है।

❑❑❑❑❑

अध्याय 27

सूडान घास
(Sudan Grass)

वानस्पतिक नाम	:	सोरघम सूडानेन्स
(Botanical name)	:	(*Sorghum sudanance*)
कुल (Family)	:	ग्रेमिनी (Gramineae)

आर्थिक महत्व (Economic Importance)

सूडान घास पौष्टिक चारे के लिए एक महत्वपूर्ण फसल है। इसके पौधे अधिक पत्तीदार, तीव्र गति से बढ़ने वाले, पतला तना, मीठा तथा अधिक रसदार होता है। इसके हरे चारे में प्रोटीन की मात्रा 7-12 प्रतिशत, शुष्क पदार्थ की पाचनशीलता 57.6 प्रतिशत, रेशा 27.02 प्रतिशत, कैल्सियम 0.46 प्रतिशत, फास्फोरस 0.49 प्रतिशत, नत्रजन रहित निष्कर्षण 1.94 प्रतिशत तथा राख 10.82 प्रतिशत तक पाया जाता है। उपरोक्त पौष्टिकता के कारण सूडान घास को हरे चारे के रूप में पशु बड़े ही चाव से खाते हैं। सूडान घास से उत्तम किस्म की पौष्टिक साइलेज बनाकर पशुओं को खिलाया जाता है।

उत्पत्ति एवं इतिहास (Origin and History)

प्राचीन समय में अमेरिका में सूडान घास जंगली खरपतवार के रूप में पाई गई थी। सर्वप्रथम अमेरिका में इस घास को चारे के रूप में उगाया गया अतः सूडान घास का उत्पत्ति स्थान अमेरिका है। अमेरिका

में इसे ग्रीष्म ऋतु में मुख्यत: चारे की फसल के रूप में उगाया जाता है। इसके पश्चात् यहीं से सूडान घास को दक्षिणी अमेरिका, मध्य तथा दक्षिणी यूरोप ले जाया गया। भारत में सूडान घास सन् 1920 में आई इसके बाद महाराष्ट्र, हरियाणा तथा पंजाब में 1930 तक सफलतापूर्वक चारे के रूप में उगाई जाने लगी। आजकल सूडान घास को देश के कई राज्यों में प्रमुख चारे की फसल के रूप में उगाया जाता है।

क्षेत्र एवं वितरण (Area and Distribution) : सूडान घास की फसल उन सभी स्थानों पर सफलतापूर्वक उगाई जा सकती है जहाँ पर ज्वार की खेती होती है। परन्तु इसकी फसल में ज्वार की अपेक्षा जलभराव रोधक क्षमता कम होती है अत: इसकी खेती करने के लिए सिंचाई के समुचित साधन होना अति आवश्यक है। सूडान घास अफ्रीका, संयुक्त राज्य अमेरिका, सूडान, पश्चिमी यूरोप, नाइजीरिया, लैटिन तथा उत्तरी अमेरिका, भारत आदि देशों में प्रमुख चारे की फसल के रूप में उगाया जाता है। भारत वर्ष में इसकी खेती महाराष्ट्र, पंजाब, हरियाणा, आन्ध्र प्रदेश, कर्नाटक, मध्य प्रदेश, राजस्थान आदि राज्यों में की जाती है।

जलवायु (Climate) : सूडान घास को 400–700 मिलीमीटर वार्षिक वर्षा वाले क्षेत्रों में सफलतापूर्वक उगाया जाता है। इसके पौधों की अच्छी वृद्धि के लिए 33 से 35 डिग्री सेन्टीग्रेड तापमान अधिक उपयुक्त होता है। सूडान घास के बीजों के जमाव के लिए मृदा का न्यूनतम तापमान 10–12 डिग्री सेन्टीग्रेड तक होना आवश्यक है। सूडान घास की खेती शुष्क भूमियों में भी की जा सकती है परन्तु सिंचाई के साधन पर्याप्त होने चाहिए। शीतकालीन समय में सूडान घास के पौधों की वृद्धि रूक जाती है।

भूमि (Soil) : सूडान घास देश के विभिन्न भागों में उगाये जाने के कारण सभी प्रकार की भूमियों में सफलतापूर्वक उगाया जा सकता है। इसके पौधों की अच्छी वृद्धि एवं उपज के लिए दोमट रेतीली दोमट तथा हल्की काली भूमियाँ उपयुक्त होती हैं। जिन मृदाओं का पी एच मान 6.5 से 7.0 के मध्य होता है, अच्छी होती हैं। सूडान घास की खेती क्षारीय तथा कम उपजाऊ वाली भूमियों में भी की जा सकती है परन्तु इसकी उपज अपेक्षाकृत कम हो जाती है। ऐसी भूमियों में मृदा सुधार की विधि अपनाकर अधिक से अधिक उत्पादन प्राप्त किया जा सकता है।

फसल चक्र (Crop rotation) : सूडान घास की फसल बसन्तकालीन एवं ग्रीष्मकालीन समय में उगाने पर अधिक उपज प्राप्त होती है। इसको गेहूँ, आलू, सरसों, मटर, गन्ना, जई, चना, मसूर आदि फसलों की कटाई के बाद बोया जाता है। वर्षा ऋतु में सूडान घास को मक्का की कटाई के बाद उगाया जाता है। सूडान घास आधारित एक वर्षीय कुछ प्रमुख फसल चक्र निम्न हैं।

1. सूडान घास – जई – मक्का + लोबिया (एक वर्षीय)
2. सूडान घास – गेहूँ – लोबिया/मक्का + लोबिया (एक वर्षीय)
3. ज्वार (दाना) – गन्ना – सूडान घास + लोबिया (दो वर्षीय)
4. मक्का (दाना) – सूडान घास (एक वर्षीय)
5. लोबिया – सूडान घास – लोबिया + मक्का (एक वर्षीय)

6. सोयाबीन - जई - सूडान घास + लोबिया (एक वर्षीय)
7. ज्वार (दाना) - सूडान घास + लोबिया (एक वर्षीय)

उन्नतशील प्रजातियाँ (Improved varieties)

सूडान की सर्वप्रथम किस्म 1975 में व्हीलर (Wheeler) विकसित की गई यह प्रजाति शीघ्र पकने वाली है। इसके पश्चात् 1942 में अमेरिका तथा जार्जिया से विकसित की गई दो किस्में मीठी सूडान (Sweet sudan) तथा टिफ्ट सूडान (Tift sudan) विकसित की गई। इन दोनों प्रजातियों के तने मोटे, मुलायम तथा पौष्टिक होते हैं। सूडान घास एक अन्य प्रजाति प्राइपर को 1950 में निकाला गया। सूडान घास की इस प्रजाति में प्रूसिक अम्ल की न्यूनतम मात्रा होती है। मीठी सूडान घास की प्रजाति 59-3 हरियाणा के सिरसा नामक स्थान से निकाली गई जो हरियाणा में चारे की फसल के रूप में प्रचलित है। सूडान घास की किस्मों में बीज उत्पादन क्षमता बहुत कम होती है। परन्तु 59-3 प्रजाति में बीज उत्पादन क्षमता अपेक्षाकृत अधिक है। इस प्रजाति के तने मीठे, रसदार तथा उत्पादन क्षमता अधिक है। इस प्रजाति की बुआई ग्रीष्म तथा वर्षा ऋतु दोनों में ही की जा सकती है।

खेत की तैयारी (Field preparation)

रबी फसलों की कटाई के बाद एक जुताई मिट्टी पलटने वाले हल से करने के बाद 3-4 जुताइयाँ देशी हल अथवा कल्टीवेटर से करके खेत अच्छी तरह से तैयार कर लेते हैं। अन्तिम जुताई के पश्चात् अच्छी तरह से पाटा लगा देने से मिट्टी भुरभुरी हो जाती है तथा खेत समतल हो जाता है। बुआई के समय खेत में पर्याप्त मात्रा में नमी रहना अत्यन्त आवश्यक है। खेत सदैव खरपतवार रहित होना चाहिए जिससे बीज मृदा नमी के सम्पर्क में आ जाये।

बीज तथा बुआई (Seed and Sowing)

बीज की मात्रा (Seed rate) : बीज में बुआई के समय लगभग 85 प्रतिशत तक अंकुरण क्षमता होनी चाहिए। सूडान घास के बीजों को 6-7 महीने तक भन्डारण करने पर अंकुरण क्षमता 50 प्रतिशत से भी कम रह जाती है अतः सूडान घास के बीजों का भण्डारण आधुनिक विधि द्वारा वातानुकूलित भंडार गृह में करना चाहिए। यदि यह सुविधा उपलब्ध नहीं है तो बीजों को अच्छी तरह सुखाकर पोलीथीन के थैलों में भरकर अच्छी तरह से सील बन्द करके सुरक्षित तथा शुष्क स्थानों पर रखना चाहिए कम अंकुरण क्षमता वाले सूडान घास के बीज की मात्रा 20-25 किलोग्राम प्रति हैक्टेयर रखनी चाहिए। अच्छे अंकुरण क्षमता वाले बीज की मात्रा 10-12 किलोग्राम प्रति हैक्टेयर आवश्यक होती है। सूडान घास का बीज 15 किलोग्राम से अधिक प्रयोग करने से इसकी उपज में वृद्धि हो जाती है। बीज उत्पादन के लिए सूडान घास की बीज की दर 6-8 किलोग्राम प्रति हैक्टेयर पर्याप्त होती है।

बुआई का समय (Time of Sowing) : सूडान घास बसन्त तथा ग्रीष्म कालीन समय में उगाई जाने वाली चारे की फसल है अतः इसकी बुआई फरवरी के अन्तिम सप्ताह तक की जाती है। फरवरी

में बोई गई फसल की अपेक्षा जून में बोई गई फसल की हरे चारे की उपज बहुत कम होती है परन्तु बीज उत्पादन अधिक होता हैं।

बुआई की विधि (Method of Sowing) : सूडान घास की बुआई सामान्यतः दो विधियों द्वारा की जाती है।

1. छिड़कवाँ विधि : इस विधि में खेत में समान रूप से बीजों को छिड़क कर मिट्टी में मिला दिया जाता है। बीजों के छिड़कने के बाद देशी हल अथवा कल्टीवेटर से उथली जुताई की जाती है। जुताई करते समय यह ध्यान रखना चाहिए कि बीजों की गहराई 1.5 से 2.0 सेमी से अधिक नहीं होनी चाहिए। यह विधि अधिक नमी तथा खरपतवारों के अधिक प्रकोप वाले क्षेत्रों में मुख्य रूप से अपनाई जाती है। छिड़कवाँ विधि द्वारा बीज बोने पर कुछ बीज ऊपर रह जाते हैं तथा कुछ बीज भूमि के अन्दर गहरे चले जाने से अंकुरण कम हो जाता है। इसलिए इस विधि द्वारा बुआई करने पर बीज की मात्रा अधिक रखी जाती है।

2. पंक्तियों में : इस विधि द्वारा सूडान घास की बुआई करने पर देशी हल से 30 सेमी की दूरी पर कूँड बना लेते हैं इसके पश्चात् बीजों को इन कूँडों में बो दिया जाता है। बुआई करने के बाद पाटा से इन कूँडों को ढ़क देते हैं।

खाद एवं उर्वरक (Manures and Fertilizers)

सूडान घास की अधिक उपज प्राप्त करने के लिए 100-120 किलोग्राम नत्रजन तथा 40-50 किलोग्राम फासफोरस प्रति हैक्टेयर की आवश्यकता होती है। नत्रजन की आधी मात्रा तथा फासफोरस की सम्पूर्ण मात्रा बुआई के समय खेत में फैलाकर अच्छी तरह से भूमि में मिला देनी चाहिए। शेष बची हुई नत्रजन की मात्रा को कटाई की संख्या के आधार पर बराबर-बराबर भागों में बाँटकर कटाई के तुरन्त बाद खेत में छिड़क देनी चाहिए। प्रत्येक कटाई के बाद नत्रजन का प्रयोग करने से पौधों की पुर्नबृद्धि शीघ्र एवं संतोषजनक होती है। जिसका अनुकूल प्रभाव चारे की उपज पर पड़ता है। नत्रजन के प्रयोग से चारे में कार्बोहाइड्रेट तथा प्रोटीन की मात्रा बढ़ जाने से चारे की पौष्टिकता भी बढ़ जाती है।

बीज उत्पादन के लिए सूडान घास में अपेक्षाकृत कम मात्रा में नत्रजन का प्रयोग किया जाता है। बीजोत्पादन के लिए 60-70 किलोग्राम नत्रजन, 40-50 किलोग्राम फासफोरस तथा 25-30 किलोग्राम पोटास प्रति हैक्टेयर प्रयोग करना चाहिए। नत्रजन, फासफोरस तथा पोटास की सम्पूर्ण मात्रा फसल की बुआई के समय दे देनी चाहिए।

सिंचाई तथा जलनिकास (Irrigation and Drainage) : बसन्त अथवा ग्रीष्म ऋतु में बोई गई सूडान घास को 10-15 दिन के अन्तराल पर सिंचाई करते रहना चाहिए। वर्षा ऋतु में सूडान घास की फसल को सिंचाई की आवश्यकता नहीं होती है। देरी से बोई गई फसल को अक्टूबर माह में एक या दो सिंचाईयों की आवश्यकता होती है। वर्षा ऋतु में खेत में पानी भरने की दशा में जल निकास का समुचित प्रबन्ध आवश्यक है।

बीज उत्पादन के लिए बोई गई सूडान घास में फूल आने से बीजों की दुग्धावस्था तक पर्याप्त मात्रा में नमी रहना आवश्यक है। इस अवस्था में खेत में नमी की मात्रा कम होने की दशा में परागण कम होता है जिससे बीज सिकुड़े, कमजोर तथा छोटे हो जाते हैं। स्वस्थ बीज के लिए यह आवश्यक है कि भूमिगत नमी के आधार पर सिंचाई करना आवश्यक है।

निराई-गुड़ाई तथा खरपतवार नियन्त्रण (Interculture and Weed Control) : सूडान घास की फसल में पौधों की प्रारम्भिक अवस्था में खरपतवारों का प्रभावी नियन्त्रण आवश्यक है। बुआई के 30 दिन तक खेत में खरपतवारों का प्रकोप होने से पौधों की वृद्धि पर विपरीत प्रभाव पड़ता है। खरपतवारों के नियन्त्रण के लिए एट्राजिन 1.25 -1.50 किलोग्राम सक्रिय तत्व प्रति हैक्टेयर की दर से 800 लीटर पानी में घोलकर बुआई के पूर्व खेत में छिड़काव करने से खरपतवारों का नियन्त्रण हो जाता है। 2 किलोग्राम नाइट्रोफेन सक्रिय अवयव प्रति हैक्टेयर की दर से 800 लीटर पानी में घोलकर छिड़काव करने से खरपतवार नियन्त्रित हो जाते हैं। इन रसायनों का छिड़काव करने से खेत में खरपतवार 30-35 दिनों तक नहीं उग पाते इसी बीच सूडान घास के पौधों की वृद्धि हो जाने से खरपतवारों की उपस्थिति का भी पौधों की वृद्धि एवं विकास पर कोई हानिकारक प्रभाव नहीं पड़ता है।

कीट नियन्त्रण (Insects/pest management) : सूडान घास में तना मक्खी (Stem fly) का प्रकोप कभी-कभी हो जाता है। इसके नियन्त्रण के लिए थीमेट (फोरेट 10 जी) 15 किलोग्राम प्रति हैक्टेयर की दर से भूमि में बुआई के समय मिला देना चाहिए।

बीमारी नियन्त्रण (Disease management) : इसकी फसल में पर्ण चित्तीदार रोग का प्रकोप भी पाया जाता है। इस बीमारी के नियन्त्रण के लिए अंकुरण के 20-25 दिन पश्चात् डाइथेन जेड 78 2.0 किलोग्राम प्रति हैक्टेयर की दर से 800 लीटर पानी में घोल बनाकर पौधों पर एक सप्ताह के अन्तराल पर 2-3 बार छिड़काव करना चाहिए।

कटाई प्रबन्ध (Cutting Management)

सूडान घास 50-60 दिन बुआई के उपरान्त प्रथम कटाई के लिए तैयार हो जाती है। इसके पश्चात् 30-35 दिन के अन्तराल पर अन्य कटाईयाँ करनी चाहिए। इस अवस्था में कटाई करने से पौधों की वृद्धि अच्छी होने के कारण प्रति कटाई चारे के पैदावार तथा पौष्टिकता अच्छी हो जाती है। कटाई भूमि की सतह से 5-6 सेमी ऊपर से करनी चाहिए जिससे पौधों की पुनर्वृद्धि अच्छी होती है। देर से कटाई करने पर पौधों के तने कड़े हो जाते हैं जिसके कारण तने की मात्रा अधिक हो जाती है और चारे की पौष्टिकता तथा पाचनशीलता खराब हो जाती है।

उपज (Yield)

अच्छी शस्य क्रियायें अपनाने से सूडान घास के हरे चारे की उपज 600-700 क्विन्टल प्रति हैक्टेयर प्राप्त हो जाता है। सूडान घास के बीज की पैदावार 5-6 क्विन्टल प्रति हैक्टेयर तक होती है। बीज की फसल की कटाई उस अवस्था में करनी चाहिए जब बीज पक कर कड़े हो जाये तथा उनमें नमी की मात्रा 15-16 प्रतिशत तक रह जाये।

अध्याय 28

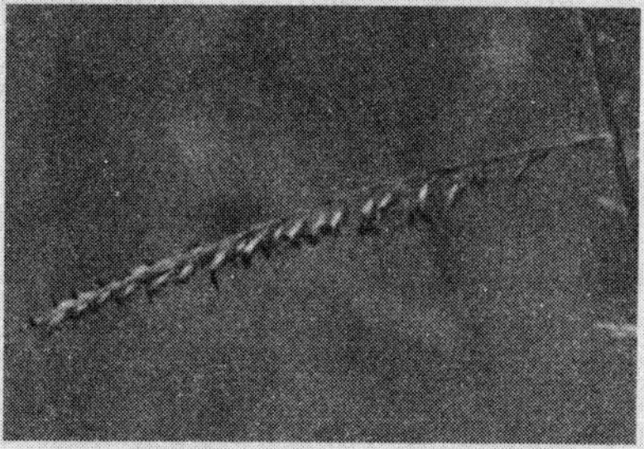

पैरा घास
(Para Grass)

वानस्पतिक नाम	:	ब्रिकेरिया स्पसीज
(Botanical name)	:	(Brachiaria species)
कुल (Family)	:	ग्रेमिनी (Gramineae)

आर्थिक महत्व (Economic Importance)

पैरा एक बहुवर्षीय घास है। पैरा घास नम तथा जल भराव वाले क्षेत्रों में उगाई जाती है अत: इसे पानी वाली घास अथवा बफैलो घास (Buffalo grass) भी कहते हैं। पैरा घास में चारे की पौष्टिकता भिन्न-भिन्न स्थानों पर भिन्न-भिन्न होती है। इसके हरे चारे में प्रोटीन की मात्रा 3.0 से 16 प्रतिशत, कड़ा रेशा 28 से 35 प्रतिशत, नत्रजन रहित निष्कर्षण 40 से 58 प्रतिशत, ईथर सार 0.8 से 3.8 प्रतिशत तथा फासफोरस 0.80 प्रतिशत तक पाया जाता है इसके तनों में प्रोटीन का मात्रा 3.4 से 5.8 प्रतिशत जबकि पत्तियों में प्रोटीन 10.3 से 14.1 प्रतिशत पाई जाती है। पैरा घास के हरे चारे की पाचनशीलता कटाई के अन्तराल तथा नत्रजन की मात्रा के अनुसार 40-64 प्रतिशत तक होती है। इसके अतिरिक्त पाचनशील प्रोटीन 64 प्रतिशत, पाचनशील रेशा 51 प्रतिशत तथा पाचनशील नत्रजन रहित निष्कर्षण 69 प्रतिशत तक पाया जाता है। कुछ वैज्ञानिकों के अनुसार पैरा घास की पत्तियों में पाई जाने वाली प्रोटीन की पाचनशीलता 55-61 प्रतिशत तथा तने में पाई जाने वाली प्रोटीन की पाचन शीलता 70-75 प्रतिशत तक होती है।

इसके चारे का पी एच मान अधिक होने के कारण साइलेज तथा हे बनाने के लिए उपयुक्त नहीं है। इसके चारे को संरक्षित करने के पश्चात जानवर भी चाव से नहीं खाते हैं। इसका हरा चारा बहुत धीरे-धीरे सूखता है इस प्रकार इसको सुखाने में बड़ी कठिनाई होती है।

उत्पत्ति एवं इतिहास (Origin and History)

पैरा घास का जन्म स्थान दक्षिणी अमेरिका और पूर्वी अफ्रीका माना गया है। अधिकतर वैज्ञानिकों के अनुसार इसका जन्मस्थान दक्षिण अफ्रीका हैं। परन्तु कई वर्ष पूर्व लगभग सन् 1820 में यह घास दक्षिणी अमेरिका से लाई गई। उस समय सर्वप्रथम पैरा घास को ब्राजील में उगाया गया। इसके पश्चात् यह अमेरिका के अन्य स्थानों में उगाई जाने लगी। इसके पश्चात् धीरे-धीरे विश्व के तमाम दुग्ध उत्पादक देशों में पैरा घास को बृहद स्तर पर उगाया जाने लगा। विश्व के उष्ण कटिबन्धीय क्षेत्रों में इस घास को बृहद स्तर पर उगाया जाने लगा। विश्व में उष्ण कटिबन्धीय क्षेत्रों में यह घास वानस्पतिक भागों द्वारा तीव्र गति से फैल गई। दक्षिण-मध्य अमेरिका के कई क्षेत्रों में यह घास आर्थिक दृष्टि से लाभदायक चारे के रूप में उगाई जाने लगी। भारत में इस घास को सर्वप्रथम 1894 में उगाया गया।

क्षेत्र तथा वितरण (Area and distribution)

पैरा घास विश्व के सभी गर्म और नम जलवायु वाले क्षेत्रों में उगाई जाती है। दक्षिणी अफ्रीका, ब्राजील, आस्ट्रेलिया, फिजी, फिलीपाइन्स, क्यूबा, रोडेशिया तथा अन्य कई देशों में पैरा घास वृहद रूप से उगाई जाती है।

भारत में यह घास प्रायः उन स्थानों पर उगाई जाती है जहाँ पर पानी भरता हो, भूमि दलदली हो, जलवायु आर्द्र तथा क्षारीय भूमि हो। भारत में पैरा घास उत्तर प्रदेश, पंजाब, हरियाणा, मध्य प्रदेश, बिहार, उड़ीसा, आसाम, त्रिपुरा, मणिपुर, आन्ध्र प्रदेश, पश्चिम बंगाल, तमिलनाडु तथा कर्नाटक राज्यों में उगाई जाती है। भारत में उड़ीसा तथा पश्चिम बंगाल में पैरा घास चारे की प्रमुख फसल है। इसी प्रकार महाराष्ट्र के कई भागों में इसे चारे की मुख्य फसल के रूप में उगाया जाता है।

जलवायु (Climate) : पैरा घास जलभराव, तालाबों तथा नदियों के किनारे जल भराव वाले क्षेत्रों में जहाँ पर अन्य फसलें उगाना सम्भव नहीं होता है वहाँ पर उगाई जाती है। इसके लिए आर्द्र जलवायु जहाँ पर तापक्रम 30-35 डिग्री सेन्टीग्रेड हो उत्तम मानी गई। पैरा घास शुष्क तथा अर्द्धशुष्क क्षेत्रों में नहीं उगाई जा सकती है। कम वर्षा वाले क्षेत्रों में सिंचाई के पर्याप्त साधन होने पर पैरा घास को उगाया जा सकता है। इसके पौधों की बढ़वार पाला रहित क्षेत्रों में सबसे अच्छी होती है। पैरा घास के लिए सामान्यतः 150-200 सेमी वार्षिक वर्षा वाले क्षेत्र अधिक उपयुक्त होते हैं।

भूमि (Soil) : पैरा घास की खेती सभी प्रकार की भूमियों में की जा सकती है। इसकी खेती के लिए दोमट तथा मटियार दोमट भूमियाँ सबसे उत्तम होती हैं। पैरा घास को ऊसर तथा क्षारीय भूमियों में भी उगाया जा सकता है। इस तरह नदियों तथा तालाबों के किनारे जलमग्न भूमि, रेलवे तथा सड़क के किनारे और अन्य अयोग्य भूमि जहाँ पर खेती नहीं की जा सकती वहाँ पर पैरा घास को उगाना उत्तम है।

फसल चक्र (Crop rotation) : पैरा एक बहुवर्षीय घास है। एक बार खेत में बुआई करने के बाद 5-7 वर्षों तक लगातार पशुओं के लिए हरा चारा प्राप्त किया जा सकता है। शीतकालीन समय में जब पैरा घास के पौधों की बढ़वार कम हो जाती है। उस समय अन्य फलीदार फसलों को उगा कर उत्तम किस्म का पौष्टिक चारा प्राप्त किया जा सकता है। उड़ीसा तथा पश्चिम बंगाल में नवम्बर से जनवरी माह में राइस बीन, खेसारी तथा जई की फसलें उगाई जा सकती हैं। इसके अतिरिक्त इन क्षेत्रों में सर्दियों में मटर तथा सरसों को शीघ्र बढ़ने वाली प्रजातियाँ उगाई जा सकती है। दक्षिणी भारत में जहाँ तापमान लगभग एक समान रहता है वहाँ पर पैरा घास से चारा वर्ष भर लगातार मिलता रहता है। पैरा घास आधारित कुछ महत्वपूर्ण प्रचलित फसल चक्र/मिश्रित फसल पद्धतियाँ निम्न हैं।

पैरा घास + सिराट्रो	पैरा घास + सेन्ट्रोसीमा
पैरा घास + कुडजूवाइन	पैरा घास + वेलवेटवीन

उन्नतशील किस्में (Improved Varieties)

विश्व में पैरा घास की कई किस्में उगाई जाती हैं इन किस्मों की अलग-अलग प्रजातियाँ होती हैं।

ब्रेकेरिया म्यूटिका (*Brachiaria mutica*) : पैरा घास की यह एक बहुवर्षीय पौधे वाली किस्म है। इसके तने तथा पत्तियों पर रोयें पाये जाते हैं इसको प्रायः नम तथा दलदली भूमियों में उगाया जाता है। इसकी खेती भारत के पूर्वी तथा पश्चिमी भागों में की जाती है।

ब्रेकेरिया डिकम्बेन्स (*Brachiaria decumbens*) : यह घास प्राकृतिक रूप से पूर्वी अफ्रीका में पाई जाती है। इसकी खेती 900 मीटर तक की ऊँचाई वाले क्षेत्रों में आसानी से की जाती है। पैरा घास की यह किस्म चराई के प्रति अवरोधी है इसलिए चरागाह के लिए सबसे उत्तम मानी गई है। इसकी पत्तियाँ रोंये दार होती हैं साथ ही साथ पशु भी बड़े चाव से खाते हैं। इस किस्म में बीज बनता है परन्तु बीजों में अंकुरण क्षमता बहुत कम होती है। इसलिए इस किस्म के बीज बोने के पूर्व 10-15 मिनट तक सान्द्र सल्फ्यूरिक अम्ल में उपचारित करना आवश्यक है। बीज के अतिरिक्त इसकी बुआई तने के टुकड़ों अथवा जड़ दार तनों से भी की जाती है। पैरा घास की इस किस्म की बोसिलिस्क (Basilisk) सबसे अच्छी प्रजाति है।

ब्रैकेरिया ब्रेजेन्था (*Brachiaria brazentha*) : इसे सिगनल घास भी कहते हैं। पैरा घास की यह किस्त समस्त अफ्रीका के उन भागों में उगाई जाती है जहाँ पर तापमान 32 डिग्री सेन्टीग्रेड से अधिक रहता है तथा वार्षिक वर्षा 1000 मिमी से अधिक होती है। पैरा घास की यह किस्म उन सभी चारागाहों में उगाई जा सकी है जहाँ पर चरागाहों में छोटी-छोटी झाड़ियाँ होती हैं। इस किस्म को केवल बीज द्वारा ही उगाया जाता है इसके तने भूमि के ऊपर नहीं फैलते हैं।

ब्रेकेरिया ह्यूमिडीकोला (*Brachiaria humidicola*) : पैरा घास की इस किस्म में गुणसूत्रों की संख्या 36 होती है। यह किस्म पूर्वी तथा दक्षिण-पूर्वी अफ्रीका के उष्णकटिबन्धीय भागों में उगाई जाती है। इस किस्म में बीज बहुत कम बनते हैं। इसलिए इसके तने को टुकड़ों के रूप में बोया जाता है।

इसको अधिक नमी वाले स्थानों में उगाया जाता है क्योंकि इसके पौधों को नमी की अधिक आवश्यकता होती है। इस किस्म को सिराट्रो तथा सेन्ट्रो जैसी फलीदार फसलों के साथ उगाया जाता है।

ब्रेकेरिया डयूरा (*Brachiaria dura*) : यह घास मध्य अफ्रीका में प्राकृतिक रूप में पाई जाती है। जांबिया में 100 मीटर की ऊँचाई पर 800-900 मिमी वार्षिक वर्षा वाले क्षेत्रों में इसकी बहुत अधिक वृद्धि होती है। इसे कृषि अयोग्य बलुई भूमियों में भी उगाया जा सकता है। इसका हरा चारा बहुत ही पौष्टिक होता है जिसे पशु बड़े ही चाव से खाते हैं।

ब्रेकेरिया मिलीफार्मिस (*Brachiaria miliformis*) : पैरा घास की यह किस्म एक वर्षीय है। इसके पौधों के तने पर रोयें नहीं होते हैं। यह भारत, श्रीलंका, बर्मा इत्यादि देशों में उगाई जाती है। इसकी अधिक उपज प्राप्त करने के लिए एक निश्चित दीप्तिकाल की आवश्यकता होती है।

खेत की तैयारी (Field preparation)

पैरा घास की बुआई मृदा की किस्म पर निर्भर करती है। यह घास प्रायः नम स्थानों पर उगाई जाती है। इसलिए मिट्टी को भुरभुरा नहीं बनाया जा सकता है। सूखी दशा में खेत की एक गहरी जुताई मिट्टी पलटने वाले हल से करके दो-तीन जुताईयाँ देशी हल अथवा कल्टीवेटर से कर देते हैं। खेत समतल करने के लिए तथा मिट्टी को भुरभुरा बनाने के लिए आखिरी जुताई के बाद पाटा लगा देना चाहिए। खेत खरपतवार रहित होना चाहिए।

बीज तथा बुआई (Seed and Sowing)

बुआई का समय (Time of Sowing) : पैरा घास की बुआई का सबसे अच्छा समय वर्षा ऋतु में जून-जुलाई माह है। जिन स्थानों में सिंचाई की पर्याप्त सुविधा होती है वहाँ पर इसकी बुआई मार्च-अप्रैल में भी की जाती है।

बुआई की विधि (Method of Sowing) : पैरा घास की बुआई सामान्यतः दो विधियों द्वारा की जाती है।

1. पैरा घास के 2-3 गाँठों वाले जड़दार टुकड़े काट लिये जाते हैं। नम और तैयार भूमि में रस्सी अथवा देशी हल से 25 सेमी की दूरी पर लाइनें बना ली जाती हैं। इन कूँडों में घास के कटे हुए टुकड़ों को बोया जाता है। सामान्य रूप से इन टुकड़ों की लम्बाई 40 सेमी तक रखते हैं। पंक्ति से पंक्ति की दूरी आवश्यकतानुसार बढ़ा भी सकते हैं। इन टुकड़ों की एक या दो गाँठ जमीन के अन्दर तथा कम से कम एक गाठ जमीन के ऊपर रखते हैं। इन टुकड़ों की गाँठों से जड़ तथा कल्ले निकलते हैं। इस प्रकार भूमि के अन्दर वाली गाँठ से जड़े तथा ऊपर वाली गांठों से तने निकलते हैं। इस प्रकार से बोई गई फसल पहले वर्ष लगभग 35-40 प्रतिशत स्थान घेरता है और तीसरे वर्ष 100 प्रतिशत स्थान घेर लेती है।
2. जिन स्थानों पर खेत की तैयारी करना सम्भव नहीं होता है उन स्थानों पर इन कटे हुए टुकड़ों की बुआई छिड़कवाँ विधि द्वारा की जाती है। पैरा घास के टुकड़ों को भूमि में एक समान

बिखेर कर हैरो चला देते हैं जिससे इसके टुकड़ों का कोई न कोई भाग जमीन में दब जाता है। इसके पश्चात् पानी लगा देते हैं जिससे इन टुकड़ों की स्थापना नये पौधों के रूप में हो जाती है। इस विधि से पैरा घास की बुआई करने पर सिंचाई देना अत्यन्त आवश्यक है अन्यथा पौधे मर जाते हैं।

उपरोक्त दोनों विधियों द्वारा बुआई करने पर लगभग 12–15 क्विन्टल प्रति हैक्टेयर पैरा घास के टुकड़ों की आवश्यकता होती है।

खाद एवं उर्वरक (Manures and Fertilizers)

पैरा एक बहुवर्षीय घास है इसलिए इसकी अधिक उपज एवं पौष्टिक चारा प्राप्त करने के लिए पर्याप्त मात्रा में खाद एवं उर्वरकों का प्रयोग अति आवश्यक है। पर्याप्त मात्रा में नत्रजन उर्वरक का प्रयोग करने पर चारे में प्रोटीन तथा पौष्टिकता बढ़ जाती है। पैरा घास की फसल नम तथा पानी भरे हुए स्थान पर उगाये जाने के कारण 10 टन गोबर की खाद प्रति हैक्टेयर की दर से प्रयोग करने पर अधिक उपज तथा पौष्टिक चारा प्राप्त करने के लिए लाभदायक है। पैरा घास को प्रत्येक कटाई के बाद 25–30 किलोग्राम प्रति हैक्टेयर की दर से नत्रजन देना चाहिए। पैरा घास के साथ फलीदार फसलों की बुआई करने पर नत्रजन की मात्रा को कम किया जा सकता है।

सिंचाई (Irrigation) : पैरा अधिक पानी चाहने वाली घास है। यह घास नम, निचली जल भराव वाली भूमियों तथा नदियों के बाढ़ वाली भूमियों में उगाई जाती है। घास उगाने वाले खेत में यदि सदैव पानी भरा रहे तो पौधे की वृद्धि एवं विकास के लिए उपयुक्त है। खेत में जब भी पानी की कमी दिखाई दे परन्तु सिंचाई करना आवश्यक है अत: जलनिकास की आवश्यकता नहीं पड़ती है। शुष्क भूमियों में इस घास को नहीं उगाया जा सकता हैं।

खरपतवार नियन्त्रण (Weed Management) : बुआई के समय खेत में खरपतवार उगने से बचाना चाहिए। क्योंकि इस समय पौधे धीरे-धीरे स्थापित होते हैं। पैरा घास के पौधे पूरी तरह से स्थापित हो जाने के बाद खरपतवार नियन्त्रण की कोई आवश्यकता नहीं होती है। फसल की पूर्ण वृद्धि एवं कटाई करने पर खरपतवार स्वत: नष्ट हो जाते हैं। पौधे की प्रारम्भिक अवस्था में एक बार गुडाई फावड़ा अथवा देशी हल द्वारा कर देनी चाहिए।

कीट एवं बीमारियों का नियन्त्रण (Insects/pest and disease management) : पैरा घास में सामान्यत: किसी भी कीट एवं बीमारी का आक्रमण नहीं होता है। इसलिए कीट एवं बीमारी नियन्त्रण की कोई आवश्यकता नहीं होती है।

कटाई प्रबन्ध (Cutting Management)

पैरा घास की प्रथम कटाई बीज बोने के लगभग 90–100 दिन उपरान्त की जानी चाहिए। इसके पश्चात घास की कटाई प्रत्येक 30–35 दिनों के अन्तराल पर करते रहते हैं। उष्ण कटिबन्धीय जलवायु जहाँ का तापमान 25 डिग्री सेन्टीग्रेड से अधिक होता है वहाँ पर पैरा घास की कटाई वर्ष भर चलती

रहती है। उत्तर भारत में शीत ऋतु में पैरा घास के पौधों की वृद्धि रूक जाती है अतः नवम्बर से जनवरी तक पौधे सुषुप्ता अवस्था में रहते हैं। पैरा घास की कटाई के बाद नत्रजन तथा सिंचाई करना अत्यन्त आवश्यक होता है जिससे पौधों की पुनर्वृद्धि जल्दी तथा अच्छी होती है और उपज भी अधिक प्राप्त होती है।

उपज (Yield)

पैरा घास की उपज भिन्न-भिन्न स्थानों पर भिन्न-भिन्न होती है। उत्तर भारत में पैरा घास की उपज 500–900 क्विन्टल प्रति हैक्टेयर तक प्राप्त होती है जबकि दक्षिण भारत में इसकी उपज 1000–1200 क्विन्टल प्रति हैक्टेयर तक प्राप्त हो जाती है। पशुशाला से निकले मल मूत्र के पानी से पैरा घास की सिंचाई करने पर इसकी उपज 2500–3000 क्विन्टल प्रति हैक्टेयर तक प्राप्त हो जाती है।

❑❑❑❑❑

अध्याय 29

नेपियर अथवा हाथी घास (Napier or Elephant Grass)

वानस्पतिक नाम	:	पेनीसिटम परयूरियम
(Botanical name)	:	(*Pennisetum purpureum*)
कुल (Family)	:	ग्रेमिनी (Gramineae)

आर्थिक महत्व (Economic Importance)

नेपियर बहुवर्षीय चारा प्रदान करने वाली घास है। यह संसार के सभी उष्ण कटिबन्धीय क्षेत्रों में चारे के लिए उगाई जाती है। इसका चारा पौष्टिक तथा पूरे वर्ष भर मिलता रहता है। पौधों की वृद्धि की प्रारम्भिक अवस्था में चारे में 12–14 प्रतिशत तक शुष्क पदार्थ पाया जाता है। नेपियर घास की पत्तियों में 9.30 प्रतिशत तथा तने में 4.41 प्रतिशत प्रोटीन पाई जाती है। इसकी पत्तियों में रेशे की मात्रा 31.14 प्रतिशत तथा तने में 35.60 प्रतिशत तक होती है। इसके चारे में कुल प्रोटीन की मात्रा 7–12 प्रतिशत तक पाई जाती है। चारे में प्रोटीन की मात्रा कटाई की अवस्था तथा सिंचाई पर निर्भर करती है। इसके चारे में पाचनशीलता 48–71 प्रतिशत शुष्क पदार्थ के आधार पर पाई जाती है। पाचनशील प्रोटीन 41–71 प्रतिशत, पाचनशील कड़ा रेशा 46–75 प्रतिशत, पाचनशील नत्रजन रहित निष्कर्षण 40–74 प्रतिशत तथा पाचनशील ईथर निष्कर्षण 19–73 प्रतिशत तक पाया जाता है। इसके चारे का पी एच मान 6 से कम होता है। नेपियर घास में लगभग 20 प्रतिशत या इससे अधिक आक्जेलेट पाया जाता है। नेपियर

में आक्जेलेट की अधिकता के कारण ग्वार अथवा लोबिया के साथ मिलाकर पशुओं को खिलाना चाहिए। इसका चारा पशुओं के लिए उस समय प्राप्त होता है जब चारे की कमी होती है। इसके चारे से उत्तम किस्म की हे बनाई जाती है।

उत्पत्ति एवं इतिहास (Origin and History)

इस घास का उपयोग चारे के रूप में सर्वप्रथम रोहडेशिया में किया गया इसलिए इसका उत्पत्ति स्थान दक्षिणी अफ्रीका में रोहडेशिया है। इस घास का नाम रोहडेशिया के कर्नल नेपियर के नाम पर रखा गया क्योंकि इन्होंने 1909 में रोहडेशिया कृषि विभाग का ध्यान इस घास के चारे के महत्व की ओर खींचा। भारत में नेपियर घास 1912 में दक्षिणी अफ्रीका से लाई गई। इस घास के पौधों की ऊँचाई अधिक होने के कारण जंगलों में हाथी छिप जाते हैं इसलिए भारत में इसे हाथी घास के नाम से भी जानते हैं। यह भारत के कई भागों में सबसे बहुमूल्य चारे की बहुवर्षीय फसल मानी जाती है।

क्षेत्रफल तथा विवरण (Area and Distribution)

नेपियर घास उष्ण कटिबन्धी भागों की सबसे अच्छी बहुवर्षीय चारे की फसल है। विश्व में नेपियर घास एशिया, अफ्रीका, दक्षिणी यूरोप तथा अमेरिका में बृहद स्तर पर उगाई जाती है। भारत के इसकी खेती समुद्र तल से लेकर दो हजार मीटर तक की ऊँचाई तक चारे के रूप में की जाती है। भारत में नेपियर घास की खेती पंजाब, हरियाणा, उत्तर प्रदेश, बिहार, मध्य प्रदेश, उड़ीसा, गुजरात, महाराष्ट्र, पश्चिमी बंगाल तथा आसाम राज्यों में की जाती है। उत्तर प्रदेश में नेपियर घास के अन्तर्गत क्षेत्रफल अन्य प्रदेशों की अपेक्षा अधिक है फिर भी उसकी खेती राजकीय कृषि फामों तथा कृषि कालेज के फार्म तक ही सीमित है।

जलवायु (Climate) : नेपियर घास अधिक गर्म तथा बड़े दीप्तिमान (Long day) वाले क्षेत्रों में अधिक उपज देती है। कम तापमान पर इसकी उपज कम हो जाती है। जिन क्षेत्रों में तापमान अधिक, वर्षा तथा वायुमन्डल में आर्द्रता अधिक होती है नेपियर घास की खेती के लिए सर्वोत्तम है। यह घास उन सभी स्थानों पर उगाई जा सकती है जहाँ पर वार्षिक वर्षा 150-200 सेमी या इससे अधिक होती है। कम वर्षा वाले क्षेत्रों में भी सिंचाई की समुचित व्यवस्था होने पर इसकी फसल आसानी से उगाई जा सकती है। नेपियर घास10 डिग्री सेन्टीग्रेड तापमान पर भी उगाई जा सकती है। इसका पौधा शून्य डिग्री सेन्टीग्रेड तापमान पर भी मिलता है। नेपियर घास के लिए सर्वोत्तम तापमान 25-35 डिग्री सेन्टीग्रेड के मध्य होने से पौधों की वृद्धि एवं विकास अच्छी होती है। शीतऋतु में पाला पड़ने से इसकी फसल पर बहुत ही प्रतिकूल प्रभाव पड़ता है। शुष्क तथा अधिक तापमान इसकी फसल के लिए हानिकारक है।

भूमि (Soil) : देश के विभिन्न भागों में नेपियर घास भिन्न-भिन्न प्रकार की मृदाओं में उगाई जाती है परन्तु फसल की अधिक उपज के लिए हल्की भूमियों की अपेक्षा भारी भूमियों में उगाना सर्वोत्तम है। इसकी खेती के लिए दोमट तथा मटियार दोमट भूमियाँ सबसे अच्छी मानी गई है। भूमि की उर्वराशक्ति

अच्छी तथा जलनिकास के पर्याप्त साधन होना आवश्यक है। नेपियर घास हल्की अम्लीय भूमियों में भी उगाई जा सकती है। जलमग्न भूमियों में नेपियर की फसल नहीं उगाई जा सकती है।

उन्नतशील प्रजातियाँ (Improved varieties)

पूसा ज्याइन्ट (Pusa Giant) : इस प्रजाति का विकास पेनीसिटम परपूरियम तथा पेनीसिटम टाइफोइडियम (अफ्रीकन बाजरा) के संकरण से हुआ है। यह प्रजाति अन्य नेपियर की प्रजातियों से दोगुना अधिक उपज देती है। इस प्रजाति में अन्य प्रजातियों की अपेक्षा 25 प्रतिशत अधिक प्रोटीन तथा 12 प्रतिशत अधिक शर्करा होती है। इसकी पत्तियाँ बड़ी तथा हरी, पत्तियों पर रोयें बहुत मुलायम होते हैं। इस प्रजाति की सभी अवस्थाओं में कटाई करने पर चारा अधिक रसीला तथा कम मात्रा में रेशा होने से यह बहुत ही मुलायम तथा पौष्टिक होता है।

एन बी 21 (NB 21) : इस प्रजाति के पौधे लम्बे, शीघ्र बढ़ने वाले, अधिक कल्ले, पतले तथा रोयें रहित होते हैं। इसकी पत्तियाँ चिकनी, लम्बी तथा पतली होती हैं। इस प्रजाति की पहली कटाई रोपाई के 50 दिन पश्चात् करने योग्य हो जाती है। इसके पश्चात् अन्य कटाइयाँ 30–35 दिन के अन्तराल पर की जाती हैं। इस प्रजाति के हरे चारे की औसत उपज 160–200 टन प्रति हैक्टेयर तक प्राप्त हो जाती है।

फसल पद्धति (Cropping System) : नेपियर एक बहुवर्षीय घास है अतः इसको खेत में 4–5 वर्ष तक रखा जाता है। जिन स्थानों पर अधिक सर्दी (नवम्बर से मार्च तक) पड़ती है उन क्षेत्रों में सुविधानुसार अन्य फलीदार फसलें आसानी से उगाई जा सकती है। नेपियर घास आधारित कुछ प्रमुख फसल पद्धतियाँ निम्न है।

1. नेपियर घास + बरसीम/रिजका (एक वर्षीय)
2. नेपियर घास + सेंजी/मेंथी (एक वर्षीय)
3. नेपियर घास + सेम या बेलवेटबीन (पाँच वर्षीय)
4. नेपियर घास (तीन वर्ष) – गेहूँ – लोबिया (चारा) – ज्वार (चारा) बरसीम (पाँच वर्षीय)
5. नेपियर घास + रिजका (पाँच वर्षीय)
6. नेपियर घास + जापानी सरसों (एक वर्षीय)
7. नेपियर घास + जौ/मटर (एक वर्षीय)
8. नेपियर घास + लोबिया (ग्रीष्म ऋतु)

खेत की तैयारी (Field Preparation)

नेपियर के लिए खेत की तैयारी पूर्व में ली गई फसल पर निर्भर करती है। खेत की एक बार मिट्टी पलटने वाले हल से गहरी जुताई कर देनी चाहिए। इसके पश्चात् 3–4 जुताइयाँ देशी

हल अथवा कल्टीवेटर से करके अच्छी तरह से पाटा लगा देना चाहिए जिससे खेत समतल हो जाये तथा मिट्‌टी भुरभुरी हो जाये। पौध रोपड़ के पूर्व खेत पूर्ण रूप से समतल होना चाहिए। खेत में यदि खरपतवार हो तो उन्हें निकाल देना चाहिए। खेत समतल होने से कृष्य क्रियायें तथा जलनिकास में सुविधा होती है।

बीज तथा बुआई (Seed and Sowing)

बीज दर (Seed Rate) : नेपियर घास में बीज बनना बहुत कठिन होता है परन्तु जो भी बीज बनते हैं उनका अंकुरण भी बहुत कम होता है और पौधे बहुत कमजोर हो जाते हैं। अतः नेपियर घास की बुआई प्रायः वानस्पतिक भागों जैसे तने के टुकड़े तथा जड़दार भागों द्वारा ही की जाती है। नेपियर घास की रोपाई के लिए प्रायः दो या तीन गाँठ वाले तने पौधे के निचले भाग से लिए जाते हैं। इस प्रकार लगभग 12000 से 15000 टुकड़े प्रति हेक्टेयर प्रयोग किये जाते हैं। इन टुकड़ों का वजन भी लगभग 12-13 क्विन्टल तक होता है। सर्दियों में काटने के पश्चात यह टुकड़े बिना किसी क्षति के 15-20 दिनों तक रखे जा सकते हैं।

रोपाई का समय (Time of planting) : नेपियर की रोपाई वानस्पतिक भागों द्वारा की जाती है। इसलिए रोपाई के समय जलवायु विशेष का सबसे अधिक प्रभाव पड़ता है। भारत के दक्षिणी भागों में तापक्रम लगभग एक समान रहता है वहाँ पर इसकी रोपाई कभी भी की जा सकती है परन्तु उत्तरी भारत में शीतकालीन समय में रोपाई नहीं की जा सकती है। उत्तर भारत में इसकी रोपाई वर्षा के समय में करना अच्छा माना गया है। नेपियर की रोपाई का सबसे अच्छा समय जून-जुलाई माह है। जिन स्थानों पर सिंचाई की पर्याप्त सुविधा हो इसकी रोपाई मार्च-अप्रैल में भी की जा सकती है।

रोपाई की विधि (Method of planting) : नेपियर घास की रोपाई प्रायः राइजोम अथवा तने के टुकड़ों द्वारा ही की जाती है अतः इन वानस्पतिक भागों की रोपाई निम्न विधि से की जाती है।

कूँडों में बुआई (Furrow Method) : खेत की अच्छी तरह से तैयारी करके देशी हल द्वारा 90 सेमी की दूरी पर कूँड बना लिये जाते हैं इसके पश्चात इन कूँडों में पहले से तैयार किये गये टुकड़े डाल दिये जाते हैं। इसके पश्चात् अच्छी तरह से पाटा लगाकर इन कूँडों को मिट्‌टी से ढ़क देते हैं। जब इन टुकड़ों में अंकुरण हो जाता है तब तक सिंचाई की जाती है। इन टुकड़ों की रोपाई करते समय भूमि में पर्याप्त मात्रा में नमी रहना आवश्यक है।

टुकड़ों को गाड़ना : इस विधि में लाइनों में रोपाई करने के लिए रस्सी अथवा देशी हल से 90 सेमी की दूरी पर सीधी लाइनें बना ली जाती हैं। इसके पश्चात् इन्हीं लाइनों में जड़दार टुकड़े या तनों के टुकड़ों को 75 सेमी की दूरी पर गाड़ देते हैं। इन टुकड़ों को गाड़ते समय इस बात का ध्यान रखना चाहिए कि एक गांठ जमीन के अन्दर तथा दूसरी गांठ जमीन के ऊपर होनी चाहिए। नेपियर के टुकड़ों को गाड़ने के बाद चारों तरफ मिट्‌टी डालकर हाथ से सख्त कर देते हैं जिससे हवा का आदान प्रदान न हो। इसके अतिरिक्त इन टुकड़ों को 45 डिग्री के कोण पर गाड़ना चाहिए। इस विधि से टुकड़े इस प्रकार गाड़े जाते हैं कि टुकड़ों का झुकाव उत्तर की दशा की तरफ रहे जिससे उन्हें सूर्य की सीधी

किरणों से बचाया जा सके तथा वर्षा का हानिकारक प्रभाव भी न पड़े। खेत में टुकड़ों की रोपाई करने के पश्चात् सिंचाई कर देनी चाहिए। इसके पश्चात् कूँडों में मिट्टी चढ़ाकर मेड़ बेना देनी चाहिए।

खाद एवं उर्वरक (Manures and fertilizers)

संकर नेपियर बहुत जल्दी बढ़ने वाली चारे की फसल है। जिसे पोषक तत्वों की अधिक मात्रा में आवश्यकता होती है। फसल की अच्छी उपज प्राप्त करने के लिए नत्रजन की अधिक आवश्यकता होती है। फासफोरस तथा पोटास की मात्रा आवश्यकतानुसार प्रयोग की जा सकती है। 15 टन सड़ी हुई गोबर की खाद अथवा कम्पोस्ट प्रति हैक्टेयर की दर से बीज बुआई के पूर्व प्रयोग करना अधिक लाभदायक है। नेपियर की फसल को दी जाने वाली उर्वरकों की मात्रा पर मृदा की उर्वरता, फसल चक्र तथा सिंचाई के साधनों का प्रत्यक्ष प्रभाव पड़ता है।

नेपियर घास को 120–150 किलोग्राम नत्रजन, 60–70 किलोग्राम फासफोरस तथा 40–50 किलोग्राम पोटास प्रति हैक्टेयर की दर से प्रयोग करना चाहिए। बुआई के समय 80–90 किग्रा नत्रजन, फासफोरस तथा पोटास की समस्त मात्रा बुआई के पूर्व खेत में फैलाकर अच्छी तरह से मिला देनी चाहि ए। इसके बाद प्रति कटाई के बाद कम से कम 40–50 किलोग्राम नत्रजन प्रति हैक्टेयर की दर से डालने से पौधों की पुनर्वृद्धि अच्छी होती है जिससे उपज में काफी वृद्धि हो जाती है। नत्रजन का प्रयोग करने से चारे में प्रोटीन तथा शुष्क पदार्थ की मात्रा बढ़ जाती है।

सिंचाई तथा जल निकास (Irrigation and drainage) : नेपियर घास केवल सिंचित क्षेत्रों में उगाई जाने वाली बहुवर्षीय घास है। पर्याप्त मात्रा में सिंचाई करने से चारे की उपज तथा गुणवत्ता में काफी वृद्धि हो जाती है। वर्षा ऋतु के अतिरिक्त नेपियर की सिंचाई करने से पौधों की पुनर्वृद्धि अच्छी होती है। नेपियर की बुआई करने के पश्चात् तुरन्त सिंचाई करने से पौध का रोपड़ शत प्रतिशत हो जाता है। इसके पश्चात् नेपियर की प्रत्येक कटाई के बाद सिंचाई की आवश्यकता होती है। शीतकालीन समय में पाले तथा ग्रीष्मकालीन समय में सूखने से बचाने के लिए समय-समय पर सिंचाई करते रहते हैं। शीतकालीन समय में नेपियर को 15–20 दिन के अन्तराल पर जबकि ग्रीष्मकालीन समय में 10–12 दिन के अन्तराल पर सिंचाई करते रहते हैं। इसी प्रकार हल्की भूमियों में भारी भूमियों की अपेक्षा सिंचाई जल्दी करनी चाहिए। पौधों का शीघ्र रोपण करने के लिए लगातार दो सिंचाइयों की आवश्यकता होती है। वर्षा ऋतु में सामान्यतः नेपियर को सिंचाई की आवश्यकता नहीं होती परन्तु सूखा पड़ने की दशा में सिंचाई अति आवश्यक है।

खेत के निचली भागों में पानी भरने, अधिक वर्षा होने तथा अधिक सिंचाई का पानी भरने की दशा में अतिरिक्त पानी को खेत से तुरन्त निकाल देना चाहिए। खेत में जलनिकास का उचित प्रबन्ध होना चाहिए। अधिक मात्रा में पानी भरा रहने से पौधों के मरने की सम्भावना रहती है।

निराई गुड़ाई (Inter cultivation) : पौध रोपड़ की प्रारम्भिक अवस्था में जब तक पौध सही ढंग से रोपित न हो जाये तब तक खरपतवार नियन्त्रण आवश्यक है। पौध रोपड़ के 15–20 दिन उपरान्त फावड़े से गुड़ाई कर देने से खरपतवार नियन्त्रित हो जाते हैं साथ ही साथ भूमि में वायुसंचार बढ़ जाने

से पौधों की जड़ों की वृद्धि अच्छी होती है। नेपियर की प्रत्येक कटाई के बाद देशी हल अथवा कल्टीवेटर अथवा फावड़े से गुड़ाई करते रहना चाहिए जिससे खरपतवार नियन्त्रण के साथ-साथ भूमि का जलधारण क्षमता बढ़ जाती है। खरपतवारों के लिए एट्राजिन 3-4 किलोग्राम प्रति हैक्टेयर की दर से 600 लीटर पानी में घोलकर बुआई के तुरन्त बाद छिड़काव कर देना चाहिए।

फसल सुरक्षा (Plant protection measures) : नेपियर घास में सामान्यतः कीटों एवं बीमारियों का प्रकोप नहीं होता है परन्तु फिर भी कभी कभी टिड्डा (Grasshopper) एवं तने का कटुआ (Stemborer) कीट का प्रकोप हो जाता है। इन कीटों के नियन्त्रण के लिए इन्डोसल्फान 35 ईसी 1.5 किग्रा प्रति हैक्टेयर की दर से 1000 लीटर पानी में घोलकर छिड़काव कर देना चाहिए। इसके अतिरिक्त कुछ स्थानों में दीमक (Termite) का भी प्रकोप हो जाता है। खेत में दीमक के नियन्त्रण के लिए एल्ड्रिन का छिड़काव कर देना चाहिए।

कुछ स्थानों पर नेपियर में फफूँदी जनित बीमारी जैसे हेलमिन्थोस्पोरियम ओसीलम (*Helminthosporium occilum*) का प्रकोप होता है। इस बीमारी का प्रकोप होने पर पत्तियों पर चित्तीदार धब्बे पड़ जाते हैं। इस बीमारी की रोकथाम के लिए रोग रोधी प्रजातियों को उगाना चाहिए तथा कवकनाशी रसायनों का छिड़काव करना लाभप्रद होता है।

कटाई प्रबन्ध (Cutting management)

सामान्य अवस्था में अथवा सिंचाई के पर्याप्त साधन तथा अच्छी उर्वरता वाली भूमियों में नेपियर की पहली कटाई फसल बोने के 70-80 दिन उपरान्त तैयार हो जाती है। अच्छी पैदावार तथा पौष्टिक चारे के लिए 1.25 से 1.50 मीटर की ऊँचाई तक पहुँचने के बाद फसल काट लेनी चाहिए। इससे अधिक ऊँचाई पर पहुँचने के बाद चारे की पौष्टिकता तथा पाचनशीलता कम हो जाती है। इसके अतिरिक्त फसल की शीघ्र कटाई कर लेने पर उपज कम हो जाती है। प्रथम कटाई के पश्चात 40-50 दिन के अन्तराल पर अन्य कटाइयाँ करते रहना चाहिए। पौधों की कटाई भूमि सतह से 10-15 सेमी ऊँची करनी चाहिए जिससे पौधों की पुर्नवृद्धि अच्छी होती है। प्रत्येक कटाई के तुरन्त पश्चात सिंचाई तथा खाद देना आवश्यक है। इस प्रकार उत्तर भारत में नेपियर घास की 5-6 कटाइयाँ प्राप्त हो जाती हैं जबकि दक्षिण भारत में नेपियर की 8 कटाईयाँ तक प्राप्त हो जाती हैं।

उपज (Yield)

नेपियर में कटाई की संख्या तथा तापमान के अनुसार 900-1000 क्विन्टल प्रति हरा चारा प्राप्त हो जाता है। ब्राजील में नेपियर घास से 13 माह में लगभग 3000 क्विन्टल प्रति हैक्टेयर तक चारा प्राप्त हो जाता है। नेपियर की फसल में उन्नत कृष्य क्रियायें जैसे पर्याप्त खाद एवं सिंचाई प्रबन्ध अपनाकर लगभग 2500 क्विन्टल तक हरा चारा प्राप्त किया जा सकता है।

❑❑❑❑❑

अध्याय 30

दीनानाथ घास
(Dinanath Grass)

वानस्पतिक नाम	:	पेनीसिटम पेडिसिलेटम
(Botanical name)	:	(*Pennisetum pedicillatum*)
कुल (Family)	:	ग्रेमिनी (Gramineae)

आर्थिक महत्व (Economic Importance)

दीनानाथ एक वर्षीय तथा पत्ती बाहुल्य चारे की घास है। इसलिए इसे पशु बड़े ही चाव से खाते हैं। इसके चारे में प्रोटीन की बहुत अधिक मात्रा नहीं पाई जाती है। दीनानाथ घास की वृद्धि के अनुसार क्रूड प्रोटीन की मात्रा 5–9 प्रतिशत तक पाई जाती है। पौधों की कटाई अथवा 30 दिन के अन्तराल पर कटाई करने से इसके हरे चारे में क्रूड प्रोटीन की मात्रा 19 प्रतिशत तक पाई जाती है। इस प्रकार पौधों की कटाई 45–60 तथा 80 दिनों बाद करने पर क्रूड प्रोटीन की मात्रा क्रमश 10.58 तथा 3.6 प्रतिशत तक होती है। इसके हरे चारे में कड़े रेशे की मात्रा 25–32 प्रतिशत होती है। चारे में शुष्क पदार्थ की पाचनशीलता 56 प्रतिशत तक होती है। इसी प्रकार पाचनशील प्रोटीन 50 प्रतिशत, ईथर सार 63 प्रतिशत, कड़ा रेशा 65 प्रतिशत तथा नत्रजन रहित सार 62 प्रतिशत तक पाया जाता है। पकी हुई दीनानाथ घास की पाचनशीलता बहुत कम होती है। इसके हरे चारे में राख 18.7 प्रतिशत, कैल्सियम 0.44 प्रतिशत तथा फासफोरस 0.20 प्रतिशत तक पाया जाता है।

उत्पत्ति एवं इतिहास (Origin and History)

दीनानाथ घास का जन्मस्थान उष्णीय और उपोष्णीय अफ्रीका के भाग माने जाते हैं। इन भागों में यह घास प्राकृतिक रूप में उगी हुई पाई गई। सबसे पहले अफ्रीका तथा आस्ट्रेलिया में इस घास को चारे के रूप में प्रयोग किया गया। भारत में यह घास बिहार के छोटा नागपुर तथा गया जिलों में जंगली रूप में उगी हुई पाई गई। भारत में इस घास पर अधिकतम अनुसंधान कार्य बिहार के रांची जिले में किया गया। आजकल इस घास पर अनुसंधान भारतीय चरागाह एवं चारा अनुसंधान संस्थान, झाँसी में किया जा रहा है।

क्षेत्रफल तथा विवरण (Area and distribution) : दीनानाथ घास शुष्क तथा कम आर्द्र जलवायु वाले स्थानों पर जहाँ पर वार्षिक वर्षा 50–100 सेंटीमीटर होती है, उगाई जाती है। यह भारत, आस्ट्रेलिया, अफ्रीका तथा फिलीपाइन्स में वृहद रूप में उगाई जाती है। भारत में बिहार, पश्चिम बंगाल, उड़ीसा, त्रिपुरा एवं आन्ध्र प्रदेश में सबसे अधिक उपज देती है। इसके अतिरिक्त उत्तर प्रदेश, मध्य प्रदेश, तमिलनाडु, महाराष्ट्र, हिमाचल प्रदेश, गुजरात, आसाम, कर्नाटक, पंजाब तथा हरियाणा में भी उगाई जाती है।

जलवायु (Climate) : दीनानाथ घास शुष्क तथा आर्द्र जलवायु में उगाई जाने वाली एक वर्षीय घास है। यह उन सभी स्थानों पर उगाई जा सकती है जहाँ पर वार्षिक वर्षा 60 से 100 सेमी होती है। इसमें सूखा सहने की क्षमता अधिक होती है। इसलिए इसको शुष्क स्थानों पर भी उगाया जाता है। परन्तु इन स्थानों पर दीनानाथ घास को उगाने से उपज में कमी आ जाती है। दीनानाथ घास के पौधों की वानस्पतिक वृद्धि के समय अधिक तापमान तथा आर्द्रता की आवश्यकता होती है।

भूमि (Soil) : दीनानाथ घास समस्त प्रकार की भूमियों में आसानी से उगाई जा सकती है। इसके लिये बलुई दोमट या दोमट भूमियाँ सर्वोत्तम होती है। दीनानाथ घास को हल्की तथा कम उपजाऊ भूमियों में भी उगाया जा सकता है। परन्तु अच्छी उर्बरता वाली भूमियों में इसकी अधिक उपज प्राप्त होती है। खेत में जलनिकास के पर्याप्त साधन होने चाहिए क्योंकि जलभराव की दशा में इसकी उपज पर हानिकारक प्रभाव पड़ता है। दीनानाथ घास को अम्लीय भूमियों में भी उगाया जाता है।

फसल चक्र (Crop rotation) : दीनानाथ घास को सभी फसलों के साथ उगाया जाता है। खरीफ में दीनानाथ घास को फलीदार फसलें जैसे लोबिया, ग्वार, सोयाबीन, राइसबीन आदि के साथ अन्तः/मिश्रित फसल पद्धति के रूप में उगाया जाता है। फलीदार फसलों के साथ मिश्रित फसल पद्धति के रूप में उगाने से चारे की पौष्टिकता में काफी वृद्धि हो जाती है।

दीनानाथ घास + ग्वार/लोबिया – बरसीम – बाजरा + लोबिया (एक वर्षीय)

दीनानाथ घास – मटर/चना – ज्वार – चना (द्विवर्षीय)

दीनानाथ + सोयाबीन – जई – मक्का + लोबिया (एक वर्षीय)

दीनानाथ घास – गन्ना (द्विवर्षीय)

दीनानाथ घास – आलू (पछेती) – मक्का + लोबिया (एक वर्षीय)

दीनानाथ घास – बरसीम – सरसों (एक वर्षीय)

उन्नतशील प्रजातियाँ (Improved varieties)

दीनानाथ घास की कई उन्नतशील प्रजातियाँ हैं। आई जी एफ आर आई 2808 दीनानाथ घास की प्रमुख प्रजाति है जो झांसी से निकाली गई हैं। इसके अतिरिक्त पी पी 3, पी पी 10, और पी पी 15 प्रमुख किस्में हैं। दीनानाथ की किस्म पी पी 10, हिसार से विकसित की गई है जो हिसार के आसपास उगाने के लिए उपयुक्त है। इसी प्रकार पी पी 15 किस्म पश्चिम बंगाल तथा उड़ीसा में उगाये जाने के लिए उपयुक्त है। इसके अतिरिक्त जे पी 12, पूसा 3, पूसा 38, पी पी 47 दीनानाथ घास की अधिक उपज देने वाली उन्नतशील प्रजातियाँ हैं। जवाहर पेनीसेटम 1, जे पी 13, जे पी 15, एस 43-1, एस 38-8, टी 15, जे एच पी 4, इगफ्री 56-1, इगफ्री 2-2-2 तथा इगफ्री 32-11 अन्य दीनानाथ की उन्नतशील प्रजातियाँ हैं। जे पी 12, जबलपुर से, पी पी 47 हिसार से, पूसा 3 तथा पूसा 38 नई दिल्ली से विकसित की गई प्रजातियाँ अधिक उपज देने वाली तथा इनके हरे चारे की पौष्टिकता भी अच्छी होती है।

खेत की तैयारी (Field preparation)

दीनानाथ घास के लिए खेत की तैयारी पूर्व में ली गई फसल की किस्म पर निर्भर करती है। बीजों के अच्छे जमाव के लिए खेत अच्छी तरह से तैयार होना चाहिए। ग्रीष्म कालीन समय में ट्रैक्टर द्वारा मिट्टी पलटने वाले हल से एक गहरी जुताई कर देनी चाहिए। जिससे खेत में पनप रहे खरपतवार, कीटों के अन्डे तथा लारवा एवं बीमारियों के परजीवी अधिक धूप एवं गर्मी के कारण नष्ट हो जाते हैं। इसके पश्चात 3-4 जुताइयाँ देशी हल अथवा कल्टीवेटर से करके मिट्टी को भुरभुरा बना देते हैं। खेत की तैयारी के समय पूर्व फसल के अवशेष तथा खरपतवारों को निकाल देना चाहिए। अन्तिम जुताई के समय अच्छी तरह से पाटा लगाकर खेत को समतल कर देना चाहिए। दीनानाथ घास के बीज बहुत छोटे तथा हल्के होते हैं इसलिए अच्छी तरह से तैयार किये गये खेत में बीजों का सम्पर्क नमी से हो जाने पर ही जमाव एक समान तथा शीघ्र होता है।

बीज एवं बुआई (Seed and Sowing)

बीज की मात्रा (Seed rate) : दीनानाथ घास का बीज बहुत छोटा तथा हल्का होता है। दीनानाथ घास के बीज की मात्रा 15-18 किलोग्राम प्रति हैक्टेयर पर्याप्त है। बीजों की बुआई कूँड़ों में करने पर बीज की मात्रा 10-12 किलोग्राम प्रति हैक्टेयर पर्याप्त होती है। नर्सरी में तैयार पौध द्वारा बुआई करने पर मात्र 1-2 किलोग्राम प्रति हैक्टेयर बीज की आवश्यकता होती है।

बुआई का समय (Time of Sowing) : दीनानाथ घास की बुआई का समय जून-जुलाई माह है। दक्षिण भारत में दीनानाथ घास की एक वर्ष में दो-तीन फसलें उगाई जाती हैं। सिंचाई के पर्याप्त साधन होने की दशा में इसकी बुआई मार्च-अप्रैल में की जा सकती है। दीनानाथ घास की इस समय बुआई करने से इसकी तीन कटाइयाँ प्राप्त की जा सकती हैं।

बुआई की विधि (Method of sowing) : दीनानाथ घास की बुआई पंक्तियों में की जाती है। इसके बीजों की बुआई देशी हल के पीछे कूँड़ों में 25 सेमी की दूरी पर 1-2 सेमी की गहराई पर की

जाती है। अधिक गहराई पर बुआई करने पर बीजों का अंकुरण कम हो जाता है। इसका बीज बहुत हल्का एवं छोटा होता है इसलिए बीजों की बुआई करने के पूर्व बालू अथवा भुरभुरी मिट्टी मिलाकर करने से बीज एक समान बोया जा सकता है जिससे बीजों का अंकुरण एक समान होता है। दीनानाथ घास की बुआई छिड़कवाँ विधि द्वारा भी की जाती है। कई स्थानों पर दीनानाथ घास की नर्सरी उगाते हैं पौध रोपड़ हेतु नर्सरी में पौध जून में तैयार कर ली जाती है। नर्सरी बोने के लगभग 30 दिन बाद पौध उखाड़ कर खेत में रोपित कर दी जाती है। इस विधि के अपनाने से उत्पादन लागत बढ़ जाती है परन्तु हरे चारे की उपज भी बहुत अधिक प्राप्त होती है।

खाद एवं उर्वरक (Manures and fertilizers)

दीनानाथ घास की अधिक उपज एवं पौष्टिक चारा प्राप्त करने के लिए नत्रजन का प्रयोग अत्यन्त आवश्यक है। नत्रजन की मात्रा भूमि की किस्म तथा उर्बरा शक्ति पर निर्भर करती है। दीनानाथ घास को 100–120 किलोग्राम नत्रजन, 40–50 किलोग्राम फासफोरस तथा 30–35 किलोग्राम पोटास प्रति हैक्टेयर देना चाहिए। नत्रजन की आधी मात्रा, फासफोरस तथा पोटास की सम्पूर्ण मात्रा पहली कटाई के बाद खेत में छिड़क देनी चाहिए। जिससे पौधों की पुनर्वृद्धि अच्छी होती है तथा चारे की पौष्टिकता भी बढ़ जाती है।

सिंचाई एवं जल निकास (Irrigation and drainage) : दीनानाथ घास खरीफ ऋतु में उगाई जाती है इसलिए इसकी फसल को सिंचाई की कोई विशेष आवश्यकता नहीं होती है। देर से बोई गई फसल में एक या दो सिंचाई आवश्यकतानुसार करनी चाहिए। दीनानाथ घास से अक्तूबर–नवम्बर में चारा प्राप्त करने के लिए एक या दो सिंचाइयों की आवश्यकता होती है। ग्रीष्मकालीन समय में उगाई गई घास की 10–15 दिन के अन्तराल पर सिंचाइयों की आवश्यकता होती है। दीनानाथ घास के पौधों की अच्छी वृद्धि के लिए जल निकास का उचित प्रबन्ध होना चाहिए। वर्षा ऋतु में अधिक वर्षा होने के कारण जल भराव होने की दशा में खेत से अतिरिक्त पानी निकाल देना चाहिए। हल्की भूमियों में जलनिकास की कम समस्या रहती है क्योंकि इन भूमियों में पानी का बहुत तेजी से भूमि के अन्दर रिसाव हो जाता है। बुआई के समय खेत का समतल होना अति आवश्यक है।

निराई-गुड़ाई एवं खरपतवार प्रबन्ध (Interculture and weed control) : फसल की प्रारम्भिक अवस्था में खरपतवार नियन्त्रण आवश्यक है। प्रारम्भिक अवस्था में 30–40 दिनों तक पौधों की वृद्धि बहुत धीमी गति से होती है जिसके कारण खरपतवार फसल को काफी हानि पहुँचा देते हैं इसलिए इसके बचाव के लिए खेत खरपतवार रहित होना चाहिए। खेत में खरपतवार निकालने के लिए खुरपी अथवा हेन्ड हो की सहायता से एक निराई-गुड़ाई कर देनी चाहिए। इसके पश्चात पौधों की वृद्धि होने की दशा में खेत में खरपतवार नहीं पनपते हैं। फसल की प्रथम कटाई के समय खरपतवार स्वतः ही नष्ट हो जाते हैं।

कीट एवं बीमारी नियन्त्रण (Insects/pest and disease management) : दीनानाथ घास में कीट एवं बीमारियों का प्रकोप नहीं होता है इसलिए कीट एवं बीमारियों के नियन्त्रण की कोई आवश्यकता नहीं होती है।

कटाई प्रबन्ध (Cutting management)

दीनानाथ एक वर्षीय घास है, परन्तु इसकी पुनर्वृद्धि आसानी से होती है। दीनानाथ घास की पहली कटाई बोने के 70–80 दिन पश्चात् की जाती है। प्रथम कटाई के समय फसल को 10–12 सेमी की ऊँचाई से काटते हैं जिससे पौधों की पूनर्वृद्धि जल्दी तथा आसानी से हो जाती है। दूसरी कटाई पुष्पावस्था पर करते हैं। कई स्थानों पर इस फसल की दो बार कटाई लेने के पश्चात् तीसरी बार बीज बन जाते हैं जो खेत में पककर गिर जाते हैं। ग्रीष्मकालीन समय में बोई गई फसल में तीन कटाइयाँ आसानी से प्राप्त की जाती हैं। दीनानाथ घास को बीज उत्पादन के लिए उगाने पर पहली कटाई के बाद बीज के लिए छोड़ देते हैं।

उपज (Yield)

दीनानाथ घास की उत्तम शष्य क्रियायें अपनाकर 800–1000 क्विन्टल प्रति हैक्टेयर हरा चारा प्राप्त किया जा सकता है। ग्रीष्म कालीन फसल की तीन कटाइयाँ में 1000–1200 क्विन्टल प्रति हैक्टेयर हरे चारे की उपज प्राप्त होती है। बीज उत्पादन की फसल में 300–400 क्विन्टल प्रति हैक्टेयर हरे चारे के अतिरिक्त 500–800 किग्रा प्रति हैक्टेयर बीज प्राप्त हो जाता है।

अध्याय 31

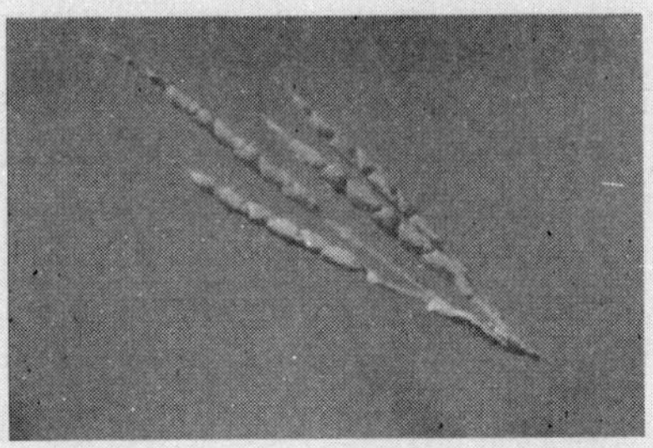

मकचरी
(Teosinte)

वानस्पतिक नाम	:	
(Botanical name)	:	
कुल (Family)	:	ग्रेमिनी (Gramineae)

आर्थिक महत्व (Economic Importance)

मकचरी भारत के कई राज्यों में उगाई जाने वाली एक चारे की फसल है। इसको प्रायः बाढ़ ग्रस्त तथा निचली भूमियों में जहाँ पर भूमि जलमग्न रहती है, इस तरह की प्रतिकूल परिस्थितियों में उगाया जाता है। इस फसल के पौधे देखने में मक्का के समान दिखाई देते हैं। परन्तु यह फसल पानी की अधिकता तथा जलभराव को भी सहन कर लेती है। इस प्रकार यह फसल उन स्थानों पर भी जहाँ पर वर्षा बहुत अधिक होने से तथा भूमि में जल निकास के समुचित साधन न होने की दशा में उगाई जा सकती है। मकचरी के चारे में लगभग 12 प्रतिशत प्रोटीन, 2.3 प्रतिशत ईथर रहित निष्कर्षण, 0.64 प्रतिशत कैल्सियम तथा 0.027 प्रतिशत फासफोरस पाया जाता है। मकचरी के हरे चारे की गुणवत्ता मक्का से अच्छी होती है। इसका हरा चारा पशुओं को ग्रीष्म ऋतु अथवा शिशिर ऋतु आरम्भ होते ही प्राप्त हो जाता है।

क्षेत्रफल तथा वितरण (Area and Distribution)

मकचरी उष्ण तथा उपोष्ण कटिबन्ध की सबसे अच्छी चारे की फसल है। मकचरी को प्राय: उन सभी स्थानों पर उगाया जा सकता है जहाँ पर वायुमणडल में अधिक आर्द्रता तथा मक्का की खेती होती है। भारत के अतिरिक्त यह फसल मध्य अमेरिका, फिलीपाइन्स, जापान, आस्ट्रेलिया, वर्मा, इन्डोनेसिया, कोलम्बिया, मेडागास्कर, अर्जेन्टाइना आदि देशों में उगाई जाती है। शीतोष्णु जलवायु में मकचरी की खेती सम्भव नहीं है।

भारत में मकचरी उगाने वाले क्षेत्रों में मुख्यत: उत्तर प्रदेश, पश्चिम बंगाल, मध्य प्रदेश, बिहार, महाराष्ट्र तथा आन्ध्र प्रदेश के कुछ भाग उपयुक्त हैं। यह फसल उन स्थानों पर अच्छी उपज देती है जहाँ पर सर्दी कम हो तथा अपेक्षाकृत दिन छोटे हों।

जलवायु (Climate) : मकचरी की फसल उन सभी स्थानों पर सफलतापूर्वक उगाई जा सकती है जहाँ पर मक्का की खेती की जाती है। मकचरी के लिए वायुमंडल में सापेक्ष आर्द्रता अधिक, भूमि निचली तथा बाढ ग्रस्त हो। जिन क्षेत्रों में अधिक सर्दी पड़ती है तथा पाला पड़ने की आशंका हो मकचरी की खेती नहीं की जा सकती है।

मकचरी की अच्छी उपज प्राप्त करने के लिए अधिक सूर्य का प्रकाश तथा अपेक्षाकृत अधिक बड़े दिन की आवश्यकता होती है। इसके पौधों की वानस्पतिक वृद्धि एवं विकास के लिए 30-35 डिग्री सेन्टीग्रेड तापमान उपयुक्त रहता है। दिन छोटे तथा सूर्य के प्रकाश की कमी होने पर इसके पौधों की वानस्पतिक वृद्धि अच्छी नहीं होती है।

भूमि (Soil) : मकचरी की खेती सभी प्रकार की भूमियों में की जा सकती है परन्तु बलुई तथा बलुई दोमट भूमियाँ जिनका पी एच मान 6.5 - 7.0 के मध्य हो उपयुक्त हैं। मकचरी में पानी सहने की क्षमता बहुत अधिक होती है परन्तु अच्छी उपज प्राप्त करने के लिए भूमि में जल निकास के पर्याप्त साधन होना आवश्यक होता है मकचरी के बीज उत्पादन के लिए भूमि की उपरोक्त किस्म तथा पी. एच. मान के अतिरिक्त भूमि का उपजाऊ तथा समतल होना आवश्यक है। मकचरी के बीज उत्पादन के लिए उन भूमियों में नहीं उगाना चाहिए जिसमें पूर्व में मकचरी अथवा मकचरी जैसी कोई दूसरी फसल उगाई गई हो।

फसल चक्र (Crop rotation) : रबी की फसलें जैसे आलू, जई, गन्ने की पेड़ी, सरसों आदि की कटाई के उपरान्त मकचरी की फसल उगाई जाती है। मकचरी की बुआई सितम्बर के प्रथम सप्ताह में करने पर नवम्बर तथा दिसम्बर माह में हरा चारा प्राप्त हो जाता है। मकचरी को गेहूँ की कटाई के बाद ग्रीष्म ऋतु में भी बोया जाता है। मकचरी के चारे की पौष्टिकता बढ़ाने के लिए दलहनी चारे की फसलें जैसे लोबिया तथा ग्वार आदि के साथ मिलवाँ फसल पद्धति में भी बोया जा सकता है। मकचरी की फसल सिंचित तथा असिंचित दोनों दशाओं के लिए उपयुक्त है। मकचरी आधारित कुछ प्रमुख फसल चक्र निम्न हैं -

सिंचित क्षेत्रों

1. मक्का (दाना) - आलू - मकचरी + लोबिया (एक वर्षीय)
2. ज्वार (चारा) - गन्ना - गन्ना (पेड़ी) - मकचरी + लोबिया (द्वि वर्षीय)
3. मक्का (दाना) - जई - मकचरी + लोबिया (एक वर्षीय)
4. ज्वार + लोबिया - बरसीम - मकचरी (एक वर्षीय)
5. मकचरी-बरसीम + सरसों - मक्का + लोबिया - मक्का (दाना) - आलू - सूडान घास + लोबिया (द्विवर्षीय)

असिंचित क्षेत्रों

1. मकचरी + ग्वार - सरसों/जौ (दाना)
2. ज्वार + लोबिया - मकचरी

उन्नतशील प्रजातियाँ (Improved varieties)

वर्तमान समय में मकचरी की विभिन्न राज्यों की स्थानीय प्रजातियाँ ही उगाई जा रही है। इसकी एक प्रजाति इम्प्रूव्ड चरी के नाम से प्रचलित है जो मक्का तथा चरी के संकरण से विकसित की गई है इसलिए अधिक उपज देने में सक्षम है।

खेत की तैयारी (Field preparation)

मकचरी की फसल हल्की तथा उपजाऊ भूमियों में ही उगाई जाती है। इसके लिए खेत की तैयारी पूर्व में उगाई गई फसल तथा मृदा की किस्म पर निर्भर होती है। फसल की कटाई के बाद एक बार मिट्टी पलटने वाले हल से जुताई करने के पश्चात् 3-4 जुताईयाँ देशी हल अथवा कल्टीवेटर से कर देते हैं। अन्तिम जुताई के समय खेत में अच्छी तरह से पाटा लगाकर मिट्टी को भुरभुरा कर देते हैं साथ ही साथ समतल भी कर देते हैं। मकचरी की बुआई के समय खेत में पर्याप्त मात्रा में नमी होना आवश्यक है तथा खरपतवार भी नहीं होने चाहिए। बीज उत्पादन के लिए मकचरी के खेत की तैयारी उपरोक्त विधि द्वारा करते हैं।

बीज एवं बुआई (Seed and sowing)

बीज (Seed) : मकचरी की फसल की बुआई के लिए सदैव शुद्ध, स्वस्थ तथा प्रमाणित बीजों का ही प्रयोग करना चाहिए। प्रमाणित बीज न उपलब्ध हो पाने की स्थिति में अच्छे तथा परिपक्व बीजों का चुनाव करने के लिए बीजों को 2 प्रतिशत नमक के घोल में डुबोना चाहिए। कच्चे तथा सफेद रंग के बीज इस घोल में ऊपर तैरने लगते हैं जबकि स्वस्थ तथा परिपक्व बीज तली में नीचे बैठ जाते हैं। अतः ऊपर तैरने वाले बीजों को निकाल कर अलग कर देते हैं। इसके पश्चात् स्वस्थ बीजों को साफ पानी में धो करके छाया में सुखा लेते हैं।

बीज दर (Seed rate) : मकचरी के बीज की मात्रा बुआई की विधि पर निर्भर करती है।

छिड़कवाँ विधि : 50–60 किलोग्राम प्रति हैक्टेयर

पक्तियों में : 35–40 किलोग्राम प्रति हैक्टेयर

बीज उत्पादन के लिए : 20–25 किलोग्राम प्रति हैक्टेयर

बुआई का समय (Time of Sowing) : ग्रीष्म ऋतु में हरे चारे का अभाव रहता है इसलिए इस ऋतु में हरा चारा प्राप्त करने के लिए इसकी बुआई मार्च–अप्रैल में करते हैं। शीत ऋतु अथवा नवम्बर दिसम्बर में चारा प्राप्त करने के लिए इसकी बुआई जुलाई–अगस्त में की जाती है। मार्च में बोई गई फसल से 2–3 कटाइयाँ प्राप्त हो जाती हैं जबकि वर्षा ऋतु में बोई गई फसल से केवल एक कटाई ही प्राप्त होती है।

बीज उत्पादन के लिए उगाई गई फसल को उत्तर एवं मध्य भारत में जून तथा जुलाई के मध्य बोया जाता है। दक्षिण तथा पश्चिम भारत में मकचरी की बुआई अक्टूबर के प्रथम सप्ताह से अंतिम सप्ताह तक उपयुक्त है।

बुआई की विधि (Method of sowing) : मकचरी की बुआई पंक्तियों में करने के लिए देशी हल से 25–30 सेमी की दूरी पर कूँड बना लिये जाते हैं इसके पश्चात् इन कूँड़ों में बीज की बुआई की जाती है। मकचरी की बुआई सीडड्रिल द्वारा भी की जा सकती है। बुआई के समय बीज कम से कम 2–3 सेमी की गहराई पर बोना चाहिए। जिन क्षेत्रों में खरपतवारों की समस्या बहुत कम होती है वहाँ पर मकचरी की बुआई छिड़कवाँ विधि द्वारा की जाती है। छिड़कवाँ विधि से बुआई करने पर बीजों को खेत में एक समान मात्रा में छिड़क दिया जाता है इसके पश्चात देशी हल अथवा कल्टीवेटर की सहायता से उथली जुताई कर के अच्छी प्रकार से पाटा लगाकर बीजों को भूमि में दबा दिया जाता है जिससे बीज मृदा के सम्पर्क में आ जाने से अंकुरण शीघ्र तथा एक समान होता है।

खाद एवं उर्वरक (Manures and Fertilizers)

मकचरी की फसल से अधिक उपज तथा पौष्टिक चारा प्राप्त करने के लिए पर्याप्त मात्रा में खाद एवं उर्वरकों का प्रयोग करना चाहिए। बुआई के पूर्व खेत में 15–20 टन गोबर की खाद प्रति हैक्टेयर की दर से खेत में फैलाकर अच्छी तरह से भूमि में मिला देनी चाहिए। मकचरी के लिए 60 किलोग्राम नत्रजन, 50 किलोग्राम फासफोरस तथा 40 किलोग्राम पोटास प्रति हैक्टेयर की दर से देनी चाहिए। नत्रजन की आधी मात्रा बुआई के 40 दिन उपरान्त खेत में खड़ी फसल पर छिड़क देनी चाहिए। मार्च–अप्रैल में बोई गई फसल में प्रथम कटाई के बाद 15–20 किलोग्राम नत्रजन प्रति हैक्टेयर की दर से देने के पश्चात सिंचाई कर देने से पौधों की पुर्नवृद्धि शीघ होती है तथा चारे की पौष्टिकता भी बढ़ जाती है। मकचरी की फसल को 50 किलोग्राम नत्रजन बुआई के समय तथा 80 किलोग्राम नत्रजन प्रति हैक्टेयर बुआई के 30–35 दिन उपरान्त देने पर हरे चारे तथा उसमें शुष्क पदार्थ 50 से 150 क्विन्टल प्रति हैक्टेयर तक बढ़ जाता है। यूरिया का 4 प्रतिशत घोल (40 किलोग्राम 1000 लीटर पानी में का) छिड़काव करने से हरे चारे की उपज में भी वृद्धि हो जाती है। मकचरी के लिए 80 किलोग्राम प्रति हैक्टेयर की दर से नत्रजन देना आर्थिक दृष्टिकोण से उपयुक्त है।

बीज उत्पादन के लिए मकचरी को 80-100 किलोग्राम नत्रजन, 40-50 किलोग्राम फासफोरस तथा 20-30 किलोग्राम पोटास प्रति हैक्टेयर की दर से प्रयोग करना चाहिए। उपरोक्त नत्रजन की मात्रा में से 50 किलोग्राम नत्रजन बुआई के समय, 25 किलोग्राम नत्रजन बुआई के 45-50 दिनों बाद तथा शेष 25 किलोग्राम नत्रजन फूल आने के समय देनी चाहिए। कुछ स्थानों पर मकचरी को 60 किलोग्राम नत्रजन बुआई के समय तथा शेष 40 किलोग्राम नत्रजन बुआई के 45-50 दिन उपरान्त दी जाती है। जिन स्थानों पर मृदा में पोटास की उपलब्धता अधिक होती है वहाँ पर पोटास का प्रयोग नहीं करना चाहिए।

सिंचाई एवं जलनिकास (Irrigation and drainage)

वर्षा ऋतु में बोई जाने वाली फसल की सिंचाईयों की आवश्यकता नहीं होती है परन्तु वर्षा ऋतु में सूखा पड़ने की स्थिति में सिंचाई दे देनी चाहिए। बलुई भूमियों में अक्टूबर माह में एक अथवा दो सिंचाइयों की आवश्यकता होती है। ग्रीष्म ऋतु में बोई जाने वाली फसल को 10-12 दिनों के अन्तराल पर सिंचाई करते रहना चाहिए। ग्रीष्मकालीन फसल को पलेवा करने के उपरान्त ही बुआई की जाती है अधिक वर्षा वाले क्षेत्रों में जलभराव की स्थिति आने पर अतिरिक्त पानी को खेत से बाहर निकाल देना चाहिए। इसलिए उचित जलनिकास आवश्यक है।

खरपतवार नियन्त्रण (Weed Control Measures) : फसल की बुआई के उपरान्त मकचरी के पौधों की वृद्धि बहुत धीमी गति से होने के कारण खरपतवारों का प्रकोप बहुत अधिक हो जाता है अतः समय पर निराई-गुड़ाई न करने पर फसल की वृद्धि प्रभावित होने से उपज में काफी कमी हो जाती है। फसल बोने के 20-25 दिन उपरान्त खुरपी की सहायता से एक बार निराई-गुड़ाई कर देने से खरपतवार नियंत्रित हो जाते हैं। रासायनिक विधि द्वारा खरपतवार नियन्त्रण में एट्राजिन 1-1.5 किलोग्राम सक्रिय तत्व प्रति हैक्टेयर की दर से 800 लीटर पानी में घोलकर छिड़काव करना चाहिए।

कीट तथा बीमारी नियन्त्रण (Insects/pest and disease management) : मकचरी की फसल में कीट एवं बीमारियों की समस्या बहुत कम होती है।

कटाई प्रबन्ध (Cutting management)

मार्च में बोई गई फसल में 60-70 दिनों में पहली कटाई करने योग्य हो जाती है। इसके पश्चात दूसरी कटाई 35-40 दिनों के अन्तराल पर कर देनी चाहिए। मकचरी की प्रत्येक कटाई जमीन से 10-15 सेमी की ऊँचाई पर करनी चाहिए जिससे पौधों की पुनर्वृद्धि शीघ्र तथा अधिक संख्या में होती है। जून-जुलाई में बोई गई फसल में केवल एक कटाई ही लेनी चाहिए। यह कटाई पौधे में भुट्टे निकलने के समय ही करनी चाहिए क्योंकि इस समय हरे चारे में पोषक तत्वों की मात्रा बहुत अधिक होती है। मकचरी की प्रत्येक कटाई जब पौधों की ऊँचाई 1.50 से 1.75 मीटर हो जाये तब करनी चाहिए। दाने बनने की अवस्था में कटाई करने पर चारे की गुणवत्ता खराब हो जाती है।

बीज उत्पादन के लिए फसल को उस समय काटना चाहिए जब तीन चौथाई दाने पूर्णरूप से पककर कड़े हो जाये। इससे अधिक पकने पर दाने झड़ने लगते हैं जिससे बीज की उपज कम हो जाती है।

उपज (Yield)

ग्रीष्मकालीन फसल में हरे चारे की उपज 600–700 क्विन्टल प्रति हैक्टेयर जबकि वर्षा ऋतु की फसल की उपज 450–550 क्विन्टल प्रति हैक्टेयर प्राप्त होती है। बीज उत्पादन के लिए मकचरी के बीजों की उपज 10–12 क्विन्टल प्रति हैक्टेयर होती है।